通信之道

从微积分到5G

／杨学志 编著

电子工业出版社·
Publishing House of Electronics Industry
北京·BEIJING

内 容 简 介

本书按照读者的思维顺序讲述了从微积分到 5G 所涉及的基础知识和关键技术。全书共 20 章，具有以下特点：

（1）跨度极大，内容翔实：涉及数学、信号处理、通信原理、通信前沿技术等多个学科领域，知识密度极高，并且是最精华的部分。

（2）降低难度，提升高度：本书叙述符合读者的思维发展规律，并逐级提高，前后呼应，语言风趣幽默，节奏平稳；作者站高望远，直击本质，学术境界超越经典。

（3）启发互动，培养创新：在多个环节上对读者提出挑战，启发读者思考，并给出作者的思考过程，培养读者的创新思维。

本书可作为通信和信号处理相关专业的本科生及研究生的教辅书，也可作为从业技术人员的参考资料。

未经许可，不得以任何方式复制或抄袭本书之部分或全部内容。
版权所有，侵权必究。

图书在版编目（CIP）数据

通信之道：从微积分到 5G / 杨学志编著. – 北京：电子工业出版社，2016.2
ISBN 978-7-121-28068-9

I. ①通…II. ①杨…III. ①通信技术 – 基本知识 IV. ①TN91

中国版本图书馆 CIP 数据核字 (2016) 第 009853 号

策划编辑： 牛 勇 官 杨
责任编辑： 王 静
印　　刷： 北京七彩京通数码快印有限公司
装　　订： 北京七彩京通数码快印有限公司
出版发行： 电子工业出版社
　　　　　 北京市海淀区万寿路 173 信箱　 邮编：100036
开　　本： 720×1000　1/16　 印张：27.5　 字数：660 千字
版　　次： 2016 年 2 月第 1 版
印　　次： 2025 年 2 月第 28 次印刷
定　　价： 79.00 元

凡所购买电子工业出版社图书有缺损问题，请向购买书店调换。若书店售缺，请与本社发行部联系，联系及邮购电话：（010）88254888，88258888。

质量投诉请发邮件至 zlts@phei.com.cn，盗版侵权举报请发邮件至 dbqq@phei.com.cn。

本书咨询联系方式：010-51260888-819　faq@phei.com.cn。

前　　言

2012 年 9 月，我离开华为公司，标志着职业生涯一个阶段的结束。

我于 1988 年考入清华大学精密仪器与机械学系，在这里度过了 10 年求学生涯，拿到博士学位。毕业后，我在北京大学做博士后研究工作，方向为图像压缩。2000 年进入华为公司，开始了我在通信领域的职业生涯，一晃就是 12 年。

12 年的风风雨雨，总算没有虚度：

2002 年，在 TD-SCDMA 领域，我提出了一种新的频域联合检测算法，是业界效率最高的。反映这一成果的论文 "A Frequency Domain Multi-User Detector for TD-CDMA Systems"，于 2011 年 9 月发表在 "IEEE Trans. Commu., Vol 59, No. 9" 上（P 2424–2433）。

2003 年，提出了随机波束赋形（random beam-forming）技术，高效地解决了智能天线广播信道的赋形问题。反映这一成果的论文 "A Random Beamforming Technique for Omni-directional Coverage in Multiple Antenna Systems"，于 2012 年 12 月发表在 "IEEE Trans. Vehi. Tech., No.99" 上。

2004—2005 年，我提出了软频率复用（soft frequency reuse）技术，反映这一成果的论文 "Soft frequency reuse scheme for UTRAN LTE"，于 2005 年 5 月发表在 "Huawei, R1-050507, 3GPP RAN1 41" 上。该技术解决了长期困扰业界的 OFDM 的频率复用问题，被广泛研究和应用，成为 LTE 小区间干扰协调（Inter cell interference coordination）这一领域的事实标准。

2005 年，我提出的论文 "Proposal for the reduced set of DL transmission parameters"，于 2005 年 8 日发表在 "R1-050824, 3GPP RAN 1 42" 上，统一了 LTE 多种带宽的采样率，并用一个 IFFT 承载多个载波，提高了 LTE 产业的规模效应，简化了基站和终端的产品架构，降低了产业成本。

这些创新技术均处于无线通信的核心位置，被业界广泛研究和应用，并且已经获得了中国、美国、欧洲的专利授权。

在我的研究工作过程当中，每当获得了一些心得，总有把它们写出来的冲动，但是由于工作的繁忙一直没能实现。从华为离职后，在寻找新的发展平台之前，利用这段时间实现这个愿望，算是对我 12 年无线创新人生的一个总结，也希望能够对读者有所帮助。

杨学志

2012 年 10 月 22 日于北京

目录

第1章　绪　论

1.1　这是一本什么样的书

我完成博士后研究工作时对通信依然一窍不通，进入华为之后才从 BPSK 开始学习通信。

没有人指导我，我的老师就是书。但是这个书真的不大容易读懂。

科技书籍的常规写法是按照内容来进行编排。这一部分是讲信号的，就会把有关信号的所有内容都罗列进去，那一部分是讲调制的，也是如法炮制。这样的写法符合作者的思维习惯，而且内容的完备性也容易得到保证。

但是对读者来说，这样的写法就造成了一定的困难。

首先知识是有连续性的。如果你要学习 OFDM 技术，就要懂数字信号处理，在此之前要懂信号与系统，再之前是高等数学、线性代数、概率论。如果要懂得深入一些，还要懂复变函数、随机过程、矩阵论、泛函分析、信息论。这些基础性的知识你可能也学过，但是在学习的时候你并不知道这些东西有什么用，大多是应付完考试就还给老师了。缺少了这些基础的知识，学习新知识的时候总是觉得很别扭，很多人也因此放弃了学习。

另外，科技书籍的作者即使不是数学专业，也一般都是有数学背景的，必然受到数学家文化的影响。数学家所追求的**数学之美**，讲究的是要**恰好**。恰好的意思就是**用最少的语言把问题描述清楚，而不是更少**。数学家对简洁之美的追求达到了极致，他们创造了符号语言，如 "$\forall \epsilon > 0, \exists \delta > 0$, 如果 $|x - x_0| < \delta \Rightarrow |f(x) - A| < \epsilon$, 则 $\lim_{x \to x_0} f(x) = A$"。科技作者受到这种文化的影响，也尽量把内容写得更简洁一些。但是这样的数学之美是很多的数学家经过历史的沉淀才凝练出来的，初学者并不一定能够欣赏得来。从心理上说，人们在阅读的时候会追求一目十行的畅快淋漓，把眼睛盯在一页书上一整天都翻不过去的体验是不怎么好的。

本书是一本严肃的介绍通信原理的书籍。与传统科技书籍不同的是，本书按照读者的认知水平的发展来行文。我是从对通信一无所知，到通过读书逐渐理解了通信技术。在这个过程当中，最烦恼的事情是遇到知识断点。记得在读博士阶段，我曾经想每个月读一篇 IEEE 的论文，但是读了一篇没有读懂，换了一篇还没有读懂，半年下来一篇也没有读懂，于是就放弃了。原因就是读懂这些论文需要大量的背景知识，如果不具备这些知识，就是知识断点。本书的内容安排结合了我的学习体验，考虑到读者的知识储备和认知水平，前后的行文有光滑的过渡和连接，让读者能够随着本书从简单的知识逐渐了解一些貌似高深的先进技术。对于某一知识内容，开始的时候只介绍一些简单的必要的知识，后续需要的时候，再补充更多的细节或者提高层次。因此某一项内容，会在本书的多个地方介绍，而每一部分可能都不是很完备。

本书的语言采用了一些口语化的因素，在行文上采用了短段落，希望这样的做法能够减少一些读者阅读的凝重感。

同时，我也放弃了对数学严密性的形式追求。如果你对论述的严密性要求比较高，则可能会发现这里不严密，那里论述不完整，但是严密性在我的心中，从宏观上看，你会发现我的整体思想是严密的。

对于公式的态度，有朋友建议我像霍金的《时间简史》那样不采用公式，我尝试了一下，但是发现这是不可能的。我阅读过《时间简史》，里面虽然没有公式，但是内容并不好懂。本书还是定位于严肃的学术书籍，如果放弃了公式，无法实现科学知识的准确表达。通信技术，说到底就是数学，因此本文还是采用了公式。

考虑到很多读者一看到公式就头疼，本书只采用那些最简单、最基本，也是最重要的公式。在推导的节奏上也考虑了读者的接受程度，并且配合详细的解释和说明，让读者能够看明白。公式其实反映了一种思维方式，希望通过本书，能够引导部分读者熟悉和热爱数学公式，进入严肃的学术领域。

本书取名为《通信之道——从微积分到 5G》。"道"在中国有两层意思：一是路径，二是原理方法，与术相对。这里的道，把两种意思都包括了。

按照第一层意思，希望读者可以顺着本书的叙述顺序，从一些基础的概念逐步建立对通信系统的整体理解。按照我目前的设想，本书包括了数学、信号与系统、数字信号处理、通信原理以及一些实际系统的介绍。一般说来，这是一个非常庞大的工程，我现在还不知道能够走多远。

"道"与"术"是中国文化当中的两个层面。大概的意思是，道是道理、规律等"形而上"的概念，而术是具体实现的手段、方法等，属于"形而下"。从我的研究经历来看，书本上的知识虽然卷帙浩瀚，但在实际当中获得应用的只是很少的一部分，就是那些最基础、最本质的部分，这就是通信的道。本书主要在这些方面着墨，而抛弃那些比较复杂和高深的部分，这样也可以在一定程度上解决工程量的难题。

所谓大道至简，本书的道也是简单的道，一本让初学者读得懂的道。相对论是改变了人类时空观的理论，但是狭义相对论非常简单，爱因斯坦只用了一个礼拜就完成了论文。狭义相对论是大二的普通物理课程的内容，甚至连高等数学的知识都没有用到。我做了近 20 年的研究工作，所做出的有价值的创新成果，也都是非常简单的。

总而言之，这本书用简单的语言给你讲述貌似高深的**通信之道**。

1.2　什么是通信

通信必然发生在两个及以上的人或者物体之间，包括一个发送方和一个或者多个接收方。发送方发出承载信息的信号，接收方收到之后，解调出其中承载的信息，就实现了通信。

大家已经注意到了两个词——信号和信息。怎么理解呢？一种说法是，信号是信息的载体。意思是说，发送方想传达的意思叫信息，而承载这些信息的物理媒介叫信号。

举一个例子，大楼着火了，要告诉楼里面的人马上撤离。"着火了，赶紧走"就是信息，这个信息可以通过多种形式的信号告诉人们。比如广播是一种语音信号，警铃是另外一种声音信号，报警灯和电视用的是光信号。

那么，通信就至少包含了几个环节。首先有需要发送的信息。这个信息的产生过程五花八门，有作家写的，导演拍的，嘴巴说的，或者什么都不做，你只要在那里就是信息。这个信息在发送方那里被加工成信号，然后发送出去，这个过程叫调制。发送的信号到达接收方后并不是不变的，而往往会被扭曲和受到噪声的污染，信道是用来刻画信号是如何被扭曲和污染的。接收方把信息从信号中抽取出来，这个过程叫解调。

接收方要解调出信息，当然需要知道发送方的调制方法，要不然是没法解调的。要实现有效的通信，发送方和接收方是需要合作的。因此，研究如何调制和相应的解调方法，实现更高效的通信，是通信技术的主要部分。

如果接收方并没有获得发送方的许可，而是通过其他途径获得了发送方的调制方法从而获得了发送的信息，这就是窃听。发送方为了防止被窃听，只把调制方法告诉合法的接收方而不让窃听者得到，是保密通信研究的内容。

上面描述的是发送方和接收方直接通信的方式。无论是声、光还是电，信号的传播随着距离的增大会衰减，因此直接通信的方式有一定的距离范围。而在实际当中，如果要给美国的朋友打电话，相隔万里，怎么办呢？这就需要通信网络了。通信网络的边缘部分称作接入网。接入网包含了很多接入点，我先把信息发送到离我最近的接入点；然后通过网络传送到美国离我的朋友最近的接入点，再发送给我的朋友：这样就在网络的帮助下，克服了媒体传播距离的限制，实现了远距离通信。

1.3　通信的历史

前些年政府对信息产业有一个说法，即"信息化带动工业化"，这个提法很好。信息不能当饭吃，通信本身不是目的，而是应服务于某个目的。

通信是从什么时候开始的呢？可以这么说，有了生物，就有了通信。生物是有新陈代谢的，需要发现和吸收外界的营养物质，并把废物排出体外。发现营养物质的过程，就是一个通信过程。很多植物具有向光性，这也是植物接收到太阳的光信号而做出的应激反应。猎豹捕捉羚羊，自然要知道羚羊的运动路线，这也是通信过程。人们之间使用自然语言的沟通，当然也是通信。是不是也可以说，信息化带动生物进化呢？

这些紧密伴随生物本能的通信过程，大家一般不会有意识地把它们归类于通信。烽火狼烟，旗帜号角，击鼓鸣金，驿站传输是比较古老的通信方式。在现代社会中，这些古老的通信方式仍然保留，如交警的指挥手语，特警的作战手语，股票交易员的手语，军舰的旗语，等等。

近代意义上的通信是建立在电磁理论的基础之上的。人类在公元前就发现了电现象和磁现象。长期以来，电和磁是作为两个毫无关系的学科独立发展的。直到 1820 年，丹麦人汉斯·奥斯特（Hans Christian Oersted）发现了电流的磁效应，建立了电与磁的联系。1831 年，英国人迈克尔·法拉第（Michael Faraday）发现了电磁感应定律。1865 年，英国人詹姆斯·克拉克·麦克斯韦（James Clerk Maxwell）提出了麦克斯韦方程组，建立了经典电动力学，并且预言了电磁波的存在。1888 年，德国人海因里希·鲁道夫·赫兹（Heinrich Rudolf Hertz）用实验证实了电磁波的存在。至此，经典电磁理论大厦构筑完成。

1837 年，美国人莫尔斯（Morse, Samrel Finley, Breese）发明了莫尔斯电码和有线电报，开启了电通信的时代。1876 年，出生于英国的美国人亚历山大·贝尔（Alexander Graham Bell）发明了电话，成为电话之父。1896 年，意大利人伽利尔摩·马可尼（Guglielmo Marchese Marconi）发明了无线电报，开启了无线通信时代。

1948 年，贝尔实验室的克劳德·艾尔伍德·香农（Claude Elwood Shannon）在 Bell System Technical Journal 上发表了论文 A Mathematical Theory of Communication，标志着信息论的诞生。在这篇划时代的论文当中，香农给出了信息的度量单位 bit 的定义，并且给出了高斯白噪声信道的容量界，指出在这一容量界下，可以实现无差错的信息传输，这就是信道容量定理。按照之前人们的普遍理解，通信一定会出错，即使通过重传可以降低错误率，也不可能降为零。因此，实现无差错传输的信道容量是零。然而香农告诉我们，可以实现无差错传输的通信速率可以是一个远大于零的数值。虽然香农证明了这一极限的存在，却没有给出可行的实现这一极限的方法。在香农限的指引下，全球的科学家开始了长达 60 多年的探索，寻找逼近极限的通信方法。

受到信息论激励的首先是信道编码技术。信道编码就是在信息比特当中加入一定的冗余比特，从而纠正在传输当中发生的错误，因此信道编码也被称作前向错误纠正（FEC）编码。人们提出了很多种编码方法，如分组码、卷积码、级联码，但是离香农限都有很大的距离。直到 1993 年 Berro 发明了 Turbo 码，距离香农限只有 0.7dB，才使人们第一次看到香农限的现实可达性。受到 Turbo 码的启发，1962 年由 Gallager 提出的 LDPC 码被重新发现，能够实现更接近香农限的性能。

第2章 帮"菜鸟"复习一下微积分

经常有读者谈到，通信技术研究到后来就全都是数学了。这个说法是对的。

通信对数学的要求非常高，高等数学、线性代数、概率论、随机过程、复变函数、数值分析、矩阵分析、泛函分析、信息论等知识是一定需要的。要学完这些课程，没有三年五载恐怕是不行的，我相信多数人坚持不下来。

阅读本书并不需要你掌握这些知识。

相反，阅读本书可以帮助你逐步建立起数学当中最基础和最重要的概念。

如果你已经学习过以上全部或者部分课程，当然对阅读本书是有帮助的，这样可以通过阅读本书印证以前的理解是否正确，或者本书的理解是否正确。

本章帮助"菜鸟"们复习一下微积分当中最基础和最重要的概念。这些概念是数学大师们用 200 年的时间锤炼而成的精华部分。利用这些概念，我们基本可以应对通信领域的数学问题。

要知道，作为一个受过高等教育的人，不懂微积分是很丢人的事情。

这里也包括了文科学生。

2.1 微积分的创立

艾萨克·牛顿（Isaac Newton，1643—1727），英国物理学家、数学家和哲学家。1643 年 1 月 4 日，艾萨克·牛顿出生于英格兰林肯郡。1661 年 6 月，他进入剑桥大学的三一学院学习，1665 年发现二项式定理。牛顿与莱布尼茨独立发展出了微积分学，并为之创造了各自独特的符号。1687 年 7 月 5 日，牛顿发表《自然哲学的数学原理》，用数学方法阐明了宇宙中最基本的法则——万有引力定律和三大运动定律。这 4 条定律构成了一个统一的体系，被称为"牛顿力学"，奠定了之后 3 个世纪中物理界的科学观点，并成为现代工程学的基础。

1704 年，牛顿著成《光学》，其中详述了光的粒子理论。牛顿在 1669 年被授予卢卡斯数学教授席位，1689 年当选为国会中的大学代表，1705 年被安妮女王封为贵族。牛顿晚年醉心于炼金术和神学，同时，他花费了大量的时间和同时代的著名科学家如胡克、莱布尼茨等进行科学优先权的争论。牛顿逝世后被安葬于威斯敏斯特大教堂，墓碑上镌刻着："让人们欢呼这样一位多么伟大的人类荣耀曾经在世界上存在"。牛顿为人类建立起"理性主义"的旗帜，开启了工业革命的大门。

微分和积分的思想在古代就已经产生了。

公元前 3 世纪，古希腊的阿基米德在研究曲线下面积、球面面积和旋转双曲体的体积的问题中，就隐含着近代积分学的思想。

我国三国时期的刘徽在割圆术中提到，"割之弥细，所失弥小，割之又割，以至于不可割，则与圆周合体而无所失矣"，也是朴素的极限概念。

在 15 世纪初欧洲文艺复兴时期，工业、农业和航海事业大规模发展，向自然科学提出了新的课题。

自然科学是以数学为基础的，科学对数学提出的要求，最后汇总成多个核心问题：运动中速度与距离的互求问题，曲线的切线问题，求长度、面积、体积与重心问题，以及求最大值和最小值问题等。

17 世纪许多著名的科学家都为解决上述几类问题进行了大量的研究工作，如法国的费马、笛卡儿、罗伯瓦、笛沙格；英国的巴罗、瓦里士；德国的开普勒；意大利的卡瓦列利等人提出了许多有建树的理论，得到了一系列求面积（积分）、求切线斜率（导数）的重要结果，为微积分的创立做出了贡献。

在前人工作的基础上，英国大科学家牛顿和德国数学家莱布尼茨分别独立完成了微积分的创立工作。他们建立了微分和积分的内在联系，构建系统的微积分学。然而，他们的理论并不完善，并造成了第二次数学危机。

关于微积分的科学发现权，在数学史上有一场激烈的争论。实际上，牛顿的研究早于莱布尼茨，而莱布尼茨的成果发表则早于牛顿。

19 世纪初，法国科学学院的科学家柯西建立了极限理论，后来又经过德国数学家维尔斯特拉斯进一步的严格化，使极限理论成为微积分的坚定基础，第二次数学危机得到解决。

戈特弗里德·威廉·莱布尼茨（Gottfried Wilhelm Leibniz，1646—1716），德国哲学家、数学家。1646 年 7 月 1 日，莱布尼茨出生于德国东部的莱比锡，好学而有天赋。莱布尼茨 15 岁时进入莱比锡大学学习法律，获得学士和哲学硕士学位。1665 年，莱布尼茨申请博士学位但是遭到莱比锡大学的拒绝。1667 年 2 月，莱布尼茨以同样的论文向阿尔特多夫大学申请博士学位而获得批准。之后，他进入政界，在各个地方担任外交官、法律顾问、科学馆馆长、家族史官等职务。他游历欧洲，遍交学者和社会名流，1700 年建立了柏林科学院并出任首任院长，成为英

国皇家学会、法国科学院、罗马科学与数学科学院、柏林科学院的核心成员。1712 年
左右，他同时被维也纳、布伦兹维克、柏林、彼得堡等王室所雇用。1716 年 11 月 14
日，莱布尼茨孤寂地离开了人世。莱布尼茨的研究成果遍及力学、逻辑学、化学、地
理学、解剖学、动物学、植物学、气体学、航海学、地质学、语言学、法学、哲学、历
史、外交等，"世界上没有两片完全相同的树叶"就是出自他之口，他也是最早研究
中国文化和中国哲学的德国人。让莱布尼茨闻名于世的是他与牛顿分别独立创建了微
积分。他所创设的微积分符号远远优于牛顿的符号，对微积分的发展产生了极大的影
响。

2.2　极限

极限是高等数学区别于初等数学的一个标志性的概念。

初等数学都是实打实的，是几就是几。

而极限，是这么一个东西：它是存在的，可以无限接近，可能达到也可能无法达
到。

无限接近，就是你想多近就有多近，但是可能永远达不到。

比如一个实数列 $\{x_n = 1/n, n$为自然数$\}$。当 n 越来越大的时候，x_n 就越来越接
近于零，但是却永远不是零。

零就是数列 $\{x_n\}$ 的极限。

大家明白什么是极限了吧？如果明白了，就不妨回答这个问题，什么是极限？

如果回答不上来，就来看一看数列极限的定义吧。

2.2.1　数列的极限

【定义：数列的极限】设 $\{x_n\}$ 为一个实数列，A 为一个定数。若对任意给的 $\epsilon > 0$，
总存在正整数 N，使得当 $n > N$ 时有 $|x_n - A| < \epsilon$，则称数列 $\{x_n\}$ 收敛于 A，定数
A 称为数列 $\{x_n\}$ 的极限，记作

$$\lim_{n \to \infty} x_n = A。$$

读作"当 n 趋于无穷大时，$\{x_n\}$ 的极限等于或趋于 A"。

若数列 $\{x_n\}$ 没有极限，则称 $\{x_n\}$ 不收敛。

该定义称为数列极限的 $\epsilon - N$ 定义。

用符号语言描述为：

$\forall \epsilon > 0$，$\exists N$，如果 $n > N \Rightarrow |x_n - A| < \epsilon$，则 $\lim_{n \to \infty} x_n = A$。

$\forall$ 读作"对于任意一个"，$\exists$ 读作"存在"，$\Rightarrow$ 读作"能够推导出"或者"使得"。

虽然本书并不打算使用符号语言，但是对于一位立志于科学研究工作的同学，掌握和熟悉这些符号是非常必要的；而对于打算从事工程技术与应用的同学，知道这些符号也是有益的。

极限的定义在数学当中占有极其重要的地位，它是微积分的基础概念。

数学是建立在逻辑之上的。极限定义的意义在于把一种模糊的感觉严格地表达出来，使得分析数学有了严密的逻辑体系。比如，什么叫无限接近呢？这种描述性的语言，如果无法严密地表述，就无法基于此建立起理论体系。

在极限的定义里面，把无限接近表述成，任意给一个大于零的 ϵ，数列与极限之间的差别还可以比 ϵ 小。因为无论 ϵ 怎么小，差别还能做到更小，表达的意思就是无限接近了。

有了极限的定义，命题就可以得到证明了。证明的方法就是给定任意一个大于零的 ϵ，也就是说，假定这个 ϵ 是一个已知的量，你能够找到一个正整数 N 满足定义的要求就可以了。

怎么找到呢？一般说来，N 是由 ϵ 决定的，只要能够把符合要求的 N 表达成为 ϵ 的关系式，那么任意给一个 ϵ，就能找到这个 N。

例如，证明 $\{x_n = 1/n, n$ 为自然数$\}$ 的数列极限为零：

对于任意给定的 $\epsilon > 0$，只要 $n > 1/\epsilon$，那么 $|1/n - 0| < \epsilon$；也就是说，如果取 N 为大于 $1/\epsilon$ 的整数，当 $n > N$ 的时候能够满足 $|1/n - 0| < \epsilon$。任意给定一个 ϵ，这个 N 是能够找到的，是存在的。

那么就证明了数列的极限就是零。

除零外，其他值都不是数列 $\{x_n = 1/n, n$ 为自然数$\}$ 的极限。

不服气的同学可以证明一下试试。

2.2.2 函数的极限

柯西（Cauchy，Augustin Louis 1789—1857），法国数学家，出生于巴黎，于 1805 年考入综合工科学校学习数学和力学；1807 年考入桥梁公路学校，1810 年以优异的成绩毕业。柯西是一位著名的多产数学家，他一生一共写作了 789 篇论文和多本专著，他的全集总计 28 卷。他对数学的主要贡献在于单复变函数、分析基础、常微分方程等。柯西所建立的极限论，为牛顿和莱布尼茨发明的微积分建立了严格的理论。他是久负盛名的科学泰斗，但常常忽视青年学者的创造。由于柯西 "失落" 了年轻数学家阿贝尔和伽罗华的开创性论文手稿，造成群论晚问世半个世纪。由于家庭的原因，柯西属于拥护波旁王朝的正统派，是一位虔诚的天主教徒。

对于一个函数，极限的定义为：

【定义：函数的极限】设 $f(x)$ 为一个实函数，在 x_0 的某一空心邻域内有定义，A 为一个定数。若对任意小的 $\epsilon > 0$，总存在一个 $\delta > 0$，使得当 $|x - x_0| < \delta$ 时有 $|f(x) - A| < \epsilon$，则称 $x \to x_0$ 时 $f(x)$ 的极限为 A，记作

$$\lim_{x \to x_0} f(x) = A。$$

这个定义叫作函数极限的 $\delta - \epsilon$ 定义。

这里用到了一个精巧的概念，叫作空心**邻域**。

邻域，通俗地说就是一个开区间。x_0 的 δ 邻域，就是开区间 $(x_0 - \delta, x_0 + \delta)$，一般记作 $N(x_0, \delta)$。

空心邻域，就是把 x_0 从邻域当中抠出去后剩余的部分，也就是 $(x_0 - \delta, x_0) \bigcup (x_0, x_0 + \delta)$。

极限的定义为什么要用到空心邻域的概念呢？其实这里想表达的意思是，函数在 x_0 附近有定义，而并不要求在 x_0 处有定义。当然，在 x_0 处有没有定义都是可以的。

即使在 x_0 处没有定义，在这一点函数的极限也是可以存在的。

比如函数

$$f(x) = \frac{x^2}{x},$$

如果分子与分母约掉一个 x，这不就是 $f(x) = x$ 吗？

差不多，但是差一点。$f(x)$ 在 $x \neq 0$ 的时候是 x，在 $x = 0$ 处则没有定义，因为分母不能为零。

虽然函数在 $x = 0$ 处没有定义，但是这一点的函数极限是存在的，读者根据函数极限的定义可以验证

$$\lim_{x \to 0} f(x) = \lim_{x \to 0} x = 0。$$

这个验证很简单，但是对于初学的读者还是建议按照极限的定义严格地证明这个结论，主要是体会极限定义的思想以及它所体现的数学的严密逻辑。证明方法与前面的 $\{x_n = 1/n, n 为自然数\}$ 数列极限的证明方法类似。

再说一个邻域概念的应用。

例如，S 是一个集合，一个点 $x_0 \in S$，如何定义这个点在集合的内部还是边界呢？

数学上是这样定义的：

对于一个点 $x_0 \in S$，如果存在一个邻域 $N(x_0, \delta) \subset S$，则 x_0 在 S 的内部。

体会一下，很妙。

2.3 你讨厌数学公式吗

到目前为止，我们已经给出了 4 个公式。虽然很简单，但我相信一部分同学已经开始头疼了。有同学跟我说，一看到求和符号 "$\sum$"，头就开始发晕了，而豆芽菜 "$\int$"

是根本看不得的。

所以有同学建议我，最好不要有数学公式，就像霍金的《时间简史》。

我看过《时间简史》，虽然其中没有公式，但是并不好懂。相对论我还是稍微懂一点，《时间简史》还是看得我云遮雾绕的。

《时间简史》卖得火，是因为霍金的名气。如果想学习黑洞理论，还是要看严肃的学术著作。

我把本书定位于严肃的学术书籍，因此还是要采用公式。但是为什么很多人却讨厌公式呢？

人是一种心理的动物。

在我活了四十多年以后，经常会考虑这个问题：活着是为什么？这个问题在不同的人生阶段有不同的答案。

人的行为的本能目的是为了追求快乐，而终极目的是追求宁静。本能追求的是短期目标，而理性追求的是长期目标。人就是在本能与理性，短期和长期的斗争中成长的。我们凡人一般是短视的，能损失短期目标而成就长期目标的，是圣人。

那么读书，也是有短期目标和长期目标的。短期目标就是赶紧把书读完，算是完成了一件任务。随着书一页页地翻过，你的心里是不是也有一些成就感呢？而长期目标是提升和丰富自己的知识。其实这个目标也不算是特别长期。

公式是什么呢？公式就是浓缩了的语言。看一看下面这个简单的公式：

$$1+2+3+4+5 = \sum_{n=1}^{5} n。$$

这个公式的左边很直观，右边有一点抽象，但表达的是同一个意思。

公式右边的长度明显变短了，这使得表达更加简洁、高效，但同时给阅读者提出一定的挑战。

公式右边的表达要求阅读者具有一定的知识储备，并且能够在脑子中反应出它的实际意义。而且公式与文字相间而行，遇到公式的时候，阅读的节奏马上就慢了。看到 $\sum$ 符号，你的脑子里要干很多事情：思考符号的意义、求和的对象、上下标是多少，等等。

上下标的字母是多么小啊！

如果对符号不熟悉，反应得很慢，或者干脆就没反应，阅读者就会烦躁，会产生挫败感。

因此，要读懂公式，就要从一开始就弄懂这些符号的意义，经过多次的思考训练，建立起条件反射。只要熟悉了，弄懂了，就能克服内心对公式的恐惧感。

其实，大多数论文当中的公式，我一般也是不看的。因为这些公式既复杂难懂，又没有太大的价值。而教科书当中的公式，一般是基础的重要的公式，特别是一些经过多年锤炼的经典公式，我会花很多精力去理解。而这些经典的公式，往往是很简单的。本书当中的公式，都是简单的、基础的和重要的公式。

因为公式是浓缩的语言，因此读公式的速度本来就应该是慢的，打磨钻石不可能和砍瓜切菜一样快。读公式要平心静气，不要指望一目十行。

佛家说人有"贪、嗔、痴"三毒，需要用"戒、定、慧"来克服。读公式想一目十行，谓之贪；没读懂就烦躁，谓之嗔；烦躁之后又去读你的言情小说了，谓之痴。如果不克服，则如何才能有宁静、祥和、幸福的人生呢？

僧人的修行，不是天天听什么高深的佛法，而是要干扫地、打水、做饭这些杂役。佛家的经典《金刚经》首篇是讲释迦牟尼去城里化缘，然后回来吃饭的故事。《天龙八部》里面的武林第一高手，不也是少林寺的扫地老僧吗？这其实反映了佛家的一个理念：做什么并不重要，而是看你做这些事情时的心理状态。如果心怀嗔念，内心不停地抱怨"凭什么让我做这么低级的工作？"，那么无论多少年都不会有什么进益的。内心平和了，宁静了，不为外物所扰，就是成佛了。

我不是在鼓励大家去做杂役，或者让大家相信目前的境遇是公平的，而是希望大家看到公式的时候让心态平和下来。

读公式，把它读懂，正是极好的修行。咱们凡人成不了佛，能把通信学好就很不错了。

希望同学们喜欢上公式。

2.4　连续

连续，在直观上很好理解，就是不出现间断。图 2.1 中的函数有两个间断点 x_1、x_2，其他地方都是连续的。

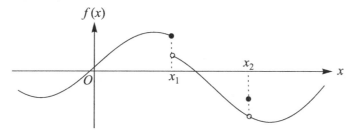

图 2.1 函数的连续性

连续在数学上是这样定义的：

【定义：连续】如果函数 $y = f(x)$ 在点 x_0 的某个邻域内有定义，并且

$$\lim_{x \to x_0} f(x) = f(x_0),$$

则称 $y = f(x)$ 在点 x_0 处连续。

在图 2.1 中，从 x 轴的左边和右边分别逼近 x_1，可以得到两个不同的函数极限，分别叫作**左极限**和**右极限**。

左极限的定义为：

【定义：左极限】设 $f(x)$ 为一个实函数，在 x_0 的某一空心邻域左侧有定义。A 为一个定数。若对任意给的 $\epsilon > 0$，总存在一个 $\delta > 0$，使得当 $x_0 - \delta < x < x_0$ 时有 $|f(x) - A| < \epsilon$，则称 $x \to x_0$ 时 $f(x)$ 的左极限为 A，记作

$$\lim_{x \to x_0^-} f(x) = A。$$

右极限的定义是类似的，记为

$$\lim_{x \to x_0^+} f(x) = A。$$

在公式中，x_0 上面的 "$-$" 和 "$+$"，表示从左边和右边逼近 x_0。

大家可以验证，极限存在的充分必要条件是左极限和右极限存在并且相等。

因为左极限和右极限不同，所以在 x_1 点上函数的极限不存在。

极限不存在，当然就不连续了。可以看出连续的定义与我们的感觉是一致的。

但是如果 x_0 处的左极限与函数值相同，也就是

$$\lim_{x \to x_0^-} f(x) = f(x_0)。$$

这种情况叫作**左连续**。当然也存在**右连续**，其定义可直接类比左连续。

另外一种不连续的类型可以这样构成：把函数上的一个连续点抠掉，然后把这一点的函数值定义成另外一个不同的值，如图 2.1 中的 x_2。

这种情况下，这一点的极限是存在的，但是与函数值不同，根据定义也是不连续的。这个点是一个孤立的点，与谁都不挨着，当然应该是不连续的。

在数学当中，把 x_1 和 x_2 这两种情况叫作第一类间断点，其中 x_2 叫作可去间断点。不属于第一类间断点则称为第二类间断点。

从这两种不连续的情况中我们可以发现，连续的定义与我们实际的感觉是相同的。数学就是把我们的一种感觉，用严格的公式和逻辑表达出来，使我们的知识从感性上升到理性，建立了严密的理论体系，为近现代工业的发展奠定了基础。

向伟大的柯西同志致敬！

2.5 导数

相信同学们已经了解了**斜率**的概念。

在直线方程

$$y = kx + b$$

中，k 称为斜率，表示因变量随自变量变化的快慢。

假如知道了直线上不同的两个点 $P_0(x_0, y_0)$ 和 $P(x, y)$，则求斜率的方法很简单，即

$$k = \frac{y - y_0}{x - x_0} = \frac{\Delta y}{\Delta x}。$$

这个公式可以理解为，因变量的变化除以自变量的变化，就是直线的斜率。

直线的斜率是**唯一**的，取直线上任意两个点计算得到的斜率相同。

对于一个一般的曲线 $y = f(x)$，我们仍然用 $P_0(x_0, y_0)$ 和 $P(x, y)$ 表示该曲线上的两个点，并假设 $x = x_0 + \Delta x$，如图 2.2 所示。

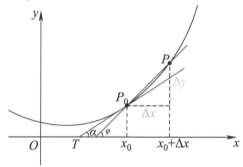

图 2.2 导数的几何解释

当然，有下列关系成立：

$$y_0 = f(x_0);$$

$$y = f(x)。$$

经过这两个点做一条直线，称为曲线的**割线**，其斜率为

$$\frac{f(x_0 + \Delta x) - f(x_0)}{\Delta x}。$$

直线的斜率是唯一的，而曲线的斜率是变化的。曲线的割线的斜率，可以认为是 P_0 和 P_1 之间曲线斜率的平均值。

那么如何求曲线上的一点 P_0 的斜率呢？

当 P 点逐渐靠近 P_0 点的时候，两点之间的距离越来越小，曲线也越来越接近割线。当 P 与 P_0 重合的时候，割线就变成了曲线的切线，其斜率为曲线在 P_0 点的斜率，表达为

$$\lim_{\Delta x \to 0} \frac{f(x_0 + \Delta x) - f(x_0)}{\Delta x}。$$

这个斜率在微积分当中叫作**导数**，是微积分的基础概念，非常非常重要。

正规一点，我们给出导数的定义：

【定义：导数】设函数 $y = f(x)$ 在点 x_0 的某个邻域内有定义。如果极限

$$f'(x_0) = \lim_{\Delta x \to 0} \frac{f(x_0 + \Delta x) - f(x_0)}{\Delta x}$$

存在，则称函数 $y = f(x)$ 在点 x_0 处**可导**，并称 $f'(x_0)$ 为函数 $y = f(x)$ 在点 x_0 处的导数。

如果用变量 x 代表 $y = f(x)$ 可导的点，我们就得到 $f'(x)$，叫作**导函数**。出于方便，也经常把导函数简称为导数。

对导函数再求一次导函数，叫作二阶导函数，或者二阶导数，记作 $f''(x)$。

以此类推，可以得到 n 阶导数，记作 $f^{(n)}(x)$。

这里又用到了邻域的概念，也就是只要求在包含 x_0 的一个小局部区域有定义就可以了。

定义里说，如果这个极限存在，就叫作导数。换句话说，这个极限也可能是不存在的。

有两种情况函数的导数不存在。

一种是在 x_0 处不连续。在不连续点上，函数值发生了一个跳变。也就是说，当 $\Delta x \to 0$ 的时候，Δy 不趋向于零，则 $\Delta y / \Delta x$ 趋向于无穷大，极限不存在，也就是不可导。

另一种情况是，函数在 x_0 处虽然连续，但却是一个尖点。

如图 2.3 所示，其中的曲线是由两条直线组成的折线。在两条直线的交点 x_0 处，函数是连续的。但是 x_0 左侧的直线斜率为正，右侧的直线斜率为负。如果分别从 x_0 两侧求斜率的极限，则将收敛于两个不同的值，斜率的极限不存在。也就是 x_0 处函数不可导。

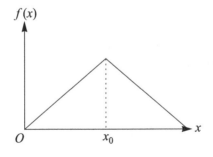

图 2.3 函数在尖点处连续而不可导

2.6　微分

【定义：微分】假设 $y = f(x)$ 在 x_0 的某一邻域内有定义，并假设 $x_0 + \Delta x$ 也在此区间内。如果函数的增量 $\Delta y = f(x_0 + \Delta x) - f(x_0)$ 可表示为 $\Delta y = A\Delta x + o(\Delta x)$，其中 A 是不依赖于 Δx 的常数，而 $o(\Delta x)$ 是比 Δx 高阶的无穷小，那么称函数 $f(x)$ 在点 x_0 是可微的，且 $A\Delta x$ 称作函数在点 x_0 相应于自变量增量 Δx 的**微分**，记作 $\mathrm{d}y$。微分的定义如图 2.4 所示

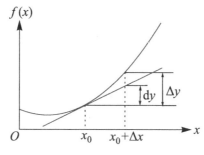

图 2.4 函数的微分

通常把自变量 x 的增量 Δx 称为自变量的微分，记作 $\mathrm{d}x$，即 $\mathrm{d}x = \Delta x$。

函数的微分是函数增量的主要部分，并且是 Δx 的线性函数，所以说函数的微分是函数增量的**线性主部**。

对一元函数来说，可微与可导完全等价。可微的函数，其微分等于导数乘以自变量的微分，即

$$\mathrm{d}y = f'(x)\mathrm{d}x;$$

换句话说，函数的导数是函数的微分与自变量的微分之商，即

$$f'(x) = \frac{\mathrm{d}y}{\mathrm{d}x}。$$

因此，导数也叫作微商。

把导数表达为微商的记法是莱布尼茨引入的。n 阶导数的莱布尼茨记法为

$$\frac{\mathrm{d}^{(n)}f}{\mathrm{d}x^n}。$$

2.7   积分

格奥尔格 • 弗雷德里希 • 波恩哈德 • 黎曼（Georg Friedrich Bernhard Riemann，1826—1866），德国数学家。黎曼出生于汉诺威王国（今德国下萨克森）的小镇布列斯伦茨。1846 年，黎曼进入哥廷根大学学习哲学和神学，后改学数学。1847 年，黎曼转到柏林大学，1851 年获博士学位，1857 年成为哥廷根大学的编外教授，1859 年成为正教授。1862 年，他与爱丽丝 • 科赫结婚，并在 4 年后去世。1854 年他初次登台做了题为《论作为几何基础的假设》的演讲，开创了黎曼几何，并为爱因斯坦的广义相对论提供了数学基础。他的名字出现在黎曼函数、黎曼积分、黎曼引理、黎曼流形、黎曼映照定理、黎曼- 希尔伯特问题、黎曼思路回环矩阵和黎曼曲面中，在数学各个领域都做出了划时代的贡献，成为了 19 世纪伟大的数学家之一。

积分的产生来自于实际的需要。

一个长方形的面积为其长和宽的乘积，但是如何求图 2.5 中曲线下的面积呢？对这个问题的研究导致了积分的产生。

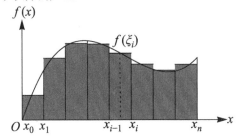

图 2.5 用积分求曲线下的面积

假如有一个函数 $f(x)$，在闭区间 $[a,b]$ 上有 $f(x) > 0$。在区间 $[a,b]$ 曲线下的面积可以用如下的方法近似：

将区间 $[a,b]$ 划分成 n 段，每一段都近似成一个矩形来求面积。比如图 2.5 中 $[x_{i-1}, x_i]$ 的那个矩形，其宽度为 $\Delta x_i = x_i - x_{i-1}$，高度可以取该区间内任何一点的函数值 $f(\xi_i)$。将 n 个矩形的面积累加起来，就可以得到曲线下面积的近似值。

当划分越来越细，所得到的结果就越接近曲线下的实际面积。也就是说，曲线下的面积是矩形宽度趋向于零时的极限。

下面介绍黎曼给出的积分的严格定义。

【定义：积分】设函数 $f(x)$ 在闭区间 $[a,b]$ 有定义。在此区间中取一个有限的点列 $a = x_0 < x_1 < x_2 < \cdots < x_n = b$。$[x_{i-1}, x_i]$ 为一个子区间，$i = 1, \cdots, n$，其长度为 $\Delta x_i = x_i - x_{i-1}$，$\lambda$ 是子区间长度的最大值，即 $\lambda = \max \Delta x_i$，$\xi_i$ 是子区间当中的一

点，$\xi_i \in [x_{i-1}, x_i]$。如果极限

$$\lim_{\lambda \to 0} \sum_{i=1}^{n} f(\xi_i)\Delta x_i$$

存在，则称 $f(x)$ 在闭区间 $[a, b]$ 上黎曼可积，记为

$$\int_a^b f(x)\mathrm{d}x = \lim_{\lambda \to 0} \sum_{i=1}^{n} f(\xi_i)\Delta x_i。$$

首先请读者注意，定义里没有要求 $f(x) > 0$。

我们之所以在前面的例了当中要求 $f(x) > 0$，是为了符合读者对面积的理解，因为面积总是正的。

对于一个如图 2.6 所示的有正有负的曲线，x 轴上方积分结果为正，x 轴下方积分结果为负，总的结果是 x 轴上方的面积减去 x 轴下方的面积。

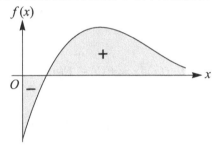

图 2.6 积分的正与负

ξ_i 可以是子区间当中 $[x_{i-1}, x_i]$ 中的任意一点。因为后续有取极限的操作，也就是子区间的宽度逼近于零，这个时候该区间内所有的点实际上收缩为一个点。

求极限的时候采用了让子区间的最大长度 λ 趋向于零，也就意味着所有的子区间的长度趋向于零，也就是子区间的个数 n 趋向于无穷。

下面用 $\delta - \epsilon$ 语言来描述该极限。

如果存在一个常数 A，对于任意一个 $\epsilon > 0$，存在 $\delta > 0$，当 $\lambda < \delta$ 的时候使得

$$\left| \sum_{i=1}^{n} f(\xi_i)\Delta x_i - A \right| < \epsilon;$$

则

$$\lim_{\lambda \to 0} \sum_{i=1}^{n} f(\xi_i)\Delta x_i = A,$$

即

$$\int_a^b f(x)\mathrm{d}x = A。$$

如果函数 $f(x)$ 在闭区间 $[a,b]$ 内是连续的, 则其曲线下的面积一定存在, 因此一定是黎曼可积的。

而反过来却不成立。如果 $f(x)$ 在闭区间 $[a,b]$ 内有限, 并且只包含有限个不连续点, 它包围的面积也是存在的, 也是黎曼可积的。

因此黎曼可积比连续的条件弱。

2.8   微积分基本定理

【第一基本定理】设实函数 $f(x)$ 在闭区间 $[a,b]$ 上连续, 如果

$$F(x) = \int_a^x f(t)\mathrm{d}t,$$

那么 $F(x)$ 可导, 且 $F'(x) = f(x)$。

【第二基本定理】若函数 $f(x)$ 在 $[a,b]$ 上连续, 且存在原函数 $F'(x) = f(x)$; 则 $f(x)$ 在 $[a,b]$ 上可积, 且

$$\int_a^b f(x)\mathrm{d}x = F(b) - F(a)。$$

上式是教科书当中一般的写法。

为了与第一定理符号统一, 让公式更具有对称美, 更换符号为

$$\int_a^x f(t)\mathrm{d}t = F(x) - F(a)。$$

微积分第二基本定理也叫牛顿-莱布尼茨公式, 是牛顿和莱布尼茨独立发现的。

这两个定理说明, 微分和积分是互逆的运算, 使微分和积分形成一个有机的整体, 所以称为微积分的基本定理。

第一定理是说, 原函数 $F(x)$ 的导数是 $f(x)$; 第二定理是说, $f(x)$ 的积分是 $F(x)$, 当然, 可以相差一个常数 $F(a)$。这个常数求导数之后是零。

可以说, 积分和微分互为因果关系, 是对同一个问题从不同侧面的观察。

如图 2.7 所示, 函数 $f(x)$ 是 $[a,b]$ 上的连续函数, $F(x)$ 是 $[a,x]$ 上曲线包围的面积。

我们从微分的角度看这个问题。如果让自变量 x 变化到 $x + \Delta x$, 那么曲线面积的变化为图中深灰色条的部分, 其面积大约为

$$\Delta F(x) \approx f(x)\Delta x。$$

如果 $\Delta x \to 0$, 上式就变成了微分, $\approx$ 也就变成了 $=$, 即

$$\mathrm{d}F(x) = f(x)\mathrm{d}x;\tag{2.1}$$

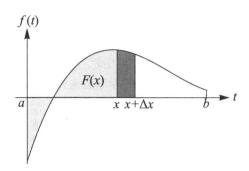

图 2.7 微积分基本定理

两边除以 dx，得

$$\frac{\mathrm{d}F(x)}{\mathrm{d}x} = f(x),$$

这就是第一基本定理的内容。

从积分的角度去看这个问题，把 $[a, x]$ 上无数的深灰色条的面积累加起来，就是曲线下的面积，也就是把公式（2.1）两边积分得到

$$F(x) - F(a) = \int_a^x f(t)\mathrm{d}t,$$

也就是第二基本定理。

讲到这里，对于初学微积分的读者，如果你觉得已经理解了这两个定理，那么我向你报一个喜，还有一个忧。

喜的是，这说明你对数学很有感觉。

要知道，能称为基本定理的，就只有这两个定理。微分和积分的概念在古希腊时期就已经产生了，而直到 17 世纪，才由牛顿和莱布尼茨把这两个概念联系起来。如果你感觉懂了，那么说明你的方向感很好，如果把你放在 17 世纪，说不定你也可以发现这个定理呢。

忧的是，这说明你还没有建立对数学的严格性的理解和敬畏。

我们已经学习了极限、连续、导数、积分等概念，在这个过程当中，我们已经展现了如何用数理逻辑语言去严密地描述我们感觉上的东西。但是，前面的描述过程，却没有遵从严密的逻辑，我采用了"如果 $\Delta x \to 0$，上式就变成了微分，$\approx$ 也就变成了 ="这样模糊的，不严密的语言。你发现了吗？

在中国有"民间科学家"这样一个群体，他们热衷于研究世界数学难题，比如哥德巴赫猜想、费马大定理等。他们经常宣称已经攻克了这些难题，将自己的研究成果送到中国科学院数学研究所，却得不到职业数学家的回应，常常因此而觉得自己的研究成果受到了压制。

民间科学家的成果得不到承认，倒不是因为出身问题。爱因斯坦只是一个专利审查员，论出身他也算是民间科学家，但是他的相对论被认为改变了人类的时空观。

原因还是在于逻辑的严密性。我们在前面就存在逻辑不严密的问题。从 ≈ 变成 =，我们是缺乏严密论证的。这种情况在数学家看来就是出现了逻辑断点，是无法忍受的。

那些世界难题，听上去都不是很难，严密与不严密，本来就只有一线之隔。之所以成为世界难题，就是因为这条线跨不过去。所以，如果不能够遵守数理逻辑的严密性，则证明是没有意义的。

要严密地证明微积分基本定理，需要用到积分中值定理。

2.9　积分中值定理

【积分中值定理】若函数 $f(x)$ 在 $[a,b]$ 上连续，则在 $[a,b]$ 上至少存在一点 ξ，使得

$$\int_a^b f(x)\mathrm{d}x = f(\xi)(b-a)。$$

证明：

如图 2.8 所示，因为 $f(x)$ 在 $[a,b]$ 上有定义，因此一定存在一个最小值 m 和一个最大值 M。

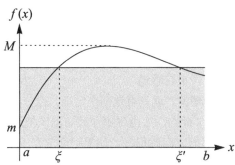

图 2.8 积分中值定理

如果 $m = M$，最大值和最小值相等，那么 $f(x)$ 一定是一个常数。那么 ξ 取 $[a,b]$ 上的任何一点都可以满足定理。

如果 $m < M$，则

$$m(b-a) < \int_a^b f(x)\mathrm{d}x < M(b-a)；$$

即

$$m < \frac{1}{b-a}\int_a^b f(x)\mathrm{d}x < M。$$

这个表达式介于 $f(x)$ 的最小值和最大值之间，而 $f(x)$ 又是连续的，当 $f(x)$ 从最小值连续变化到最大值的时候，一定会经过它；将经过它的 x 坐标记为 ξ，使得下面这个关系成立：

$$\frac{1}{b-a}\int_a^b f(x)\mathrm{d}x = f(\xi);$$

即

$$\int_a^b f(x)\mathrm{d}x = f(\xi)(b-a)。$$

证明完毕！

接下来我们就可以证明微积分的基本定理了！

2.10　稍微等一等

会不会有同学对积分中值定理的证明过程还有点儿意见？

有意见是对的，这个证明过程还是有漏洞的。

问题出在这句话："这个表达式介于 $f(x)$ 的最小值和最大值之间，而 $f(x)$ 又是连续的，当 $f(x)$ 从最小值连续变化到最大值的时候，一定会经过它。"

按照普通人的理解，这是不会有什么问题的。但是我们已经算是数学家了，我们需要理性，而不是感觉。

这几句话又是在讲自己的感觉了。

数学的发展历史告诉我们，我们的感觉并不可靠，而必须要靠逻辑去证明。

我们前面说到的民间科学家，在其证明过程当中经常存在这种依靠感觉的东西，所以得不到承认。

其实，这个结论叫作**连续函数的介值定理**。

大家已经了解了连续函数的定义，可以试着证明一下介值定理。虽然这个定理是这么直观，但是你会发现证明它并不是很容易。

介值定理的证明需要用到实数**完备性**的概念，在这里就不给出证明过程了，有兴趣的同学可以去问一下百度。

2.11　微积分第一基本定理的证明

【第一基本定理】设实函数 $f(x)$ 在闭区间 $[a,b]$ 上连续，如果

$$F(x) = \int_a^x f(t)\mathrm{d}t,$$

那么 $F(x)$ 可导，且 $F'(x) = f(x)$。

证明：

要证明 $F(x)$ 可导，我们要从导数的基本概念入手。

由定理的条件可知：

$$F(x) = \int_a^x f(t)\mathrm{d}t,$$

$$F(x + \Delta x) = \int_a^{x+\Delta x} f(t)\mathrm{d}t。$$

所以

$$F(x + \Delta x) - F(x) = \int_x^{x+\Delta x} f(t)\mathrm{d}t。$$

根据积分中值定理，存在一个 $\xi \in [x, x + \Delta x]$，使得

$$\int_x^{x+\Delta x} f(t)\mathrm{d}t = f(\xi)\Delta x,$$

也就是

$$F(x + \Delta x) - F(x) = f(\xi)\Delta x。$$

那么

$$F'(x) = \lim_{\Delta x \to 0} \frac{F(x + \Delta x) - F(x)}{\Delta x} = \lim_{\Delta x \to 0} f(\xi) = f(x)。$$

证明完毕。

2.12　微积分第二基本定理的证明

约瑟夫·拉格朗日（Joseph-Louis Lagrange, 1736—1813），法国数学家，1736 年 1 月 25 日生于意大利都灵。在都灵时期，年轻的拉格朗日就在变分法、分析力学、天体力学等多个方面取得了优秀的成果，成为有实力的数学家。1766 年，拉格朗日接受普鲁士腓特烈大帝的邀请在柏林工作了 20 年，在此期间，他完成了《分析力学》一书，这是继牛顿之后的一部重要的经典力学著作。他被腓特烈大帝称作"欧洲最伟大的数学家"，后受法国国王路易十六的邀请定居巴黎。1813年 4 月 3 日，拿破仑授予拉格朗日帝国大十字勋章，但此时拉格朗日已经卧床不起并于 4 月 10 去世。拉格朗日是 18 世纪一位十分重要的科学家，在数学、力学和天文学 3 个学科中都有历史性的重大贡献。他的成就包括著名的拉格朗日中值定理，创立了拉格朗日力学等。他在使天文学力学化、力学分析化上也起了

历史性作用。其最突出的贡献是在把数学分析的基础脱离几何与力学方面起了决定性的作用，使数学的独立性更为清楚，而不仅是其他学科的工具。

证明第二基本定理需要用到**微分中值定理**：

【**微分中值定理**】若函数 $f(x)$ 在闭区间 $[a, b]$ 上连续，在开区间 (a, b) 上可导，那么存在一点 $\xi \in (a, b)$ 使得

$$f'(\xi) = \frac{f(b) - f(a)}{b - a}。$$

此定理称为**拉格朗日中值定理**。

如果自变量 x 代表时间，$f(x)$ 为一个距离函数，那么 $(f(b) - f(a))/(b - a)$ 为平均速度，$f'(x)$ 就是速度函数。

中值定理的意思是，速度可以任意变化，但是总会有一点的速度等于平均速度。

拉格朗日中值定理是**罗尔定理**的扩展。

【**罗尔定理**】若函数 $f(x)$ 在闭区间 $[a, b]$ 上连续，在开区间 (a, b) 上可导，且 $f(a) = f(b)$，那么存在一点 $\xi \in (a, b)$ 使得

$$f'(\xi) = 0。$$

证明：

首先证明罗尔定理。

如图 2.9（a）所示。因为 $f(x)$ 在闭区间 $[a, b]$ 上连续，因此在 $[a, b]$ 上有最大值和最小值。

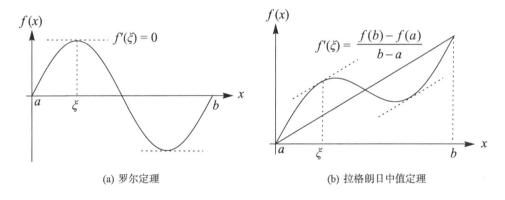

(a) 罗尔定理　　　　　　　　　(b) 拉格朗日中值定理

图 2.9 微分中值定理

这个结论在直观上也很容易懂，但是它在数学上有一个专门的名称叫作**极值定理**，而它的证明也同样需要依赖实数的完备性。

在数学上，越是看起来特别明显的结论，证明起来往往越不容易，因为这牵扯到最为基础的东西。读者可以试一试去证明极值定理。如果证明不了，则可以到网上找一找证明过程。

最基础的东西叫作公理，承认就好了，不需要证明。

能称得上公理的，必须在其之上衍生出一整套理论体系，而这套理论体系是否正确，精确度如何，是可以通过实践进行检验的。如果经过检验这套理论体系正确，那么我们就接受这个公理。

假如最大值和最小值都发生在端点，因为 $f(a) = f(b)$，所以 $f(x)$ 是一个常函数，那么任意一点 $\xi \in (a,b)$ 都有 $f'(\xi) = 0$，结论显然成立。

如果 f 在区间内部 $\xi \in (a,b)$ 取得最大值，我们来证明 $f'(\xi) = 0$。

我们考虑 ξ 左边的区间，取 $x \in (a,\xi)$。因为 $f(\xi)$ 为最大值，所以 $f(x) - f(\xi) <= 0$。让 $x \to \xi^-$，也就是从左边逼近 ξ，因为 f 在 (a,b) 上可导，因此

$$f'(\xi) = \lim_{x \to \xi^-} \frac{f(x) - f(\xi)}{x - \xi} \geqslant 0。$$

再考虑 ξ 右边的区间，让 $x \to \xi^+$，也就是从右边逼近 ξ，有

$$f'(\xi) = \lim_{x \to \xi^+} \frac{f(x) - f(\xi)}{x - \xi} \leqslant 0。$$

综合起来，就有 $f'(\xi) = 0$。

如果 f 在区间内部 $\xi \in (a,b)$ 取得最小值，则同样也可以证明 $f'(\xi) = 0$。

因此罗尔定理就得到了证明。

如图 2.9（b）所示，把罗尔定理扩展到拉格朗日中值定理，我们要做一个辅助函数 $g(x)$，

$$g(x) = \frac{f(b) - f(a)}{b - a}(x - a) - f(x) + f(a)。$$

可以验证，$g(x)$ 在 $[a,b]$ 上连续，在 (a,b) 上可导，且 $g(a) = g(b) = 0$，满足罗尔定理的条件，因此必定存在一点 $\xi \in (a,b)$，使得

$$g'(\xi) = \frac{f(b) - f(a)}{b - a} - f'(\xi) = 0,$$

也就是

$$f'(\xi) = \frac{f(b) - f(a)}{b - a}。$$

拉格朗日中值定理得到证明。下面我们就来证明微积分第二基本定理。

【第二基本定理】若函数 $f(x)$ 在 $[a,b]$ 上连续，且存在原函数 $F'(x) = f(x)$，则 $f(x)$ 在 $[a,b]$ 上可积，且

$$\int_a^b f(x)\mathrm{d}x = F(b) - F(a)。$$

证明：假设有 $[a,b]$ 上的一个分割 $a = x_0 < x_1 < \cdots < x_n = b$，有如下关系成立：

$$F(b) - F(a) = F(x_n) - F(x_{n-1}) + F(x_{n-1}) -$$
$$F(x_{n-2}) + \cdots + F(x_1) - F(x_0)$$
$$= \sum_{i=1}^{n} F(x_i) - F(x_{i-1})$$

根据微分中值定理，在 (x_{i-1}, x_i) 内有一点 ξ_i，使得

$$F'(\xi_i) = \frac{F(x_i) - F(x_{i-1})}{x_i - x_{i-1}},$$

也就是

$$F(x_i) - F(x_{i-1}) = f(\xi_i)(x_i - x_{i-1}) = f(\xi_i)\Delta x_i,$$

所以

$$F(b) - F(a) = \sum_{i=1}^{n} f(\xi_i)\Delta x_i。$$

假设 $\lambda = \max_{i=1}^{n} \Delta x_i$，也就是子区间宽度的最大值。既然上式对任何一种分割都成立，那么让 $\lambda \to 0$，上式依然成立，也就是

$$F(b) - F(a) = \lim_{\lambda \to 0} \sum_{i=1}^{n} f(\xi_i)\Delta x_i。$$

这说明，这个极限存在，数值为 $F(b) - F(a)$。根据黎曼积分的定义，有

$$\int_a^b f(x)\mathrm{d}x = F(b) - F(a)。$$

命题得证。

2.13　泰勒级数

【泰勒中值定理】如果函数 $f(x)$ 在包含 x_0 的某个开区间 (a,b) 内有 $n+1$ 阶导数，则对任意 $x \in (a,b)$，有

$$f(x) = f(x_0) + f'(x_0)(x - x_0) + \frac{f''(x_0)}{2!}(x - x_0)^2 + \cdots +$$
$$\frac{f^{(n)}(x_0)}{n!}(x - x_0)^n + R_n(x);$$

其中

$$R_n(x) = \frac{f^{(n+1)}(\xi)}{(n+1)!}(x - x_0)^{n+1},$$

ξ 是 x 和 x_0 之间的某个值。

如果选 $x_0 = 0$，则泰勒级数又叫作麦克劳林级数，形式为

$$f(x) = f(0) + f'(0)x + \frac{f''(0)}{2!}x^2 + \cdots + \frac{f^{(n)}(0)}{n!}x^n + \frac{f^{(n+1)}(\xi)}{(n+1)!}x^{n+1}。$$

该定理的证明过程可以在任何一本高等数学书中找到，这里就不给出了。

如果取 $n = 0$，则泰勒级数为

$$f(x) = f(x_0) + f'(\xi)(x - x_0)。$$

这个就是拉格朗日中值定理。因此，泰勒中值定理是拉格朗日中值定理的扩展。

泰勒公式的初衷是用多项式来近似表示函数在某点周围的情况。如果用 n 阶多项式来近似一个函数，其误差为 R_n，称为 n 阶误差余项。

R_n 是 $(x - x_0)$ 的 $n+1$ 次幂，有如下关系成立

$$\lim_{x \to x_0} \frac{R_n(x)}{(x - x_0)^n} = 0,$$

因此，在不需要精确写出余项表达式的时候，也可以把 R_n 写成 $o[(x - x_0)^n]$，意思是比 $(x - x_0)^n$ 高阶的无穷小。

如果用 n 阶多项式来近似一个函数，从误差余项 R_n 可以看出，x 离 x_0 越远，误差就越大。

误差余项的分母上有一个 $(n+1)!$ 的因子。我们都知道，阶乘随着 n 的增长比指数还快，误差余项随着 n 的增加迅速变小。

如果 $f(x)$ 是无穷可微的，泰勒级数就是一个无穷级数，并且在全实数轴上收敛。

例如下面几个重要函数的麦克劳林级数：

$$e^x = 1 + x + \frac{1}{2!}x^2 + \frac{1}{3!}x^3 + \cdots$$
$$\cos x = 1 - x^2/2! + x^4/4! - x^6/6! + \cdots$$
$$\sin x = x - x^3/3! + x^5/5! - x^7/7! + \cdots$$

2.14 多元函数与偏导数

我们前面讲的都是一元函数 $y = f(x)$。在实际中，会经常见到多元函数。我们以二元函数为例：

$$z = f(x, y), (x, y) \in \boldsymbol{D}。$$

其中，$\boldsymbol{D}$ 是函数的定义域，$\boldsymbol{D} \subset \mathbb{R}^2$，是实数平面的点集，所以也把自变量记为 $P = (x, y)$，函数表示为 $z = f(P)$。值域为实数域，$z \in \mathbb{R}$。

对于二元函数，也可以模仿一元函数定义**极限**和**连续**。

【定义：二元函数的极限】设 $P = (x, y)$，$z = f(P)$ 为一个二元函数在 $P_0 = (x_0, y_0)$ 的某一空心邻域内有定义。A 为一个定数。若对任意给的 $\epsilon > 0$，总存在一个 $\delta > 0$，使得当 $|P - P_0| < \delta$ 时有 $|f(P) - A| < \epsilon$，则称 $P \to P_0$ 时 $f(P)$ 的极限为 A，记作

$$\lim_{P \to P_0} f(P) = A。$$

在这个定义当中，用到了距离和空心邻域的概念。实数平面上的距离定义为

$$|P - P_0| - \sqrt{(x - x_0)^2 + (y - y_0)^2}。$$

而邻域 $N(P_0, \delta)$ 定义为

$$N(P_0, \delta) = \{P | P \in \mathbb{R}^2, |P - P_0| < \delta\}。$$

可见，二元函数的极限和可以直接类比一元函数。

不过值得注意的是，$P \to P_0$ 的意思是，P 以任何方式逼近 P_0，而不是以某种特定的方式去逼近。对于一元函数，逼近一个点的路径只有两条，而二元函数逼近一点的路径不是 4 条，而是无穷多条。因此二元函数极限存在的条件实际上比一元函数苛刻得多。

比如二元函数

$$f(x, y) = \begin{cases} \dfrac{xy}{x^2 + y^2} & \text{当 } x^2 + y^2 \neq 0 \\ 0 & \text{当 } x^2 + y^2 = 0 \end{cases}$$

沿着 x 轴和 y 轴逼近点 $(0, 0)$ 时的极限都是 0，但是沿着直线 $y = kx$ 逼近 $(0, 0)$ 时的极限为 $k/(1 + k^2)$，显然极限的值与逼近的路径有关，因此此函数在 $(0, 0)$ 的极限不存在。

二元函数连续的概念和一元函数类似。

【定义：二元函数的连续】$P = (x, y)$。如果函数 $z = f(P)$ 在点 $P_0 = (x_0, y_0)$ 的某个邻域内有定义，并且

$$\lim_{P \to P_0} f(P) = f(P_0),$$

则称 $z = f(P)$ 在点 P_0 处连续。

在一元函数当中定义了导数用于描述函数的变化率，在二元函数当中也可以定义类似的概念。如果极限

$$\frac{\partial f}{\partial x}(x, y)\Big|_{x = x_0} = \lim_{x \to x_0} \frac{f(x, y) - f(x_0, y)}{x - x_0}$$

存在，则称为 f 对 x 的偏导数。

可以看出，偏导数的概念和一元函数的导数是基本相同的，差别仅在于多了另外一个变量 y，而这里的变量 y 在求导的过程中当作常量即可。同样地，也可以对 y 求偏导，这时变量 x 被当作常量

$$\frac{\partial f}{\partial y}(x,y)\Big|_{y=y_0} = \lim_{y \to y_0} \frac{f(x,y) - f(x,y_0)}{y - y_0}。$$

偏导数仍然是一个二元函数，还可以进一步求偏导，得到高阶偏导。

$$f_x(x,y) = \frac{\partial f}{\partial x}(x,y),$$
$$f_y(x,y) = \frac{\partial f}{\partial y}(x,y);$$

则二阶偏导数为

$$\frac{\partial^2 f}{\partial x^2}(x,y) = \frac{\partial f_x}{\partial x}(x,y),$$
$$\frac{\partial^2 f}{\partial y^2}(x,y) = \frac{\partial f_y}{\partial y}(x,y);$$

以及混合偏导

$$\frac{\partial^2 f}{\partial x\,\partial y}(x,y) = \frac{\partial f_x}{\partial y}(x,y),$$
$$\frac{\partial^2 f}{\partial y\,\partial x}(x,y) = \frac{\partial f_y}{\partial x}(x,y)。$$

可以证明

$$\frac{\partial^2 f}{\partial x\,\partial y}(x,y) = \frac{\partial^2 f}{\partial y\,\partial x}(x,y)。$$

也就是说混合偏导与求导的顺序无关。二元函数的偏导和积分可以直接推广到 N 维，这里就不再赘述了。

2.15 后记

1643 年，牛顿出生。而在此时，中国的明王朝正处于风雨飘摇之中，并在第二年灭亡，清朝建立。

1687 年，牛顿的皇皇巨著《数学原理》发表，为人类带来了理性主义，并为工业革命打下了基础。该年是中国的康熙二十六年。

1769 年，清朝乾隆三十四年，詹姆斯·瓦特改良蒸汽机，取得了 "降低火机的蒸汽和燃料消耗量的新方法" 这一专利，标志着工业革命的开始。

此时正值康乾盛世的清王朝，正在上演着《甄嬛传》和《还珠格格》里的故事，对此次思想、技术、产业和社会的变革毫不知情，导致中国近代的落后和列强的入侵。

工业革命的数学基础是牛顿和莱布尼茨独立创立的微积分，并在柯西、维尔斯特拉斯、黎曼、拉格朗日等科学家的努力下，形成了严密、系统的体系。

微积分可以说是人类文明的一大创举。

微积分的思想，在公元前 3 世纪的古希腊就已经诞生。中国魏晋时期（公元 3 世纪）的刘徽也提出了极限的思想，比古希腊晚了 600 年。不过南北朝时期的祖冲之利用这一思想计算圆周率，精确到小数点后 7 位，却比欧洲早了 1 000 年，这常让我们的国人感到自豪。

虽然如此，在随后的一千多年的时间里，虽然几经朝代更迭，但中国始终处于儒家思想的统治之中，没有出现像欧洲的文艺复兴那样的思想解放运动，数学也始终处于停滞的状态。

欧洲人创建微积分，并建立起近代数学理论体系，其哲学根源可以追溯到亚里士多德和欧几里得。

亚里士多德是是柏拉图的学生，而柏拉图又是苏格拉底的学生。

亚里士多德是一位百科全书式的哲学家，就是他什么都懂。他的著作包括了伦理学、形而上学、心理学、经济学、神学、政治学、修辞学、自然科学、教育学、诗歌、风俗，以及雅典宪法。

逻辑学是关于思维规律的科学，亚里士多德是逻辑学的创始人。他系统地研究了三段论，以数学及其他演绎的学科为例，把完全三段论作为公理，由此推导出其他所有三段论法，从而使整个三段论体系成为一个公理系统。

公理（axioms）就是确定的、不需要证明的基本命题，一切定理都由此演绎而出。在这种演绎推理中，每个证明必须以公理为前提，或者以被证明了的定理为前提。

欧几里得用公理化的方法创建了几何学。在他的《几何原本》一书中提出了五大公设，在此基础上用逻辑演绎证明了 467 个命题，把前人片断、零碎的几何知识，连接成为一整套可以自圆其说、前后贯通的知识体系，实现了系统化和条理化。

由亚里士多德和欧几里得所建立的公理系统，对西方人的整个思维方法都有极大的影响，后来成了建立任何知识体系的典范，在差不多两千年间，被奉为必须遵守的严密思维的范例。微积分也是建立在这个思想方法上的。

而与亚里士多德、欧几里得同时代的中国名家代表人物公孙龙，还处于"白马非马"的逻辑混乱当中。成书于东汉的数学名著《九章算术》，以解决生产、生活中的实际数学问题为目的，是 246 个零散的数学问题的集合，其地位无法与《几何原本》相提并论。

是什么原因造成了中西哲学的差异？可能是地理、气候以及由其决定的生产和生活方式吧。

另外，关于牛顿，大家非常熟悉他的那句名言：

如果说我比别人看得更远一些，那是因为我站在了巨人的肩上。

这让我们看到了一个虚怀若谷，和蔼可亲的科学大家的形象。

而实际上，牛顿是一个典型的市侩。他独断专行，争名夺利，和所有的同行都搞不好关系。

在与莱布尼茨争夺微积分的发现权的争斗中，牛顿指责莱布尼茨剽窃了他的成果，并且操纵皇家学会出版调查报告，正式谴责莱布尼茨剽窃。莱布尼茨死后，牛顿扬言他为伤透了莱布尼茨的心而洋洋得意。

这次争论，导致英国和欧洲大陆数学界的对立，也使英国的数学研究停滞了一个多世纪。

牛顿的道德水准这里不做评价，但他仍然是人类历史上最伟大的科学家和思想家之一。

第3章 信号与系统

3.1 "信号与系统"是一门什么样的课程

信号与系统在大学里面是一门专业基础课程。所谓的专业基础课程，就是介于基础和专业之间。我们知道，最为基础的学科是数学，其次为物理。而专业有很多门类，工科当中包括了机械、电子、土木、化工等几大类，进一步细分包括机械、仪器、控制、汽车、航空、航天、船舶、土木、建筑、热能、电子、通信、电机、计算机等各个专业学科。不同的学科所研究的对象，不管是汽车发动机，还是电路，都可以抽象成一个系统。一个系统，有输入信号，也有输出信号，输入和输出之间满足一定的关系。信号与系统，就是研究系统的输入和输出之间的变化规律的科学。因此，信号与系统，是基础科学和专业学科之间的桥梁，是多数工科专业的必修课程。

系统的输入和输出，如果可以用数量来表达，就称为信号。这里的输入和输出，可以为任何的物理量，比如电压、电流、压力、温度、能量、位移、速度，等等。关键是，这些物理量能够表示为随时间变化的数量。这样的话，一个具体的设备或者装置就可以抽象成一个数学模型。这门学问的任务就是研究输入和输出之间的数学上的变化规律。

比如音箱就可以作为一个系统来进行研究。它的输入为音频电信号，这个电信号可以由任何一种播放器产生，如 iPod、DVD、计算机等。它的输出为我们听到的声音信号，也就是空气的振动。如果音箱的品质上乘，就可以高保真地还原美妙的音乐。反之，就会出现嘈杂的噪音，甚至出现尖锐的嚣叫。

3.2 连续系统与离散系统

下面从简单的单输入单输出连续系统开始介绍。如图 3.1 所示，系统有一个输入信号，表达为 $x(t)$，一个输出信号，表达为 $y(t)$，输入和输出信号之间存在一定的关系，表达为

$$y(t) = H\{x(t)\}.$$

这就是一个概念化的表达方法。

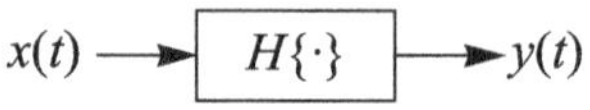

$$x(t) \longrightarrow \boxed{H\{\cdot\}} \longrightarrow y(t)$$

图 3.1 连续系统

相信大家已经熟悉了函数的概念。对于一个函数 $y = f(x)$，与这里的系统有什么不同？

从公式上看它们非常相似，不同之处仅在于系统的输入、输出信号都是时间变量 t 的函数。但是就是这一点不同，足以形成一门独立的学科。

函数表达的是因变量 y 随着自变量 x 的变化规律，而 x 和 y 本身是静态的。在系统当中，因为有时间变量的存在，输入和输出都是随着时间变化的，其表达的相互关系不只是某一个时刻的关系，而是一段时间内的关系。

更具体一点地说，在某一时刻系统的输出值，不仅与该时刻的输入有关，还可能与历史的输入有关。

习惯了函数思维的同学，需要在这个方面加以注意。

刚才讲的系统，输入和输出都是连续时间 t 的函数，这种系统我们一般叫作**连续系统**。

相信大家经常能够听到数字革命、数字地球等概念，如今我们的世界已经是一个数字的世界。

世界本来是模拟的，可是我们要把它转化成数字去处理。

下面来辨析两组相对的名词：**连续**（continuous）和**离散**（discrete），**模拟**（analog）和**数字**（digital）。

我们已经讨论了连续信号是以连续时间变量 t 为自变量的函数，以连续信号为输入输出的系统就是连续系统。而离散信号的自变量为整数 n，一般而言，离散信号可以由连续信号在离散的时间点上取样获得。

一个均匀采样的离散信号，表达为

$$x[n] = x(n\Delta t)。$$

这里采用了方括号表示离散信号，而模拟信号采用圆括号，以避免产生歧义。

$x(n)$ 表示模拟信号在 $t = n$ 时刻的值，而 $x[n] = x(n\Delta t)$，大家要注意这个区别。这些细节性的东西其实很重要，只有在每个细节上都注意到了，才能够对信号的连续性与离散性有深刻的认识。

n 是整数，可以为正，可以为零，也可以为负。

$x[n]$ 和 $x[n+1]$ 之间没有定义，不存在 $x[n+0.5]$，虽然模拟信号 $x((n+0.5)\Delta t)$ 是有定义的。

连续和离散，是从自变量的角度去区别的。

模拟信号的取值范围是实数域，而计算机内的信号叫数字信号，是用有限位的 0 和 1 来表达一个值，有一定的表示精度。

模拟和数字，是从因变量的取值上去区别的。

连续信号经过采样成为离散信号，这个时候还是模拟的，再经过 A/D 转换器后用有限的位数去表达从而成为数字信号。

基本上所有的离散信号都会进行数字化处理，所以连续和模拟，离散和数字，经常被混为一谈，一般不会造成理解上的困难。

如图 3.2 所示，模拟世界与数字世界是通过 A/D 和 D/A 连接的。A/D 就是模拟到数字（Analog to Digital）转换器，而 D/A 是数字到模拟（Digital to Analog）转换器。模拟信号通过 A/D 转换为数字信号后，在数字系统当中进行处理，处理的结果通过 D/A 输出到模拟系统。

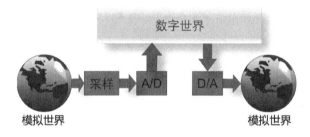

图 3.2 模拟世界与数字世界

模拟系统到数字系统的转变，或者叫作数字革命，是由强大的摩尔定律推动的。

摩尔定律是指集成电路每过 18 个月，性能提高一倍或者价格降低一倍。这种指数级的发展使得几乎所有的电子设备都包含了数字处理器，包括我们的计算机、手机、电视机、音乐播放器、电子秤、体温表，以及无线基站、交换机、路由器等通信基础设施。

一个单输入，单输出的离散系统如图 3.3 所示。

输入信号 $x[n]$，经过离散系统的变换后，输出信号为 $y[n]$，其中 n 为整数，可以记作

$$y[n] = H\{x[n]\}。$$

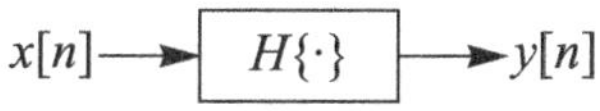

$$x[n] \longrightarrow \boxed{H\{\cdot\}} \longrightarrow y[n]$$

图 3.3 离散系统

3.3   线性系统

线性系统是所有系统当中最重要的概念。

有多重要？除非你专门研究非线性系统，你接触到的所有的实际系统都是线性系统。即使是非线性系统，也先进行线性化后再讨论。

为什么这么做？这是因为线性系统比非线性系统简单很多，有成熟的理论可以应用，而非线性理论没有成熟。因此，线性系统的重要性无论如何强调都是不过分的。

线性系统是指具有下面两个性质的系统。

对于连续系统，有

$$H[x_1(t) + x_2(t)] = H[x_1(t)] + H[x_2(t)];$$
$$H[\alpha \cdot x(t)] = \alpha \cdot H[x(t)].$$

其中，$x_1(t), x_2(t)$ 分别为两个输入信号，α 是一个标量系数，可以狭义地理解为实数。

对于离散系统，有

$$H\{x_1[n] + x_2[n]\} = H\{x_1[n]\} + H\{x_2[n]\};$$
$$H\{\alpha \cdot x[n]\} = \alpha \cdot H\{x[n]\}.$$

其中，$x_1[n]$ 和 $x_2[n]$ 分别为两个输入离散信号，α 是一个标量系数。

第一个性质是叠加性，意思是指系统对两个信号的和的输出，等于两个信号输出的和；第二个性质是数乘性，如果输入信号放大 α 倍，则输出信号也放大 α 倍。

举一个线性连续系统的简单例子，如放大器

$$y(t) = k \cdot x(t),$$

其中，k 为放大系数。不难验证，这是一个线性系统。

而

$$y(t) = x(t)^2$$

是一个非线性系统。

离散系统的例子也是类似的，就不具体给出了。

3.4   时/移不变系统

时不变系统是指具有下面性质的连续系统：

如果 $y(t) = H\{x(t)\}$，则 $y(t - \tau) = H\{x(t - \tau)\}$。

意思是说，如果输入信号延时了一段时间 τ，那么输出信号也延时相同的时间。

还没有搞清楚系统和函数的区别的同学可能会问：把 $t - \tau$ 代入 $y(t) = H\{x(t)\}$，自然就是 $y(t - \tau) = H\{x(t - \tau)\}$，难道不是吗？为什么还需要特别定义？

在函数的概念里面，函数是固定的，这种变量的代换可以随便做。然而对于一个系统，它对输入信号的响应可能随着时间的变化而变化。以音箱为例，刚才还是立体声呢，过了一会儿变成单声道了，因为其中的一个声道坏掉了，也就是说系统随着时间发生了变化。如果系统不随时间发生变化，就是时不变系统。

实际的系统一般是时变系统，但是我们通常把时变系统当成短时间内不变的时不变系统来处理。

与时不变系统对应，在离散系统当中叫**移不变系统**，需要满足下面的要求：

如果 $y[n] = H\{x[n]\}$，则 $y[n + m] = H\{x[n + m]\}$。

其中，m, n 都是整数。

因为离散系统已经没有了时间的变量，而是用一个序号作为自变量，因此叫作移（动）不变系统。

和时不变系统一样，还是请大家注意不要把系统 H 理解成一个函数。

3.5　线性系统对激励的响应

我们也把输入信号叫作激励，把输出信号叫作响应。本节介绍当把一个信号输入给一个线性系统的时候，它的输出信号是怎么样的。

因为离散系统比较容易理解，我们先讲离散系统对激励的响应。

3.5.1　离散 δ 信号

离散 δ 信号是这样定义的：

$$\delta[n] = \begin{cases} 1 & \text{当 } n = 0 \\ 0 & \text{当 } n \neq 0 \end{cases}。$$

在模拟领域，一般用信号或者函数的名称；而在数字领域，一般称离散信号或者序列，所以上面表达的信号叫作离散冲激序列，如图 3.4 所示。

3.5.2　离散卷积

任何一个离散信号 $x[n]$ 都可以表达成如下的形式

$$x[n] = \sum_{k=-\infty}^{\infty} x[k]\delta[n - k]。$$

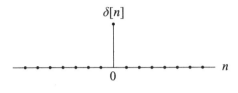

图 3.4 离散冲激序列

这是因为在右边的和式当中，只有 $k = n$ 的时候 $\delta[n-k] = 1$，其余都为零，因此求和后是 $x[n]$。

如果一个离散系统 $H\{\cdot\}$ 是一个**线性系统**，根据其性质，则可得

$$y[n] = H\{x[n]\} = H\{\sum_{k=-\infty}^{\infty} x[k]\delta[n-k]\} = \sum_{k=-\infty}^{\infty} x[k]H\{\delta[n-k]\}.$$

我们做如下定义

$$h[n] = H\{\delta[n]\}.$$

如果该系统进一步是一个**移不变系统**，则有

$$h[n-k] = H\{\delta[n-k]\}.$$

代入前面的公式得到

$$y[n] = \sum_{k=-\infty}^{\infty} x[k]h[n-k]. \tag{3.1}$$

这个公式就是著名的离散卷积，也记作

$$y[n] = x[n] * h[n].$$

$h[n]$ 叫作系统的冲激响应，反映了系统的特性，而系统的输出是输入和冲激响应的卷积。

很多教科书在讲卷积的时候，会提到先把冲激响应 $h[n]$ 反褶，许多同学对这个反褶总是不理解。也有细心的同学会发现下面的式子也是成立的：

$$x[n] = \sum_{k=-\infty}^{\infty} x[k]\delta[k-n].$$

那么岂不是有

$$y[n] = \sum_{k=-\infty}^{\infty} x[k]H\{\delta[k-n]\} = \sum_{k=-\infty}^{\infty} x[k]h[k-n]?$$

那么这样就不需要反褶了?

但是上面这个式子是不对的,问题出在 $H\{\delta[k-n]\}$ **并不等于** $h[k-n]$。移不变系统并不是反褶不变,也就是说

$$H\{\delta[-n]\} \neq h(-n)。$$

而实际上,因为

$$\delta[-n] = \delta[n],$$

所以

$$H\{\delta[k-n]\} = H\{\delta[n-k]\} = h[n-k]。$$

结论和以前一样。从这个例子可以看出,我们的感觉有时候是错误的,可靠的结论还是需要严密的逻辑去保证。

图 3.5 比较清楚地给出了离散卷积的计算过程。为了绘图的清晰,在这里我们假设输入信号只有两个脉冲,并且隔得比较远。第一个脉冲产生了一个响应 $x[0]h[n]$,第二个脉冲位于位置 k,产生的响应为 $x[k]h[n-k]$,把两个响应求和之后就是系统的输出,也就是卷积运算。

根据对图示的理解,对照离散卷积公式(3.1),这样来记:输入信号位于位置 k 的脉冲强度为 $x[k]$,产生的响应为 $x[k]h[n-k]$,然后对 k 求和就得到卷积运算。

如果系统是一个因果系统……

因果系统就是,如果没有信号输入,则系统就没有输出,即

$$h[n] = 0 \quad (n < 0)。$$

因此,如果是因果系统,n 时刻系统的输出信号只与该时刻之前的输入信号有关,而和该时刻之后的输入信号无关,因此,求和的上限可以取为 n

$$y[n] = \sum_{k=-\infty}^{n} x[k]h[n-k]。$$

还是要强调一下,在离散卷积的推导过程当中,用到了线性系统和移不变的条件,这是卷积成立的前提。

对于非线性系统,卷积就不适用了。

对于移变线性系统,线性条件还满足,只是冲激响应随着输入信号的时刻在发生变化,只要在冲激响应上增加一个表示移变的变量就可以了。如果 $h_k[n]$ 表示 k 时刻系统的冲激响应,则系统的输出为

$$y[n] = \sum_{k=-\infty}^{\infty} x[k]h_k[n-k]。$$

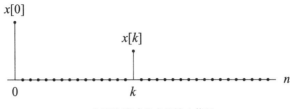

(a) 由两个脉冲组成的输入信号

(b) 第一个脉冲的响应

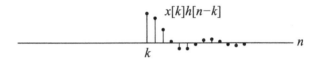

(c) 第二个脉冲的响应，相比第一个脉冲的响应，位置向右移动了 k

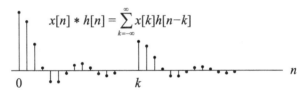

(d) 叠加起来就是离散卷积运算

图 3.5 离散卷积

3.5.3　连续 δ 函数

类似于离散 δ 函数，连续信号也存在"δ 函数"，也叫作"狄拉克函数"或者"冲激函数"。

连续 δ 函数要比离散 δ 函数难理解一些，它是这样定义的

$$\begin{cases} \int_{-\infty}^{\infty} \delta(t)\mathrm{d}t = 1 \\ \delta(t) = 0 \quad t \neq 0 \end{cases} \quad 。$$

也就是说，冲激函数零点的值为无穷，除此之外其他位置的值都是零，而在无穷时间上的积分为单位 1。实际当中并不存在这样的信号，但是冲激信号具有数学上的

意义，并且在信号分析领域占据举足轻重的地位，读者在后续的内容中可以了解到它的作用。

冲激信号可以用一个信号序列去"逼近"。比如图 3.6 当中的矩形脉冲序列和三角脉冲序列。每个矩形脉冲和三角脉冲的面积保持为 1，当脉冲的宽度趋向于零的时候，就"逼近"一个冲激函数。

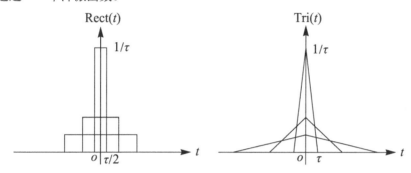

图 3.6 用矩形脉冲和三角脉冲逼近 δ 函数

这里用"逼近"这个词其实是不妥当的，所以加了一个引号。在数学里面，逼近的意思是，对于一个序列，有一个固定的值，当序列元素的序号大于某个值之后，虽然不一定能够取到这个值，但是序列元素与这个固定值的误差可以任意小。这个固定的值叫作序列的极限。

在这里的矩形脉冲序列当中，是没有一个固定的极限值的。实际上，冲激函数在零点的值为无穷，更严格地说，属于没有定义。冲激函数严格说来也算不上一个函数，人们给它起了一个诡异的名字——奇异函数。

引入冲激函数的目的，在于模仿实际系统当中持续时间极短，但取值极大的信号，如锤击力、闪电等。描述这些信号，如果用其实际的波形去描述，就会堕入纷繁的不重要的细节当中而失去重点，因为实际的波形有无数种。δ 函数则体现了这类信号的实质特征，除了一点无穷大，其他值都为零。这一点无穷大的值，无法用常规方法去定义，而是用积分去描述。

有人会有疑问，为什么不像离散 δ 信号一样，这样来定义 δ 函数：

$$
\begin{cases}
\delta'(t) = 1 & \text{当 } t = 0 \\
\delta'(t) = 0 & \text{当 } t \neq 0
\end{cases}
$$

这里的 "'" 号是为了表示符号的区别，而不是导数的意思。这样不是很简单直观吗？为什么要引入无穷大这么让人难以捉摸的东西？

这是因为系统对冲激函数的响应是非常重要的，而 $\delta'(t)$ 的能量为零

$$\int_{-\infty}^{\infty} \delta'^2(t)\mathrm{d}t = 0,$$

无法激励起一个实际的系统。而 $\delta(t)$ 的能量为无穷大，激励任何的系统都没有什么困难

$$\int_{-\infty}^{\infty} \delta^2(t)\mathrm{d}t = \delta(0) = \infty。$$

δ 函数是偶函数，也就是

$$\delta(t) = \delta(-t)。$$

δ 函数具有对信号抽样的特性，如下面的公式所描述

$$\int_{-\infty}^{\infty} x(t)\delta(t - t_0)\mathrm{d}t = \int_{-\infty}^{\infty} x(t_0)\delta(t - t_0)\mathrm{d}t = x(t_0)。$$

$\delta(t - t_0)$ 是位于 t_0 时刻的一个冲激，信号 $x(t)$ 与之相乘并积分后，得到信号在 t_0 的值。

把上式做变量替换，$t = \tau, t_0 = t,$ 成为

$$x(t) = \int_{-\infty}^{\infty} x(\tau)\delta(t - \tau)\mathrm{d}\tau。 \tag{3.2}$$

积分也就是求和的意思。也就是说，任何一个函数 $x(t)$，都可以写成一系列不同时移的冲激函数 $\delta(t - \tau)$ 的加权和的形式。

3.5.4　连续卷积

介绍了 δ 函数之后，回过头再来讨论如何求系统的输出信号。

连续卷积和离散卷积的原理和过程是相似的，大家可以对比着看。

我们先来推一推公式。

假如一个系统 $y(t) = H\{x(t)\}, x(t)$ 是输入信号，$y(t)$ 是输出信号。该系统对于 δ 信号的响应为 $h(t)$，也就是

$$h(t) = H\{\delta(t)\}。$$

利用 3.5.3 节刚得到的公式（3.2），有：

$$y(t) = H\{x(t)\}$$
$$= H\{\int_{-\infty}^{\infty} x(\tau)\delta(t - \tau)\mathrm{d}\tau\}$$
$$\text{线性：} = \int_{-\infty}^{\infty} x(\tau)H\{\delta(t - \tau)\}\mathrm{d}\tau$$

$$时不变性： = \int_{-\infty}^{\infty} x(\tau)h(t-\tau)\mathrm{d}\tau。$$

注意，在公式的推导过程当中用到了系统的线性和时不变性。

我们从另外一个角度再来看一看这个问题。

假设系统的输入信号 $x(t)$ 是一个连续信号。学习过微积分的读者都知道，一个连续信号可以用多段的阶梯信号去逼近，如图 3.7 所示，把横坐标 t 划分成很多的小段，每段内的信号水平相差不多，可以选择一个数值作为代表，这样就形成一个阶梯信号。当每个小段的长度都趋近于零的时候，阶梯信号就逼近了输入信号 $x(t)$。

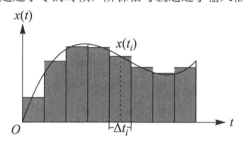

图 3.7 连续信号用阶梯信号逼近

当把这个阶梯信号作为系统输入的时候，每个小的阶梯就会产生一个输出信号。由于此阶梯信号是所有小阶梯信号的和，因此，所有小的阶梯信号的输出信号的和就是此阶梯信号作为系统输入的输出信号。这里必须要说明的是，这个结论成立的前提是在线性系统中，线性系统对"和信号"的响应，等于对每个信号响应的和。这个结论对非线性系统就不成立了，同学从这里可以体会到线性系统的重要性。

假设一共有 N 个阶梯，第 i 个阶梯的信号的值为 $x(t_i)$，阶梯的宽度为 Δt_i，则这个矩形脉冲的面积为 $x(t_i)\Delta t_i$。我们在阶梯宽度符号下面加了一个下标，表示每个阶梯宽度可以是不同的。而一般情况下采用相同的阶梯宽度值比较方便。

如果系统对一个中心位于零点，宽度为 Δt_i，面积为 1 的矩形脉冲的输出为 $h_i(t)$（注意，加了一个下标 i，以表示与冲激响应的区别），则对同样宽度，面积为 $x(t_i)\Delta t_i$ 的脉冲信号的输出为 $x(t_i)\Delta t_i h_i(t)$。这个结论根据线性系统的数乘性可以得到。

让单位面积的矩形脉冲的宽度趋向于零，那么就变成了冲激信号 $\delta(t)$，系统对它的响应 $h_i(t)$ 也逼近冲激响应 $h(t)$，那么 $x(t_i)\Delta t_i h_i(t)$ 就逼近 $x(t_i)\Delta t_i h(t)$。

第 i 个阶梯的信号的位置不在零点，而是在 t_i 的位置。如果该线性系统进一步是一个时不变系统，则系统的响应也相应右移 t_i，也就是 $x(t_i)\Delta t_i h(t-t_i)$。

把所有对这些小脉冲的响应累加起来，$\sum_{i=1}^{N} x(t_i)\Delta t_i h(t-t_i)$ 就是系统对阶梯信号的响应。把这个累加和取极限，让所有的 Δt_i 趋向于零，就得到系统对 $x(t)$ 的响应

$$y(t) = \lim_{\Delta t_i \to 0} \sum_{i=1}^{N} x(t_i)\Delta t_i h(t-t_i) = \int_{-\infty}^{\infty} x(\tau)h(t-\tau)\mathrm{d}\tau。$$

结论和前面的公式推导是相同的。这个积分就是著名的卷积运算，也记作

$$y(t) = x(t) * h(t)。$$

如果进一步地，该系统是一个因果系统……

因果系统就是如果没有信号输入，系统就没有输出，也就是

$$h(t) = 0, \quad t < 0。$$

因此，如果是因果系统，t 时刻系统的输出信号只与该时刻前的输入信号有关，而和该时刻之后的输入信号无关，因此，积分的上限可以取为 t

$$y(t) = \int_{-\infty}^{t} x(\tau)h(t-\tau)\mathrm{d}\tau。 \tag{3.3}$$

到这里，同学们也可以发现冲激信号和冲激响应为什么会这么重要：有了输入信号和冲激响应，线性系统的输出就被完全决定了。

也就是说，线性系统对冲激信号的响应，完全反映了系统的特性。

卷积是信号处理当中最基础的运算，是必须要掌握的。很多教科书都介绍了卷积积分的多少个步骤、反折、平移、相乘、积分，等等，但是很多人还是记不住积分的公式。死记硬背是很难的，虽然暂时记住了，但过了一会儿又会忘了。但是如果理解了卷积的推导过程，按照证明过程自然就可以把公式写出来了，根本不用记，而且肯定不会错。

我们对照公式（3.3），这样来读：

- $y(t)$ 是 t 时刻系统的输出信号；

- 它是由 t 时刻之前的输入信号的无数的小冲激脉冲引起的，因此积分上限为 t；

- 积分变量用 τ 表示；

- 时刻 τ 处的一个冲激脉冲，强度为 $x(\tau)\mathrm{d}\tau$；

- 它引起的系统的输出为 $x(\tau)\mathrm{d}\tau \cdot h(t-\tau)$。$t-\tau$ 的意思是，把冲激响应的波形右移了 τ；

- 积分起来就行了。

在卷积积分的推导过程当中，不要忘记我们用到了线性系统的条件，还有时不变系统的条件。

对于非线性系统，卷积就不适用了。我见过研究非线性系统的同学还在使用卷积，他就是把前提条件给忘了。

对于时变线性系统，线性条件还满足，只是冲激响应随着输入信号的时刻在发生变化，只要在冲激响应上增加一个表示时变的变量就可以了。如果 $h_\tau(t)$ 表示 τ 时刻系统的冲激响应，则系统的输出为

$$y(t) = \int_{-\infty}^{t} x(\tau)h_\tau(t - \tau)\mathrm{d}\tau.$$

3.6 卷积的性质

卷积的几个基本性质，连续卷积和离散卷积都适用。

交换率：

$$x_1(t) * x_2(t) = x_2(t) * x_1(t);$$
$$x_1[n] * x_2[n] = x_2[n] * x_1[n]。$$

因为

$$x_1(t) * x_2(t) = \int_{-\infty}^{\infty} x_1(\tau)x_2(t - \tau)\mathrm{d}\tau,$$

把积分变量 τ 更换为 $t - \lambda$，$\tau = t - \lambda$ 则

$$x_1(t) * x_2(t) = \int_{-\infty}^{\infty} x_2(\lambda)x_1(t - \lambda)\mathrm{d}\lambda = x_2(t) * x_1(t)。$$

离散系统的证明过程也是类似的。

分配率：

$$x_1(t) * [x_2(t) + x_3(t)] = x_1(t) * x_2(t) + x_1(t) * x_3(t);$$
$$x_1[n] * [x_2[n] + x_3[n]] = x_1[n] * x_2[n] + x_1[n] * x_3[n]。$$

根据线性系统的叠加性，这个性质也很容易理解。

结合率：

$$[x_1(t) * x_2(t)] * x_3(t) = x_1(t) * [x_2(t) * x_3(t)];$$
$$[x_1[n] * x_2[n]] * x_3[n] = x_1[n] * [x_2[n] * x_3[n]]。$$

意思就是把 x_1 作为输入信号，经过系统 x_2 得到输出信号，再作为系统 x_3 的输入信号得到一个输出信号，也就等于把 x_1 作为输入信号，经过系统 $x_2 * x_3$ 得到输出信号。请同学们自己证明吧。

与冲激函数卷积：

$$\delta(t) * x(t) = x(t) * \delta(t) = x(t);$$

$$\delta[n] * x[n] = x[n] * \delta[n] = x[n]。$$

一个函数和冲激函数的卷积是其本身。$\delta(t) * x(t)$ 的意思是冲激信号作为输入，经过冲激响应为 $x(t)$ 的系统，得到的当然应该是其冲激响应 $x(t)$。$x(t) * \delta(t)$ 的意思是 $x(t)$ 作为输入信号，经过冲激响应为 $\delta(t)$ 的系统，输出信号与输入信号相同。对于离散系统原理也是类似的。

第4章 复变函数

马上就要讲傅里叶分析了，而在这之前，我们需要补充复数和复变函数的知识，这些知识是傅里叶分析的基础。

4.1 从实数到复数

引入复数的概念是为了解决数学发展过程当中的矛盾。我们知道，二次方程

$$x^2 + 1 = 0$$

在实数范围内没有解。为了使这个方程有解，引入**虚数**单位

$$\mathrm{i} = \sqrt{-1},$$

也就是虚数单位 i 满足条件

$$\mathrm{i}^2 = -1。$$

引入虚数单位后，刚才的方程就有了两个解 $x = \mathrm{i}$ 和 $x = -\mathrm{i}$。

我们定义

$$z = x + \mathrm{i}y$$

为**复数**，其中 x 和 y 为任意的实数，分别称为复数 z 的**实部**和**虚部**，记为

$$x = \Re(z), \quad y = \Im(z)。$$

假设有两个复数 $z_1 = x_1 + \mathrm{i}y_1, z_2 = x_2 + \mathrm{i}y_2$，它们相等的充分必要条件是 $x_1 = x_2$，$y_1 = y_2$，也就是

$$z_1 = z_2 \iff x_1 = x_2, y_1 = y_2。$$

每一个复数 $z = x + \mathrm{i}y$ 都对应二维平面上的一个点 (x, y)，我们把这个平面叫作**复平面**，也叫**高斯平面**，如图 4.1 所示。

因为复数对应复平面上的点，因此也可以用模和辐角来唯一表示

$$r = |z| = \sqrt{x^2 + y^2}, \tan\theta = \frac{y}{x},$$

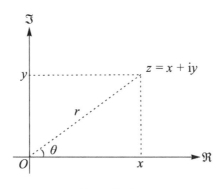

图 4.1 复平面

其中 r 是复数的模，θ 是辐角，记作 $\arg(z) = \theta$。

这样看来，一个复数相当于两个实数。但是如果仅仅为了表达两个实数，把两个实数写成一个矢量 (x, y) 就可以了，没有必要引入复数的概念。对于复数，除要求它表达两个实数外，还要求它能够像实数一样进行加减乘除四则运算。

4.2 复数的四则运算

复数的四则运算定义如下。

加法：
$$z_1 + z_2 = x_1 + x_2 + \mathrm{i}(y_1 + y_2);$$

减法：
$$z_1 - z_2 = x_1 - x_2 + \mathrm{i}(y_1 - y_2);$$

乘法：
$$z_1 \cdot z_2 = x_1 x_2 - y_1 y_2 + \mathrm{i}(x_1 y_2 + x_2 y_1);$$

值得说明的是，复数的乘法遵循多项式乘法的原则，并且应用了虚数的定义 $\mathrm{i}^2 = -1$。

在定义复数的除法之前，我们先定义共轭复数：

假设有一个复数 $z = x + \mathrm{i}y$，其共轭复数为
$$\overline{z} = x - \mathrm{i}y。$$

根据乘法和共轭复数的定义，显然有
$$z\overline{z} = x^2 + y^2。$$

除法:

如果 $z_2 \neq 0$, 则

$$\frac{z_1}{z_2} = \frac{z_1 \bar{z}_2}{z_2 \bar{z}_2} = \frac{x_1 x_2 + y_1 y_2}{x_2^2 + y_2^2} + \mathrm{i} \frac{-x_1 y_2 + x_2 y_1}{x_2^2 + y_2^2}。$$

4.3 虚数 i 是怎样的一个数

经常有同学对虚数的概念感到困惑,它究竟是不是数呢?如果是,则是一个什么样的数呢?

如果你有这样的困惑,则大可不必有任何的烦恼,因为这也是曾让世界上优秀的数学家们困惑了很多年的问题。

我想,这样的烦恼来自于大家已经建立起来实数的概念。任何一个实数,无论是正还是负,其平方都是非负的。现在说有一个数的平方是 -1,这当然会让人产生困惑。有同学会问,你能告诉我 -1 的平方根是怎么算出来的吗?

我不能告诉你,因为虚数 i 不是算出来的,而是规定出来的。这就是传说当中的**定义**。

定义是一个知识体系的开始,是基础。由于有了虚数 i 的定义,因而产生了复变函数这门学科,现代的力学、电磁学、信号处理都建立在复变函数的基础之上。

为了更好地理解虚数的概念,我们回顾一下数的历史。

人们最先用到的数叫**自然数**,就是 $1, 2, 3, 4, 5, \cdots$ 这样数下去。家里有几口人,养了几头牛、几只鸡,心里要有数。

有的穷人家徒四壁,你问他家里有几头牛,他怎么回答你呢?于是就有了 0,代表没有。

家里本来只有一头牛,生了一头小牛变成两头了,于是产生了加法 $1 + 1 = 2$。第二天邻居把牛借去耕地,家里又只剩下一头牛了,于是产生了减法 $2 - 1 = 1$。

有了减法,却出现了一个问题,在已有的数的概念(自然数和零)内,不是所有的数都可以相减,被减数一定要比减数大才可以。例如 $2 - 1 = 1$,那么 $1 - 2 = ?$。于是产生了**负数**,规定如果被减数小于减数,就把它们倒过来减,然后加一个负号,这就是负数的定义。例如 $1 - 2 = -(2 - 1) = -1$。

类似地,人们还定义了乘法和除法。为了解决任意两个整数(除数不为零)的除法,定义了**分数**。

人们曾经以为,有了分数之后,所有的数都已经找到了。

但是后来发现,边长为 1 的正方形的对角线的长度为 $\sqrt{2}$,无法用一个分数去表达。

我们证明一下这个结论,这其实是一道高中数学题。

假如

$$\sqrt{2} = \frac{p}{q},$$

其中，p, q 是两个不可约的整数，就是不包含共同的整数因子，则

$$p^2 = 2q^2.$$

也就是说，p 是一个偶数。把 p 写成

$$p = 2m,$$

其中 m 是一个整数，则

$$q^2 = 2m^2.$$

也就是说，q 也是一个偶数。

这与先前的假设 p, q 不可约相矛盾。因此，$\sqrt{2}$ 不能表达为分数。

人们把不能表达为分数的数称为**无理数**，觉得这样的数无法理解，没有道理，甚至有人因为发现了无理数而丧命。无理数给人们带来的困惑，称为**第一次数学危机**。

当人们认识到无理数的存在之后，把数的概念推广到了实数，建立了实数与直线（实数轴）上的点的一一对应关系：一个实数，对应实数轴上的一个点。

为什么先前人们会觉得分数或者叫有理数，可以表示所有的数呢？这是因为任意一个数，都可以用一个有理数无限逼近。用数学语言去说，就是有理数在实数轴上是**稠密**的。

【定义：稠密】有集合 $A \subseteq B$，$x_0 \in B$。如果 B 当中的任意一个邻域 $N(x_0, \delta)$，$\delta > 0$，都存在一个 $x_1 \in A$ 使得 $x_1 \in N(x_0, \delta)$，则称集合 A 在集合 B 中稠密。

以实数轴上的任何一个点为中心，做一个任意小的开区间，这个区间内一定有至少一个，实际上是无穷多个有理数，所以用有理数可以任意逼近任何一个点，也就是有理数在实数当中是稠密的。

但是有理数集合不是**完备**的。

完备也是一个数学概念。

【定义：完备】假设 $x_1, x_2, x_3, \cdots$ 是集合 S 当中的序列，如果对于任意的 $\epsilon > 0$，都存在正整数 N，使得当 $m > N, n > N$ 时，有 $|x_m - x_n| < \epsilon$ 成立，则称此序列为柯西序列。如果所有的柯西序列收敛，也就是 $\lim\limits_{n \to \infty} x_n = A \in S$，则称 S 完备。

我们现在知道了 $\sqrt{2} = 1.4142135623731\cdots$ 是一个无理数。

我们构造这样的一个序列 $1.4, 1.41, 1.414, 1.4142, \cdots$ 序号每增加 1，就在 $\sqrt{2}$ 上多取一位有效数字。这个序列是一个有理数列，而且随着序号的增加，相邻两项的差也趋向于零，是一个柯西序列。但是这个序列收敛到 $\sqrt{2}$，是一个无理数。也就是说，在有理数的集合里面，序列是不收敛的，所以有理数集合不完备。

柯西序列，随着序号的增加，相邻项的距离越来越小，从我们的感觉上来说，它应该有一个极限。但是对于一个不完备的集合，这个极限点却可能不在这个集合里面，就变成了无极限了。这让我们感觉很不好，那么就把这些极限点都包括进来，形成一个更大的集合，这样柯西序列就收敛了，这个更大的集合就是一个完备的集合。

这里讲了一些实数论的东西，一是因为这些概念非常重要，我们后续会用到；二是因为我们要从实数的发展过程梳理一下概念的发展逻辑。

自然数是最早的数，后来出现了零和负数，自然数的概念扩展到了整数。

这种扩展其实有两个要求，一是保持概念的连贯性，扩展后的概念不能和原有的概念相矛盾，在整数集合当中，原有的自然数的规律仍然保持。二是解决原有概念所无法解决的问题，比如负数的出现为了解决减法的问题。

后续扩展到分数、实数，也都遵循了这两个原则。

保持概念的连贯性是一个基本要求。比如在自然数集合里面有 $1+1=2$ 的结论，如果新的概念说 $1+1=3$，就与原来的概念冲突了，就没有了连贯性。这也就是意味着原来建立起来的理论体系就要被推倒重来。从哲学上看，这也违背了继承和发展的原则。当然，要实现这一点需要原来的理论是相对的真理而不是谬误，如果是谬误则只能推倒重来。关系到科学哲学的话题就不进一步展开了。

同时，我们也应该注意到，概念的扩展部分是为了解决原有概念所不能解决的问题，因此扩展部分不遵循原有概念的规律，也是非常自然的。比如零，就是表示没有。如果思维局限在自然数的范畴，就会问"零到底是 1, 2, 3, 还是 4, 5, 6？"实际上它谁也不是，就是零。

最后，扩展的概念是要用来解决问题的。例如对自然数做一个概念扩展，并且保持概念的连贯性，说"1 是黄色的"，因为是定义，并与以前的概念并不冲突，因此不能说它是错的。但是这种定义未必有用，没有用也就会无疾而终了。

我们回过头来看虚数单位 i，它是为了解决方程 $x^2+1=0$ 在实数范围内没有根的问题而引入的，规定 $i^2=-1$。

如果你问"i 是什么数？"我的回答是，"i 就是 i，$i^2=-1$"。这是概念，是定义，是规定。

可能有人不满意，再多说一句，"i 不是实数。"

实数和实数轴上的点一一对应，一个基本的特征就是能够比较大小，实数轴右边的数比左边的数大。因为 i 不是实数，所以它也不能够比较大小。

如果局限于实数的思维，就会问"i 是正还是负？"其实它什么都不是。我们用反证法，假设

$$i > 0,$$

两边都乘以 i，因为 i 是正数，大于号的方向应保持不变，得到

$$i^2 = -1 > 0,$$

这显然是不对的。

反过来，假如

$$i < 0,$$

两边都乘以 i，因为 i 是负数，小于号应该改变方向，仍然得到

$$i^2 = -1 > 0。$$

所以 i 既不是正数，也不是负数，也不是零，也就是说它不是实数。它就是 i，$i^2 = -1$。

有了虚数 i，实数的概念就扩展到了复数，而原有实数部分的所有理论仍然成立。也就是说，复数的提出，仍然遵循了我们刚才讲到的两个原则。至于 i 的作用，我们马上就要接触到了。

4.4　复指数函数

我们把以复数 $z = x + iy$ 为自变量的函数称为**复变函数**。在通信当中，最重要的复变函数就是复指数函数：

$$f(z) = e^z = e^{x+iy}。$$

这里的 e 是自然对数的底。

这里提一个问题，大家还记得实指数函数是如何定义的吗？相信多数人都不记得这个定义了。下面给出实指数函数的定义。

如果 x 是一个实数，那么：

$$e^x = \lim_{n \to \infty} (1 + \frac{x}{n})^n。$$

把公式右边的二项式展开（不懂二项式展开方法的同学要到网上搜索一下了）

$$\lim_{n \to \infty} (1 + \frac{x}{n})^n = \lim_{n \to \infty} \sum_{i=0}^{n} \binom{n}{i} \left(\frac{x}{n}\right)^i$$

$$= \lim_{n \to \infty} \sum_{i=0}^{n} \frac{n!}{n^i(n-i)!i!} x^i。$$

注意到，当 $n \to \infty$ 的时候，

$$\lim_{n \to \infty} \frac{n!}{n^i(n-i)!} = 1。$$

这个结论不难想，但是也要稍微动一点脑子，主要是要搞清楚阶乘的定义。因此，指数函数还可以定义成

$$e^x = \lim_{n \to \infty} \sum_{i=0}^{n} \frac{1}{i!} x^i = 1 + x + \frac{1}{2!} x^2 + \frac{1}{3!} x^3 + \cdots,$$

而这就是指数函数的麦克劳林级数。

注意，这两个定义依赖实数的四则运算和极限的定义。定义了四则运算和极限，就能够定义指数函数。

令 $x = 1$，我们就得到了自然科学当中最重要的常数 e，没有之一：

$$e = \lim_{n \to \infty} (1 + \frac{1}{n})^n,$$

或者

$$e = 1 + 1 + \frac{1}{2!} + \frac{1}{3!} + \cdots。$$

它是一个无理数，$e = 2.718\,28\cdots$。

从麦克劳林级数的定义很容易看出，指数函数的导数是其本身：

$$(e^x)' = e^x。$$

而一个以任意 $a > 0$ 为底的指数函数

$$a^x = (e^{\ln a})^x = e^{x \ln a},$$

其导数为

$$(a^x)' = a^x \ln a。$$

可见，以 e 为底的指数函数的导数，级数以及其他的相关运算都具有简洁的形式，这也是其具有重要性的根本原因。

刚才讲到，实指数函数的定义依赖于实数的四则运算和极限的定义。我们已经定义了复数的四则运算，如果我们再定义复数域的极限，就可以把实指数函数的定义推广到复数。现在我们来定义复数域的极限。

【定义：复数数列的极限】设 $\{x_n\}$ 为一个复数列，A 为一个定复数。若对任意给的实数 $\epsilon > 0$，总存在正整数 N，使得当 $n > N$ 时有 $|x_n - A| < \epsilon$，则称数列 $\{x_n\}$ 收敛于 A，定数 A 称为数列 $\{x_n\}$ 的极限，记作

$$\lim_{n \to \infty} x_n = A。$$

大家可以看到，复数数列极限的定义和实数数列极限的定义差不多。实际上，这段定义文字基本上是复制了实数数列极限的定义，只是把实数数列改成了复数数列，当然极限 A 也是一个复数。但是 δ 和 ϵ 还都是实数。

还有一个重要的不同，就是 $|x_n - A|$ 的意义。在实数域，$|a|$ 代表 a 的绝对值。在复数域，绝对值要扩充到模的概念。

如果 $z = x + \mathrm{i}y$ 是一个复数，它的模定义为

$$|z| = \sqrt{x^2 + y^2};$$

如果 $z_1 = x_1 + \mathrm{i}y_1, z_2 = x_2 + \mathrm{i}y_2$ 是两个复数，则

$$|z_1 - z_2| = \sqrt{(x_1 - x_2)^2 + (y_1 - y_2)^2}$$

表示两个复数之间的距离。

有了复数的四则运算和复数序列极限这些概念，我们给出复指数函数的定义。

【定义：复指数函数】有复数 $z = x + \mathrm{i}y$，复指数函数定义为

$$\mathrm{e}^z = \lim_{n \to \infty} \left(1 + \frac{z}{n}\right)^n = \lim_{n \to \infty} \sum_{i=0}^{n} \frac{1}{i!} z^i.$$

可以验证复指数函数有这样的性质：

如果 z_1, z_2 是两个复数，则

$$\mathrm{e}^{z_1} \mathrm{e}^{z_2} = \mathrm{e}^{z_1 + z_2}.$$

验证的方法就是把指数函数表达成麦克劳林级数，左边的两个级数乘开就可以了。有兴趣的同学自己动手试一下。

4.5　著名的欧拉公式

莱昂哈德·欧拉（Leonhard Euler，1707—1783），瑞士数学家和物理学家。欧拉于 1707 年 4 月 15 日出生于瑞士，在那里接受教育。他作为数学教授，先后任教于圣彼得堡和柏林，尔后再返回圣彼得堡。他一生大部分时间都在俄罗斯帝国和普鲁士度过。欧拉的研究涉及纯数学和应用数学的几乎所有领域，以欧拉命名的数学成果包括了欧拉公式、欧拉函数、欧拉定理、欧拉常数、欧拉角、欧拉线、欧拉线、欧拉圆。欧拉是刚体力学和流体力学的奠基者，弹性系统稳定性理论的开创人。欧拉的全集共计 75 卷。欧拉是 18 世纪最优秀的数学家，也是历史上最伟大的两位数学家之一（另一位是卡尔·弗里德里克·高斯）。

如果 x 是一个实数，则有著名的欧拉公式

$$\mathrm{e}^{\mathrm{i}x} = \cos x + \mathrm{i} \sin x.$$

欧拉公式将三角函数的定义域扩大到复数，建立了三角函数和指数函数的关系，它在复变函数论里占有非常重要的地位。

令 $x = \pi$，可以得到

$$e^{i\pi} + 1 = 0。$$

它是数学里最令人着迷的一个公式，它将数学里最重要的几个数字联系到了一起——两个超越数：自然对数的底 e，圆周率 π；两个单位：虚数单位 i 和自然数的单位 1，以及被称为人类伟大发现之一的 0。数学家们评价它是"上帝创造的公式"。

因为

$$e^z = 1 + z + \frac{1}{2!}z^2 + \frac{1}{3!}z^3 + \cdots$$

令 $z = ix$，则

$$
\begin{aligned}
e^{ix} &= 1 + ix + \frac{1}{2!}(ix)^2 + \frac{1}{3!}(ix)^3 + \cdots \\
&= 1 + ix - \frac{1}{2!}x^2 - i\frac{1}{3!}x^3 + \frac{1}{4!}x^4 + \cdots
\end{aligned}
$$

而

$$
\begin{aligned}
\cos x &= 1 - \frac{1}{2!}x^2 + \frac{1}{4!}x^4 - \frac{1}{6!}x^6 + \cdots \\
\sin x &= x - \frac{1}{3!}x^3 + \frac{1}{5!}x^5 - \frac{1}{7!}x^7 + \cdots
\end{aligned}
$$

所以

$$e^{ix} = \cos x + i\sin x。$$

欧拉公式所揭示的复指数函数与三角函数之间的联系深刻而充满美感。如果 $z = e^{ix}$，根据欧拉公式，则有以下明显的关系成立：

$$|z| = \sqrt{\cos^2 x + \sin^2 x} = 1,$$

$$\arg(z) = x + 2n\pi, n\text{为整数}。$$

对于任意一个复数 $z = x + iy$，其模和辐角分别为 r 和 θ，

$$r = \sqrt{x^2 + y^2},$$

$$\tan\theta = \frac{y}{x},$$

那么 z 的模-辐角形式可以写成

$$z = re^{i\theta}。$$

在欧拉公式当中，令 $x = \omega t$，则

$$e^{i\omega t} = \cos \omega t + i \sin \omega t。$$

这个信号称为**复指数信号**，其实部为余弦信号，而虚部为正弦信号。

它可以理解为一个点在复平面的单位圆上以角速度 ω 逆时针运动，如图 4.2 所示。

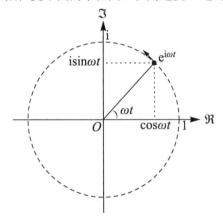

图 4.2 复指数信号，实部为余弦信号，虚部为正弦信号

第5章 傅里叶分析

傅里叶变换是工程领域中最著名的变换，没有之一。第四代移动通信标准 LTE 所使用的 OFDM，就是傅里叶变换的结果。

傅里叶（Jean Baptiste Joseph Fourier，1768—1830），法国数学家和物理学家。傅里叶于 1807 年在法国科学学会上发表了一篇论文，用正弦曲线来描述温度分布。在论文中他提出了一个论断：任何连续周期信号都可以表示为一组适当加权的正弦曲线的和。审查这篇论文的人，包括了两位著名的数学家拉格朗日（Joseph Louis Lagrange）和拉普拉斯（Pierre Simon de Laplace）。拉普拉斯和其他审查者同意发表该论文，而拉格朗日则坚决反对，他认为傅里叶的方法无法表示带有棱角的信号。法国科学学会屈服于拉格朗日的威望，拒绝了傅里叶的论文。直到拉格朗日死后 15 年，这篇论文才被发表出来。

5.1 傅里叶级数

5.1.1 三角形式的傅里叶级数

假设一个周期信号为 $x(t)$，它的周期为 T_1，也就是说，$x(t + T_1) = x(t)$，其角频率为 $\omega_1 = 2\pi/T_1$，如果 $x(t)$ 满足狄里赫利条件（Dirichlet condition），则可以表达成为傅里叶级数：

$$x(t) = a_0 + \sum_{n=1}^{\infty} \{a_n \cos(n\omega_1 t) + b_n \sin(n\omega_1 t)\}。 \tag{5.1}$$

狄里赫利条件是指，一个周期信号满足以下条件。

- 在任意一个周期内，只有有限个间断点；

- 在任意一个周期内，只有有限的极大值与极小值；

- 在任意一个周期内，其绝对值可积。

可以这么说，实际当中的所有周期信号都满足狄里赫利条件，不满足此条件的都是数学家们刻意构造的。你想想看，如果不满足第一个条件，在一个有限长度的时间内存在无限个断点，你在实际当中能见到这样的信号吗？举一个这种怪异函数的例子看一看：

$$x(t) = \begin{cases} 0 & \text{当 } t \text{ 为有理数} \\ 1 & \text{当 } t \text{ 为无理数} \end{cases},$$

此函数在任意一点上都不连续，是不是有些怪异？

这里有两个问题需要注意：

（1）所有的正弦成分的角频率，都是 ω_1 的整数倍。也就是说，在一个周期 T_1 之内，有整数个正弦成分的周期。

（2）正弦成分有无穷多个。求和符号当中的上限为 ∞，可以理解为上限为 n，取 n 趋向无穷时的极限的意思。

a_n, b_n 的表达式为

$$\begin{cases} a_0 = \dfrac{1}{T_1} \displaystyle\int_{-\frac{T_1}{2}}^{\frac{T_1}{2}} x(t)\mathrm{d}t \\ a_n = \dfrac{2}{T_1} \displaystyle\int_{-\frac{T_1}{2}}^{\frac{T_1}{2}} x(t)\cos(n\omega_1 t)\mathrm{d}t & \text{当 } n \geqslant 1 \text{。} \\ b_n = \dfrac{2}{T_1} \displaystyle\int_{-\frac{T_1}{2}}^{\frac{T_1}{2}} x(t)\sin(n\omega_1 t)\mathrm{d}t & \text{当 } n \geqslant 1 \end{cases} \tag{5.2}$$

这里的积分限取任何一个周期 (t_0, t_0+T_1) 都可以，但是习惯上取为 $(-T_1/2, T_1/2)$。这些系数是如何求得的？这需要了解三角函数的正交性质：

$$\int_{-\frac{T_1}{2}}^{\frac{T_1}{2}} \cos(n\omega_1 t)\sin(m\omega_1 t)\mathrm{d}t = 0;$$

$$\int_{-\frac{T_1}{2}}^{\frac{T_1}{2}} \cos(n\omega_1 t)\cos(m\omega_1 t)\mathrm{d}t = \begin{cases} \dfrac{T_1}{2} & \text{当 } m = n \\ 0 & \text{当 } m \neq n \end{cases};$$

$$\int_{-\frac{T_1}{2}}^{\frac{T_1}{2}} \sin(n\omega_1 t)\sin(m\omega_1 t)\mathrm{d}t = \begin{cases} \dfrac{T_1}{2} & \text{当 } m = n \\ 0 & \text{当 } m \neq n \end{cases}。$$

正交是内积空间当中的一个概念，这个概念在泛函分析里面会讲到。简单地讲，在二维空间（平面）里面的正交，就是两条直线之间的夹角为 90°。如果把二维空间扩展到多维，甚至是无穷维，就是一般意义的内积空间了。傅里叶级数里面的每个频率成分，都是一个维度，因此我们在这里接触到了一个无穷维的内积空间。在后面会介绍泛函分析的一些基本概念，并从线性空间的角度去观察傅里叶变换，这有助于读者更加深入地理解。

这几个公式是说，正弦和余弦函数肯定是正交的，不同频率的正弦函数是正交的，不同频率的余弦函数也是正交的。

如果想求直流成分 a_0，则只需要在公式（5.1）两边做 $(-T_1/2, T_1/2)$ 上的积分，所有的非直流成分在整周期上的积分都是零，因此积分后右边只剩下系数 a_0。同样，如果要求 a_1，则把公式（5.1）两边都乘以 $\cos(\omega_1 t)$ 后做 $(-T_1/2, T_1/2)$ 上的积分，根据正交性，右边只剩下系数 a_1，依此类推，可以得到所有的系数。

如图 5.1 中的周期方波信号，周期为 2，占空比为 0.5，幅度为 1，可以求得傅里叶级数的形式为

$$x(t) = 0.5 + \mathrm{sinc}(0.5)\cos(\pi t) + \mathrm{sinc}(3 \times 0.5)\cos(3\pi t) + \cdots$$

其中

$$\mathrm{sinc}(x) = \frac{\sin(\pi x)}{\pi x}。$$

图 5.1 中给出了包含到基频和三倍频的傅里叶级数合成的波形，可以看出逐渐逼近方波的波形。

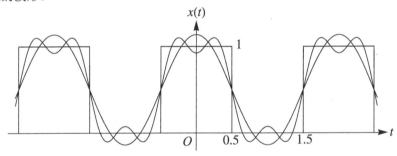

图 5.1 方波的傅里叶级数

5.1.2 为什么正弦信号如此重要

有同学会问，为什么要这么麻烦地把信号表达成傅里叶级数的形式？

这是因为三角函数作为线性系统的输入时具有频率不变的特性，这个特性为系统特性的描述，以及一些问题的解决带来了很大的方便。

举一个简单的例子，假如一个线性系统的输入信号为 $x(t) = \cos(\omega t)$，输出信号为

$$y(t) = x(t) + \alpha \cdot x(t - t_0),$$

输出信号是由输入信号和一个延时成分叠加得到，则

$$y(t) = \cos(\omega t) + \alpha \cdot \cos(\omega t - \omega t_0)$$

$$= (1 + \alpha \cos \omega t_0) \cos \omega t + \alpha \sin \omega t_0 \sin \omega t$$
$$= A \cos(\omega t - \theta)。$$

其中，$A = \sqrt{(1 + \alpha \cos \omega t_0)^2 + (\alpha \sin \omega t_0)^2}$，$\theta = \arctan[\alpha \sin \omega t_0 / (1 + \alpha \cos \omega t_0)]$。

从这个例子可以看出，输入是一个正弦信号，输出也是一个正弦信号，只是幅度和相位有了一定的改变。其他任何一种周期信号，例如方波或者三角波，都不具备这种波形保持特性。这种由系统引起的正弦信号幅度和相位的改变，反映了线性系统的特征，叫作系统的幅频特性和相频特性，统称频率特性。这种描述系统的方法是非常简洁的，因此获得了广泛的应用。

更一般地，我们假设一个线性系统的冲激响应为 $h(t)$，输入信号为复指数形式的正弦信号，$x(t) = \mathrm{e}^{\mathrm{j}\omega t}$，则输出信号为

$$y(t) = \int_{-\infty}^{\infty} h(\tau) \mathrm{e}^{\mathrm{j}\omega(t-\tau)} \mathrm{d}\tau$$
$$= \mathrm{e}^{\mathrm{j}\omega t} \int_{-\infty}^{\infty} h(\tau) \mathrm{e}^{-\mathrm{j}\omega \tau} \mathrm{d}\tau$$
$$= \mathrm{e}^{\mathrm{j}\omega t} H(\mathrm{j}\omega)。$$

这个公式也说明了刚才的结论，而 $H(\mathrm{j}\omega) = \int_{-\infty}^{\infty} h(\tau) \mathrm{e}^{-\mathrm{j}\omega \tau} \mathrm{d}\tau$ 就是用复数表达的系统的频率特性。

5.1.3 什么是频率

频率是信号处理当中最基本的一个术语。

频率的概念来自于周期信号。如果一个周期信号的周期为 T，则其频率为 $f = 1/T$。

从傅里叶级数可以知道，一个一般性的周期为 T 的周期信号，其频率并不纯粹，而是包含了许多不同频率的正弦信号，这些正弦成分的频率是 $1/T$ 的整数倍。

当谈到频率的时候，一定假定主体是一个周期信号，这意味着信号的时间是从负无穷持续到正无穷。

谈频率的时候，时间就不再是一个变量。例如在调频技术当中，我们有时候会说，一段时间内信号的频率为 f_1，另一段时间内信号的频率为 f_2，这种说法是不对的，至少是不严格的。

当谈到有限时间内信号的频率时，往往意味着将信号延拓使之周期化后的信号的频率。

5.1.4 复指数形式的傅里叶级数

虚数单位在数学领域里用 i 来表示，而在工程领域采则用 j 来表示。我不知道为什么形成了这样的风俗。现在回到工程领域，我们尊重习俗，虚数单位采用 j 来表示。

根据欧拉公式，有

$$\cos(n\omega_1 t) = \frac{e^{jn\omega_1 t} + e^{-jn\omega_1 t}}{2},$$

$$\sin(n\omega_1 t) = \frac{e^{jn\omega_1 t} - e^{-jn\omega_1 t}}{2j}。$$

代入三角形式的傅里叶级数公式（5.1），也就是

$$x(t) = a_0 + \sum_{n=1}^{\infty} \{a_n \cos(n\omega_1 t) + b_n \sin(n\omega_1 t)\},$$

可以得到

$$x(t) = a_0 + \sum_{n=1}^{\infty} \left[\frac{a_n - jb_n}{2} e^{jn\omega_1 t} + \frac{a_n + jb_n}{2} e^{-jn\omega_1 t} \right]。$$

我们令

$$\begin{cases} c_0 = a_0 \\ c_n = \dfrac{a_n - jb_n}{2} & \text{当 } n \geqslant 1 \\ c_{-n} = \dfrac{a_n + jb_n}{2} & \text{当 } n \geqslant 1 \end{cases}, \quad (5.3)$$

则

$$x(t) = \sum_{n=-\infty}^{\infty} c_n e^{jn\omega_1 t}。$$

c_n 也称作离散频谱。把公式（5.2）代入公式（5.3）可以得到：

$$c_n = \frac{1}{T_1} \int_{-\frac{T_1}{2}}^{\frac{T_1}{2}} x(t) e^{-jn\omega_1 t} dt。$$

这就是复指数形式的傅里叶级数，其形式更加简洁优美，这是我们采用复指数形式的原因。

5.1.5 理解负频率

我们知道，频率只能是一个非负的实数，而在复指数的傅里叶级数当中出现了负频率，如何理解呢？

我们可以简单地说，负频率只是数学方法，并没有实际的物理意义。

虽然如此，负频率在物理上还是有一些意义的。

首先，负频率是由复指数带来的。由欧拉公式 $\cos(\omega_1 t) = (e^{j\omega_1 t} + e^{-j\omega_1 t})/2$ 可以知道，一个正弦信号表达为复指数的时候，出现了一个正的频率和一个负的频率。因为虚数单位 $j^2 = -1$ 是一个数学方法，在物理上并不存在，所以伴随复指数而出现的负频率也是一个数学方法。

其次，一个实数信号的复指数傅里叶级数，正频率和负频率存在对偶关系。从公式（5.3）可以看出，正、负频率的傅里叶系数，实部相等，虚部相反，或者说幅度相等，相位相反，是一对共轭复数。由于存在这种共轭关系，它们互相可以决定对方，因此正频率和负频率所承载的信息是一样的。

学习过调制技术的同学知道，当把基带信号调制到载波频率上的时候，是用一个载波信号 $\cos(\omega_c t)$ 去乘以被调制信号，假设被调制信号为 $\cos(\omega_1 t)$，$\omega_c \gg \omega_1$，则

$$\cos(\omega_c t)\cos(\omega_1 t) = \frac{\cos(\omega_c - \omega_1)t + \cos(\omega_c + \omega_1)t}{2}。$$

对调制有一个通俗的说法，叫作"频谱搬移"，意思是把基带信号搬移到载波频率上去。从上面的公式我们发现，一个频率的信号经过调制后出现了 $\omega_c - \omega_1$ 和 $\omega_c + \omega_1$ 两个频率。可以认为，$\omega_c - \omega_1$ 是搬移负频率得到的，$\omega_c + \omega_1$ 是搬移正频率得到的。这两个频率关于载波频率 ω_c 对称，叫作双边频谱。它们承载相同的信息，是对频谱的浪费。所以基带信号要采用复信号来提高频谱利用率。

5.2 傅里叶变换

周期信号可以用傅里叶级数来表达，傅里叶系数又叫作离散频谱，因为谱线只出现在 $\omega_1 = 1/T_1$ 的整数倍上。把这个概念推广到非周期信号，就可以得到傅里叶变换。

我们从周期信号的复指数形式的傅里叶级数开始。

为了取得与后续的傅里叶变换在符号标记上的一致性，我们用 $X(n\omega_1)$ 代替前面用到的 c_n。一个周期为 T_1，角频率 $\omega_1 = 2\pi/T_1$ 的周期信号，其复指数傅里叶级数为

$$x(t) = \sum_{n=-\infty}^{\infty} X(n\omega_1)e^{jn\omega_1 t},$$

其中

$$X(n\omega_1) = \frac{1}{T_1}\int_{-\frac{T_1}{2}}^{\frac{T_1}{2}} x(t)e^{-jn\omega_1 t}dt。 \tag{5.4}$$

非周期信号可以认为是周期无限大的周期信号。如果让周期 $T_1 \to \infty$，则谱线的间距 $2\pi/T_1 \to 0$，离散频谱变成了连续频谱。

然而在这种情况下，由于公式（5.4）当中的系数 $1/T_1$ 趋向于零，所以 $X(n\omega_1)$ 也有可能趋向于零。注意，这里说的是有可能。在这种情况下，$X(n\omega_1)$ 就失去了意义。为了避免这种情况，在公式两边都乘以 T_1 之后，得到

$$X(n\omega_1)T_1 = \frac{2\pi X(n\omega_1)}{\omega_1} = \int_{-\frac{T_1}{2}}^{\frac{T_1}{2}} x(t)e^{-jn\omega_1 t}dt。$$

再让 T_1 趋向于无穷，也就是 ω_1 趋向于零，得到

$$\lim_{\omega_1 \to 0} \frac{2\pi X(n\omega_1)}{\omega_1} = \lim_{\omega_1 \to 0} \int_{-\infty}^{\infty} x(t)\mathrm{e}^{-jn\omega_1 t}\mathrm{d}t。$$

采用 $\omega = n\omega_1$。在 ω_1 趋向于零的时候，ω 变成了一个连续变量，代入上式得到

$$X(\omega) = \lim_{\omega_1 \to 0} \frac{2\pi X(n\omega_1)}{\omega_1} = \int_{-\infty}^{\infty} x(t)\mathrm{e}^{-j\omega t}\mathrm{d}t。$$

这个公式就是**傅里叶变换**，通常记作

$$X(\omega) = \mathscr{F}[x(t)] = \int_{-\infty}^{\infty} x(t)\mathrm{e}^{-j\omega t}\mathrm{d}t。$$

我们再来看傅里叶级数在 ω_1 趋向于零的时候的情况。把傅里叶级数稍微改变一下形式

$$x(t) = \sum_{n=-\infty}^{\infty} X(n\omega_1)\mathrm{e}^{jn\omega_1 t} = \frac{1}{2\pi}\sum_{n=-\infty}^{\infty} \frac{2\pi X(n\omega_1)}{\omega_1}\mathrm{e}^{jn\omega_1 t}\omega_1。$$

注意，ω_1 是两条谱线之间的间隔，用积分的常用符号来记就是 $\Delta(n\omega_1)$。ω_1 趋向于零的时候

$$x(t) = \lim_{\omega_1 \to 0} \frac{1}{2\pi}\sum_{n=-\infty}^{\infty} \frac{2\pi X(n\omega_1)}{\omega_1}\mathrm{e}^{jn\omega_1 t}\Delta(n\omega_1),$$

也就是**逆傅里叶变换**，或者**傅里叶反变换**

$$x(t) = \mathscr{F}^{-1}[X(\omega)] = \frac{1}{2\pi}\int_{-\infty}^{\infty} X(\omega)\mathrm{e}^{j\omega t}\mathrm{d}\omega。$$

傅里叶正变换和反变换看起来差不多，经常让人记混。正变换积分内的指数上有一个负号，而反变换没有。如果你已经有了内积的背景知识，就可以知道，正变换就是信号与基函数 $\mathrm{e}^{j\omega t}$ 做内积，而复数做内积需要取共轭，所以就有了一个负号。而反变换就是用基函数去合成原来的信号，所以就没有负号。

5.2.1 理解谱密度

傅里叶系数 $X(n\omega_1)$ 是无量纲的。而傅里叶变换

$$X(\omega) = \lim_{T_1 \to \infty} X(n\omega_1)T_1 = \lim_{\omega_1 \to 0} \frac{2\pi X(n\omega_1)}{\omega_1}$$

带有时间的量纲，是一个频谱密度的概念。

周期信号的傅里叶系数是离散的，其频谱的间隔为 ω_1。如果把离散谱看成是连续变量 ω 的函数，这个函数在 $\omega = n\omega_1$ 的取值为傅里叶系数，而其他的地方取值为零。那么可以认为，在 ω_1 的宽度上的谱值为 $X(n\omega_1)$。如果这个值均匀分布在 ω_1 的宽度上，那么 $X(n\omega_1)/\omega_1$ 就是平均谱密度。当 ω_1 趋向于零的时候，$X(\omega)$ 就变成了谱密度函数。

5.2.2　傅里叶变换存在的条件

傅里叶变换并不总是存在的，需要满足绝对可积的条件才能存在，也就是

$$\int_{-\infty}^{\infty} |x(t)|\mathrm{d}t < \infty。$$

这个条件要求信号在时间趋向正负无穷的时候幅度要衰减到零。

周期信号的幅度保持恒定，因此不满足绝对可积条件，所以其傅里叶变换不存在。

上面曾经提到，$1/T_1$ 趋向于零的时候，傅里叶级数 $X(n\omega_1)$ 有可能趋向于零，因此把 $\lim_{T_1 \to \infty} T_1 X(n\omega_1)$ 作为傅里叶变换。但并不总是如此。

我们注意到周期为 T_1 周期信号，kT_1 也是其周期，k 为大于 1 的整数。

以 kT_1 作为周期计算傅里叶级数为 $X(n\omega_1/k)$。当 n/k 为整数的时候，就是以 T_1 为周期计算的结果。而当 n/k 不是整数的时候，结果为零。

那么显然，当 $k \to \infty$ 的时候，$kT_1 X(n\omega_1/k)$ 在 n/k 为整数的点上也是趋向于无穷的。也就是说，傅里叶变换是不存在的。

从谱密度的角度去看，周期函数的谱线在宽度为零的离散谱线上，因此谱密度在这些点上无穷大。

但是如果引入冲激函数，则周期函数的傅里叶变换也可以用冲激函数来表达，这将在后面给予介绍。

5.3　傅里叶变换的性质

（1）对称性

如果

$$\mathscr{F}[x(t)] = X(\omega),$$

则

$$\mathscr{F}[X(t)] = 2\pi x(-\omega)。$$

证明：

因为

$$x(t) = \frac{1}{2\pi} \int_{-\infty}^{\infty} X(\omega)\mathrm{e}^{\mathrm{j}\omega t}\mathrm{d}\omega,$$

将变量 t 和 ω 互换

$$x(\omega) = \frac{1}{2\pi} \int_{-\infty}^{\infty} X(t)\mathrm{e}^{\mathrm{j}\omega t}\mathrm{d}t,$$

所以

$$\mathscr{F}[X(t)] = \int_{-\infty}^{\infty} X(t)\mathrm{e}^{-\mathrm{j}\omega t}\mathrm{d}t = 2\pi x(-\omega)。$$

定理得到证明。

（2）线性

如果 $a_i, i = 1, \cdots N$ 为标量，N 为正整数，则

$$\mathscr{F}\left[\sum_{i=1}^{N} a_i x_i(t)\right] = \sum_{i=1}^{N} a_i \mathscr{F}[x_i(t)]。$$

因为傅里叶变换是一个积分运算，也就是求和运算，因此符合线性叠加的性质。

（3）奇偶虚实性

如果

$$X(\omega) = \mathscr{F}[x(t)] = \int_{-\infty}^{\infty} x(t) \mathrm{e}^{-\mathrm{j}\omega t} \mathrm{d}t,$$

则

$$\begin{cases} \mathscr{F}[x(-t)] = X(-\omega) \\ \mathscr{F}[x^*(-t)] = X^*(\omega) \\ \mathscr{F}[x^*(t)] = X^*(-\omega) \end{cases}。$$

这几个公式可以很容易得到验证。根据这几个公式，可以进一步得到以下两个推论：

对于一个偶函数，有 $x(-t) = x(t)$，那么有 $X(\omega) = X(-\omega)$。也就是说，**偶函数的傅里叶变换也是偶函数**。

对于一个奇函数，有 $x(-t) = -x(t)$，那么有 $X(\omega) = -X(-\omega)$。也就是说，**奇函数的傅里叶变换也是奇函数**。

如果 $x(t)$ 是实函数：

$$X(\omega) = \int_{-\infty}^{\infty} x(t)\mathrm{e}^{-\mathrm{j}\omega t}\mathrm{d}t = \int_{-\infty}^{\infty} x(t)\cos\omega t\mathrm{d}t - \mathrm{j}\int_{-\infty}^{\infty} x(t)\sin\omega t\mathrm{d}t,$$

我们用 $\Re(\cdot)$ 和 $\Im(\cdot)$ 代表被操作数的实部和虚部，则

$$\begin{cases} \Re[X(\omega)] = \displaystyle\int_{-\infty}^{\infty} x(t)\cos\omega t\mathrm{d}t \\ \Im[X(\omega)] = \displaystyle\int_{-\infty}^{\infty} x(t)\sin\omega t\mathrm{d}t \end{cases}。$$

很容易验证

$$\begin{cases} \Re[X(\omega)] = \Re[X(-\omega)] \\ \Im[X(\omega)] = -\Im[X(-\omega)] \end{cases}。$$

也就是说，**实函数的傅里叶变换的实部是偶函数，虚部是奇函数**。

用幅度和相位来表达，有

$$\begin{cases} |X(\omega)| = \sqrt{\Re[X(\omega)]^2 + \Im[X(\omega)]^2} \\ \varphi(\omega) = \arctan \dfrac{\Im[X(\omega)]}{\Re[X(\omega)]} \end{cases} \quad 。$$

其中，$|X(\omega)|$ 是幅度，$\varphi(\omega)$ 是相位。很容易看出，**实函数的傅里叶变换的幅度是偶函数，相位是奇函数**。

如果 $x(t)$ 是实函数，则其傅里叶变换的实部是偶函数，虚部是奇函数。如果 $x(t)$ 同时也是偶函数，那么其傅里叶变换的实部和虚部都是偶函数。实偶函数的傅里叶变换的虚部既是偶函数，也是奇函数，因此虚部一定为零（自己验证）。可以推论出，**实偶函数的傅里叶变换是实偶函数**。

（4）尺度变换

如果

$$X(\omega) = \mathscr{F}[x(t)] = \int_{-\infty}^{\infty} x(t)\mathrm{e}^{-\mathrm{j}\omega t}\mathrm{d}t,$$

a 是非零实数，则

$$\mathscr{F}[x(at)] = \frac{1}{|a|}X(\frac{\omega}{a})。$$

证明：

令 $x = at$，如果 $a > 0$，则

$$\begin{aligned} \mathscr{F}[x(at)] &= \int_{-\infty}^{\infty} x(at)\mathrm{e}^{-\mathrm{j}\omega t}\mathrm{d}t \\ &= \frac{1}{a}\int_{-\infty}^{\infty} x(\tau)\mathrm{e}^{-\mathrm{j}\omega\tau/a}\mathrm{d}\tau \\ &= \frac{1}{a}X(\frac{\omega}{a})。 \end{aligned}$$

如果 $a < 0$，则

$$\begin{aligned} \mathscr{F}[x(at)] &= \int_{-\infty}^{\infty} x(at)\mathrm{e}^{-\mathrm{j}\omega t}\mathrm{d}t \\ &= \frac{1}{a}\int_{\infty}^{-\infty} x(\tau)\mathrm{e}^{-\mathrm{j}\omega\tau/a}\mathrm{d}\tau \\ &= -\frac{1}{a}\int_{-\infty}^{\infty} x(\tau)\mathrm{e}^{-\mathrm{j}\omega\tau/a}\mathrm{d}\tau \\ &= -\frac{1}{a}X(\frac{\omega}{a})。 \end{aligned}$$

在 $a < 0$，t 从 $-\infty$ 变化到 ∞ 的时候，τ 从 ∞ 变化到 $-\infty$，因而出现上面的积分限的变化。

综合 $a > 0$ 和 $a < 0$ 两种情况，可以得到

$$\mathscr{F}[x(at)] = \frac{1}{|a|}X(\frac{\omega}{a})。$$

可以看出，**尺度变换因子 a 对时域和频域的作用是相反的。**

如果 $|a| > 1$，那么它使时域的波形压缩，而使频域的波形拉伸。特别地，如果时域是一个正弦波形，因子 $|a| > 1$ 则意味着频率提高，在时域上表现为变化加快，或者波形压缩，在频域上表现为谱线向外移动，谱线位置的绝对值变大，或者频谱拉伸。$|a| < 1$ 的情况可以类推得到。

（5）时移特性

如果

$$X(\omega) = \mathscr{F}[x(t)] = \int_{-\infty}^{\infty} x(t)\mathrm{e}^{-\mathrm{j}\omega t}\mathrm{d}t,$$

则

$$\mathscr{F}[x(t - t_0)] = \mathrm{e}^{-\mathrm{j}\omega t_0}X(\omega)。$$

把 $x(t - t_0)$ 代入傅里叶变换公式就得到结论。

这意味着，**时域的时移对应频域的相移。**相同的时移，对不同频率的相移不同。频率越高，相移越大。因为一个周期对应 2π 的相位，所以一个固定的时移，对应的相移与周期成反比，也就是与频率成正比。

（6）频移特性

如果

$$X(\omega) = \mathscr{F}[x(t)] = \int_{-\infty}^{\infty} x(t)\mathrm{e}^{-\mathrm{j}\omega t}\mathrm{d}t,$$

则

$$\mathscr{F}[x(t)\mathrm{e}^{\mathrm{j}\omega_0 t}] = X(\omega - \omega_0)。$$

把 $X(\omega - \omega_0)$ 代入傅里叶逆变换公式就可以得到结论。

这意味着，**在时域乘以 $\mathrm{e}^{\mathrm{j}\omega_0 t}$，相当于频谱移动了** ω_0。

无线通信里的调制技术采用的就是这种原理。在无线通信里面，首先产生一个基带信号。基带信号是一个频率较低的信号，不适合发射。所以将基带信号乘以一个高频的载波信号 $\mathrm{e}^{\mathrm{j}\omega_c t}$，相当于把频谱搬移了 ω_c，变成适合发射的信号，然后通过发射机发射出去。

5.4 典型函数的傅里叶变换

（1）矩形函数（见图 5.2）

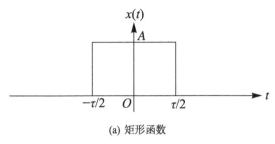

(a) 矩形函数

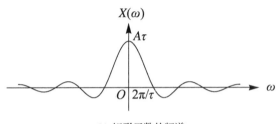

(b) 矩形函数的频谱

图 5.2 矩形函数及其频谱

矩形函数为：

$$x(t) = \begin{cases} A & -\tau/2 \leqslant t \leqslant -\tau/2 \\ 0 & \text{其他} \end{cases} \text{。}$$

傅里叶变换：

$$X(\omega) = \mathscr{F}[x(t)] = \int_{-\tau/2}^{\tau/2} A e^{-j\omega t} dt = A \frac{e^{-j\omega t}}{-j\omega} \bigg|_{-\tau/2}^{\tau/2}$$

$$= A \frac{e^{j\omega\tau/2} - e^{-j\omega\tau/2}}{j\omega} = A\tau \frac{\sin(\omega\tau/2)}{\omega\tau/2} = A\tau \text{sinc}(\omega\tau/2\pi) \text{。}$$

其中的 sinc 函数定义为

$$\text{sinc}(x) \triangleq \frac{\sin(\pi x)}{\pi x} \text{。}$$

这是信号处理领域采用的 sinc 函数的定义，在 x 取整数的时候函数值为零。

在数学领域，sinc 定义为

$$\text{sinc}(x) \triangleq \frac{\sin(x)}{x},$$

区别在于一个 π 的系数。

本书采用信号处理领域的定义。

在零点处，$\sin(x)/x$ 的分母为零，没有意义。但是

$$\lim_{x \to 0} \frac{\sin(x)}{x} = \lim_{x \to 0} \frac{x - x^3/3! + x^5/5! - x^7/7! + \cdots}{x} = 1,$$

当 x 趋向于零的时候其极限存在并且为 1，因此自然地把零点的函数值定义为 1。sinc 函数是实偶函数，随着自变量的增加，幅度震荡衰减到无穷小。

矩形函数傅里叶变换为 sinc 函数。根据傅里叶变换的对称性，也就是 $\mathscr{F}[x(t)] = X(\omega) \Rightarrow \mathscr{F}[X(t)] = 2\pi x(-\omega)$，可以得知 sinc **函数的傅里叶变换是一个矩形函数**。

（2）冲激函数

单位冲激函数 $\delta(t)$ 的傅里叶变换为

$$X(\omega) = \mathscr{F}[\delta(t)] = \int_{-\infty}^{\infty} \delta(t) \mathrm{e}^{-\mathrm{j}\omega t} \mathrm{d}t = \int_{-\infty}^{\infty} \delta(t) \mathrm{e}^0 \mathrm{d}t = 1 \text{。}$$

因为 $\delta(t)$ 只有零点是非零值，$\delta(t)\mathrm{e}^{-\mathrm{j}\omega t}$ 也只有在 $t = 0$ 的时候不为零，因此积分就很容易了。

$X(\omega)$ 为常数 1，意味着在所有的频率上的频谱密度为 1，这和光学里面白光的频谱特点相同，因此叫作"白频谱"。如果频谱的幅度随着频率有起伏，特别是频谱主要集中在一个或者数个频段内，则称为"有色频谱"。

那么自然地，常数 1 的逆傅里叶变换是冲激函数，也就是

$$\mathscr{F}^{-1}[1] = \delta(t) \text{。}$$

如果用傅里叶反变换公式验证这个结论，则有

$$\begin{aligned}
\mathscr{F}^{-1}[1] &= \frac{1}{2\pi} \int_{-\infty}^{\infty} 1 \cdot \mathrm{e}^{\mathrm{j}\omega t} \mathrm{d}\omega \\
&= \lim_{\Omega \to \infty} \frac{1}{2\pi} \frac{\mathrm{e}^{\mathrm{j}\omega t}}{\mathrm{j}t} \bigg|_{-\Omega}^{\Omega} = \lim_{\Omega \to \infty} \frac{1}{2\pi} \frac{\mathrm{e}^{\mathrm{j}\Omega t} - \mathrm{e}^{-\mathrm{j}\Omega t}}{\mathrm{j}t} \\
&= \lim_{\Omega \to \infty} \frac{\Omega}{\pi} \frac{\sin(\Omega t)}{\Omega t} = \lim_{\Omega \to \infty} \frac{\Omega}{\pi} \mathrm{sinc} \frac{\Omega t}{\pi} \\
&= \delta(t) \text{。}
\end{aligned}$$

在上述过程中，无穷上的积分转化为有限区间 $[-\Omega, \Omega]$ 上的积分，然后让 Ω 趋向于无穷。在有限区间上积分的结果是一个 sinc 函数，当 Ω 趋向于无穷的时候，这个函数就称为一个冲激函数 $\delta(t)$。

（3）周期函数

在讨论傅里叶变换存在的条件时，我们谈到，傅里叶变换存在的条件为函数绝对可积，这就要求在自变量趋向于正负无穷的时候应该衰减到零。而周期函数并不符合这个条件，因此从严格意义上说，周期函数的傅里叶变换是不存在的。

但是，在引入了冲激函数这样的奇异函数之后，允许函数值为无穷大，周期函数的傅里叶变换也存在确定的表达方式。下面先来看频域里面的冲激函数的逆傅里叶变换

$$\mathscr{F}^{-1}[\delta(\omega - \omega_1)] = \frac{1}{2\pi}\int_{-\infty}^{\infty}\delta(\omega - \omega_1)\mathrm{e}^{\mathrm{j}\omega t}\mathrm{d}\omega = \frac{1}{2\pi}\mathrm{e}^{\mathrm{j}\omega_1 t},$$

公式两边做傅里叶变换，得到复指数信号 $\mathrm{e}^{\mathrm{j}\omega_1 t}$ 的傅里叶变换为 ω_1 处的一个冲激：

$$\mathscr{F}[\mathrm{e}^{\mathrm{j}\omega_1 t}] = 2\pi\delta(\omega - \omega_1)。$$

这里的证明用到了 $\mathscr{F}[\mathscr{F}^{-1}[X(\omega)]] = X(\omega)$ 的技巧。如果想直接计算 $\mathrm{e}^{\mathrm{j}\omega_1 t}$ 的傅里叶变换，仍然可以采用先在有限区间内积分得到 sinc 函数，然后让积分限趋向无穷的方法。

再来看一看实信号 $x(t) = \cos(\omega_1 t)$ 的傅里叶变换。

因为

$$\cos(\omega_1 t) = \frac{\mathrm{e}^{\mathrm{j}\omega_1 t} + \mathrm{e}^{-\mathrm{j}\omega_1 t}}{2},$$

所以

$$\mathscr{F}[\cos(\omega_1 t)] = \pi\delta(\omega - \omega_1) + \pi\delta(\omega + \omega_1)。$$

也就是说，余弦信号的傅里叶变换是位于 ω_1 和 $-\omega_1$ 处的两个冲激。**余弦信号是实偶函数，傅里叶变换也是实偶函数。**

类似地，也可以得到正弦信号的傅里叶变换

$$\mathscr{F}[\sin(\omega_1 t)] = \mathrm{j}\pi\delta(\omega + \omega_1) - \mathrm{j}\pi\delta(\omega - \omega_1)。$$

正弦信号是实奇函数，傅里叶变换为虚奇函数。

对于一个一般性的周期函数 $x(t)$，它的周期为 T_1，角频率为 $\omega_1 = 2\pi/T_1$。表达成复指数的傅里叶级数形式为

$$x(t) = \sum_{n=-\infty}^{\infty} c_n\mathrm{e}^{\mathrm{j}n\omega_1 t}。$$

其中 c_n 为傅里叶系数

$$c_n = \frac{1}{T_1}\int_{-\frac{T_1}{2}}^{\frac{T_1}{2}} x(t)\mathrm{e}^{-\mathrm{j}n\omega_1 t}\mathrm{d}t。$$

那么 $x(t)$ 的傅里叶变换为

$$\mathscr{F}[x(t)] = 2\pi\sum_{n=-\infty}^{\infty} c_n\delta(\omega - n\omega_1)。$$

可以看出，**周期信号的傅里叶变换是一系列离散的冲激信号**，每个冲激的强度就是傅里叶系数乘以 2π。傅里叶变换是谱密度函数。对于周期信号，在一系列的宽度为零的频率点上的谱值是一个有限的不为零的数值，所以在这些点上的谱密度为无穷大。

5.5 卷积定理

卷积定理在信号分析当中占有重要的地位。如果有两个时域信号，已知条件

$$\mathscr{F}[x_1(t)] = X_1(\omega),$$
$$\mathscr{F}[x_2(t)] = X_2(\omega),$$

则

$$\mathscr{F}[x_1(t) * x_2(t)] = X_1(\omega) \cdot X_2(\omega)。$$

这个定理叫作**时域卷积定理**。在时域的两个函数的卷积，在频域变成了乘法。在信号分析领域有一个分枝叫作时频域分析，是应用最广泛的信号处理方法，它就是基于这个定理以及其对偶的频域卷积定理。

证明：

因为

$$x_1(t) * x_2(t) = \int_{-\infty}^{\infty} x_1(\tau) x_2(t-\tau) \mathrm{d}\tau,$$

则

$$\mathscr{F}[x_1(t) * x_2(t)] = \int_{-\infty}^{\infty} \left[\int_{-\infty}^{\infty} x_1(\tau) x_2(t-\tau) \mathrm{d}\tau \right] \cdot \mathrm{e}^{-\mathrm{j}\omega t} \mathrm{d}t$$

$$（交换积分顺序）= \int_{-\infty}^{\infty} x_1(\tau) \left[\int_{-\infty}^{\infty} x_2(t-\tau) \mathrm{e}^{-\mathrm{j}\omega t} \mathrm{d}t \right] \mathrm{d}\tau$$

$$(指数上的 t 分解为 t-\tau+\tau) = \int_{-\infty}^{\infty} x_1(\tau) \mathrm{e}^{-\mathrm{j}\omega\tau} \left[\int_{-\infty}^{\infty} x_2(t-\tau) \mathrm{e}^{-\mathrm{j}\omega(t-\tau)} \mathrm{d}t \right] \mathrm{d}\tau$$

$$（方括号内为 X_2(\omega)) = \int_{-\infty}^{\infty} x_1(\tau) \mathrm{e}^{-\mathrm{j}\omega\tau} \mathrm{d}\tau \cdot X_2(\omega)$$

$$= X_1(\omega) \cdot X_2(\omega)。$$

时域卷积定理的对偶定理是**频域卷积定理**：

如果有两个时域信号，满足

$$\mathscr{F}[x_1(t)] = X_1(\omega),$$

$$\mathscr{F}[x_2(t)] = X_2(\omega),$$

则

$$\mathscr{F}[x_1(t) \cdot x_2(t)] = \frac{1}{2\pi} X_1(\omega) * X_2(\omega),$$

其中

$$X_1(\omega) * X_2(\omega) = \int_{-\infty}^{\infty} X_1(u) X_2(\omega - u) \mathrm{d}u。$$

证明过程和时域卷积定理的过程是类似的，同学们可自己验证。

频域卷积定理的意思是说，时域两个信号的乘积，在频域变成了卷积运算。或者倒过来说，频域的两个信号的卷积，在时域变成了乘积。

时域和频域的卷积定理，反映了时域和频域的对偶关系。再来看一看傅里叶变换对：

$$\begin{cases} \text{正变换：} X(\omega) = \displaystyle\int_{-\infty}^{\infty} x(t) \mathrm{e}^{-\mathrm{j}\omega t} \mathrm{d}t, \\[2mm] \text{反变换：} x(t) = \dfrac{1}{2\pi} \displaystyle\int_{-\infty}^{\infty} X(\omega) \mathrm{e}^{\mathrm{j}\omega t} \mathrm{d}\omega。 \end{cases}$$

正变换和反变换非常相似。$\frac{1}{2\pi}$ 的系数是由于采用了角频率 ω 而出现的。这只是一个比例常数，从数学家的角度看有没有一个常数是无所谓的。因为数学家更多地关心数的结构，这种比例常数太简单了，对结构没有影响。

另外一个差别是正变换的指数上有一个负号。但是如果你把这个负号合并到变量 ω 当中，也就是认为 $-\omega$ 为函数的变量，那么正变换和反变换就完全一样了。

这种正反变换的对称性，也决定了与时频域的变换关系是对偶的。如果有一个从时域到频域的变换关系，反过来频域到时域，这种变换关系依然存在。就像是这里介绍的，时域的卷积对应频域的乘积，而频域的卷积也对应时域的乘积。

5.6 线性系统的频率特性

我们已经知道，一个线性时不变系统可以用冲激响应完全刻划其特性。如果一个线性时不变系统的冲激响应为 $h(t)$，输入信号为 $x(t)$，那么输出信号 $y(t)$ 是输入信号和冲激响应的卷积：

$$y(t) = x(t) * h(t)。$$

假设 $Y(\omega) = \mathscr{F}[y(t)], X(\omega) = \mathscr{F}[x(t)], H(\omega) = \mathscr{F}[h(t)]$，根据卷积定理，时域的卷积对应频域的乘积，则有

$$Y(\omega) = X(\omega) H(\omega)。$$

这个公式叫作线性时不变系统的频域系统方程，$H(\omega) = \mathscr{F}[h(t)]$ 叫作系统的**频率特性**。并且，$H(\omega)$ 的幅度叫作**幅频特性**，$H(\omega)$ 的相位叫作**相频特性**。

对于输入信号当中的任何一个频率成分 ω，线性时不变系统的作用就是把这个频率成分做了幅度和相位上的改变，就是乘以 $H(\omega)$。这个频率成分的能量不会泄漏到其他的频率成分上。

如果输出信号当中包含了输入信号当中没有的频率成分，则这个系统就不是线性时不变系统。

频域的系统方程和系统的频率特性，提供了另外一个刻划线性时不变系统的角度和方法，在某种程度上这是一种更为简洁的方法。

从时域验证一下刚才的结论。令 $x(t) = \mathrm{e}^{\mathrm{j}\omega t}$，直接用卷积计算输出信号

$$y(t) = \int_{-\infty}^{\infty} h(\tau)\mathrm{e}^{\mathrm{j}\omega(t-\tau)}\mathrm{d}\tau = \mathrm{e}^{\mathrm{j}\omega t}\int_{-\infty}^{\infty} h(\tau)\mathrm{e}^{-\mathrm{j}\omega\tau}\mathrm{d}\tau = \mathrm{e}^{\mathrm{j}\omega t}H(\omega)。$$

而 $H(\omega) = \int_{-\infty}^{\infty} h(\tau)\mathrm{e}^{-\mathrm{j}\omega\tau}\mathrm{d}\tau$ 就是 $h(t)$ 的傅里叶变换。这个结果在讲卷积的时候我们已经看到过了。

强调一点，**频率特性只适合于线性时不变系统**。

非线性系统或者线性时变系统都不能用这个方法来描述，这是因为这样的系统对正弦信号不具备波形保持特性。同学们可以验证一下。

线性时变系统在实际当中往往被处理成短时间内的线性时不变系统。在这种情况下，也可以用频率特性来描述，但是同时隐含了对信号进行周期化的处理过程。在后面会讲述这个内容。

5.7 离散傅里叶变换

连续信号的傅里叶变换的作用主要是理论价值，而实际应用的是离散傅里叶变换。

不像连续信号有傅里叶级数和傅里叶变换之分，在离散域，傅里叶变换也就是傅里叶级数。

如果有一个周期为 N 的离散信号 $\widetilde{x}[n], n \in (-\infty, \infty)$，$\widetilde{x}[n+N] = \widetilde{x}[n]$，则按照连续信号傅里叶级数的思路，它也可以表达为角频率为 $\omega_1 = 2\pi/N$ 的整数倍的三角函数的和。

我们省略了三角函数的表达方式，而直接采用离散复指数函数的方式，记作

$$e_k[n] = \mathrm{e}^{\mathrm{j}\frac{2\pi}{N}kn} = \cos\left(\frac{2\pi}{N}kn\right) + \mathrm{j}\sin\left(\frac{2\pi}{N}kn\right), k = 0, 1, \cdots, N-1。$$

　　离散复指数信号可以认为是角频率为 $\frac{2\pi}{N}k$ 的连续复指数信号在整数点上的采样，也可以认为是角频率为 $k\omega_1$ 的连续复指数信号在 $t=\frac{2\pi}{N\omega_1}n$ 上的采样：

$$e_k[n] = \left. \mathrm{e}^{\mathrm{j}\frac{2\pi}{N}kt}\right|_{t=n} = \left.\mathrm{e}^{\mathrm{j}\omega_1 kt}\right|_{t=\frac{2\pi}{N\omega_1}n}\circ$$

　　从这里可以看出，离散信号的频率与连续信号的频率的对应关系由采样频率决定。

　　$e_1[n] = \mathrm{e}^{\mathrm{j}\frac{2\pi}{N}n}$ 是以 N 为周期的**周期信号**，$e_1[n+N]=e_1[n]$。N 也是 $e_k[n]=\mathrm{e}^{\mathrm{j}\frac{2\pi}{N}kn}$ 的周期。

　　取 $N=16$，在如图 5.3 所示的复平面上，$e_1[n]$ 随 n 增加按逆时针依次取得如图 5.3 所示的离散值。

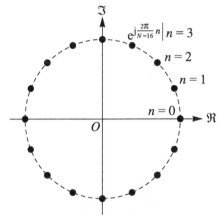

图 5.3 离散复指数信号

　　$e_1[n]$ 的实部和虚部分别是离散余弦信号和离散正弦信号，如图 5.4 所示。

　　复指数函数的频率是离散的，并且有如下关系成立：

$$e_{k+N}[n] = e_k[n]\circ$$

　　$e_k[n]$ 的频率可以认为是 $\frac{2\pi}{N}k$，也可以认为是 $\frac{2\pi}{N}(k+lN), l\in\mathbb{Z}$。在 $[0,2\pi)$ 内，复指数信号有 N 个不同的频率，不同频率的信号具有两两正交性，也就是

$$\sum_{n=0}^{N-1} e_k[n]\overline{e_l[n]} = \sum_{n=0}^{N-1}\mathrm{e}^{\mathrm{j}\frac{2\pi}{N}(k-l)n} = \left\{\begin{array}{ll} N & k=l \\ 0 & k\neq l \end{array}\right.\circ$$

　　其中，$k,l=0,1,\cdots,N-1$，上画线表示共轭。

　　因为 $\widetilde{x}[n]$ 是周期函数，只取其一个周期就可以完全表达，标记为 $x[n]$：

$$x[n] = \widetilde{x}[n], \quad n=0,1,\cdots,N-1\circ$$

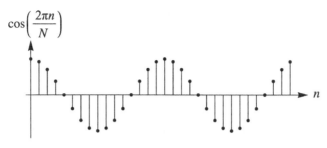

(a) 离散余弦信号

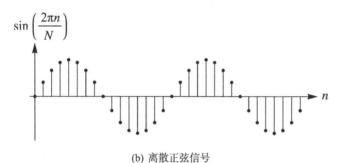

(b) 离散正弦信号

图 5.4 离散三角函数信号

周期为 N 的无限长度的周期信号，和长度为 N 的有限长度信号是一一对应的，或者说是等价的。周期离散信号的一个周期可以表达为

$$x[n] = \sum_{k=0}^{N-1} c_k e_k[n] = \sum_{k=0}^{N-1} c_k \mathrm{e}^{\mathrm{j}\frac{2\pi}{N}kn} \quad n = 0, 1, \cdots, N-1。 \tag{5.5}$$

利用复指数函数的正交性，公式（5.5）两边都乘以 $\overline{e_k[n]}$ 并求和，可以计算系数 c_k 为

$$c_k = \frac{1}{N} \sum_{n=0}^{N-1} x[n] \mathrm{e}^{-\mathrm{j}\frac{2\pi}{N}kn}。$$

从这里，人们定义**离散傅里叶变换**为：

$$X[k] = \sum_{n=0}^{N-1} x[n] \mathrm{e}^{-\mathrm{j}\frac{2\pi}{N}kn}, k = 0, 1, \cdots, N-1。$$

$X[k]$ 也就是 c_k 的 N 倍，所以，正变换就是求频域系数。离散傅里叶变换 $X[k]$, k 的取值范围为 $0, 1, \cdots, N-1$, 频率在 $[0, 2\pi)$ 的范围内, 但是可以把 $X[k]$ 扩展成一个周期函数 $\widetilde{X}[k]$

$$\widetilde{X}[k] = X[k], \quad k = 0, 1, \cdots, N-1,$$

$$\widetilde{X}[k+N] = \widetilde{X}[k], \quad k \in \mathbb{Z}。$$

而**离散傅里叶逆变换**为

$$x[n] = \frac{1}{N} \sum_{k=0}^{N-1} X[k] \mathrm{e}^{\mathrm{j}\frac{2\pi}{N}kn}。$$

也就是公式（5.5）。逆变换就是利用频域的系数合成原来的信号。

其实，反变换当中的系数 $1/N$ 可以挪到正变换当中，也可以正反变换各用 $1/\sqrt{N}$。由于历史的原因，离散傅里叶变换和反变换采用了目前定义的形式。

离散傅里叶变换对（正变换和反变换）可以标记为如下的记号：

$$x[n] \xleftrightarrow{\text{DFT}} X[k]。$$

5.8　离散序列的连续傅里叶变换

在离散傅里叶变换当中，$[0, 2\pi)$ 当中一共有 N 个离散频率，不同频率的复指数信号具有两两正交性。从线性空间的角度来看，这 N 个复指数信号构成了 N 维线性复空间的一组正交基，任何的信号都可以表达成这组基的线性组合。离散傅里叶变换就是求一个离散序列在这组正交基下的坐标。

本书的第 6 章介绍了线性空间的一些基本内容，不了解这方面知识的同学可以学习一下。

一个线性空间的正交基不止一组，而是可以有无穷多组。比如如下也是一组正交基：

$$e'_k[n] = \mathrm{e}^{\mathrm{j}\omega_0 n} e_k[n] = \mathrm{e}^{\mathrm{j}(\frac{2\pi}{N}k+\omega_0)n}, k = 0, 1, \cdots, N-1。$$

可以验证，它们两两之间也是正交的：

$$\sum_{n=0}^{N-1} e'_k[n]\overline{e'_l[n]} = \sum_{n=0}^{N-1} \mathrm{e}^{\mathrm{j}\frac{2\pi}{N}(k-l)n} = \begin{cases} N & k = l \\ 0 & k \neq l \end{cases}。$$

那么，也可以求离散序列在这组基下的坐标为：

$$c'_k = \frac{1}{N} \sum_{n=0}^{N-1} x[n]\mathrm{e}^{-\mathrm{j}(\frac{2\pi}{N}k+\omega_0)n}。$$

可以定义另外一种变换

$$X'[k] = \sum_{n=0}^{N-1} x[n]\mathrm{e}^{-\mathrm{j}(\frac{2\pi}{N}k+\omega_0)n},$$

以及逆变换

$$x[n] = \frac{1}{N} \sum_{k=0}^{N-1} X'[k] e^{j\left(\frac{2\pi}{N}k + \omega_0\right)n}.$$

这个变换可以理解为将 $x[n]$ 乘以 $e^{-j\omega_0 n}$ 后再做离散傅里叶变换。每一个 ω_0 值都可以确定一组正交基，也可以定义一对变换，也有人把它叫作**广义离散傅里叶变换**。

我们取 $\omega_0 = \frac{\pi}{N}$，则

$$e'_k[n] = e^{j\frac{2\pi}{N}(k+0.5)n}, k = 0, 1, \cdots, N-1;$$

$$X'[k] = \sum_{n=0}^{N-1} x[n] e^{-j\frac{2\pi}{N}(k+0.5)n};$$

$$x[n] = \frac{1}{N} \sum_{k=0}^{N-1} X'[k] e^{j\frac{2\pi}{N}(k+0.5)n}.$$

这个变换得到了一个离散信号在 N 个频率上的坐标（正变换），并且用这 N 个频率合成此离散信号（反变换）。结合原来的离散傅里叶变换，就有两组共 $2N$ 个频率。当然，这两组频率，每一组之内是两两正交的，而组之间是不正交的。把这两组变换结合起来，就有

$$X^{(2)}[k] = \sum_{n=0}^{N-1} x[n] e^{-j\frac{2\pi}{2N}kn}, k = 0, 1, \cdots, 2N-1,$$

$$x[n] = \frac{1}{2N} \sum_{k=0}^{2N-1} X^{(2)}[k] e^{j\frac{2\pi}{2N}kn} = \frac{1}{2\pi} \sum_{k=0}^{2N-1} X^{(2)}[k] e^{j\frac{2\pi}{2N}kn} \frac{2\pi}{2N}.$$

我们还可以继续这样做，让频率点加倍，再加倍，趋向于无穷大，离散频率 $\frac{2\pi}{2N}k$ 就变成了连续频率 ω，$\Delta\omega = \frac{2\pi}{2N}$ 就变成了 $\mathrm{d}\omega$，反变换的求和变成了积分，于是可以得到**离散信号的连续傅里叶变换**

$$X(\omega) = \sum_{n=0}^{N-1} x[n] e^{-j\omega n},$$

$$x[n] = \frac{1}{2\pi} \int_0^{2\pi} X(\omega) e^{j\omega n} \mathrm{d}\omega.$$

这个变换对可以记为

$$x[n] \xleftrightarrow{\mathcal{FT}} X(\omega).$$

$X(\omega)$ 的定义域可以认为是 $(-\infty, \infty)$，是以 2π 为周期的周期函数，离散傅里叶变换 $X[k]$ 是 $X(\omega)$ 在 $\omega = \frac{2\pi k}{N}, k = 0, 1, \cdots, N-1$ 上的采样。利用 $X(\omega)$ 的一个周期可以合成时域离散信号，就是连续反变换，用 $X(\omega)$ 的均匀 N 个采样也可以合成时域离散信号，就是离散反变换。

5.9 离散傅里叶变换的性质

我们已经讨论了连续函数的傅里叶变换的性质。离散傅里叶变换与连续信号的傅里叶变换有很大的相似性，因此也有相似的性质。但是由于我们把离散傅里叶变换的时域索引 n 和频域索引 k 都局限在 $[0, N-1]$ 内的整数，不存在负数索引，而连续信号的傅里叶变换的对称性都是关于零点的，从而需要做一定的处理。

一种方法是采用 $x[n]$ 和 $X[k]$ 的周期化形式 $\widetilde{x}[n]$ 和 $\widetilde{X}[k]$，$k \in \mathbb{Z}$，这样就引入了负数索引，连续信号傅里叶变换的性质可以平行地搬到离散傅里叶变换。另一种方法是把负数索引通过加 N 的整数倍搬到 $[0, N-1]$ 的范围内，和第一种方法是等价的。为了记号的简便，定义如下符号

$$((n))_N = n \bmod N$$

表示模 N 的余数，取值范围为 $[0, N-1]$。

以模 $N = 4$ 为例，$((1))_4 = 1, ((4))_4 = 0, ((7))_4 = 3, ((-1))_4 = 3, ((-103)) = 1$。

长度为 N 的有限长度信号 $x[n]$ 和周期化信号 $\widetilde{x}[n]$ 之间存在如下的关系：

$$\widetilde{x}[n] = x[((n))_N], \quad n \in \mathbb{Z}。$$

如果 $\widetilde{x}[n]$ 为偶函数，也就是

$$\widetilde{x}[-n] = \widetilde{x}[n],$$

等价于

$$x[((-n))_N] = x[n], \quad n = 0, 1, 2, \cdots, N-1,$$

也就是

$$x[N-n] = x[n], \quad n = 0, 1, 2, \cdots, N-1。$$

因此如果 $\widetilde{x}[n]$ 为偶函数，那么 $x[n]$ 是关于 $\frac{N}{2}$ 对称的。在不引起歧义的情况下，为避免表述过于啰唆，我们也称 $x[n]$ 为偶函数。不过大家要记住，由于自变量取值范围的原因，对称点是 $\frac{N}{2}$ 而不是零点。

（1）对称性

如果

$$x[n] \xleftrightarrow{\text{DFT}} X[k],$$

那么

$$X[n] \xleftrightarrow{\text{DFT}} Nx[((-k))_N]。$$

（2）线性

如果

$$x_1[n] \xleftrightarrow{\text{DFT}} X_1[k],$$

$$x_2[n] \xleftrightarrow{\text{DFT}} X_2[k],$$

$a_1, a_2 \in \mathcal{F}$，那么

$$a_1 x_1[n] + a_2 x_2[n] \xleftrightarrow{\text{DFT}} a_1 X_1[k] + a_2 X_2[k]。$$

（3）奇偶虚实性

如果

$$x[n] \xleftrightarrow{\text{DFT}} X[k],$$

那么

$$\begin{cases} x[((-n))_N] \xleftrightarrow{\text{DFT}} X[((-k))_N] \\ x^*[((-n))_N] \xleftrightarrow{\text{DFT}} X^*[k] \\ x^*[n] \xleftrightarrow{\text{DFT}} X^*[((-k))_N] \end{cases} 。$$

根据这几个公式，进一步可以得到以下两个推论：

如果 $\tilde{x}[n]$ 是偶函数，即 $\tilde{x}[-n] = \tilde{x}[n]$，或者等价地，$x[((-n))_N] = x[n]$，那么有 $\tilde{X}[k] = \tilde{X}[-k]$，或者等价地，$X[k] = X[((-k))_N]$。也就是说，**偶函数的离散傅里叶变换也是偶函数**。

对于一个奇函数，即 $\tilde{x}[-n] = -\tilde{x}[n]$，那么有 $X[k] = -X[((-k))_N]$。也就是说，**奇函数的离散傅里叶变换也是奇函数**。

如果 $x[n]$ 是实函数，则

$$\begin{cases} \Re\{X[k]\} = \sum_{n=0}^{N-1} x[n] \cos\left(\frac{2\pi}{N} kn\right) \\ \Im\{X[k]\} = \sum_{n=0}^{N-1} x[n] \sin\left(\frac{2\pi}{N} kn\right) \end{cases} 。$$

很容易验证

$$\begin{cases} \Re\{X[k]\} = \Re\{X[((-k))]_N\} \\ \Im\{X[k]\} = -\Im\{X[((-k))]_N\} \end{cases} 。$$

也就是说，**实函数的傅里叶变换的实部是偶函数，虚部是奇函数**。

用幅度和相位来表达，有

$$\begin{cases} |X[k]| = \sqrt{\Re\{X[k]\}^2 + \Im\{X[k]\}^2} \\ \varphi[k] = \arctan \dfrac{\Im\{X[k]\}}{\Re\{X[k]\}} \end{cases} 。$$

其中，$|X[k]|$ 是幅度，$\varphi[k]$ 是相位。也容易看出，**实函数的傅里叶变换的幅度是偶函数，相位是奇函数。**

如果 $x[n]$ 是实函数，则其傅里叶变换的实部是偶函数，虚部是奇函数。如果 $x[n]$ 同时也是偶函数，那么其傅里叶变换的实部和虚部都是偶函数。实偶函数的傅里叶变换的虚部既是偶函数，也是奇函数，因此虚部一定为零（自己验证）。可以推论出，**实偶函数的离散傅里叶变换是实偶函数。**

（4）尺度变换

连续信号存在尺度变换，但是不适用于离散信号。

（5）循环移位特性

如果

$$x[n] \overset{\text{DFT}}{\longleftrightarrow} X[k],$$

那么

$$x[((n-m))_N] \overset{\text{DFT}}{\longleftrightarrow} X[k]\mathrm{e}^{-\mathrm{j}\frac{2\pi}{N}km}。$$

这意味着，**时域的循环移位对应频域的相移。**相同的循环，对不同的频率的相移不同。频率越高，相移越大。因为一个周期对应 2π 的相位，所以一个固定的时移，对应的相移与周期成反比，也就是与频率成正比。

（6）**频移特性**

如果

$$x[n] \overset{\text{DFT}}{\longleftrightarrow} X[k],$$

则

$$x[n]\mathrm{e}^{\mathrm{j}\frac{2\pi}{N}ln} = X[((k-l))_N]。$$

这意味着，**在时域乘以一个频率为 $\frac{2\pi}{N}l$ 的复指数信号，相当于频谱移动了 l。**

5.10   循环卷积

我们已经讨论了离散卷积为

$$y[n] = \sum_{k=-\infty}^{\infty} x[k]h[n-k]。$$

一个离散系统的冲激响应为 $h[n]$，输入信号为 $x[n]$，那么输出信号 $y[n]$ 是 $x[n]$ 与 $h[n]$ 的卷积。与圆卷积相对，这个卷积也叫作**线卷积。**

如果系统的输入信号是周期信号 $\tilde{x}[n]$，周期为 N，那么在达到稳态之后，系统的输出 $\tilde{y}[n]$ 也是周期为 N 的周期信号。

假设 $x[n]$ 和 $y[n]$ 分别是 $\widetilde{x}[n]$ 和 $\widetilde{y}[n]$ 的一个周期：

$$x[n] = \widetilde{x}[n], \quad n = 0, 1, \cdots, N-1;$$

$$y[n] = \widetilde{y}[n], \quad n = 0, 1, \cdots, N-1。$$

则 $x[n], y[n]$ 为长度为 N 的有限长度序列，下面研究一下 $x[n]$ 和 $y[n]$ 之间的关系。

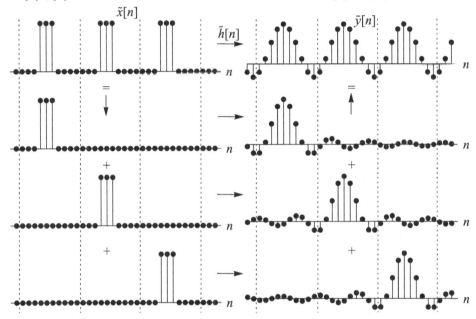

图 5.5 系统在周期激励下的响应，分解与合成

如图 5.5 所示，周期为 N 的周期信号 $\widetilde{x}[n]$，经过系统 $\widetilde{h}[n]$，输出信号为 $\widetilde{y}[n]$，则

$$\widetilde{y}[n] = \sum_{k=-\infty}^{\infty} \widetilde{x}[k]\widetilde{h}[n-k].$$

这里的符号都带着波浪号，而把不带波浪号的保留给循环卷积使用。实际当中的系统都是因果系统，但是这里并不加这个限制，而采用了一个非因果系统。

$x[n]$ 是输入信号的一个周期，系统对它的响应为

$$y'[n] = \sum_{k=0}^{N-1} x[k]\widetilde{h}[n-k], \quad n = -\infty, \infty。$$

参考图 5.5，把周期输入信号 $\widetilde{x}[n]$ 分解成多个信号的和，每个信号是 $\widetilde{x}[n]$ 的一个周期，并产生一个输出信号。根据线性系统的性质，输出的周期信号 $\widetilde{y}[n]$ 就是这些输出信号的叠加。

我们在图 5.5 上观察 $\widetilde{y}[n]$ 的一个周期 $y[n]$，可以发现这个关系：

$$y[n] = \sum_{k=-\infty}^{\infty} y'[n+kN], \quad n = 0, 1, \cdots, N-1。$$

这个公式的意思是把 $y'[n]$ 切成长度为 N 的段，把所有的段对齐后累加起来，得到 $\widetilde{y}[n]$ 的一个周期 $y[n]$。因为我们并没有限制 $\widetilde{h}[n]$ 的长度，其可以为无穷长，$y'[n]$ 也同样为无穷长，因此有无穷多段。把 $y'[n]$ 的公式代入上式，得到

$$y[n] = \sum_{k=-\infty}^{\infty} \sum_{m=0}^{N-1} x[m]\widetilde{h}[n+kN-m]$$

$$= \sum_{m=0}^{N-1} x[m] \sum_{k=-\infty}^{\infty} \widetilde{h}[n+kN-m]。$$

记

$$h[n] = \sum_{k=-\infty}^{\infty} \widetilde{h}[n+kN], \quad n = 0, 1, \cdots, N-1,$$

也就是把系统的冲激响应 $\widetilde{h}[n]$ 切段并且累加，得到一个长度为 N 的有限长度序列 $h[n]$。如果 $\widetilde{h}[n]$ 是有限长度的，并且长度小于 N，就把 $\widetilde{h}[n]$ 补零得到长度为 N 的序列 $h[n]$。

可以发现有这个关系

$$\sum_{k=-\infty}^{\infty} \widetilde{h}[n+kN-m] = h[((n-m))_N], \quad n = 0, 1, \cdots, N-1,$$

于是就得到

$$y[n] = \sum_{m=0}^{N-1} x[m]h[((n-m))_N], \quad n = 0, 1, \cdots, N-1。$$

这个运算就叫作**循环卷积**，或者**圆卷积**，记作

$$y[n] = x[n]\circledast h[n], \quad n = 0, 1, \cdots, N-1。$$

总结一下：

线卷积对序列的长度没有要求。而循环卷积要求两个序列的**长度相等**，输出序列也是同样的长度。

当一个系统的输入信号是周期信号的时候，输出信号也是周期信号。输出信号的一个周期，是输入信号的一个周期和一个同等长度的序列循环卷积。这个序列是由信号的冲激响应分段累加或者补零后得到的。

5.11 离散卷积定理

连续信号的卷积定理是说时域的卷积对应频域的相乘。离散信号也有对等的结论，只不过要用循环卷积。离散信号的卷积定理是这样讲的：

如果 $x[n], h[n]$ 是长度为 N 的离散信号：

$$x[n] \xleftrightarrow{\text{DFT}} X[k],$$

$$h[n] \xleftrightarrow{\text{DFT}} H[k],$$

那么

$$x[n] \circledast h[n] \xleftrightarrow{\text{DFT}} X[k]H[k]。$$

证明：

$$y[n] = x[n] \circledast h[n] = \sum_{m=0}^{N-1} x[m]h[((n-m))_N], \quad n = 0, 1, \cdots, N-1。$$

$$Y(k) = \text{DFT}\{y[n]\}$$

$$= \sum_{n=0}^{N-1}\sum_{m=0}^{N-1} x[m]h[((n-m))_N]\mathrm{e}^{-\mathrm{j}\frac{2\pi}{N}kn}$$

交换求和顺序： $$= \sum_{m=0}^{N-1} x[m] \sum_{n=0}^{N-1} h[((n-m))_N]\mathrm{e}^{-\mathrm{j}\frac{2\pi}{N}kn}$$

循环移位对应相移： $$= \sum_{m=0}^{N-1} x[m]\mathrm{e}^{-\mathrm{j}\frac{2\pi}{N}km} \sum_{n=0}^{N-1} h[n]\mathrm{e}^{-\mathrm{j}\frac{2\pi}{N}kn}$$

$$= X[k]H[k]$$

命题得证。

我们是从系统响应的角度去推导循环卷积的，并沿用系统响应的常用符号来推导离散卷积定理。实际上该定理对任何两个等长的序列都适用。

当把离散卷积定理应用于离散系统的响应时，它反映了输入、输出信号频域的关系。在这种情况下，认为输入、输出都是周期信号，输出信号的一个周期是输入信号的一个周期与一个等长序列的循环卷积。系统的冲激响应 $\widetilde{h}[n]$ 可以是任何长度，通过分段累加和补零可以得到与输入信号周期长度相同的序列，也就是这个操作：

$$h[n] = \sum_{k=-\infty}^{\infty} \widetilde{h}[n+kN], \quad n = 0, 1, \cdots, N-1。$$

在频域当中，$Y(k) = X[k]H[k]$，是相乘的关系。我们把 $H[k], k = 0, 1, \cdots, N-1$ 叫作系统的**频率特性**。对于每一个频率 k，$H[k]$ 是一个复数，可以写成幅值和相位的形式：

$$H[k] = |H[k]| \mathrm{e}^{\mathrm{j}\varphi[k]}, \quad k = 0, 1, \cdots, N-1 \text{。}$$

$|H[k]|$ 称作**幅频特性**，$\varphi[k]$ 称作**相频特性**。系统对输入信号当中的频率 k 的作用就是做了幅度的增益和相位的改变。

这里强调一点，系统的频率特性 $H[k]$ 并不由系统的冲激响应 $\widetilde{h}[n]$ 唯一确定，还取决于输入信号的周期长度 N。$\widetilde{h}[n]$ 和 N 共同决定了 $h[n]$，它的离散傅里叶变换才是 $H[k]$。

这个可以这样理解，如果输入信号的周期为 N，那么它只包含 N 个频率成分，只需要知道系统对这 N 个频率成分的响应特性就可以了。如何从一个任意长度的系统响应得到对 N 个频率成分的特性，就是刚才讨论的结果。

但是我们还是想看一看对应 $\widetilde{h}[n]$ 的频率特性是什么样子的。由于我们没有一个周期长度 N，则我们认为它是无穷长的，做它的连续傅里叶变换：

$$\widetilde{H}(\omega) = \sum_{n=-\infty}^{\infty} \widetilde{h}[n]\mathrm{e}^{-\mathrm{j}\omega n} \text{。}$$

假设现在我们知道了输入信号的周期 N，令 $\omega = \frac{2\pi}{N}k, k = 0, 1, \cdots, N-1$，

$$\widetilde{H}(\omega)\big|_{\omega=\frac{2\pi}{N}k} = \sum_{n=-\infty}^{\infty} \widetilde{h}[n]\mathrm{e}^{-\mathrm{j}\frac{2\pi}{N}kn}$$

把 n 分成长度为 N 的段：
$$= \sum_{m=-\infty}^{\infty} \sum_{n=0}^{N-1} \widetilde{h}[n+mN]\mathrm{e}^{-\mathrm{j}\frac{2\pi}{N}k(n+mN)}$$

交换求和顺序：
$$= \sum_{n=0}^{N-1} \sum_{m=-\infty}^{\infty} \widetilde{h}[n+mN]\mathrm{e}^{-\mathrm{j}\frac{2\pi}{N}kn}$$

$$= \sum_{n=0}^{N-1} h[n]\mathrm{e}^{-\mathrm{j}\frac{2\pi}{N}kn}$$

$$= H[k]$$

由这里可以看出，$H[k]$ 是 $\widetilde{H}(\omega)$ 在 $\omega = \frac{2\pi}{N}k, k = 0, 1, \cdots, N-1$ 的采样。注意一点，这些采样频率在 $[0, 2\pi)$ 的范围内。所以，$\widetilde{H}(\omega)$ 不依赖于输入信号的频率特性。当输入信号的周期 N 确定之后，由于输入信号只包含 N 个频率成分，只需要在 $\widetilde{H}(\omega)$ 上采集这 N 频率的响应特性，就可以求得输出信号。

第6章 采样，通往数字世界的第一步

我们生活在数字时代。

而采样，是通向数字世界的第一步。

6.1 采样保持电路

如图 6.1 是一个采样保持电路原理图。实际的电路需要考虑驱动能力等问题，比这个要复杂一些，但是在采样保持的原理上就是这样。

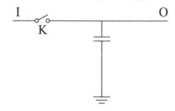

图 6.1 采样保持电路原理

被采样的信号从 I 端口输入，O 是输出端口，后面一般连接 A/D 转换器，也就是模拟信号到数字信号的转换器。

开关 K 闭合的时候为跟随阶段。在这个阶段，电容器被充电。如果电容值相对比较小，输入信号变化比较慢，电容器的过渡过程可以忽略，则电容器两端的电压就是输入信号。

开关 K 断开的时候为保持阶段。在这个阶段，如果忽略电容器的漏电效应，则电容器上的电压保持不变。这个时候，A/D 开始工作，将所采的样点转换为数字信号。

用一个时序来控制开关的闭合和断开，就实现了对输入信号的采样。

如果信号的变化相对于采样保持电路的参数来说非常快，则输出端的电压将跟随不上输入信号的变化。

比如，如果电容值很大，则开关断开的时候电容器上储存的电荷量为零，输出端的电压也为零。开关闭合后，电容器被充电。由于电路当中总会有电阻存在，因此充电的电流不可能无穷大，电容器上的电荷量以及电压不会产生跳变，而是逐渐增加，经过一段时间后，输出端的电压才会等于输入电压。

因此容量较小的电容器有利于信号跟随。但是容量小的电容器上储存的电荷量也比较少，在保持阶段，也就是开关断开的阶段，电路的漏电对输出信号的影响也比较大，信号的保持时间会比较短，不利于 A/D 转换。

6.2　采样的数学表达

下面来讨论采样的数学表达，为后面要讲到的著名的采样定理做准备。

假设连续信号为 $x(t)$，其傅里叶变换为 $X(\omega)$。

对这个信号进行抽样，在数学上表达为这个信号与一个采样周期信号 $p(t)$ 的乘积。采样信号经常采用周期矩形脉冲和周期冲激信号。

采样后的信号表达为

$$x_s(t) = x(t)p(t)。$$

数学上的表达如何与实际电路对应，我们将结合具体的采样信号进行分析。

实际应用的一般是均匀采样。假如采样信号的周期为 T_s，角频率为 $\omega_s = 2\pi/T_s$，则其傅里叶变换为

$$P(\omega) = 2\pi \sum_{n=-\infty}^{\infty} P_n \delta(\omega - n\omega_s);$$

其中，P_n 为 $p(t)$ 的傅里叶系数，表达为

$$P_n = \frac{1}{T_s} \int_{-\frac{T_s}{2}}^{\frac{T_s}{2}} p(t)\mathrm{e}^{-\mathrm{j}n\omega_s t}\mathrm{d}t。$$

采样后的信号是被采样信号与采样周期信号的乘积，根据卷积定理，其傅里叶变换是两个信号傅里叶变换的卷积，也就是

$$
\begin{aligned}
X_s(\omega) &= \frac{1}{2\pi} X(\omega) * P(\omega) \\
&= \sum_{n=-\infty}^{\infty} P_n X(\omega) * \delta(\omega - n\omega_s) \\
&= \sum_{n=-\infty}^{\infty} P_n \int_{-\infty}^{\infty} X(\Omega)\delta(\omega - n\omega_s - \Omega)d\Omega \\
&= \sum_{n=-\infty}^{\infty} P_n X(\omega - n\omega_s)。
\end{aligned}
\tag{6.1}
$$

这个式子说明，采样后信号的频谱，是连续信号的频谱 $X(\omega)$ 以 ω_s 为周期重复，用采样信号的傅里叶系数加权并且累加得到。可以看到，如果相邻位置的连续频谱不

重叠，相加后它们互相不影响，则采样信号的频谱完全保留了原来的连续频谱。这个原理就是采样定理的来源。

我们针对具体的采样函数进行分析。

6.3 周期矩形脉冲

图 6.2(a) 所示的是一个周期矩形脉冲，周期为 T_s，角频率为 $\omega_s = 2\pi/T_s$，脉冲宽度为 τ，幅度为 A。

用这个脉冲采样后得到的信号如图 6.2(c) 所示。来看一看这个信号与实际的采样保持电路的关系。

在如图 6.1 所示的采样保持电路当中，如果输入信号是一个慢变信号，当 K 闭合的时候，输出端 O 上的波形基本能够跟随输入信号，基本就是一个矩形脉冲采样的信号。当 K 断开的时候，输出端 O 不为零，而是保持 K 闭合的最后时刻的信号值。如果我们（强行）认为 K 断开的时候的信号值为零，则 O 端的信号就是周期矩形脉冲采样的信号。

周期矩形脉冲的傅里叶系数为

$$
\begin{aligned}
P_n &= \frac{1}{T_s} \int_{-T_s/2}^{T_s/2} p(t)\mathrm{e}^{-\mathrm{j}n\omega_s t}\mathrm{d}t \\
&= \frac{A}{T_s} \int_{-\tau/2}^{\tau/2} \mathrm{e}^{-\mathrm{j}n\omega_s t}\mathrm{d}t \\
&= \frac{A\tau}{T_s} \mathrm{sinc}(\frac{n\omega_s\tau}{2\pi})。
\end{aligned}
$$

如果忽略 $1/T_s$ 的因子，我们前面已经知道，这就是（单脉冲）矩形函数的傅里叶变换在 $n\omega_s$ 处的取值。

将此系数代入公式（6.1），可以得到用矩形脉冲采样后信号的傅里叶变换为

$$
\begin{aligned}
X_s(\omega) &= \sum_{n=-\infty}^{\infty} P_n X(\omega - n\omega_s) \\
&= \frac{A\tau}{T_s} \sum_{n=-\infty}^{\infty} \mathrm{sinc}(\frac{n\omega_s\tau}{2\pi}) X(\omega - n\omega_s)。
\end{aligned}
\tag{6.2}
$$

这个公式的结论是，周期矩形脉冲采样后的频谱，是连续信号的频谱 $X(\omega)$ 以 ω_s 为周期重复，用 sinc 函数加权并且累加得到。

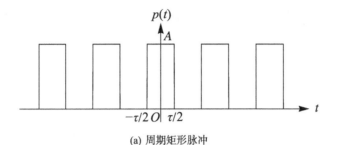

(a) 周期矩形脉冲

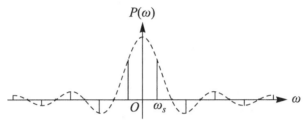

(b) 周期矩形脉冲的频谱

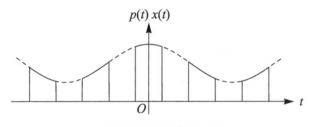

(c) 周期矩形脉冲采样后的信号

图 6.2 周期矩形脉冲及采样后的信号

6.4 周期冲激脉冲

如果采样信号为周期冲激函数，周期为 T_s，也就是

$$p(t) = \sum_{n=-\infty}^{\infty} \delta(t - nT_s);$$

其傅里叶系为

$$P_n = \frac{1}{T_s} \int_{-T_s/2}^{T_s/2} \delta(t) \mathrm{e}^{-\mathrm{j}n\omega_s t} \mathrm{d}t = \frac{1}{T_s}。$$

将此系数代入公式（6.1），可以得到用冲激脉冲采样后信号的傅里叶变换为

$$X_s(\omega) = \frac{1}{T_s} \sum_{n=-\infty}^{\infty} X(\omega - n\omega_s)。 \tag{6.3}$$

因此，用周期冲激函数采样的信号的频谱，是把原来连续信号的频谱 $X(\omega)$ 以 ω_s 为周期重复并且累加得到的。

如图 6.3（a）所示的连续信号频谱，这里假定连续信号是一个带宽受限的信号，最高角频率为 $\omega_m = 2\pi f_m$。我们做这个假设是为了后续采样定理的需要，在这里并不是一个必要条件。采样后信号的频谱如图 6.3（b）所示。

可以看到，用周期冲激函数采样的信号的频谱更加简单。**在本书的后续部分，如果不特别说明，所说的采样信号，都是用周期冲激函数采样的信号。**

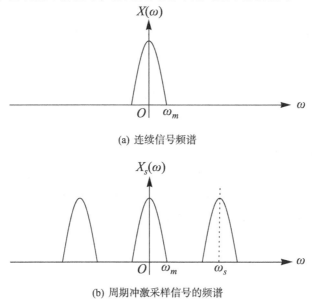

(a) 连续信号频谱

(b) 周期冲激采样信号的频谱

图 6.3 连续信号及其冲激采样信号的频谱

在数学上，如果周期矩形脉冲的脉冲宽度 τ 趋向于零，则可以认为是冲激函数采样。在公式（6.2）当中，τ 为零的时候，sinc 函数就变为常数 1，也就变成公式（6.3）的形式。

但是 τ 为零的时候，公式（6.2）当中的系数 $A\tau/T_s$ 也变为零。

为了防止这一现象，可以在周期矩形脉冲的宽度 τ 变小的同时让幅度 A 增大，比如让 $A\tau$ 保持为 1，则公式（6.2）就完全等价于公式（6.3）。

这个时候，周期矩形脉冲就变成了周期冲激函数，在每个冲激发生的地方的值为无穷大。

在实际的采样电路当中，如何产生这个无穷大的冲激函数呢？

答案是不需要产生，佛在心中就可以了。

如图 6.1 是采样保持电路，在 K 闭合的跟随阶段并没有发生采样，采样发生在 K 断开的一刹那，这个时刻的波形的数值被保持在电容上，并通过 A/D 转换成数字信号。

因为冲激函数是确定的，所以知道了采样值，也就知道了用周期冲激函数采样的信号——采样后的信号是这个采样值乘以一个冲激函数。你心里知道这个关系，在后续的信号处理当中把这个关系考虑进去就可以了，而不需要实际产生一个冲激信号。

当然，实际上，即使你想产生也无法做到。

6.5　采样定理

我们已经知道，采样是联系模拟世界与数字世界的桥梁，其地位当然是非常关键的。在这样关键的环节中，能够称得上定理的，其重要性也是毋庸置疑的，这就是**采样定理**。

我们得到一个模拟信号的采样，一个自然的问题是，利用这个采样信号，能够无失真地恢复原来的信号吗？如果能，则需要满足什么样的条件？采样定理就是回答这个问题的。

采样定理于 1928 年由美国物理学家 H. 奈奎斯特首先提出来，因此被称为奈奎斯特采样定理。1933 年，苏联工程师科捷利尼科夫首次用公式严格地表述了这一定理，因此在苏联的文献中称其为科捷利尼科夫采样定理。1948 年，信息论的创始人 C·E· 香农对这一定理加以明确的说明，并正式作为定理引用，因此在许多文献中又称为香农采样定理。

奈奎斯特（Harry Nyquist, 1889—1976），美国物理学家。1889 年出生在瑞典韦姆兰省，1907 年移民到美国，1917 年获得耶鲁大学哲学博士学位。之后进入美国 AT&T 公司，1934 年在贝尔实验室任职，1954 年从贝尔实验室退休。奈奎斯特总结的奈奎斯特采样定理是信息论，特别是通信与信号处理学科中的一个重要基本结论。

采样定理的具体内容是：如果一个带宽有限的信号（通常称作带限信号）的最高角频率为 $\omega_m = 2\pi f_m$，在等间隔采样的条件下，采样频率必须不小于 $2f_m$，才能用采样信号无失真地恢复原来的信号。也就是说，**采样频率最小为信号最高频率的两倍**。

采样定理的证明，我们之前已经做了准备性的工作。图 6.3（a）所示的连续信号频的最高角频率为 ω_m。请注意，实际的信号都是实信号，而实信号的频谱关于零点存在对称性，也就是实部为偶函数，虚部为奇函数。

在图 6.3(b) 当中，采样信号的频谱是原信号的频谱在 $n\omega_s$ 的位置重复并且累加的结果。可以很清楚地发现，如果 $\omega_m \leqslant \omega_s/2$，则相邻的重复频谱可以互相分离而互不影响。因此只要抽取在零点处的频谱就可以重构原来的信号。

相反，如果 $\omega_m > \omega_s/2$，则相邻的重复频谱发生了相互干扰，这在信号处理当中叫作**混叠**。在混叠发生的情况下，无法抽取出原来信号的频谱，也无法无失真地重构原来的信号。

6.6 用采样信号重构原信号

现在有一个带限信号 $x(t)$，频谱为 $X(\omega)$，最高角频率为 ω_m，也就是当 $|\omega| > \omega_m$ 时，$X(\omega) = 0$。

采样信号为 $x_s(t)$，频谱为 $X_s(\omega)$，采样角频率为 $\omega_s = 2\pi f_s = 2\pi/T_s$。

假定满足采样定理，也就是 $\omega_s \geqslant 2\omega_m$。

再次看一看公式（6.3）和图 6.3，可以发现，$X(\omega)$ 就是 $F_s(\omega)$ 位于零点的那一个部分。用公式表达就是

$$X(\omega) = T_s \cdot X_s(\omega)H(\omega);$$

其中，$H(\omega)$ 是一个矩形函数：

$$H(\omega) = \begin{cases} 1 & \text{当 } |\omega| \leqslant \omega_s/2 \\ 0 & \text{当 } |\omega| > \omega_s/2 \end{cases}。$$

用这个矩形函数可以把采样信号频谱的位于零点的那部分频谱截取出来。

假设 $h(t)$ 是 $H(\omega)$ 的时域信号，也就是 $h(t) = \mathscr{F}^{-1}[H(\omega)]$，则这个结果为

$$h(t) = \frac{\omega_s}{2\pi}\frac{\sin(\omega_s t/2)}{\omega_s t/2} = \frac{\omega_s}{2\pi}\text{sinc}(\omega_s t/2\pi)。$$

还记得卷积定理吧？**频域乘积对应时域卷积**。$X(\omega)$ 是 $X_s(\omega)$ 和 $H(\omega)$ 的乘积，则 $x(t)$ 应该是 $x_s(t)$ 和 $h(t)$ 的卷积，也就是

$$x(t) = T_s \cdot x_s(t) * h(t)。$$

采样信号可以表达为

$$x_s(t) = \sum_{n=-\infty}^{\infty} x(nT_s)\delta(t - nT_s),$$

其中，$x(nT_s)$ 就是在 nT_s 时刻得到的采样值，而 $\delta(t - nT_s)$ 就是你心中的佛。

所以

$$x(t) = T_s \cdot x_s(t) * h(t)$$

$$= T_s \sum_{n=-\infty}^{\infty} x(nT_s)\delta(t - nT_s) * \frac{\omega_s}{2\pi}\text{sinc}(\omega_s t/2\pi)$$

$$= \sum_{n=-\infty}^{\infty} x(nT_s)\text{sinc}(\frac{\omega_s}{2\pi}(t - nT_s))$$

$$= \sum_{n=-\infty}^{\infty} x(nT_s)\text{sinc}(\frac{\omega_s}{2\pi}t - n)。$$

从这里可以看出，连续信号 $x(t)$ 可以表达成一系列不同时移的 sinc 函数的和，前面的系数就是采样值，如图 6.4 所示。

我们可以从采样时刻的叠加结果验证其合理性。从图 6.4 中可以看出，在各个采样时刻，也就是 nT_s 时刻，只有该时刻的那个 sinc 函数的值为 1，而其他时刻的 sinc 函数值都为零，叠加的结果就是 $x(nT_s)$。这个结果是比较合理的。

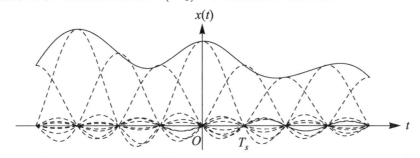

图 6.4 用采样信号重构连续信号

6.7　频域采样定理

我们已经多次提到，时频域是对偶的。时域采样定理的对偶就是频域采样定理。

频域采样定理是说：

如果信号 $x(t)$ 是时间受限的，也就是 $|t| > t_m, x(t) = 0$，那么在频域以不大于 $1/2t_m$ 的频率间隔，或者 π/t_m 的角频率间隔，对其频谱 $X(\omega)$ 进行采样得到 $X_s(\omega)$，则用 $X_s(\omega)$ 可以无失真地恢复原信号。

频域采样定理的描述和证明与时域采样定理完全类似，基本就是把时间和频率两个词互换一下就可以了，需要注意的是会相差一个系数。同学们可以仿照时域采样定理自己练习一下。

这里给出频域采样定理的另外一个角度的描述：

因为 $x(t)$ 局限在 $[-t_m, t_m]$，因此可以将 $x(t)$ 以 $2t_m$ 为周期进行重复，得到一个周期信号 $x_p(t)$，如图 6.5(b) 所示。

$x(t)$ 与 $x_p(t)$ 是一一对应的。知道了 $x(t)$，也就知道了 $x_p(t)$，反之亦然。

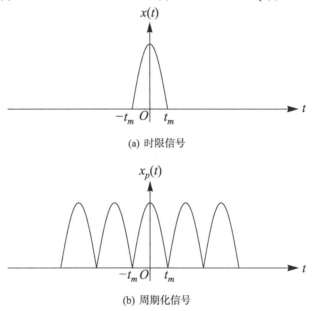

(a) 时限信号

(b) 周期化信号

图 6.5 将时限信号周期化

我们已经讨论过，周期信号的傅里叶变换是一系列离散的冲激信号的叠加。$x_p(t)$ 的傅里叶变换为

$$X_p(\omega) = 2\pi \sum_{n=-\infty}^{\infty} c_n \delta(\omega - n\omega_1)。$$

其中，ω_1 为 $f_p(t)$ 的基频：

$$\omega_1 = \frac{\pi}{t_m};$$

c_n 为 $x_p(t)$ 的傅里叶系数：

$$c_n = \frac{1}{2t_m} \int_{-t_m}^{t_m} x_p(t) \mathrm{e}^{-\mathrm{j}n\omega_1 t} \mathrm{d}t = \frac{1}{2t_m} \int_{-\infty}^{\infty} x(t) \mathrm{e}^{-\mathrm{j}n\omega_1 t} \mathrm{d}t。$$

我们再来看一下 $x(t)$ 的傅里叶变换的公式：

$$X(\omega) = \int_{-\infty}^{\infty} x(t) \mathrm{e}^{-\mathrm{j}\omega t} \mathrm{d}t$$

可以发现，c_n 就是 $X(\omega)$ 在 $\omega = n\omega_1$ 处的采样。当然，还增加了一个常系数 $1/2t_m$。

这些采样的角频率间隔为 $\omega_1 = \pi/t_m$，或者频率间隔为 $1/2t_m$。

通过 $X(\omega)$ 在 $\omega = n\omega_1$ 处的采样值就可以知道 c_n，也就可以知道周期信号 $x_p(t)$ 和时限信号 $x(t)$。

提一个小问题，如果频域的采样间隔小于 $1/2t_m$，按照定理的结论，当然也是能够确定 $x(t)$ 的。能够给出直观的解释吗？

假设采样间隔为 $1/2t_s$，$1/2t_s < 1/2t_m$，也就是 $t_s > t_m$。

在这种情况下，将 $x(t)$ 进行周期化的时候采用 $2t_s$ 为周期，比 $x(t)$ 的持续时间长，就可以直观解释了。

6.8 奈奎斯特定理能够被突破吗

之所以提出这个疑问，是因为我经常听到有人宣称突破了奈奎斯特定理了。持这种说法的人还往往具有一定的江湖地位，令许多后辈心驰神往。

在前面我们已经提到了采样定理的重要性，它是连接模拟世界与数字世界的桥梁，也是信息论的基石之一。这个理论已经被研究和应用了近一个世纪，要突破它，要有摧毁和重建整个数字化时代和信息产业的理论体系的勇气。

当然，真理也不是不能够怀疑的。牛顿力学不就是被相对论和量子力学所发展了吗？

但是要质疑这种已经具有严肃的理论论证和丰富的应用历史的定理，就需要拿出更加严肃的论据。如果能够成功，则是改变人们的观念和生活的重大突破，就像相对论和量子力学那样。

但是我所看到的对奈奎斯特定理的突破，基本属于两种情况：

第一种情况是基本在乱讲，不知道在说什么，然后就宣布突破了。这种情况我们就不讨论了。

第二种情况是利用了信号的一些额外特征，使得采样率比奈奎斯特频率还低。也就是说，他所利用的条件实际比奈奎斯特定理要多，但是在宣称的时候却不说明这个前提，而只说可以得到更低的采样率，让人们误以为是突破了奈奎斯特定理。这属于偷换概念。

举一个例子，一个信号的频率在 $[f_m/2, f_m]$ 的范围，其频谱如图 6.6(a) 所示。按照通常的理解，采样率最小为信号最高频率的两倍，也就是 $2f_m$。用奈奎斯特频率采样的信号的频谱如图 6.6(b) 所示。

但是实际上，这个信号需要的最低采样率为 f_m，也就是两倍的信号带宽，是奈奎斯特频率的一半。

用半奈奎斯特频率采样的信号的频谱如图 6.6(c) 所示。可以看出，在此情况下虽然发生了混叠，但是混叠的部分恰好填充在原信号频谱为零的区域。因此只要把这部分置零，仍然可以恢复出原信号。这是利用了信号的额外特征实现的。

在采样定理的论证当中，用到的条件有等间隔采样和信号的最高频率。在此情况下，最低采样率为奈奎斯特频率。

如果有额外的条件，则采样率可以降低，但是这并不是突破了奈奎斯特定理。

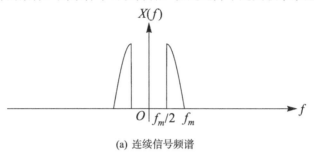

(a) 连续信号频谱

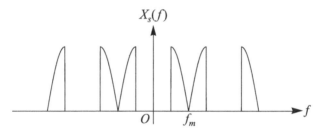

(b) 用奈奎斯特频率采样的信号的频谱

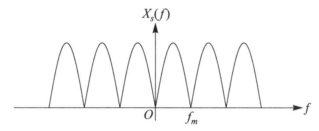

(c) 用半奈奎斯特频率采样的信号的频谱

图 6.6 具有额外特征的信号，采样率可低于奈奎斯特频率

第7章 信号的谱分析

"谱"，是一个听起来很高深的词。它对应英文里面的"spectrum"，其实就是范围的意思。所谓的频谱，就是一段频率范围内的情况，具体说就是幅度和相位的情况。IEEE 有份杂志叫 *IEEE Spectrum*，就是告诉你在 IEEE 范围内发生的一些事情。

我们已经讨论了连续信号和离散信号的傅里叶变换以及采样定理，现在用实际的信号把这些概念串联起来。

7.1 一个简单的信号

我们首先考虑如图 7.1 所示的余弦信号。

$$\widetilde{x}(t) = \cos(2\pi t) \quad t \in (-\infty, \infty)。$$

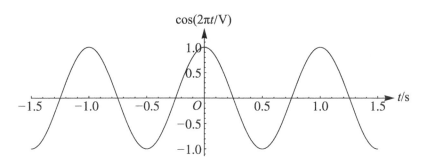

图 7.1 余弦函数

更具体一点，我们给这个信号物理量纲，t 的单位为秒（s），x 的单位为伏特（V）。这是一个频率为 1Hz 的余弦电压信号。

我们用这样一个简单的信号来探测一下傅里叶变换、离散傅里叶变换、采样等过程的规律。从前面我们已经知道，这个信号的傅里叶变换为：

$$\widetilde{X}(\omega) = \pi\delta(\omega - 2\pi) + \pi\delta(\omega + 2\pi)。$$

$\widetilde{X}(\omega)$ 是频谱密度，量纲为 V/(rad/s)，rad 是弧度的单位。此余弦信号的傅里叶变换是位于 $\pm 2\pi$ rad/s 或者 ± 1Hz 处的两个冲激。

现在我们对这个信号进行采样。因为只有一个频率，最高频率也就是 1Hz。根据奈奎斯特采样定理，为了避免频率混叠，最低的采样率应该为 2Hz。我们用 2Hz 的采样频率采样，得到离散信号

$$\widetilde{x}[n] = \cos(2\pi t)\big|_{t=0.5n} = \cos(\pi n) \quad (n \in \mathbb{Z})。$$

这是一个周期 $N = 2$ 的周期信号，如图 7.2 所示。取采样信号的一个周期

$$x[n] = \widetilde{x}[n] \quad n = 0, 1,$$

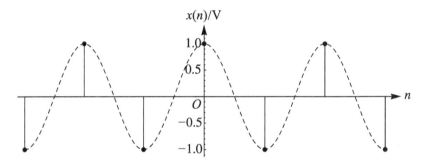

图 7.2 采样后的离散余弦信号

只有两个点，写出来就是 $x[0] = 1, x[1] = -1$。

插一句，如果采样频率小于奈奎斯特频率，比如说 1Hz，也就是每个周期采一个点。从图 7.2 中可以看出采样得到的信号是一个常数序列。这就是发生了混叠，1Hz 的频率混叠到了直流。

对 $x[n]$ 做连续傅里叶变换

$$X(\omega) = \sum_{n=0}^{1} x[n]\mathrm{e}^{-\mathrm{j}\omega n} = 1 - \mathrm{e}^{-\mathrm{j}\omega} = 1 - \cos(\omega) + \mathrm{j}\sin(\omega)。$$

由上式可以求得幅度谱为

$$|X(\omega)| = \sqrt{(1 - \cos(\omega))^2 + \sin^2(\omega)} = \sqrt{2(1 - \cos(\omega))}。$$

现在求相位谱，有如下推导：

$$\begin{aligned}
\tan\varphi(\omega) &= \frac{\sin(\omega)}{1 - \cos(\omega)} = \frac{1 + \cos(\omega)}{\sin(\omega)} \\
&= \frac{2\cos^2\left(\frac{\omega}{2}\right)}{2\sin\left(\frac{\omega}{2}\right)\cos\left(\frac{\omega}{2}\right)} \\
&= \mathrm{ctan}\left(\frac{\omega}{2}\right) = \tan\left(\frac{\pi}{2} - \frac{\omega}{2}\right)。
\end{aligned}$$

可得相位谱为

$$\varphi(\omega) = \frac{1}{2}(\pi - \omega),$$

幅度谱和相位谱如图 7.3 所示。

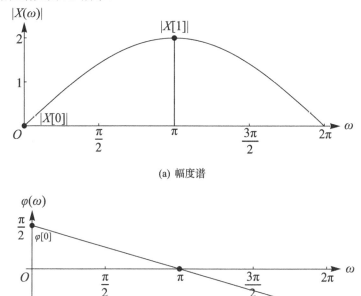

(a) 幅度谱

(b) 相位谱

图 7.3 离散余弦信号的傅里叶变换，采样频率为 2Hz

对 $X(\omega)$ 在 $\frac{2\pi}{N}k = \pi k, k = 0, 1, \cdots, N-1$ 的采样，就是离散傅里叶变换 $X[k]$。在这里只有两个样点，直接写出来就是 $X[0] = 0, X[1] = 2$。采样点的幅度和相位在图 7.3 中也给出来了。

从线性空间的理论我们知道，$X[k]$ 其实就是在一组正交基下的坐标，这组正交基包括两个矢量：

$$\boldsymbol{e}_0 = [1, 1], \quad \boldsymbol{e}_1 = [1, -1]。$$

在 $n = 0$ 处，幅度为零，相位其实无意义，但是从相位谱连续性的角度定义为 $\frac{\pi}{2}$。$n = 0$ 对应直流成分，从连续信号上我们知道确实没有直流成分，因此幅度为零符合我们对连续信号的理解。

在 $n = 1$ 处，幅度为 2，相位为 0，就是实数 2。这条谱线对应频率 1Hz。

用 2Hz 的频率采样是满足采样定理的最低要求，但点数太少了。还是这个连续信号，现在我们用 8Hz 采样，如图 7.4 所示。

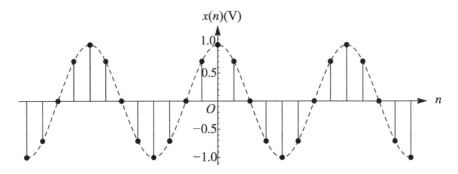

图 7.4 用 8Hz 采样的离散余弦信号

采样信号的周期 $N = 8$，取一个周期为 $[1, \frac{1}{\sqrt{2}}, 0, -\frac{1}{\sqrt{2}}, -1, -\frac{1}{\sqrt{2}}, 0, \frac{1}{\sqrt{2}}]$，做它的傅里叶变换 $X(\omega)$，对 $X(\omega)$ 采样得到离散傅里叶变换 $X[k], k = 0, 1, \cdots, 7$。幅度谱和相位谱如图 7.5 所示。

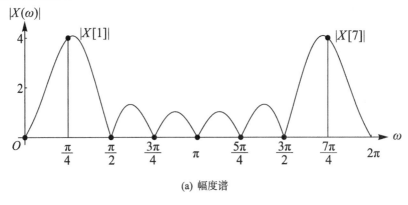

(a) 幅度谱

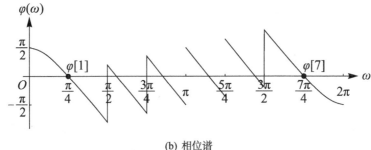

(b) 相位谱

图 7.5 离散余弦信号的傅里叶变换，采样频率 8Hz，采样时间 1s，8 点

从图 7.5 中，你可以发现傅里叶变换的对称性。对称点是 $\omega = \pi$ 或者 $n = N/2 = 4$。因为 $x[n]$ 是实函数，$X(\omega)/X[k]$ 的幅度为偶函数，相位为奇函数。

离散频谱 $X[k]$ 为 $[0, 4, 0, 0, 0, 0, 0, 4]$。

在离散幅度谱 $X[k]$ 上，只有 $X[1]$ 和 $X[7]$ 两条不为零的谱线，对应相位为零。其他谱线幅度为零，相位没有意义。在幅度为零的点上，相位出现了跳变。

$X[1]$ 对应的实际频率是 1Hz。因为采样频率为 8Hz，所以奈奎斯特频率为 4Hz，对应的是 $X[4]$ 或者 $X(\pi)$。$X[7]$ 对应 -1Hz，是由复指数表示引起的。

因为被采样的连续信号就是一个频率为 1Hz 的余弦信号，因此 DFT 的结果符合我们的预期。

7.2 频率分辨率

在连续谱 $X(\omega)$ 上，比如在 $\omega = \pi/8$ 对应 0.5Hz 处，幅度还是比较高的。实际信号当中并没有频率为 0.5Hz 的成分，这是怎么回事？

首先问一个问题，我们为什么认为实际信号当中没有 0.5Hz？有人说，我产生的信号就是 1Hz 的，当然没有 0.5Hz。

凡是说当然的时候，我们都要小心一点。问一下，这个当然的根据是什么呢？如果你的回答是："这么明显的事情，还需要问吗？"你就需要仔细往下看了。

其实，当我们说信号里面没有一个频率成分的时候，指的是信号在这个频率上的投影，或者坐标为零，或者说信号与它的内积为零，或者说正交，这几个说法是等价的。如果这么说，因为 $X(\pi/8) \neq 0$，那么信号里面应该有 0.5Hz 成分？

这么说是忽略了另外一个问题：当我们说信号正交的时候，指的是在一段时间内，或者是一定的点数内。比如 1Hz 和 0.5Hz 的频率正交，指的是在整数个周期内的内积为零。$X(\pi/8) \neq 0$，那是因为我们只取了 1s 的时间，只是 0.5Hz 信号的半个周期。在半个周期上，1Hz 和 0.5Hz 是不正交的。

那么我们来看一看取 2s 长度的信号做傅里叶变换的情况，如图 7.6 所示。

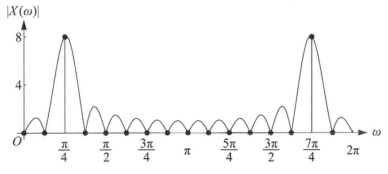

图 7.6 离散余弦信号的傅里叶变换的幅度谱，采样频率 8Hz，采样时间 2s，16 个点

在这个幅度谱上，在 $\pi/4$ 和 $7\pi/4$ 有两条谱线，对应 1Hz，而 0.5Hz 对应的 $X(\frac{\pi}{8}) = 0$。

采样时间为 2s，1Hz 和 0.5Hz 就正交了，这两条谱线就是可分辨的。

在这里引入**频率分辨率**的概念：

$$\Delta = \frac{1}{T}。$$

前面讲了，要分辨一个频率成分，采样至少要达到一个周期。在采样时间 T 内，除直流外，能够分辨的最低频率就是在采样时间正好是一个周期，这个频率对应在离散频谱的第一根谱线，也称作基频，频率为 $1/T$，这是相邻两根离散谱线之间的间隔。这就是频率分辨率。

如图 7.7 所示的 1.0Hz 和 1.1Hz 的余弦信号，在第一秒内是很相近的，随着时间的延续，它们的区别才逐渐加大，这是频率分辨率在时域上的表现。如果要分辨 1Hz 和 1.1Hz，至少需要采样 10s，对应两个频率分别为 10 个周期和 11 个周期，这个时候两个信号是正交的。

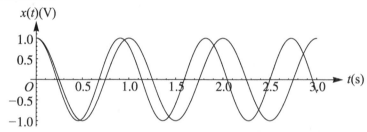

图 7.7 1.0Hz 和 1.1Hz 的余弦信号，在第一秒内是很相近的。

7.3   泄漏效应

现在还是用 8Hz 去采样，采样时间为 1.5s，一共采 12 个点。采样点如图 7.8 所示。

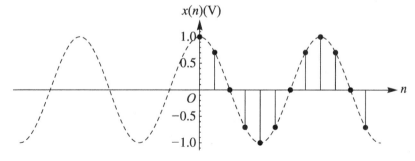

图 7.8 用 8Hz 采样的离散余弦信号，采样时间 1.5s，12 个点。

我们对这 12 个点做傅里叶变换，会发生什么情况呢？

如图 7.9 所示就是 12 个点傅里叶变换的幅度谱。乍看一下，跟 8 个点和 16 个点好像差不太多，但是仔细看就能看出有很大的不同。

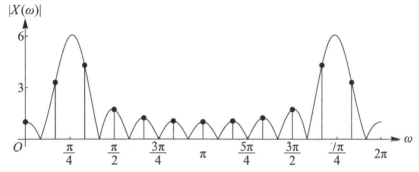

图 7.9 离散余弦信号的傅里叶变换的幅度谱，采样频率 8Hz，采样时间 1.5s，12 个点

相同点是，连续谱都在 $\omega = \pi/4$ 和 $7\pi/4$ 接近最大值（注意，不是最大值，有兴趣的同学可以研究一下原因），对应频率 1Hz。

不同点是，在 8 个点和 16 个点离散频谱上，除了 1Hz 的点，其他的幅度都是零。而在 12 个点离散频谱上，对应 1Hz 的点没有被采到，在采到的频点上的幅值都不为零。比如说，直流的幅度为 1。

首先我向大家保证这个结果是对的，但是与我们的感觉就大相径庭了。本来信号就是一个 1Hz 的单一频率，而 DFT 的结果出来在一大堆频率上都有能量，这是怎么回事？

这种现象叫作频谱的**泄漏**，是由非整周期采样引起的。

直接从数值上看，这 12 个点的均值不为零，因此离散频谱当中有一个直流成分。正弦信号在整数周期上均值为零，在非整数周期上均值不为零，也很好理解。

从理论上看，离散傅里叶变换就是信号在一组正交基上的投影。这组正交基都是复指数信号：

$$e_k[n] = \mathrm{e}^{\frac{2\pi}{N}kn} = \cos\left(\frac{2\pi}{N}kn\right) + \mathrm{j}\sin\left(\frac{2\pi}{N}kn\right), \quad n = 0, 1, \cdots, N-1 .$$

如图 7.10 所示的是 12 个点 DFT 的基函数当中的基频信号的实部。需要注意到的一个事实是，如果把基函数进行 N 点的周期化延拓，就得到一个无限长的正弦离散信号。

那么，用这些无限长的正弦离散信号加权合成的信号，也是一个周期为 N 的周期信号，它的一个周期，就是我们要分析的信号。因此，我们对一个长度为 N 的信号进行傅里叶变换，隐含地假设它是周期信号的一个周期。

我们把图 7.9 当中的采样信号按照 $N = 12$ 进行周期化，如图 7.11 所示，显然这不是一个单一频率的信号，出现一大堆频率就可以理解了。这是频谱泄漏，原因是你把一个周期为 1s 的信号采样了 1.5s，并且在做 DFT 的时候认为信号的周期为 1.5s，所以出现的结果与感觉不一样。

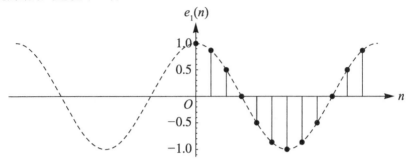

图 7.10 12 个点 DFT 基频实部

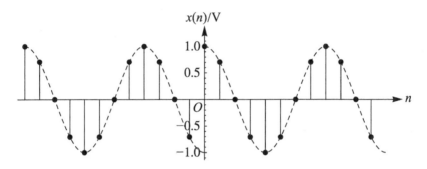

图 7.11 用 1.5s，12 个点进行周期化，得到一个具有复杂频率成分的信号

所以，对周期信号进行傅里叶分析，需要采用**整周期采样**才能够避免泄漏，得到正确的分析结果。

第8章　线性空间理论

8.1　数学之道

　　道与术是中国文化当中的两个层面。什么是道，什么是术？老子的一句"道可道，非常道"，给"道"这个字眼披上了神秘的外衣。在中国古代文化当中，自然科学被视为奇技淫巧，没有得到相应的重视。因此，中国之道，大都体现在社会、人伦以及个人修养方面，比如"功成，名遂，身退，天之道"。

　　道与术，大概的意思是，道是道理、规律等"形而上"的概念；而术是具体实现的手段、方法等，属于"形而下"的概念。

　　这么说来，数学就是道。数学总是试图将不同东西的相同点抽象出来，从而总结出更加"形而上"的规律。比如一个苹果和一个橘子，把相同点抽出来就是自然数1；而自然数、分数、负数、无理数等的共同特点，就是能够比较大小，抽象出来，就是实数。所以说，数学的发展就是一个不断抽象的过程。

　　越是抽象的理论，覆盖的范围就越大。抽象的思维能够使我们从宏观的层面看到本质的规律，这是数学的魅力所在。

　　数学理论当中的术语，会让我们心生恐惧；满篇的公式，也会让我们厌烦。而实际上，数学是建立在实际应用基础之上的，只不过是我们所熟悉的概念的一些扩展而已。

　　求解傅里叶级数的方法在前面已经介绍了。在数学家眼里，这个方法还是太具体，还需要更加抽象的方法，从更高的高度去描述。其实，傅里叶级数的背后，是数学当中的线性空间理论。如果用这个理论去解释傅里叶级数，只不过是用另外一组标准正交基来表达原来的信号而已。

　　下面介绍一点线性空间理论的基础知识。

8.2　线性空间的定义

　　空间，我们都很熟悉，我们就生活在三维空间里面。数学里面的空间，就是三维空间在概念上的自然拓展；因此线性空间里面的所有概念，都能够在三维空间里面找到我们所熟悉的对应概念。

　　N 维线性空间是一个集合，其中的每一个元素都是一个 N 维的矢量，表示为 $\boldsymbol{x} = (x_1, x_2, \cdots, x_N)$。注意符号的运用，我们把矢量用加粗的小写英文字母来表示。矢量当中的每一个元素，如果是实数，就是实空间；如果是复数，就是复空间。在本文的后续部分，都假设空间为复空间，实空间是复空间的一个特例。

　　线性空间当中的元素，也称作一个点。

　　要把一个集合叫作空间，还需要有特殊的性质，即对加法和数乘封闭。

　　对加法和数乘封闭的意思是，如果 $\boldsymbol{x}_1$、$\boldsymbol{x}_2$ 是空间里面的两个元素，而 α 是一个标量，可以是实数，也可以是复数；那么 $\boldsymbol{x}_1 + \boldsymbol{x}_2$ 和 $\alpha \cdot \boldsymbol{x}_1$ 也应该是这个空间里面的元素，不能跑到空间外面去。

　　三维空间当中的一个立方体是一个集合，但不是一个空间，因为立方体内的一个点的坐标乘以 10，就可能跑到立方体的外面，也就是说这个集合对数乘不封闭。对加法和数乘的封闭性，要求空间不能有边界。

　　但是没有边界，并不意味着一定是无限的。在编码领域我们就会接触到定义在有限域上的线性空间。

8.3　度量空间

　　类似于三维空间当中距离的概念，在一个 N 维的线性空间上，也可以定义距离。对于线性空间当中的两个点 $\boldsymbol{x} = (x_1, x_2, \cdots, x_N)$，$\boldsymbol{y} = (y_1, y_2, \cdots, y_N)$，类似于三维空间，你可能很容易就想到它们之间的距离应该为

$$d(\boldsymbol{x}, \boldsymbol{y}) = \sqrt{\sum_{n=1}^{N} |x_n - y_n|^2}。$$

　　是的，这的确是一个距离，我们把它叫作欧几里得距离，把定义了这样的距离的线性空间叫作欧几里得空间。

欧几里得（Euclid，约公元前 330—公元前 275），古希腊数学家。曾受业于柏拉图学园，后应埃及托勒密国王邀请，从雅典移居亚历山大，从事数学教学和研究工作。欧几里得将公元前 7 世纪以来希腊几何丰富和庞杂的结果整理在一个严密统一的体系中，从最原始的定义开始，发展出五大公设；通过逻辑推理，演绎出一系列定理和推论，从而建立了被称为欧几里得几何的第一个公理化的数学体系。他最著名的著作《几何原本》是欧洲数学的基础。欧几里得被称为"几何之父"。

数学家们把我们熟悉的这一距离的概念加以推广，提出了更加具有普遍意义的**度量**的概念。

【定义：度量】V 是一个线性空间，$\boldsymbol{x}, \boldsymbol{y} \in V, \mathbb{R}$ 是实数域，若 $d(\cdot, \cdot): V \times V \mapsto \mathbb{R}$ 满足以下 3 个条件，则称 $d(\cdot, \cdot): V \times V \mapsto \mathbb{R}$ 是一个度量。

（1）非负性：$d(\boldsymbol{x}, \boldsymbol{y}) \geqslant 0$，当且仅当 $\boldsymbol{x} = \boldsymbol{y}$ 时，$d(\boldsymbol{x}, \boldsymbol{y}) = 0$；

（2）对称性：$d(\boldsymbol{x}, \boldsymbol{y}) = d(\boldsymbol{y}, \boldsymbol{x})$；

（3）三角不等式：$d(\boldsymbol{x}, \boldsymbol{y}) \leqslant d(\boldsymbol{x}, \boldsymbol{z}) + d(\boldsymbol{y}, \boldsymbol{z})$。

这里用到了一些数学符号，注意这个写法：$d(\cdot, \cdot): V \times V \mapsto \mathbb{R}$。这个符号的意思是，$d$ 是一个函数，它需要两个属于 V 的元素作为自变量，值域为实数域 $\mathbb{R}$；也就是说，这个函数是从 $V \times V$ 到 $\mathbb{R}$ 的一个映射 ($\mapsto$)。

注意，度量是一个非负实数。

欧氏距离是我们最常用的度量。其他形式的度量，例如 $d(\boldsymbol{x}, \boldsymbol{y}) = \sum_{n=1}^{N} |x_n - y_n|$，也满足上面三个条件。

定义了度量的线性空间，就叫作**度量空间**。

有了度量的定义，我们才能够定义极限，才能够定义积分、微分这些运算。

比如，我们再回顾一下实数列的极限。

【定义：实数列的极限】设 $\{x_n\}$ 为一个实数列，A 为一个定数。若对任意给的 $\epsilon > 0$，总存在正整数 N，使得当 $n > N$ 时有 $|x_n - A| < \epsilon$，则称数列 $\{x_n\}$ 收敛于 A，定数 A 称为数列 $\{x_n\}$ 的极限，记作

$$\lim_{n \to \infty} x_n = A。$$

在一个更加广泛的度量空间里面，极限的定义就扩展成为：

【定义：度量空间中点列的极限】设 $\{\boldsymbol{x}_n\}$ 为一个度量空间当中的点列，A 为一个定点。若对任意给的 $\epsilon > 0$，总存在正整数 N，使得当 $n > N$ 时有 $d(\boldsymbol{x}_n - A) < \epsilon$，则称点列 $\{\boldsymbol{x}_n\}$ 收敛于 A，定点 A 称为点列 $\{\boldsymbol{x}_n\}$ 的极限，记作

$$\lim_{n \to \infty} \boldsymbol{x}_n = A。$$

可见，极限的定义依赖于度量的定义，有了度量，就可以定义极限了。而实际上，在实数列的极限当中，两个实数的差的绝对值也是一个度量。

8.4 赋范空间

比度量空间更进一步的概念叫**赋范空间**。赋范空间就是定义了**范数**的线性空间。

【定义：范数】设 V 是一个线性空间，$\boldsymbol{x}, \boldsymbol{y} \in V, \mathbb{R}$ 是实数域，$\mathbb{C}$ 是复数域，$\alpha \in \mathbb{C}$，若 $\|\cdot\|: V \mapsto R$ 满足以下 3 个条件，则称 $\|\cdot\|: V \mapsto R$ 是 V 上的一个范数。

（1）非负性：$\|\boldsymbol{x}\| \geqslant 0$；且 $\|\boldsymbol{x}\| = 0$，当且仅当 $\boldsymbol{x} = \boldsymbol{0}$；

（2）齐次性：$\|\alpha \boldsymbol{x}\| = |\alpha| \|\boldsymbol{x}\|$；

（3）三角不等式：$\|\boldsymbol{x} + \boldsymbol{y}\| \leqslant \|\boldsymbol{x}\| + \|\boldsymbol{y}\|$。

范数是一个非负实数，是实数的**绝对值**的一个扩展，可以验证，实数的绝对值也是一个范数。

我们经常用到的一个范数系列叫作 $p-$ 范数，定义如下：

假设 $\boldsymbol{x} = (x_1, x_2, \cdots, x_N)$，则

$$p - \text{范数}: \|\boldsymbol{x}\|_p = \sqrt[p]{\sum_{n=1}^{N} |x_n|^p},$$

其中的 p 是正整数。典型地取 $p = 1, 2, \infty$，得到最常用的三个范数：

1-范数：

$$\|\boldsymbol{x}\|_1 = \sum_{n=1}^{N} |x_n|;$$

2-范数：

$$\|\boldsymbol{x}\|_2 = \sqrt{\sum_{n=1}^{N} |x_n|^2};$$

∞-范数：

$$\|\boldsymbol{x}\|_\infty = \max_{n=1, \cdots, N} |x_n|。$$

注意到 p 取无穷的时候，相当于取最大值。

定义了范数之后，度量可以从范数当中诱导出来。可以验证

$$d(\boldsymbol{x}, \boldsymbol{y}) = \|\boldsymbol{x} - \boldsymbol{y}\|$$

是一个度量，而

$$d(\boldsymbol{x}, \boldsymbol{y}) = \|\boldsymbol{x} - \boldsymbol{y}\|_2 = \sqrt{\sum_{n=1}^{N} |x_n - y_n|^2}$$

就是欧氏距离。

8.5　内积空间

比赋范空间更进一步的是**内积空间**，当然就是定义了内积的线性空间。

【定义：内积】V 是一个线性空间，$\boldsymbol{x}, \boldsymbol{y}, \boldsymbol{z} \in V$，$\mathbb{C}$ 是复数域，$\alpha \in \mathbb{C}$，若 $\langle \cdot, \cdot \rangle : V \times V \mapsto \mathbb{C}$ 满足以下 4 个条件，则称 $\langle \cdot, \cdot \rangle : V \times V \mapsto \mathbb{C}$ 是一个内积。

（1）正定性: $\langle \boldsymbol{x}, \boldsymbol{x} \rangle \geqslant 0, \langle \boldsymbol{x}, \boldsymbol{x} \rangle = 0$ 当且仅当 $\boldsymbol{x} = \boldsymbol{0}$;

（2）线性: $\langle \boldsymbol{x}, \boldsymbol{y} + \boldsymbol{z} \rangle = \langle \boldsymbol{x}, \boldsymbol{y} \rangle + \langle \boldsymbol{x}, \boldsymbol{z} \rangle$;

（3）线性: $\langle \alpha\boldsymbol{x}, \boldsymbol{y} \rangle = \alpha\langle \boldsymbol{x}, \boldsymbol{y} \rangle$;

（4）对称性: $\langle \boldsymbol{x}, \boldsymbol{y} \rangle = \overline{\langle \boldsymbol{y}, \boldsymbol{x} \rangle}$。

内积是一个复数，而向量与其自身的内积是一个非负实数。

假设 $\boldsymbol{x} = (x_1, x_2, \cdots, x_N)$, $\boldsymbol{y} = (y_1, y_2, \cdots, y_N)$，可以验证

$$\langle \boldsymbol{x}, \boldsymbol{y} \rangle = \sum_{n=1}^{N} x_n \overline{y_n}$$

是一个内积。从这个内积可以进一步诱导出 2-范数和欧氏距离:

$$\|\boldsymbol{x}\|_2 = \sqrt{\langle \boldsymbol{x}, \boldsymbol{x} \rangle},$$

$$d(\boldsymbol{x}, \boldsymbol{y}) = \sqrt{\langle \boldsymbol{x} - \boldsymbol{y}, \boldsymbol{x} - \boldsymbol{y} \rangle}。$$

完备的内积空间叫**希尔伯特空间**。完备的概念在实数论的部分已经讲过了，就是柯西序列收敛，柯西准则和极限存在是等价的。实数集是完备的，而有理数集是不完备的。

大卫·希尔伯特（David Hilbert, 1862—1943），德国数学家。希尔伯特 1862 年出生于哥尼斯堡，这座城市因为欧拉的论文《哥尼斯堡七桥问题》而变得有名，也是哲学家伊曼努尔·康德的家乡和墓地之所。希尔伯特 18 岁进入哥尼斯堡大学学习数学，获得博士学位和讲师资格。在这期间他结识了才华横溢的闵可夫斯基并成为一生挚友。1895 年 3 月，希尔伯特成为哥廷根大学的教授。1900 年在巴黎第二届国际数学家代表大会上他提出的 23 个数学问题（史称希尔伯特问题），激发了整个数学界的想象力，此后，这些问题几乎成为检阅数学重大成就的一张导航图。1915 年，他与爱因斯坦交往甚密，为广义相对论的数学基础做出了贡献。有史学家认为希尔伯特先于爱因斯坦获得了广义相对论的场方程，但是希尔伯特将此成就归功于爱因斯坦，并未引起科学发现权的争论。1943 年希尔伯特在德国哥廷根逝世。希尔伯特发明和发展了大量的思想观念，如不变量理论、公理化几何、希尔伯特空间，而被尊为伟大的数学家、科学家，他是 19 世纪和 20 世纪初最具影响力的数学家之一。

内积是干什么用的呢？在回答这个问题之前，我们先看一看平面上两条直线的夹角问题。

如图 8.1 所示，平面坐标系上有两个矢量 $(x_1, y_1), (x_2, y_2)$，当然，这里的坐标值都是实数，它们之间的夹角为

$$
\begin{aligned}
\cos\alpha &= \cos(\theta_2 - \theta_1) \\
&= \cos\theta_2 \cos\theta_1 + \sin\theta_2 \sin\theta_1 \\
&= \cos\theta_2 \cos\theta_1 \left(1 + \tan\theta_2 \tan\theta_1\right) \\
&= \frac{x_2}{\sqrt{x_2^2 + y_2^2}} \frac{x_1}{\sqrt{x_1^2 + y_1^2}} \left(1 + \frac{y_2}{x_2} \frac{y_1}{x_1}\right) \\
&= \frac{x_1 x_2 + y_1 y_2}{\sqrt{x_1^2 + y_1^2}\sqrt{x_2^2 + y_2^2}} \circ
\end{aligned}
$$

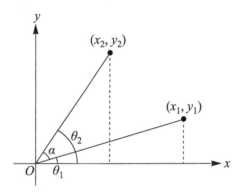

图 8.1 平面上两条直线的夹角

只要同学们还记得三角公式 $\cos(\theta_2 - \theta_1) = \cos\theta_2 \cos\theta_1 + \sin\theta_2 \sin\theta_1$，则这个推导过程还是很清楚的。类似地可以推出，三维空间中的两个矢量 $(x_1, y_1, z_1), (x_2, y_2, z_2)$ 的夹角为

$$
\cos\alpha = \frac{x_1 x_2 + y_1 y_2 + z_1 z_2}{\sqrt{x_1^2 + y_1^2 + z_1^2}\sqrt{x_2^2 + y_2^2 + z_2^2}} \circ
$$

可以看出，表达式具有完美的对称结构。虽然超过三维的空间是一个什么样子我们想象不出来，但是对于 N 维欧氏空间的两个矢量 $\boldsymbol{x} = (x_1, x_2, \cdots, x_N)$，$\boldsymbol{y} = (y_1, y_2, \cdots, y_N)$，我们在这里仍然局限于实数坐标，可以证明如下的不等式

$$
\left|\sum_{n=1}^{N} x_n y_n\right| \leqslant \sqrt{\sum_{n=1}^{N} x_n^2}\sqrt{\sum_{n=1}^{N} y_n^2} \circ
$$

这个不等式叫作**柯西—施瓦茨不等式**，在很多地方都会用到它。

把三维空间矢量的夹角概念推广，得到 N 维空间矢量的夹角为

$$
\cos\alpha = \frac{\sum_{n=1}^{N} x_n y_n}{\sqrt{\sum_{n=1}^{N} x_n^2}\sqrt{\sum_{n=1}^{N} y_n^2}} \circ
$$

根据柯西—施瓦茨不等式，这个式子的绝对值小于或等于 1，因此把它定义为夹角的余弦是合理的。可能有的同学早已经发现了，分子不就是内积吗，分母不就是范数吗？于是，上面的式子就是

$$\cos\alpha = \frac{\langle \boldsymbol{x}, \boldsymbol{y} \rangle}{\sqrt{\langle \boldsymbol{x}, \boldsymbol{x} \rangle}\sqrt{\langle \boldsymbol{y}, \boldsymbol{y} \rangle}} = \frac{\langle \boldsymbol{x}, \boldsymbol{y} \rangle}{\|\boldsymbol{x}\|_2 \cdot \|\boldsymbol{y}\|_2}。$$

哎呀，这个公式实在是太优美了！有没有这样的感叹呢？现在能不能体会到内积和范数的用处呢？

在 N 维的实欧氏空间当中，上面提到的内积有一个专门的名字，叫作**点积**。

【定义：点积】V 是一个 N 维实欧氏空间，$\boldsymbol{x}, \boldsymbol{y} \in V$，$\boldsymbol{x} = (x_1, x_2, \cdots, x_N)$，$\boldsymbol{y} = (y_1, y_2, \cdots, y_N)$，称

$$\boldsymbol{x} \cdot \boldsymbol{y} = \sum_{n=1}^{N} x_n y_n$$

为 $\boldsymbol{x}, \boldsymbol{y}$ 的点积，也称**标量基**或者**点乘**。

点积是内积在 N 维实欧氏空间的一种具体形式，而内积的概念比点积更加普遍，就是符合定义里面的那几条性质。

在 N 维复欧氏空间当中，内积可以定义为

$$\langle \boldsymbol{x}, \boldsymbol{y} \rangle = \sum_{n=1}^{N} x_n \overline{y_n}。$$

而周期为 T 的连续周期函数也构成一个线性空间，内积可以定义为

$$\langle \boldsymbol{f}, \boldsymbol{g} \rangle = \int_{-\frac{T}{2}}^{\frac{T}{2}} f(t)\overline{g(t)}\mathrm{d}t。$$

注意在复数的情况下，定义里面有一个共轭，因为这样才能保证 $\langle \boldsymbol{x}, \boldsymbol{x} \rangle$ 是一个非负实数，满足内积定义的第一条性质。在内积的普遍意义下，柯西—施瓦茨不等式仍然成立，也就是：

V 是一个内积空间，$\langle \cdot, \cdot \rangle : V \times V \mapsto \mathbb{C}$ 是 V 上的一个内积，$\boldsymbol{x}, \boldsymbol{y} \in V$，则

$$|\langle \boldsymbol{x}, \boldsymbol{y} \rangle| \leqslant \sqrt{\langle \boldsymbol{x}, \boldsymbol{x} \rangle}\sqrt{\langle \boldsymbol{y}, \boldsymbol{y} \rangle} = \|\boldsymbol{x}\| \cdot \|\boldsymbol{y}\|。$$

证明过程就不给出了。你看，这就是数学家们干的事情，把具体的概念搞得越来越抽象，适用范围越来越大，也越来越美。你能享受得来吗？

8.6 正交与正交基

既然柯西—施瓦茨不等式在普遍的内积意义下仍然成立,那么也可以在普遍的意义下定义两个矢量的夹角,比如我们模仿 N 维的实欧氏空间,这样来定义:

$$\cos \alpha = \frac{\langle \boldsymbol{x}, \boldsymbol{y} \rangle}{\|\boldsymbol{x}\| \cdot \|\boldsymbol{y}\|}\text{。}$$

但是,$\langle \boldsymbol{x}, \boldsymbol{y} \rangle$ 一般是复数,一个角度是余弦怎么可以是一个复数呢?如果把角度 α 扩充到复数域这是没问题的,但是我们就难以理解这个角度是什么了,而且复变余弦函数的模也不一定小于或等于 1。因此,我们可以这样定义:

$$\cos \alpha = \frac{|\langle \boldsymbol{x}, \boldsymbol{y} \rangle|}{\|\boldsymbol{x}\| \cdot \|\boldsymbol{y}\|}\text{。}$$

由柯西—施瓦茨不等式得知,这是一个小于或等于 1 的实数,可以作为一个角度的余弦值,这样一来我们就获得了一个我们通常理解的夹角。但是由于内积取模的缘故,只能够是非负值,余弦函数的值域被切掉了一半,夹角也只能是 $[-\frac{\pi}{2}, \frac{\pi}{2}] + 2n\pi$,多少还是有点让人不满意。

那么也可以改变一点,做如下定义:

$$\cos \alpha = \begin{cases} \dfrac{|\langle \boldsymbol{x}, \boldsymbol{y} \rangle|}{\|\boldsymbol{x}\| \cdot \|\boldsymbol{y}\|} & \Re\{\langle \boldsymbol{x}, \boldsymbol{y} \rangle\} \geqslant 0 \\[3mm] \dfrac{-|\langle \boldsymbol{x}, \boldsymbol{y} \rangle|}{\|\boldsymbol{x}\| \cdot \|\boldsymbol{y}\|} & \Re\{\langle \boldsymbol{x}, \boldsymbol{y} \rangle\} < 0 \end{cases},$$

当内积的实部为非负的时候取正号,实部为负的时候取负号。则这个夹角的值就可以充满 $[-\pi, \pi] + 2n\pi$,而且和实内积空间的夹角的定义是相容的。

有两个角度非常重要。

一个是矢量 $\boldsymbol{x}$ 与自身的夹角,可以计算

$$\cos \alpha = \frac{\langle \boldsymbol{x}, \boldsymbol{x} \rangle}{\|\boldsymbol{x}\|^2} = 1,$$

因此矢量与自身的夹角为零,或者是 $2n\pi$,也很容易计算得到 $\boldsymbol{x}$ 与 $-\boldsymbol{x}$ 的夹角为 $\pi + 2n\pi$。这与我们在二维平面上得出的结论是一致的,说明这个扩展的夹角的概念是合理的。

另外,如果 $\langle \boldsymbol{x}, \boldsymbol{y} \rangle = 0$,那么 $\cos \alpha = 0$,则 $\alpha = \pm \frac{\pi}{2} + 2n\pi$,这种情况称 $\boldsymbol{x}$ 与 $\boldsymbol{y}$ **正交**。这就是传说当中的正交,在信号处理领域以及通信领域里无处不在的正交。

【定义:正交】V 是一个内积空间,$\boldsymbol{x}, \boldsymbol{y} \in V$,如果 $\langle \boldsymbol{x}, \boldsymbol{y} \rangle = 0$,则称 $\boldsymbol{x}$ 与 $\boldsymbol{y}$ 正交,记为 $\boldsymbol{x} \perp \boldsymbol{y}$。

我们回到二维实平面。假如平面当中的一个点 $x_0 = (3,4)$，我们换一个写法：

$$x_0 = (3,4) = 3 \times (1,0) + 4 \times (0,1)。$$

我们记

$$e_1 = (1,0),$$

$$e_2 = (0,1),$$

那么

$$x_0 = 3e_1 + 4e_2。$$

事实上，二维平面当中的任意一个点 $x_0 = (a,b)$，都可以唯一地表达成这种形式：

$$(a,b) = ae_1 + be_2，$$

则称 e_1, e_2 是二维平面的一组**基**，而称 a,b 为 x_0 在这组基下的**坐标**。

【定义：基，维数，坐标】V 是一个线性空间，$e_1, e_2, \cdots, e_N \in V$。如果 V 当中的任意一个元素 x_0，都可以唯一地表达成

$$x_0 = a_1e_1 + a_2e_2 + \cdots + a_Ne_N，$$

则称 $e_1, e_2, \cdots, e_N$ 为 V 的一组基；线性空间 V 的维数为 N，记作 $\dim V = N$；$a_1, a_2, \cdots, a_N$ 为 x_0 在这组基下的坐标。

并不是 V 中任意的 N 个元素都可以构成一组基，注意定义当中的两个关键词，一个是"任意"，另一个是"唯一"。

比如在二维平面当中，单凭一个 $e_1 = (1,0)$ 则无法构成一组基，因为 $(1,1)$ 这个元素就无法用 e_1 的倍数来表达，加上一个 $e_2 = (0,1)$ 就可以表达了。

另外，如果在 e_1 和 e_2 之外再加上一个 $e_3 = (1,1)$，则 e_1, e_2, e_3 能构成二维平面的一组基吗？答案也是不能。因为尽管二维平面当中的任意一点都可以用这三个矢量的线性组合表示，但是这种表示不唯一，例如

$$(3,4) = 3e_1 + 4e_2 + 0e_3 = 2e_1 + 3e_2 + 1e_3。$$

事实上，$e_1, e_2, \cdots, e_N$ 构成 V 的一组基的**充分必要条件**是，$e_1, e_2, \cdots, e_N$ 是 V 当中的**最大线性无关组**。

线性相关和线性无关是线性代数里面的基本概念，它是这样定义的：

【定义：线性相关/无关】V 是一个线性空间，$e_1, e_2, \cdots, e_N \in V, a_1, a_2, \cdots, a_N \in \mathbb{F}$。如果 $a_1e_1 + a_2e_2 + \cdots + a_Ne_N = 0$ 能够推出 $a_1, a_2, \cdots, a_N = 0$，那么称 $e_1, e_2, \cdots, e_N$ 线性无关；反之，则称线性相关。

如果 $e_1, e_2, \cdots, e_N$ 线性无关，那么只有全零系数才能够使 $a_1 e_1 + a_2 e_2 + \cdots + a_N e_N = 0$。也就是说，这些向量当中的任何一个，都不能写成其他向量的线性组合的形式。

如果存在一个非零的系数，例如 $a_1 \neq 0$，那么可以得到

$$e_1 = -\frac{a_2 e_2 + \cdots + a_N e_N}{a_1}。$$

也就是说，e_1 可以表达成其他向量的线性组合，这就是线性相关的意思。

有集合 S，正整数 N，如果 S 当中存在 N 个线性无关的向量，而再增加任何一个向量都使得该组向量线性相关，则称这 N 个向量为一个最大线性无关组。

线性空间的一个最大线性无关组，如果增加任何一个向量都使得这组向量线性相关，也就意味着任何一个向量都可以用这个最大线性无关组的线性组合表示。也就是说，最大线性无关组就是线性空间的一组基。

线性空间的基不是唯一的，可以有无穷多组。例如二维平面，$(1,0),(0,1)$ 是一组基，矢量 $(3,4)$ 在这组基下的坐标为 $(3,4)$。$(1,1),(1,-1)$ 也是一组基，矢量 $(3,4)$ 在这组基下的坐标为 $(3.5, -0.5)$。

在一个一般意义下的线性空间当中，如何求一个元素在一组基下的坐标呢？问题的具体描述为，V 是一个线性空间，$e_1, e_2, \cdots, e_N$ 是 V 的一组基，求元素 $x \in V$ 在这组基下的坐标。

也就是，假设

$$x = a_1 e_1 + a_2 e_2 + \cdots + a_N e_N,$$

求 $a_1, a_2, \cdots, a_N$。

如果这个空间是一个内积空间，那么就可以得到

$$\langle x, e_1 \rangle = a_1 \langle e_1, e_1 \rangle + a_2 \langle e_2, e_1 \rangle + \cdots + a_N \langle e_N, e_1 \rangle$$

$$\langle x, e_2 \rangle = a_1 \langle e_1, e_2 \rangle + a_2 \langle e_2, e_2 \rangle + \cdots + a_N \langle e_N, e_2 \rangle$$

$$\cdots$$

$$\langle x, e_N \rangle = a_1 \langle e_1, e_N \rangle + a_2 \langle e_2, e_N \rangle + \cdots + a_N \langle e_N, e_N \rangle。$$

同学们要反应过来，内积是一个数，因此上面是一个方程组。由线性代数的相关知识还可以知道，这个方程组的解是唯一的。解这个方程组就能够得到 $a_1, a_2, \cdots, a_N$。

有一类特别重要的基，叫作**标准正交基**：

【定义：标准正交基】V 是一个线性空间，$e_1, e_2, \cdots, e_N$ 是 V 的一组基。如果

$$\langle e_i, e_j \rangle = \begin{cases} 1 & i = j \\ 0 & i \neq j \end{cases}。$$

则称 $e_1, e_2, \cdots, e_N$ 是 V 的一组标准正交基。

在标准正交基的情况下求坐标就很简单了。把标准正交基的性质代入上面的方程组，就是

$$a_i = \langle \boldsymbol{x}, \boldsymbol{e}_i \rangle \quad i = 1, 2, \cdots, N。$$

8.7 再看傅里叶变换

了解了线性空间的基本知识后，我们再来看一看傅里叶变换。下面从离散傅里叶变换开始。

离散傅里叶变换的对象是长度为 N 的序离散列，可以是实序列或者复序列。由于在变换当中我们用到了复指数信号，因此我们一般认为信号序列为复数序列，实数序列是复数序列的特殊形式。

所有长度为 N 的复数序列构成了 N 维线性空间 V。假设 $\boldsymbol{x}, \boldsymbol{y} \in V, \boldsymbol{x} = (x_1, x_2, \cdots, x_N), \boldsymbol{y} = (y_1, y_2, \cdots, y_N)$，我们定义 V 上的内积

$$\langle \boldsymbol{x}, \boldsymbol{y} \rangle = \sum_{n=1}^{N} x_n \overline{y_n}。$$

复指数信号为

$$e_k[n] = \mathrm{e}^{\mathrm{j}\frac{2\pi}{N}kn}, \quad k = 0, 1, \cdots, N-1。$$

我们把它写成矢量的形式：

$$\boldsymbol{e}_k = (e_k[0], e_k[1], \cdots, e_k[N-1]) \quad k = 0, 1, \cdots, N-1。$$

复指数信号两两正交的，也就是

$$\sum_{n=0}^{N-1} e_k[n] \overline{e_l[n]} = \begin{cases} N & k = l, \\ 0 & k \neq l。 \end{cases}$$

其中，$k, l = 0, 1, \cdots, N-1$，上画线表示共轭。比对一下内积的定义，发现这个关系可以写成

$$\langle \boldsymbol{e}_k, \boldsymbol{e}_l \rangle = \begin{cases} N & k = l, \\ 0 & k \neq l。 \end{cases}$$

也就是说，$\boldsymbol{e}_k, k = 0, 1, \cdots, N-1$ 是 V 上的一组正交基。这组基的模不是 1，所以不是标准正交基。

离散傅里叶变换是这样定义的:

$$X[k] = \sum_{n=0}^{N-1} x[n]\mathrm{e}^{-\mathrm{j}\frac{2\pi}{N}kn}, k = 0, 1, \cdots, N-1,$$

我们把 $x[n]$ 也表示成矢量:

$$\boldsymbol{x} = (x[0], x[1], \cdots, x[N-1]),$$

发现

$$X[k] = \langle \boldsymbol{x}, \boldsymbol{e}_k \rangle, \quad k = 0, 1, \cdots, N-1,$$

也就是说,离散傅里叶变换就是信号与一组正交基的内积,如果除以系数 N,就是信号在这组基下的坐标。这么一看,是不是很简单呢?

再来看连续信号。持续时间为 T 的有限持续时间信号和周期为 T 的周期信号是一一对应的,是等价的。所有持续时间为 T 的信号 $x(t), t \in (-\frac{T}{2}, \frac{T}{2})$,也构成一个线性空间 V。如果 $\boldsymbol{f}, \boldsymbol{g} \in V$,内积定义为

$$\langle \boldsymbol{f}, \boldsymbol{g} \rangle = \int_{-\frac{T}{2}}^{\frac{T}{2}} f(t)\overline{g(t)}\mathrm{d}t,$$

令 $\omega_1 = \frac{2\pi}{T}$,那么复指数信号定义为

$$e_k(t) = \mathrm{e}^{\mathrm{j}k\omega_1 t}, \quad k \in \mathbb{Z}。$$

有如下正交关系:

$$\langle \boldsymbol{e}_k, \boldsymbol{e}_l \rangle = \begin{cases} T & k = l, \\ 0 & k \neq l。 \end{cases}$$

所以 $\boldsymbol{e}_k, k \in \mathbb{Z}$ 也构成了 V 的一组正交基。与离散情况不同的是,这个线性空间是无穷维的,这组正交基包含无穷多个元素。在离散情况下,高于奈奎斯特频率的成分或者为零,或者混叠到低频,因此维数是有限的。

$x(t)$ 表达为傅里叶级数为

$$x(t) = \sum_{k=-\infty}^{\infty} c_k\mathrm{e}^{\mathrm{j}k\omega_1 t},$$

其中的傅里叶系数 c_k 为

$$c_k = \frac{1}{T} \int_{-\frac{T}{2}}^{\frac{T}{2}} x(t)\mathrm{e}^{-\mathrm{j}k\omega_1 t}\mathrm{d}t,$$

写为内积的形式

$$c_k = \frac{1}{T}\langle \boldsymbol{x}, \boldsymbol{e}_k\rangle, \quad k \in \mathbb{Z},$$

忽略系数 $\frac{1}{T}$，这个形式与离散傅里叶变换是相同的。

如果让 $T \to \infty$，就可以得到傅里叶变换：

$$X(\omega) = \lim_{T \to \infty} T c_k = \int_{-\infty}^{\infty} x(t)\mathrm{e}^{-\mathrm{j}\omega t}\mathrm{d}t,$$

这个时候可以认为基函数是

$$e_\omega(t) = \mathrm{e}^{\mathrm{j}\omega t},$$

而傅里叶变换仍然可以写成内积的形式：

$$X(\omega) = \langle \boldsymbol{x}, \boldsymbol{e}_\omega\rangle.$$

从线性空间的角度看，傅里叶系数、傅里叶变换、离散傅里叶变换可以获得形式上的统一，都是求信号在一组正交基下的坐标。你有没有感觉到层次提高了呢？

第9章　基本通信链路

本书的名字叫《通信之道——从微积分到 5G》，我们先从无线通信开始讲起。从字面的意思来讲，我们日常的语言沟通也应该算是无线通信，不过通常意义上，我们还是把无线通信理解为通过电磁波传递信息的技术。

如图 9.1 是一个最基本的无线通信链路。在这个简单的无线通信链路当中，麦克风将声音信号转换为电信号，这个电信号被调制到一个载波频率 $f_c = \frac{\omega_c}{2\pi}$ 上，通过发射天线发射出去。接收方的天线接收到这个信号后，再通过解调器把它转换为电信号，驱动喇叭发出声音。

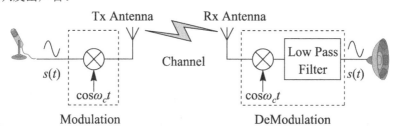

图 9.1 一个最基本的无线通信链路

发射方有两个核心的部件，一个是**调制器**（Modulator），一个是**发射天线**（Tx Antenna）。对应地，接收方也有**接收天线** (Rx Antenna) 和**解调器** (Demodulatior) 两个核心部件。

无线通信是以**电磁波**为载体的，天线的作用就是发射和接收电磁波。

电磁波的发现改变了人类文明，我们要感谢法拉第、麦克斯韦和赫兹三位伟大的科学家。正是他们开创性的工作，才使得我们今天的无线通信成为可能。非常遗憾的是，麦克斯韦和赫兹两位都是英年早逝。

迈克尔·法拉第（Michael Faraday，1791—1867）英国物理学家、化学家。法拉第生于萨里郡纽因顿一个贫苦的铁匠家庭，仅上过小学。由于父亲早亡，法拉第 9 岁就开始当学徒，承担起生活的重担。他勤奋好学，利用做书店学徒的机会阅读了大量的科学书籍，受到英国化学家戴维的赏识。1813 年 3 月，法拉第由戴维举荐到皇家研究所任实验室助手，从此他踏上了献身科

学研究的道路。法拉第做出了大量的科学研究成果，他发现了电磁感应现象，永远改变了人类文明；发明了第一台电动机和发电机；引入了力场、电力线和磁力线的概念，为经典电磁学理论的建立奠定了基础；证明了电荷守恒定律，总结出法拉第电解定律；发现了磁光效应，为电、磁和光的统一理论奠定了基础。他先后担任英国皇家学会会员、实验室主任、化学教授，1846 年荣获伦福德奖章和皇家勋章。1867 年，法拉第在书房中安详离世。爱因斯坦高度评价法拉第的工作，认为他在电学中的地位相当于伽利略在力学中的地位。后世的人们，选择了将法拉作为电容的国际单位，以纪念这位物理学大师。

9.1 为什么需要调制

调制是干什么的呢？调制就是把要传递的信号"搬运"到规定的频率附近。这么做有技术和管理两方面的原因。

先说技术上的原因。从电磁波的理论可以知道，天线的尺寸和电磁波的波长差不多的时候，才能获得比较高的发射效率。从麦克风传播出来的电语音信号，其频率在几 kHz 的量级，我们假设是 10 kHz，那么波长为 30 km，这么大的天线当然是制造不出来的。因此需要把信号调制到较高的频率，以减小天线的尺寸。

电磁波刚被发现的时候，无线通信就是一片未开垦的荒地，所有的频率都没有人用，你想怎么用就怎么用，不会有人来管你。但是随着无线通信发展成为一个巨大的产业，频率就成了宝贵的资源。大家都要用无线通信，如果没有管理，频率随便用，那么就会出现不同的系统采用相同的频率，大家会相互干扰，从而谁也无法正常工作。因此，频谱是一个国家的资源，有专门的机构进行管理。在我国，这个机构叫**国家无线电管理局**，在美国叫 FCC。你想用哪一段频谱，要向管理部门申请。

申请频谱是要花钱的，欧洲的 3G 频谱拍卖超过了 1 000 亿美元。不申请就乱用是会出事的。人家花了那么多钱买来的频谱，你给人家干扰了，当然要拿你是问。这些经过申请的频谱叫作许可频谱（licenced spectrum），比较典型的许可频谱有 FM 广播 100 MHz，GSM 900 MHz，3G 2 GHz。这是大概的数值，精确的数值读者可以自己去查。当然，也有不申请就可以使用的 ISM（Industrial Scientific Medical）频段，其用于工业、科学和医疗。ISM 频段有很多个，大家最熟悉的是 2.4~2.48 GHz 这个频段，微波炉和 Wi-Fi 都使用这个频段。

由于技术和管理两方面的原因，要把信号调制到特定的载波频率上去。

詹姆斯·克拉克·麦克斯韦（James Clerk Maxwell, 1831—1879），英国物理学家、数学家。1831 年麦克斯韦生于苏格兰爱丁堡，他的智力发育格外早，15 岁时就向爱丁堡皇家学院递交了一份科研论文；1847 年进入爱丁堡大学学习数学物理，用 3 年时间就完成了 4 年的学业；1850 年转入剑桥大学三一学院数学系学习；1854 年毕业留校任职两年，并相继任教苏格兰阿伯丁的马里沙耳学院和伦敦国王学院；1861 年被选为伦敦皇家学会会员；1865 年春辞去教职回到家乡系统地总结他的关于电磁学的研究成果，完成了电磁场理论的经典巨著《论电和磁》，并于 1873 年出版；1871 年受聘筹建剑桥大学卡文迪什实验室，并任第一任主任；1879 年 11 月 5 日在剑桥因病逝世，终年 48 岁。麦克斯韦建立的电磁场理论，将电学、磁学、光学统一起来，预言了电磁波的存在，并确认光也是一种电磁波，从而创立了经典电动力学。但是由于英年早逝，麦克斯韦并没有看到自己的理论被证实，直到他逝世 9 年后的 1888 年，才由德国物理学家赫兹通过实验发现了电磁波，从而验证了麦克斯韦的电磁理论。在热力学与统计物理学方面麦克斯韦也做出了重要贡献，他是气体动理论的创始人之一。在科学史上，牛顿把天上和地上的运动规律统一起来，是实现第一次大综合，麦克斯韦把电、光统一起来，是实现第二次大综合，因此他应与牛顿齐名。他的《论电和磁》，也被尊为继牛顿的《自然哲学的数学原理》之后的一部最重要的物理学经典。

海因里希·鲁道夫·赫兹（Heinrich Rudolf Hertz, 1857—1894），德国物理学家。1857 年 2 月 22 日赫兹出生在德国汉堡一个改信基督教的犹太家庭。赫兹中学毕业后服兵役，1877 年退役后进入慕尼黑大学学习物理，后转入柏林大学，是古斯塔夫·基尔霍夫和赫尔曼·范·亥姆霍兹的学生，1880 年获得博士学位。毕业后赫兹难以找到工作，继续跟随亥姆霍兹学习，直到 1883 年接受基尔大学出任理论物理学讲师的邀请。1885 年他获得卡尔斯鲁厄大学正教授资格，他利用那里良好的实验室，进行发现电磁波的实验。经过两年的实验，赫兹的实验取得了成功。赫兹通过实验确认了电磁波是横波，具有与光类似的特性，如反射、折射、衍射等，并且实验了两列电磁波的干涉，同时证实了在直线传播时，电磁波的传播速度与光速相同，从而全面验证了麦克斯韦的电磁理论的正确性。1888 年 1 月，赫兹将这些成果总结在《论动电效应的传播速度》一文中。赫兹的实验公布后，轰动了全世界的科学界。由法拉第开创，麦克斯韦总结的电磁理论，至此才取得决定性的胜利。此外，他注意到当带电物体被紫外光照射时会很快失去它的电荷，由此发现了光电效应，这一发现，后来成了爱因斯坦建立光量子理论的基础。赫兹的发现具有划时代的意义，它

不仅证实了麦克斯韦发现的真理，更重要的是开创了无线电电子技术的新纪元。1894年，37 岁的赫兹因为败血症在波恩英年早逝，频率的国际单位制单位赫兹以他的名字命名，以纪念他对电磁学的贡献。

9.2　调制——频谱搬移

假定 $s(t)$ 是一个余弦信号：

$$s(t) = \cos(\omega t)。$$

调制就是乘上一个角频率为 $\omega_c = 2\pi f_c$ 的余弦信号，得到要发射的射频信号

$$s_{\text{RF}}(t) = s(t)\cos(\omega_c t) = \cos(\omega t)\cos(\omega_c t) = \frac{\cos((\omega_c - \omega)t) + \cos((\omega_c + \omega)t)}{2}。$$

（9.1）

如果看不懂这个公式，你就要复习一下三角函数的积化和差公式了。可见，调制后的信号里面包含了两个频率成分，$\omega_c - \omega$ 和 $\omega_c + \omega$。

看公式（9.1）时，大家要有数量上的概念。$s(t) = \cos\omega t$ 是一个低频信号，例如 10 kHz，而载波 $\cos\omega_c t$ 是一个高频信号，例如 10 MHz，那么调制后的信号的频率分为 9.99 MHz 和 10.01 MHz，都在 10 MHz 附近。也就是说，调制技术把信号搬运到了载波频率附近。

在无线通信领域，把低频信号 $s(t)$ 称为**基带信号**，而把调制后的射频信号称为**已调信号**，如图 9.2 所示。

9.3　相干解调

射频信号经过发射天线发射出去，由接收天线接收下来。从发射天线到接收天线，我们把它叫作**无线信道**。一般来说，无线信道会改变经过它的信号。我们暂时假定信道不改变信号，于是接收到的信号也就是发射信号。

在解调器当中，再次用一个载波信号 $\cos(\omega_c t)$ 乘以接收到的信号，得到

$$\cos(\omega t)\cos^2(\omega_c t) = \cos(\omega t)[\cos(2\omega_c t) + 1]/2 = s(t)/2 + \cos(\omega t)\cos(2\omega_c t)/2。$$

解调后的信号包括了一个低频信号 $s(t)$ 和一个高频成分 $\cos(\omega t)\cos(2\omega_c t)$。用一个**低通滤波器**把高频成分滤掉，就得到要传递的基带信号 $s(t)$。

对于一个一般性的基带信号 $s(t)$，假设其频谱为

$$S(\omega) = \mathscr{F}\{s(t)\};$$

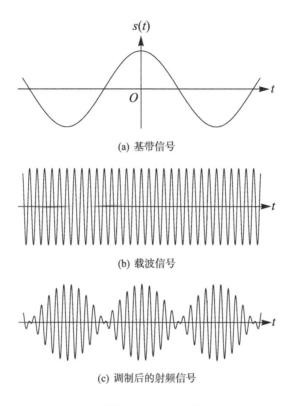

(a) 基带信号

(b) 载波信号

(c) 调制后的射频信号

图 9.2 基带信号波形和已调信号波形

载波的频谱为

$$\mathscr{F}\{\cos(\omega_c t)\} = \pi\delta(\omega - \omega_c) + \pi\delta(\omega + \omega_c);$$

则已调信号的频谱为

$$
\begin{aligned}
S_{\mathrm{RF}}(\omega) &= \mathscr{F}\{s(t)\cos(\omega_c t)\} \\
&= \frac{1}{2\pi}S(\omega) * [\pi\delta(\omega - \omega_c) + \pi\delta(\omega + \omega_c)] \\
&= \frac{1}{2}[S(\omega - \omega_c) + S(\omega + \omega_c)].
\end{aligned}
$$

基带信号与已调信号的频谱如图 9.3 所示。

假设信道为 1，也就是接收天线接收到的信号等于发射信号，$r_{\mathrm{RF}}(t) = s_{\mathrm{RF}}(t)$，再次用载波信号乘以接收信号得到

$$r_{\mathrm{RF}}(t)\cos(\omega_c t) = s(t)\cos^2(\omega_c t) = \frac{1}{2}s(t) + \frac{1}{2}s(t)\cos(2\omega_c t).$$

将高频的成分滤掉，就得到了基带信号 $s(t)$。

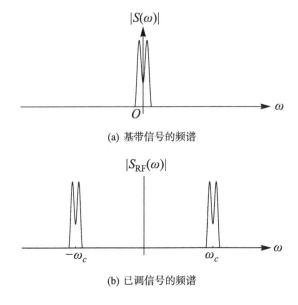

(a) 基带信号的频谱

(b) 已调信号的频谱

图 9.3 基带信号和已调信号频谱

这个解调过程叫作**相干解调**。看起来非常简单，但是并非那么容易，同学们可以想一想难点在什么地方。

相干解调的难点在于要在接收机侧产生一个与发射机侧**同频同相**的载波信号 $\cos(\omega_c t)$。

假如同频的问题已经解决，单说接收机侧产生的载波有一个相位差 ϕ，那么

$$r_{\mathrm{RF}}(t)\cos(\omega_c t + \phi) = \frac{1}{2}s(t)\cos\phi + \frac{1}{2}s(t)\cos(2\omega_c t + \phi).$$

可以看出，相位差使得解调信号在幅度上衰减了一个因子 $\cos\phi$。

9.4　非相干解调

人们在解决这一难点之前采用了非相干解调技术，也称为包络检测技术。但是使用这一技术要求基带信号为非负，这可以通过在原基带信号当中叠加一个直流信号实现。

例如，非负基带信号

$$s(t) = 2 + \cos(\omega t)$$

经过调制后的信号为

$$s_{\mathrm{RF}}(t) = s(t)\cos(\omega_c t).$$

因为基带信号是非负的，所以已调信号的包络就是基带信号，如图 9.4(b) 所示。

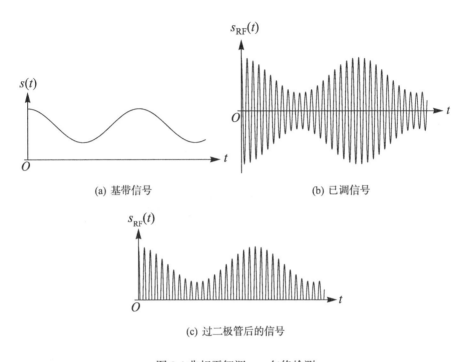

(a) 基带信号   (b) 已调信号

(c) 过二极管后的信号

图 9.4 非相干解调——包络检测

非相干解调的原理如图 9.5 所示。接收信号首先经过一个二极管，利用二极管的单向导通特性获取信号的上半部，再经过一个低通滤波器滤掉高频部分，就解调出了基带信号。

非相干接收机非常简单，成本低廉，这是其优点。但是其性能较差，现在普遍认为比相干接收机损失 3dB；并且即使没有信号，发射机也要发送一个直流信号，浪费了功率。由于这些原因，非相干接收机已经被淘汰了。

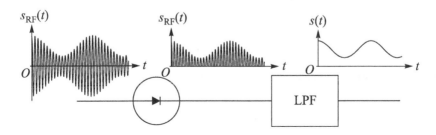

图 9.5 非相干解调电路

9.5　载波恢复

载波恢复是相干解调的必要手段。载波恢复就是从接收到的信号当中恢复出载波信号。

首先做一个实验，我们再来看一下用载波调制后的信号。仅仅从视觉上，大家看一看能否从这个接收信号当中恢复出载波信号？

从视觉上看，恢复载波信号应该是可能的，如图 9.6 所示。从接收信号过零点的坐标可以判断出载波的周期、载波的相位，应该是图 9.6 中所示的位置。载波的幅度并不重要，假设为 1 就可以了。知道了载波的周期和相位，也就恢复了载波信号。

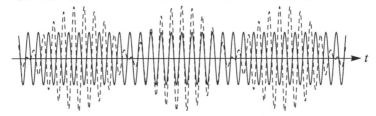

图 9.6 从视觉上看载波恢复

再仔细观察一下这个图形，还可以发现，载波与接收信号有时候同相，有时候反相。同相的时候说明基带信号为正，反相的时候说明基带信号为负。在做载波恢复的时候我们并不知道基带信号的正负，因此载波恢复存在 π 的相位模糊。也就是说，把图上的载波移动相位 π，或者加一个负号也是可以的。

如果从视觉上能够看出这个事情是可以做的，剩下的事情就是用理论和技术实现这个技术。

这个过程对研究者来说其实非常重要。有的人做不出创新的成果，总觉得是自己的理论功底不行，不会推导公式。其实推导公式要有方向，这个方向来自于直觉，来自于对问题的宏观把握。

9.6　锁相环

锁相环是相干解调当中用到的关键部件，它的一个基本结构如图 9.7 所示。

锁相环包括了 3 个关键部件，分别叫作**鉴相器**（phase detector），**环路滤波器**（loop filter）和**压控振荡器**（voltage-controlled oscillator）。

我们先来看压控振荡器 VCO。

学过电路的人应该知道，振荡器是通过一个 LC 谐振电路起振，输出一个正弦波。正弦波的频率取决于电感和电容的参数。VCO 当中用到了一个电子器件叫作变容二极管，可以把它理解为一个电容器，而其电容值可以通过一个外加电压来控制。改变了电容，就是改变了电路的谐振频率。VCO 就是通过这种原理实现了用一个电压来控制振荡器的频率。

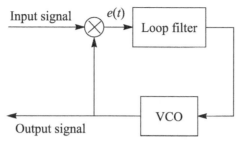

图 9.7 锁相环

压控振荡器的特性用输出角频率 ω_0 与输入控制电压 u_c 之间的关系曲线来表示，如图 9.8 所示。在图 9.8 中，u_c 为零时的角频率 $\omega_{0,0}$ 称为自由振荡角频率；曲线在 $\omega_{0,0}$ 处的斜率 K 称为控制灵敏度。

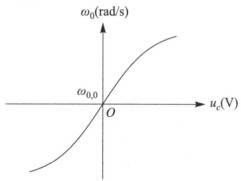

图 9.8 VCO 控制特性

VCO 的具体电路就不介绍了，有兴趣的同学可以查找电路方面的资料。

我们假设 VCO 的输出信号是一个余弦函数：

$$c(t) = \cos[\theta(t)],$$

其中，$\theta(t)$ 是相位函数，表达为

$$\theta(t) = 2\pi f_0 t + \hat{\phi}(t) = 2\pi f_0 t + K \int_{-\infty}^{t} u_c(\tau)\mathrm{d}\tau, \qquad (9.2)$$

$\theta(t)$ 对 t 的导数就是瞬时角频率：

$$\omega(t) = \frac{\mathrm{d}}{\mathrm{d}t}\theta(t).$$

可能有的同学对公式（9.2）有点犯迷糊。我们假设 $u_c(t) = 0$，则

$$c(t) = \cos(2\pi f_0 t),$$

说明在控制电压为零的情况下，VCO 输出自由振荡频率。如果 $u_c(t) = v$，控制电压是一个常数，则

$$\theta(t) = 2\pi f_0 t + K \int_{-\infty}^{t} v\mathrm{d}\tau = 2\pi f_0 t + Kv(t + \infty).$$

这里要把积分限上的 $-\infty$ 理解为一个常数。在这种情况下，瞬时角频率也是一个常数：

$$\omega(t) = \frac{\mathrm{d}}{\mathrm{d}t}\theta(t) = 2\pi f_0 + Kv,$$

这就实现了用输入电压控制振荡频率。

如果输入电压 $u_c(t)$ 是一个变量，则根据微积分定理，有

$$\omega(t) = \frac{\mathrm{d}}{\mathrm{d}t}\theta(t) = 2\pi f_0 + Ku_c(t),$$

也就是振荡器的瞬时角频率与控制电压成线性关系。值得一提的是，不管 $u_c(t)$ 是什么形状的波形，由于积分的作用，$\theta(t)$ 总是一个连续函数，不会出现跳变，所以 $c(t)$ 的波形也总是连续的。

VCO 是应用非常广泛的电子器件。例如，它可以用于产生调频信号。在图 9.9 给出的例子当中，控制电压设置为方波，输出两个频率。一个频率代表 0，另一个频率代表 1，这种信号叫作 2 频移键控（2 frequency shift keying）信号。

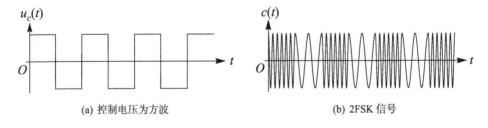

(a) 控制电压为方波　　　　　　　　　　　　(b) 2FSK 信号

图 9.9 VCO 用于产生 2FSK 信号

如图 9.7 所示，假定锁相环的输入信号为

$$s(t) = \cos(2\pi f_c t + \phi);$$

输出信号为

$$c(t) = \sin(2\pi \hat{f}_c t + \hat{\phi});$$

这两个信号经过一个乘法器，得到

$$e(t) = s(t)c(t) = \frac{1}{2} \left\{ \sin[2\pi(\hat{f}_c - f_c)t + \hat{\phi} - \phi] + \sin[2\pi(f_c + \hat{f}_c)t + \phi + \hat{\phi}] \right\}。$$

环路滤波器是一个低通滤波器，$e(t)$ 经过之后，倍频成分被滤掉，留下低频成分。为了获得负反馈回路，需要加一个负号，作为 VCO 的控制电压：

$$u_c(t) = -\frac{1}{2} \sin[2\pi(\hat{f}_c - f_c)t + \hat{\phi} - \phi]。$$

如果 $\hat{f}_c \neq f_c$，那么 VCO 的控制电压是随时间变化的，其输出频率也将随之变化。也就是说 VCO 有跟踪输入信号频率的能力，直到 $\hat{f}_c = f_c$，这时 VCO 进入锁定状态，控制电压为

$$u_c(t) = \frac{1}{2} \sin(\phi - \hat{\phi})。$$

VCO 在进入锁定状态后，$\hat{\phi} \neq \phi$。不然的话，控制电压为零，VCO 将输出自由振荡频率。但是，如果 VCO 的控制灵敏度很高，则只需要很小的相差就可以维持频率锁定。这个时候，

$$u_c(t) \approx \frac{1}{2}(\phi - \hat{\phi}),$$

并且

$$\hat{\phi} \approx \phi。$$

也就是说，锁相环进入锁定状态后，输出一个与参考信号同频且基本同相的正弦信号。输出信号与参考信号的相差可能为正，也可能为负。如果参考信号的频率低于 VCO 的自由振荡频率，相差为正，否则为负。

我们看一看锁相环的扰动特性。假如由于某种偶然的原因使得 $\hat{\phi}$ 增大了一点，那么控制电压 u_c 将会减小，从而 VCO 输出的瞬时角频率将会减小，这相当于在原有输出信号的基础上减小了一个相位，从而把 $\hat{\phi}$ 拉了回来。这样就形成了一个负反馈回路，使得锁相环能够锁定参考信号的频率和相位。

这只是锁相环的基本原理。有关锁相环的进一步的知识，比如系统特性、数字锁相环等，同学们可参考更加专业的书籍或者文章。

9.7 平方环

如图 9.10 所示的平方环是一种比较常用的相干解调方法。假设一个调制信号为

$$r_{\text{RF}}(t) = s(t) \cos(2\pi f_c t + \phi),$$

将信号经过一个平方装置，得到

$$r_{\mathrm{RF}}^2(t) = s^2(t)\cos^2(2\pi f_c t + \phi) = s^2(t)\frac{1 + \cos(4\pi f_c t + 2\phi)}{2}。$$

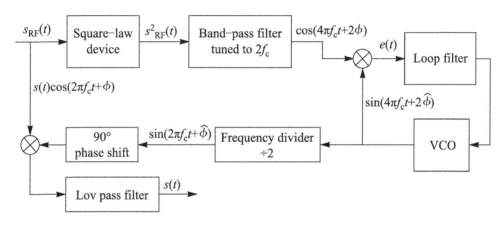

图 9.10 平方环

这个信号经过一个中心频率为 $2f_c$ 的带通滤波器，滤除直流成分和携带的部分信息成分，得到二倍频 $\cos(4\pi f_c t + 2\phi)$。用这个倍频信号去驱动锁相环，得到 $\sin(4\pi f_c t + 2\hat{\phi})$，经过二分频后，做 $90°$ 相移，得到载波信号，进行相干解调得到基带信号 $s(t)$。

有同学会问，既然经过带通滤波器后已经得到二倍频，直接进行分频就可以了，为什么还要用锁相环？这是因为带通滤波器要保证一定的宽度来容纳发射机载波的频率漂移，不能做到很高的 Q 值，因此它的输出不是一个纯粹的正弦波，还包括了由于信息而造成的频谱展宽成分，以及噪声。经过锁相环后的输出信号则比较纯粹，而且噪声很低。

由于锁相环输出载波的二倍频，在进行分频的时候会出现 π 的相位模糊。分频就是把信号的两个周期合并成一个周期。既可以把第 1, 2 个周期合并成一个周期，也可以把第 2, 3 个周期合并成一个周期，这就导致了相位模糊。这个现象我们在从视觉进行定性分析的时候就预测到了。

我们来看一看携带的数据信息对锁相环的影响。假如经过带通滤波器后，只滤掉了直流成分，数据信息依然保留，则锁相环的驱动信号为

$$\frac{s^2(t)}{2}\cos(4\pi f_c t + 2\phi)。$$

依然假设 VCO 的输出为 $\sin(4\pi f_c t + 2\hat{\phi})$，则经过鉴相器和环路滤波器后的 VCO 控制电压为

$$u_c(t) = \frac{s^2(t)}{4}\sin(2\hat{\phi} - 2\phi)。$$

由于 $s^2(t)$ 是为非负信号，而且相对于载波 f_c 来说是一个慢变信号，它的作用可以合并到 VCO 的控制灵敏度里面。VCO 通过稍稍改变锁定后的相差就可以跟随驱动信号幅度的变化，因此数据信息对锁相环的影响不大。

9.8 Costas 环

Costas 环是另外一种广泛应用的相干解调方法，如图 9.11 所示。

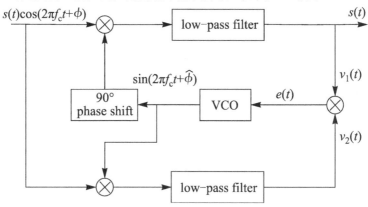

图 9.11 Costas 环

Costas 环的输入信号为

$$r_{\mathrm{RF}}(t) = s(t)\cos(2\pi f_c t + \phi)。$$

假设 VCO 的输出为 $\sin(2\pi f_c t + \hat{\phi})$，则可以计算：

$$v_1(t) = \frac{s(t)}{2}\cos(\hat{\phi} - \phi);$$

$$v_2(t) = \frac{s(t)}{2}\sin(\hat{\phi} - \phi)。$$

则鉴相器输出的 VCO 的控制电压为

$$
\begin{aligned}
e(t) &= v_1(t)v_2(t) \\
&= \frac{s^2(t)}{4}\sin(\hat{\phi} - \phi)\cos(\hat{\phi} - \phi) \\
&= \frac{s^2(t)}{8}\sin(2\hat{\phi} - 2\phi)。
\end{aligned}
$$

得到鉴相器输出的信号后，其原理和平方环是类似的，就不再赘述了。

Costas 环的一个特点是可直接输出解调后的信号 $s(t)$，结构比较简单。

因为鉴相器输出的是两倍的相差,Costas 环也存在 π 的相位模糊,跟平方环是相同的。

就像我们在前面从视觉的角度分析一样,π 的相位模糊是由调制信号的特点决定的,无论用任何的方法都避免不了。

9.9　双边带信号

我们一直都在讨论如下形式的已调信号:

$$r_{\mathrm{RF}}(t) = s(t)\cos(\omega_c t)。$$

基带信号和已调信号的频谱在图 9.3 中已经给出了。为了不让同学们往前翻好多页去找,下面再画一次,如图 9.12 所示。

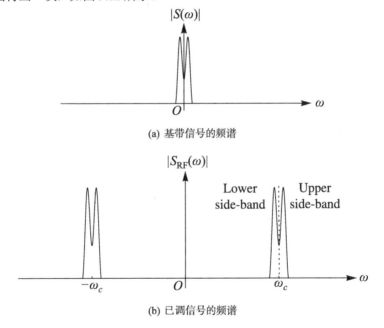

(a) 基带信号的频谱

(b) 已调信号的频谱

图 9.12 基带信号和已调信号频谱

基带信号 $s(t)$ 总是实数,由傅里叶变换的对称性可以知道,其频谱的幅度是偶函数,相位是奇函数。

基带信号的频谱是关于零点对称的,负频率只有数学上的意义,并不实际占用带宽。但是基带信号调制到射频之后,形成了关于 ω_c 的对称频谱,原来的负频率是占用了实实在在的频率资源的。

我们把这种信号叫作双边带信号（double side band），ω_c 左边的边带叫下边带（lower side band），ω_c 右边的边带叫上边带（upper side band）。

双边带信号占用了两倍的频率资源，造成了很大的浪费。在无线通信早期，频谱非常多，也就无所谓了。但是无线通信产业的规模越来越大，频谱资源也越发宝贵，因此这样的资源浪费在今天是不可接受的。

9.10　单边带信号

那怎么办呢？最直接的办法就是把基带信号的频谱砍掉一半。

好，就用这个办法。用阶跃函数可以实现这个目的，表达式为

$$u(x) = \begin{cases} 1 & x > 0, \\ \dfrac{1}{2} & x = 0, \\ 0 & x < 0。 \end{cases}$$

图 9.13 给出阶跃函数的图形。

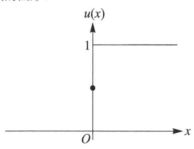

图 9.13 阶跃函数

把两倍的阶跃函数与基带信号的频谱相乘，得到基带的单边带信号（single side band）的频谱

$$S_+(\omega) = 2S(\omega)u(\omega),$$

这个 2 的因子是为了使信号的形式更简单。调制到射频后，得到射频的单边带频谱，如图 9.14 所示。

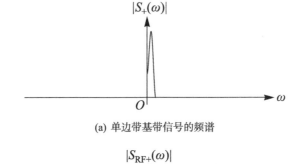

(a) 单边带基带信号的频谱

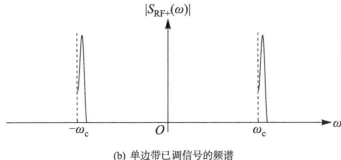

(b) 单边带已调信号的频谱

图 9.14 单边带基带信号和已调信号频谱

9.11　Hilbert 变换

SSB 信号的频谱是很清楚了，我们还对它的时域信号感兴趣。根据傅里叶变换的性质，频域相乘对应时域卷积，我们得到

$$s_+(t) = \mathscr{F}^{-1}[2S(\omega)u(\omega)]$$
$$= s(t) * \mathscr{F}^{-1}[2u(\omega)]。$$

则可以证明

$$\mathscr{F}^{-1}[2u(\omega)] = \delta(t) + \frac{\mathrm{j}}{\pi t}。$$

但是这个证明需要一点技巧，我们来试试看。

因为

$$2u(\omega) = 1 + \mathrm{Sgn}(\omega),$$

其中，$\mathrm{Sgn}(x)$ 是符号函数，满足

$$\text{Sgn}(x) = \begin{cases} 1 & x > 0, \\ 0 & x = 0, \\ -1 & x < 0。 \end{cases}$$

我们已经知道 $\mathscr{F}^{-1}[1] = \delta(t)$，只需要求得符号函数的逆傅里叶变换就能得到阶跃函数的逆傅里叶变换。我们代入公式直接来求：

$$\begin{aligned} \mathscr{F}^{-1}[\text{Sgn}(\omega)] &= \frac{1}{2\pi} \int_{-\infty}^{\infty} \text{Sgn}(\omega) e^{j\omega t} d\omega \\ &= \frac{1}{2\pi} \Big[\int_{0}^{\infty} e^{j\omega t} d\omega - \int_{-\infty}^{0} e^{j\omega t} d\omega \Big] \\ &= \frac{1}{2\pi} \int_{0}^{\infty} [e^{j\omega t} - e^{-j\omega t}] d\omega \\ &= \frac{j}{\pi} \int_{0}^{\infty} \sin(\omega t) d\omega \\ &= \frac{-j}{\pi t} \cos(\omega t) \Big|_{0}^{\infty}。 \end{aligned}$$

这个推导过程倒是不难，但是到最后一步遇到了困难，因为我们不知道 $\cos(\infty t)$ 应该是多少。此路不通，就需要走另外的路子。

我们已经得到这一步：

$$\mathscr{F}^{-1}[\text{Sgn}(\omega)] = \frac{1}{2\pi} \int_{0}^{\infty} [e^{j\omega t} - e^{-j\omega t}] d\omega。$$

假设有一个实数 $a > 0$，则

$$\begin{aligned} \mathscr{F}^{-1}[\text{Sgn}(\omega)] &= \lim_{a \to 0} \frac{1}{2\pi} \int_{0}^{\infty} e^{-a\omega} [e^{j\omega t} - e^{-j\omega t}] d\omega \\ &= \frac{1}{2\pi} \lim_{a \to 0} \left[\frac{1}{a - jt} - \frac{1}{a + jt} \right] \\ &= \frac{1}{2\pi} \lim_{a \to 0} \frac{2jt}{a^2 + t^2} \\ &= \frac{j}{\pi t}。 \end{aligned}$$

所以得到

$$\mathscr{F}^{-1}[2u(\omega)] = \delta(t) + \frac{j}{\pi t}。$$

有了这个结论，与 $s(t)$ 卷积得到单边带信号：

$$s_+(t) = s(t) + j s(t) * \frac{1}{\pi t}。 \tag{9.3}$$

因为出现了一个有意思的东西，我们做一个定义：

$$\hat{s}(t) = s(t) * \frac{1}{\pi t} = \frac{1}{\pi} \int_{-\infty}^{\infty} \frac{s(\tau)}{t - \tau} \mathrm{d}\tau,$$

信号 $\hat{s}(t)$ 可以认为是信号 $s(t)$ 经过一个系统后的响应，系统的冲激响应为

$$h(t) = \frac{1}{\pi t}。$$

在零点处，可以认为 $h(t) = 0$，如图 9.15 所示。这个系统有一个专门的名字叫作**希尔伯特变换**。注意希尔伯特变换是一个非因果系统。

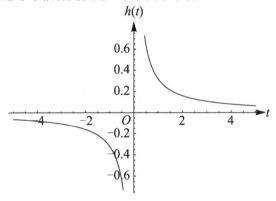

图 9.15 希尔伯特变换的冲激响应

因为

$$S_+(\omega) = 2S(\omega)u(\omega) = \begin{cases} 2S(\omega) & \omega > 0, \\ S(\omega) & \omega = 0, \\ 0 & \omega < 0。 \end{cases}$$

而根据公式（9.3），又可以得到

$$S_+(\omega) = S(\omega)[1 + \mathrm{j}H(\omega)],$$

比较上面两个公式，可以得到希尔伯特变换的频域特性为

$$H(\omega) = \begin{cases} -\mathrm{j} & \omega > 0, \\ 0 & \omega = 0, \\ \mathrm{j} & \omega < 0。 \end{cases}$$

当然，从如下的公式可以直接计算希尔伯特变换的频域特性：

$$H(\omega) = \int_{-\infty}^{\infty} h(t)\mathrm{e}^{-\mathrm{j}\omega t}\mathrm{d}t = \int_{-\infty}^{\infty} \frac{1}{t}\mathrm{e}^{-\mathrm{j}\omega t}\mathrm{d}t。$$

不过这个积分稍微有点难度，有兴趣的同学可以挑战一下。

从频域特性可以看出，除直流外，希尔伯特变换的幅值恒定为 1，而对正频率移相 $-\frac{\pi}{2}$，对负频率移相 $\frac{\pi}{2}$。

从一个双边带信号 $s(t)$，通过如下的方式就可以得到一个单边带信号：

$$s_+(t) = s(t) + \mathrm{j}\hat{s}(t),$$

从而节省一半的带宽。

可是我们也发现，单边带信号是一个复数，如何产生一个复数信号呢？

下面来学习。

9.12 单边带信号的发送与接收

我们在 9.11 节说到，可以用如下方法获得单边带信号：

$$s_+(t) = s(t) + \mathrm{j}\hat{s}(t),$$

其中 $\hat{s}(t)$ 是 $s(t)$ 的希尔伯特变换。

但是这个信号是一个复数。在实际的电路当中，所有的信号都是实数，如何表达一个复数信号呢？

我们回忆一下复数的概念，一个复数 $x+\mathrm{j}y$ 和一个实数对 (x,y) 相对应。也就是说，一个实数对就可以表达一个复数，只不过还需要进一步满足四则运算的要求。

不管怎么样，我们先来看一看射频的单边带信号：

$$
\begin{aligned}
s_{\mathrm{RF}+}(t) &= [s(t) + \mathrm{j}\hat{s}(t)]\cos(\omega_c t)\\
&= s(t)\cos(\omega_c t) + \mathrm{j}\hat{s}(t)\cos(\omega_c t)。
\end{aligned}
$$

虽然 $s_{\mathrm{RF}+}(t)$ 是一个单边带已调信号，但是它的实部和虚部都是双边带信号，它们之间也没有什么联系，我们还是无法看出如何表示和发射这个信号。而且，只要载波信号是实数，我们就无法解脱这个困局。

那么，我们就采用复数的载波信号。只要载波信号的傅里叶变换有冲激函数的性质，就可以保持基带信号的单边带特征。这个合适的复数载波信号就是复指数函数：

$$\mathrm{e}^{\mathrm{j}\omega_c t} = \cos(\omega_c t) + \mathrm{j}\sin(\omega_c t),$$

它的傅里叶变换为

$$\mathscr{F}[\mathrm{e}^{\mathrm{j}\omega_c t}] = 2\pi\delta(\omega - \omega_c)。$$

我们用复指数信号为载波，得到一个单边带的已调信号。为了符号的简便，我们还是采用符号 $s_{\mathrm{RF+}}(t)$ 来表示，尽管意义与上面的不同：

$$
\begin{aligned}
s_{\mathrm{RF+}}(t) &= [s(t) + \mathrm{j}\hat{s}(t)]\mathrm{e}^{\mathrm{j}\omega_c t} \\
&= [s(t) + \mathrm{j}\hat{s}(t)][\cos(\omega_c t) + \mathrm{j}\sin(\omega_c t)] \\
&= s(t)\cos(\omega_c t) - \hat{s}(t)\sin(\omega_c t) + \mathrm{j}[\hat{s}(t)\cos(\omega_c t) + s(t)\sin(\omega_c t)]。
\end{aligned}
$$

这个信号是单边带的，而实部和虚部和我们以前讨论的双边带信号也有所不同。那么我们来看一看其实部的频谱：

$$
\begin{aligned}
\mathscr{F}\{\Re[s_{RF+}(t)]\} &= \mathscr{F}[s(t)\cos(\omega_c t) - \hat{s}(t)\sin(\omega_c t)] \\
&= S(\omega) * \pi[\delta(\omega - \omega_c) + \delta(\omega + \omega_c)] - \\
&\qquad S(\omega)H(\omega) * \pi j[\delta(\omega + \omega_c) - \delta(\omega - \omega_c)] \\
&= \pi S(\omega)[1 + jH(\omega)] * \delta(\omega - \omega_c) + \qquad\qquad (9.4) \\
&\qquad \pi S(\omega)[1 - jH(\omega)] * \delta(\omega + \omega_c) \\
&= \pi S_+(\omega) * \delta(\omega - \omega_c) + \pi S_-(\omega) * \delta(\omega + \omega_c) \\
&= \pi S_+(\omega - \omega_c) + \pi S_-(\omega + \omega_c)。
\end{aligned}
$$

其中，$S_+(\omega) = S(\omega)[1 + jH(\omega)]$，$S_-(\omega) = S(\omega)[1 - jH(\omega)]$，分别是 $S(\omega)$ 的上边带和下边带。同学们可以自己验证一下 $S_-(\omega)$ 是 $S(\omega)$ 的下边带。从图 9.16 所示的频谱的模，可以看出实部的频谱是单边带的。

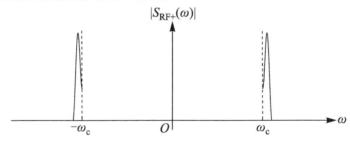

图 9.16 单边带已调信号

同样的道理，虚部的频谱也是单边带的：

$$
\begin{aligned}
\mathscr{F}\{\Im[s_{RF+}(t)]\} &= \mathscr{F}[\hat{s}(t)\cos(\omega_c t) + s(t)\sin(\omega_c t)] \\
&= S(\omega)H(\omega) * \pi[\delta(\omega - \omega_c) + \delta(\omega + \omega_c)] + \\
&\qquad S(\omega) * \pi j[\delta(\omega + \omega_c) - \delta(\omega - \omega_c)] \\
&= -\pi j S(\omega)[1 + jH(\omega)] * \delta(\omega - \omega_c) + \qquad\qquad (9.5)
\end{aligned}
$$

$$\pi j S(\omega)[1 - jH(\omega)] * \delta(\omega + \omega_c)$$
$$= -\pi j S_+(\omega) * \delta(\omega - \omega_c) + \pi j S_-(\omega) * \delta(\omega + \omega_c)$$
$$= -\pi j[S_+(\omega - \omega_c) - S_-(\omega + \omega_c)].$$

虚部频谱的模与实部是相同的。

这样的话，我们就找到了单边带信号的发射方案，只要发射实部或者虚部就可以了。在习惯上，我们一般采用实部，方案如图 9.17 所示。

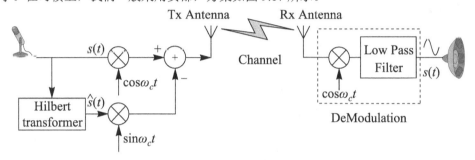

图 9.17 单边带调制与解调

我们仍然假设信道为 1，接收机收到的信号为

$$r(t) = s(t)\cos(\omega_c t) - \hat{s}(t)\sin(\omega_c t)。$$

解调的方法还是乘上 $\cos(\omega_c t)$，

$$r(t)\cos(\omega_c t) = s(t)\frac{1 + \cos(2\omega_c t)}{2} - \hat{s}(t)\frac{\sin(2\omega_c t)}{2},$$

经过低通滤波器滤掉倍频成分后，就可以得到基带信号 $s(t)$。

到这里，我们就完成了单边带信号的发射和接收。与双边带信号比较，用一半的频谱实现了相同的功能，是一个巨大的技术进步。

请在这里停下来，思考一下！

9.13　探究竟，起怀疑

有同学要问，你让我思考什么？就这个话题，说一点题外话。

中国的教育是应试教育，至少在我读书的那个年代是这样的。中学生学习的全部目的就是为了高考，为了获得进入大学从而改变人生命运的入场券。

因此，我们不停地被训练如何解题，如求一个形状的面积，或是证明一个什么样的结论。这种训练当然可以培养学生的思维逻辑，其本身倒没有什么不对，但是这种教育却忽略了对学生创造性的培养，以及对批判精神的培养。

考卷上的试题肯定是有答案的，证明题的结论也肯定是正确的。学生需要做的就是把这个答案找出来，或者把要证明的结论与前提条件用逻辑过程连接起来。

但是，真正的创新，是不可能有人给你出题的，你必须给自己出题。不是有一个说法，"提出问题等于解决了一半"吗？

从我的体会上去看，提出问题的时候问题差不多已经解决了。为什么这么说呢？

试卷上的题目，都是已经解决了的问题，题目肯定是对的。而做创新，要自己提出问题。但是自己提出的问题，如果是对的，则基本上是前人已经解决的。如果是前人没有解决的，则基本上都是错的。因为前人不笨，怎么会留很多又是对的，又没有解决的问题给你来解答呢？

所以说，创新的机会很少。

我们做习题做惯了，误以为研究的过程就是先提出问题，然后解决问题。而实际情况是，提出问题和解决问题是一个并行的过程。在学习和研究过程当中要保持思考，要对所有的结论保持一个合理的怀疑。合理的怀疑是不盲从，不因为是爱因斯坦说的就认为对，当然也不是不接受，而是想清楚了之后才接受。即使接受了，也要知道，所有的结论都有前提条件。

研究的过程就是探究竟，起怀疑，如果怀疑错了就继续研究。在这个过程当中，如果一个个问题都搞清楚了，那么你的洞察力也提高了，怀疑的水平也提高了。直到有一天，如果运气好，你的怀疑对了，就创新了。你为什么知道你怀疑对了呢？因为你已经把问题解决了。

所以，同学们在学习的过程当中要保持思考，保持怀疑，要自己给自己出题。

那么思考什么？那我还是把题目给出来让大家来做，想一想我们刚才讲的单边带信号，看一看有什么不对头，有什么可以改进。

9.14　IQ 调制

我们已经给出了单边带信号的发射和接收方案，节省了一半的频谱，这当然很不错。但是要思考一下，为什么能够做到这一点？

当然，这个原因已经讲过了，从频谱上看，$s(t)\cos(\omega_c t)$ 是一个双边频谱，而 $s(t)\cos(\omega_c t) - \hat{s}(t)\sin(\omega_c t)$ 是单边频谱。但是这个解释还不过瘾。

单边带信号可以写成

$$s(t)\cos(\omega_c t) - \hat{s}(t)\sin(\omega_c t) = A(t)\cos(\omega_c t + \phi(t))。$$

其中，$A(t)$ 是幅度：

$$A(t) = \sqrt{s^2(t) + \hat{s}^2(t)},$$

ϕ 是相位：

$$\tan\phi(t) = -\frac{\hat{s}(t)}{s(t)}。$$

通过比较我们发现，单边带信号同时利用了载波的幅度和相位，而双边带信号只利用了载波的幅度。或者等价地说，双边带信号只利用了余弦分量，而单边带信号同时利用了正弦和余弦两个正交分量。单边带信号利用了多一倍的信息，因此只需要一半的频谱资源，这么解释就比较直观了。

当然，为了实现恰好将双边带信号的一个边带消掉的目的，需要对正弦分量的系数有一定约束，这就是希尔伯特变换。在接收侧，只要解出余弦分量就可以了，正弦分量承载的信息和余弦分量是相同的。如果不满足这个约束关系，就不能够实现这个目的，信号占用的带宽仍然和双边带信号相同。

单边带信号的正弦和余弦分量要满足希尔伯特变换的约束关系，如果不满足，则信号占用的带宽仍然和双边带信号相同。

但是，如果我们独立地设置正弦和余弦分量，虽然带宽仍然和双边带信号相同，但是传递的信息也增加了一倍，频谱效率和单边带信号是相同的，而且省掉了希尔伯特变换这个环节。

这个做法就是目前普遍使用的 IQ 调制技术，如图 9.18 所示。

这里的 IQ 不是 Intelligence Quotient，而是指 In-phase 和 Quadrature 两路正交的信号。为什么起这个名字，我也不是很清楚。

假设 I 路的信号为 $x(t)$，Q 路信号为 $y(t)$，那么经过 IQ 调制后的信号为

$$x(t)\cos(\omega_c t) - y(t)\sin(\omega_c t),$$

接收端乘以 $\cos(\omega_c t)$，得到

$$x(t)\cos^2(\omega_c t) - y(t)\sin(\omega_c t)\cos(\omega_c t) = x(t)\frac{1 + \cos(2\omega_c t)}{2} - y(t)\frac{\sin(2\omega_c t)}{2},$$

接收端乘以 $-\sin(\omega_c t)$，得到

$$-x(t)\sin(\omega_c t)\cos(\omega_c t) + y(t)\sin^2(\omega_c t) = -x(t)\frac{\sin(2\omega_c t)}{2} + y(t)\frac{1 - \cos(2\omega_c t)}{2};$$

滤掉倍频成分后，分别得到了 $x(t)$ 和 $y(t)$。

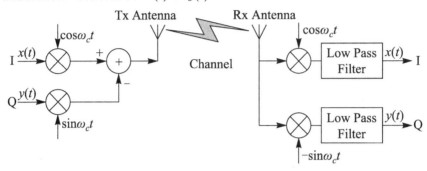

图 9.18 IQ 调制解调

IQ 调制和单边带信号实现了相同的频谱效率，但是省略了希尔伯特变换这个环节。

如果你认真地想一下，要实现这个希尔伯特变换还是挺困难的。一种是在时域实现 $h(t) = 1/\pi t$ 的滤波器，怎么实现？希尔伯特变换是一个非因果系统。系统在一个时刻的输出，不光取决于之前的输入信号，还取决于之后的输入信号。因此，它需要缓存时刻 t 之后的一段时间的信号，才能得到时刻 t 的输出。这在模拟域是很困难的。

另一种是在频域相移 $90°$。如果只有一个频率，相移 $90°$ 就是信号延时 $\frac{1}{4}$ 个周期。但是如果有多个频率，就要对不同的频率成分做不同的延时，那么就要把每个频率择出来，延时后，再加起来，很麻烦。

用 IQ 调制就避免了这些麻烦，而实现了相同的频谱效率。你听说过减法创新吗？这个就是。

9.15　IQ 信号的复数表达

我们已经知道了这个关系：

$$[x(t) + \mathrm{j}y(t)]\mathrm{e}^{\mathrm{j}\omega_c t} = [x(t) + \mathrm{j}y(t)][\cos(\omega_c t) + \mathrm{j}\sin(\omega_c t)]$$
$$= x(t)\cos(\omega_c t) - y(t)\sin(\omega_c t) +$$
$$\mathrm{j}[y(t)\cos(\omega_c t) + x(t)\sin(\omega_c t)],$$

IQ 调制的发射信号，实际上就是这个复信号的实部：

$$\Re\{[x(t) + \mathrm{j}y(t)]\mathrm{e}^{\mathrm{j}\omega_c t}\} = x(t)\cos(\omega_c t) - y(t)\sin(\omega_c t)。$$

那么再来看一下这个复信号的虚部，你可以发现，虚部的取值并不独立，而是由实部决定的，当然反过来也成立。实部和虚部，都是由复信号 $[x(t) + \mathrm{j}y(t)]\mathrm{e}^{\mathrm{j}\omega_c t}$ 决定的，而实部和虚部之间又互相决定。

这么一来，复数信号 $[x(t) + \mathrm{j}y(t)]\mathrm{e}^{\mathrm{j}\omega_c t}$ 与实数信号 $x(t)\cos(\omega_c t) - y(t)\sin(\omega_c t)$ 存在一一对应的关系。在数学上，这种关系叫作等价。

等价并不是相同，复数和实数当然是不同的，但是它们是一一对应的，即知道了一个，就知道了另一个，反之亦然。

既然是等价的，我们就可以把 IQ 信号看成是复数信号。

IQ 调制的复数表达如图 9.19 所示。在发射端，复基带信号 $x(t) + \mathrm{j}y(t)$ 被复载波信号 $\mathrm{e}^{\mathrm{j}\omega_c t}$ 调制，在接收端用 $\mathrm{e}^{-\mathrm{j}\omega_c t}$ 解调得到复基带信号。这个过程与图9.18 所示的实数信号是等价的。

实数信号是实际的发射和接收过程，而复数信号是等价的数学表达。你可以发现，复数表达是多么简洁、优美！

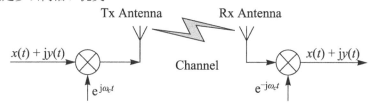

图 9.19 IQ 调制的复数表达

9.16 复数基带信号与复信道

我们已经讨论了，IQ 调制的实信号是这个复信号的实部：

$$\Re\{[x(t) + \mathrm{j}y(t)]\mathrm{e}^{\mathrm{j}\omega_c t}\} = x(t)\cos(\omega_c t) - y(t)\sin(\omega_c t).$$

而这个结论反过来也成立。也就是说，任何一个实信号 $s_{\mathrm{RF}}(t)$，都可以写成如下的形式：

$$s_{\mathrm{RF}}(t) = \Re[s(t)\mathrm{e}^{\mathrm{j}\omega_c t}],$$

其中 $s(t) = x(t) + \mathrm{j}y(t)$，一般是一个复数信号。

我们假设这个关系成立，接着来找出这个 $s(t)$ 应该是一个什么样的信号。

将

$$s_{\mathrm{RF}}(t) = \Re[s(t)\mathrm{e}^{\mathrm{j}\omega_c t}] = \frac{1}{2}[s(t)\mathrm{e}^{\mathrm{j}\omega_c t} + s^*(t)\mathrm{e}^{-\mathrm{j}\omega_c t}]$$

公式两边做傅里叶变换，得到

$$S_{\mathrm{RF}}(\omega) = \frac{1}{2}[S(\omega - \omega_c) + S^*(-\omega - \omega_c)]. \tag{9.6}$$

其中, $S_{\mathrm{RF}}(\omega) = \mathscr{F}[s_{\mathrm{RF}}(t)], S(\omega) = \mathscr{F}[s(t)]$。这里用到了傅里叶变换的性质:

$$\mathscr{F}[s(t)\mathrm{e}^{\mathrm{j}\omega_c t}] = S(\omega - \omega_c),$$

以及

$$\mathscr{F}[s^*(t)] = S^*(-\omega)。$$

因为 $s_{\mathrm{RF}}(t)$ 是实信号, 所以其频谱有对称性:

$$S_{\mathrm{RF}}^*(-\omega) = S_{\mathrm{RF}}(\omega)。$$

注意到这样的对称性, 我们发现, 只要 $S(\omega)$ 是这样的形式, 就可以满足公式 (9.6):

$$S(\omega - \omega_c) = \begin{cases} 0 & \omega < 0, \\ S_{\mathrm{RF}}(\omega) & \omega = 0, \\ 2S_{\mathrm{RF}}(\omega) & \omega > 0。 \end{cases}$$

这个公式的意思是把 $S_{\mathrm{RF}}(\omega)$ 的负半轴切掉, 然后向左移 ω_c, 也就是

$$S(\omega) = \begin{cases} 0 & \omega < -\omega_c, \\ S_{\mathrm{RF}}(\omega + \omega_c) & \omega = -\omega_c, \\ 2S_{\mathrm{RF}}(\omega + \omega_c) & \omega > -\omega_c。 \end{cases}$$

由这里可以得到

$$S^*(-\omega - \omega_c) = \begin{cases} 2S_{\mathrm{RF}}(\omega) & \omega < 0, \\ S_{\mathrm{RF}}(\omega) & \omega = 0, \\ 0 & \omega > 0。 \end{cases}$$

把上面两个公式加起来就是公式 (9.6)。这样我们也就证明了, 任何一个实信号 $s_{\mathrm{RF}}(t)$, 都可以写成如下的形式:

$$s_{\mathrm{RF}}(t) = \Re[s(t)\mathrm{e}^{\mathrm{j}\omega_c t}]。$$

这是一个一般性的结论, 而实际上我们一般把这个结论用在带通信号上。

在无线通信当中, 我们把基带信号调制到一个载波上, 就形成了一个带通信号, 接收机接收到的也是一个带通信号:

$$r_{\mathrm{RF}}(t) = s_{\mathrm{RF}}(t) * h_{\mathrm{RF}}(t),$$

其中，$h_{\mathrm{RF}}(t)$ 是信道的冲激响应，在频域为

$$R_{\mathrm{RF}}(\omega) = S_{\mathrm{RF}}(\omega) H_{\mathrm{RF}}(\omega)。$$

把 $S_{\mathrm{RF}}(\omega), H_{\mathrm{RF}}(\omega)$ 表达为公式（9.6）的形式：

$$S_{\mathrm{RF}}(\omega) = \frac{1}{2}[S(\omega - \omega_c) + S^*(-\omega - \omega_c)];$$

$$H_{\mathrm{RF}}(\omega) = \frac{1}{2}[H(\omega - \omega_c) + H^*(-\omega - \omega_c)]。$$

代入上式得到

$$\begin{aligned}
R_{\mathrm{RF}}(\omega) &= \frac{1}{4}[S(\omega - \omega_c) + S^*(-\omega - \omega_c)][H(\omega - \omega_c) + H^*(-\omega - \omega_c)]\\
&= \frac{1}{4}[S(\omega - \omega_c)H(\omega - \omega_c) + S^*(-\omega - \omega_c)H^*(-\omega - \omega_c)] +\\
&\quad\quad \frac{1}{4}[S(\omega - \omega_c)H^*(-\omega - \omega_c) + S^*(-\omega - \omega_c)H(\omega - \omega_c)]。
\end{aligned}$$

大家回过头去看一看 $S(\omega - \omega_c)$ 的定义，可以发现上式的后面两项只有在 $\omega = 0$ 的位置才不是零。其中第一项的表达为

$$S(\omega - \omega_c)H^*(-\omega - \omega_c) = \begin{cases} 0 & \omega \neq 0, \\ S_{\mathrm{RF}}(0)H_{\mathrm{RF}}(0) & \omega = 0。 \end{cases}$$

而一个一般性的已调信号，其直流成分为零，也就是 $S_{\mathrm{RF}}(0) = 0$，因此后两项都为零值，于是有

$$R_{\mathrm{RF}}(\omega) = \frac{1}{4}[S(\omega - \omega_c)H(\omega - \omega_c) + S^*(-\omega - \omega_c)H^*(-\omega - \omega_c)]。 \quad （9.7）$$

接收信号 $r_{\mathrm{RF}}(t)$ 也可以表达成

$$R_{\mathrm{RF}}(\omega) = \frac{1}{2}[R(\omega - \omega_c) + R^*(-\omega - \omega_c)]。$$

通过比较上面两个式子可以发现：

$$R(\omega) = \frac{1}{2}S(\omega)H(\omega)。$$

为了获得形式上的简洁，一般把 $\frac{1}{2}$ 的系数合并到 $H(\omega)$ 里面，得到

$$R(\omega) = S(\omega)H(\omega)。$$

由于频域的乘积对应时域卷积，得到时域的形式为

$$r(t) = s(t) * h(t) = \int_{-\infty}^{\infty} s(\tau)h(t - \tau)\mathrm{d}\tau。$$

到这里我们就得到了一个非常重要的结论：接收机的复基带信号是发射机的复基带信号经过一个复数信道的响应。这个关系可以用图 9.20 来表示。

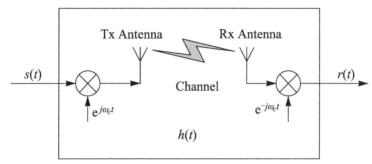

图 9.20 复基带信号与信道

推导了很多公式，我们再来梳理一下思路：

IQ 调制的信号是一个实数信号，但是它可以用一个复数信号 $s(t)e^{j\omega_c t}$ 来等价地表达，其中 $s(t)$ 叫作复基带信号。接收信号和实际的无线信道的冲激响应也都是实数信号，但是它们同样可以表达成相同的方式，并且复基带信号之间满足卷积关系：$r(t) = s(t) * h(t)$，这样我们就建立了发射机和接收机基带信号之间的直接联系，而把调制和解调过程屏蔽起来。

在无线通信当中，射频部分的技术相对比较稳定，而大量的技术手段都是在基带进行的。能够把射频部分模型化到一个复基带信道，给无线通信的技术研究和产品设计带来了很大的便利。因此这种表示方法得到了广泛的应用，是必须要掌握的基础知识。

9.17 数字调制

调制一词，在此之前我们都指的是将基带信号的频谱搬移到射频载波的过程。但是这个词的内涵在逐渐扩大，从信息比特映射到基带信号的过程也被称为调制。这就是我们这一节要讲的数字调制。

那么什么是模拟通信，什么是数字通信呢？

模拟通信的目的是为了传送一个模拟信号。最典型的模拟信号就是语音信号，其通过麦克风产生，接收方收到后用于驱动喇叭。

数字通信的目的是为了传送一个数字信号。数字信号的特点就是可以被编码，比如典型的数字信号是文字。英文有 26 个字母，你只要告诉我是第几个字母，我就能知道是哪个字母，而不必把这个字母的形状传送给我。

非常有意思的是，人类最早的通信系统是数字通信系统。1837 年，莫尔斯发明了电报，他把英文字母用点（dot）和线（dash）的序列来表示，叫作莫尔斯码（Morse code）。在这个码里面，常用的字母用短码表示，比较不常用的字母用长码表示，属于变长度信源编码。莫尔斯的电报，是数字通信的先驱。

数字信号首先要转换成模拟基带信号，这个过程就是数字调制。

如图 9.21 所示，数字比特 b_k 首先映射成符号 I_n，再形成基带信号 $s(t)$。

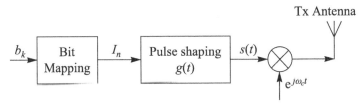

图 9.21 数字调制过程

基带信号可以用下面的公式来表达：

$$s(t) = \sum_n I_n g(t - nT_s)。 \qquad (9.8)$$

我们来解释一下这个公式。

首先，时间被划分成长度为 T_s 的片段，每个片段被称为一个符号（symbol），T_s 叫作符号长度（symbol period），而 $1/T_s$ 叫作符号速率（symbol rate）：

$$R_s = \frac{1}{T_s}。$$

I_n 是第 n 个要发送的符号。我们使用复基带信号的表达方法，I_n 一般为复数，可以取 M 个离散值，从而一个符号可以表达 $\log_2 M$ 个比特（bit），比特速率为

$$R_b = \log_2 M \cdot R_s = \frac{\log_2 M}{T_s}。$$

$g(t)$ 是一个实函数，叫作脉冲成形（pulse shaping）函数，起到基带滤波和控制带外泄漏的作用。每个符号通过 $g(t)$ 产生一个波形，把所有符号的波形按照时间顺序累加起来，就得到了复基带信号 $s(t)$。

后续把 $s(t)$ 调制到载波上的过程，就是模拟调制。

9.18 奈奎斯特第一准则

脉冲成形的主要目的是限制带外泄漏。

每个无线通信系统都工作在一定的频带之内。如果系统的无线信号超出了这个规定的频带，就形成了带外泄漏。

带外泄漏对工作在相邻频段的系统造成了干扰，因此必须严格控制这一指标。

从前面的知识可以知道，已调信号只不过是基带信号频谱的搬移，它们的宽度是相同的，因此控制了基带信号的带宽就是控制了已调信号的带宽。

公式（9.8）可以写成如下的形式：

$$s(t) = \sum_{n=-\infty}^{\infty} I_n \delta(t - nT_s) * g(t)。$$

如果记

$$I(t) = \sum_{n=-\infty}^{\infty} I_n \delta(t - nT_s)，$$

则

$$s(t) = I(t) * g(t)。$$

也就是说，基带信号 $s(t)$ 可以看成是 $I(t)$ 经过一个滤波器 $g(t)$ 的输出信号，因此 $g(t)$ 也叫作成形滤波器。

$I(t)$ 是一个冲激函数序列，其频谱是无限宽的，经过成形滤波器后，带宽被限制在一定的范围内。因此，$g(t)$ 应该是一个低通滤波器。

假设信道响应为 $\delta(t)$，接收信号为：

$$r(t) = s(t) = \sum_{n} I_n g(t - nT_s)。$$

接收机在 $t = nT_s$ 时刻采样，希望得到的采样值就是符号 I_n：

$$r(nT_s) = I_n，$$

则要求 $g(t)$ 具有如下的性质：

$$g(nT_s) = \begin{cases} 1 & n = 0， \\ 0 & n \neq 0。 \end{cases}$$

如图 9.22 所示，这个图画的是一个 sinc 函数，其实只要在除了 $n = 0$ 的 nT_s 时刻过零点，都可以满足无符号间干扰的要求。

这个性质叫作无符号间干扰（inter symbol interference free）。我们来看一下要满足无符号间干扰的要求，$g(t)$ 的频谱需要满足什么样的约束。

$p(t)$ 是采样冲激序列，我们在讨论采样定理的时候已经使用过它了：

$$p(t) = \sum_{n=-\infty}^{\infty} \delta(t - nT_s)。$$

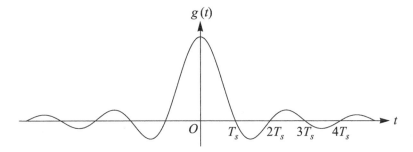

图 9.22 不产生符号间干扰的脉冲成形函数

其傅里叶变换为

$$P(\omega) = \frac{2\pi}{T_s} \sum_{n=-\infty}^{\infty} \delta(\omega - \frac{2n\pi}{T_s})。$$

用它来采样 $g(t)$，得到采样信号

$$g_s(t) = g(t)p(t)，$$

两边做傅里叶变换

$$G_s(\omega) = \frac{1}{2\pi} G(\omega) * P(\omega)$$
$$= \frac{1}{T_s} \sum_{n=-\infty}^{\infty} G(\omega - \frac{2n\pi}{T_s})。$$

而另外一个方面，

$$g_s(t) = g(t) \sum_{n=-\infty}^{\infty} \delta(t - nT_s) = \sum_{n=-\infty}^{\infty} g(nT_s)\delta(t - nT_s)，$$

把

$$g(nT_s) = \begin{cases} 1 & n = 0, \\ 0 & n \neq 0。 \end{cases}$$

代入上式后得到

$$g_s(t) = \delta(t)，$$

所以，

$$G_s(\omega) = 1。$$

综合两个方面，可以得到

$$\frac{1}{T_s} \sum_{n=-\infty}^{\infty} G(\omega - \frac{2n\pi}{T_s}) = 1，$$

也就是

$$\sum_{n=-\infty}^{\infty} G(\omega - \frac{2n\pi}{T_s}) = T_s。$$

这个公式的意思是说，如果把 $g(t)$ 的频谱 $G(\omega)$ 沿 ω 轴切成宽度为 $2\pi/T_s$ 的段，平移到一起并且累加起来，应该是常数 T_s。

这个公式叫作**奈奎斯特第一准则**。只有满足这个准则，才能够实现脉冲成形的无符号间干扰。

从这个准则可以推论出，如果 I_n 为实数，也就是 $s(t)$ 是一个实信号，则实现无符号间干扰的最小带宽为 $1/2T_s$，也就是符号速率的一半。这是因为满足奈奎斯特准则的 $G(\omega)$ 的最小宽度为 $1/T_s$，而实信号的频谱具有对称性，所以其最小带宽为 $1/2T_s$。

奈奎斯特第一准则与和采样定理是一致的。

9.19   脉冲成形滤波器

最自然的脉冲成形函数为矩形函数，也就是

$$g(t) = \begin{cases} 1 & |t| \leqslant T_s/2, \\ 0 & |t| > T_s/2。 \end{cases}$$

而其频谱为 sinc 函数：

$$G(\omega) = T_s \mathrm{sinc}(\frac{\omega T_s}{2\pi}),$$

其波形和频谱如图 9.23 所示。可以看出，矩形脉冲的带宽是无限的，并且带外功率衰减很慢，形成很强的带外泄漏。因此在实际当中一般不采用矩形脉冲作为成形滤波器。

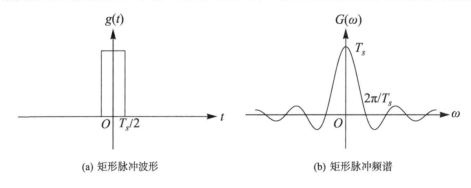

(a) 矩形脉冲波形   (b) 矩形脉冲频谱

图 9.23 矩形脉冲波形及频谱

既然要抑制带外泄漏，我们可以从频域来定义脉冲成形函数。比如，频域的矩形函数将功率完全限制在频带内：

$$G(\omega) = \begin{cases} T_s & |\omega| \leqslant 2\pi B_0, \\ 0 & |\omega| > 2\pi B_0. \end{cases}$$

其中，B_0 为脉冲成形函数的最小带宽：

$$B_0 = \frac{1}{2T_s},$$

而其时域波形为 sinc 函数：

$$g(t) = \text{sinc}(\frac{t}{T_s}),$$

如图 9.24 所示，这是一个理想的低通滤波器，能够在满足没有符号间干扰的条件下实现最小的信号带宽。信号的带宽不能比 B_0 更窄了，不然就不能满足奈奎斯特第一准则。如果你还反应不过来，则不妨画一个比 B_0 更窄的频谱，看一看能否满足奈奎斯特第一准则。

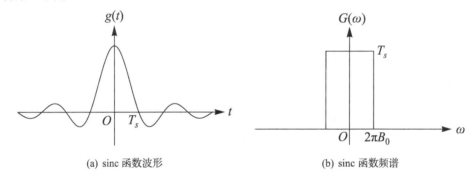

(a) sinc 函数波形   (b) sinc 函数频谱

图 9.24 sinc 函数波形及频谱

既然实现了最小的信号带宽，又满足了无符号间干扰的要求，那岂不是很好吗？但是这个理想滤波器在实现当中会遇到麻烦。

首先它是一个非因果的滤波器，其冲激响应在负半轴也有能量。这意味着输入信号没来之前，系统已经对其有响应了。实际的系统都是因果系统，非因果系统是不可实现的。

但是，我们有办法处理这个问题。比如，把冲激响应延迟一定的时间，如图 9.25 所示。

非因果系统的意思是，当前时刻的输出与未来的输入有关。我们当然无法在当前时刻计算未来输入的响应，但是我们可以等那个未来的输入来了之后，再进行计算。这就相当于系统的冲激响应以一个延时作为代价，把非因果系统转化为因果系统。

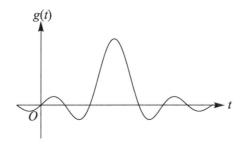

图 9.25 延时的 sinc 函数

但是这个延时不可能无穷大，因此要求这个非因果系统的冲激响应在时间趋向于负无穷的时候要很快衰减，到一定程度就忽略为零了。这样，延时就会比较小。

但是这个理想的 sinc 函数的衰减是 $1/t$ 的量级，太慢了，系统的延时会比较大。

另外，衰减慢也带来其他的问题，即对接收机的采样定时精度要求很高。接收机只有在 nT_s 时刻采样，才能够实现无符号间干扰。如果采样时刻有所偏离，由于衰减得慢，则很多符号的干扰会累积起来，从而形成的干扰会很大。

因此，我们需要冲激响应快速衰减的滤波器。

我们知道，时域信号的跳变包含很多的高频成分，造成频域的扩展。由于时频域的对称性，频域的跳变也会引起时域的扩展。理想滤波器的频域存在跳变，所以时域的衰减很慢。

那么，我们可以采用频域比较平滑的滤波器来加快时域的衰减速度。当然，还需要满足奈奎斯特准则来避免符号间干扰。

升余弦函数就是满足这个要求的滤波器：

$$G(\omega) = \begin{cases} \dfrac{T_s}{2}\left[1 + \cos\dfrac{\omega}{4B_0}\right] & |\omega| \leqslant 4\pi B_0, \\ 0 & |\omega| > 4\pi B_0。\end{cases}$$

这个函数就是把余弦函数的一个周期升高了常数 1，所以叫升余弦。其时域的波形为

$$g(t) = \text{sinc}(\dfrac{t}{T_s})\dfrac{\cos(\pi t/T_s)}{1 - (2t/T_s)^2}。$$

这个结果可以从逆傅里叶变换求得，这里就不给出了，同学们可以挑战一下自己的公式推导能力。

图 9.26 所示的是升余弦滤波器的时域波形和频谱。

从上面的公式上来看，sinc 函数在分母上有一个 t，后一项的分母是 t^2，因此衰减是 $1/t^3$ 的量级。从时域波形可以看出，其衰减速度是非常快的，只需要 $2 \sim 3$ 个 T_s 就可以认为基本衰减到零了。

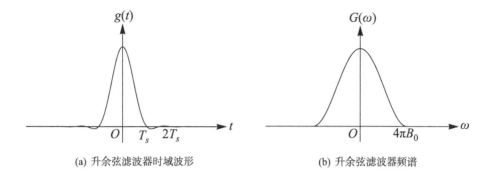

(a) 升余弦滤波器时域波形   (b) 升余弦滤波器频谱

图 9.26 升余弦滤波器时域波形及频谱

但是这种快速的衰减是以频带的展宽为代价的。从频域上看，其频谱的宽度为 $2B_0$，是理想滤波器的两倍。有时候会觉得这样的代价有点太大了，想要后撤一点，但是又不要退回到矩形函数，而是介于升余弦函数与理想滤波器之间，那么升余弦滚降函数就提供了这种可能性：

$$G(\omega) = \begin{cases} T_s & |\omega| \leqslant |1-\alpha|2\pi B_0, \\ \dfrac{T_s}{2}\left[1 + \cos\dfrac{|\omega| - (1-\alpha)2\pi B_0}{4\alpha B_0}\right] & |1-\alpha|2\pi B_0 < |\omega| \leqslant |1+\alpha|2\pi B_0, \\ 0 & |\omega| > |1+\alpha|2\pi B_0。 \end{cases}$$

这是一个分段函数，中间一段为常数，而左右两边分别是升余弦函数的一半。注意，这个函数也是满足奈奎斯特准则的，从而可以实现无符号间干扰。

其中的 α 叫作滚降系数，取值区间为 $[0,1]$。α 越大，中间部分越小，两边部分越大。$\alpha = 1$ 时就成了升余弦函数，$\alpha = 0$ 时就变成了矩形函数。

而频谱的带宽为 $(1+\alpha)B_0$，其时域波形为

$$g(t) = \text{sinc}(\frac{t}{T_s})\frac{\cos(\pi\alpha t/T_s)}{1 - (2\alpha t/T_s)^2}。$$

这个时域波形，与升余弦滤波器的波形只相差一个 α 因子。同学们可以用逆傅里叶变换公式来计算一下，不过比较有挑战性。一个分段函数的逆傅里叶变换有一个统一的表达公式，多少还是让人感到一些惊奇吧。

图 9.27 给出了升余弦滚降滤波器的时域波形和频谱。其中，$\alpha = 0$ 和 1，分别对应了矩形和升余弦频谱，而 $\alpha = 0.5$ 的时域和频域波形都在两者之间。在实际应用当中，通过调节 α 因子，可以实现占用带宽和衰减速度之间的折中。

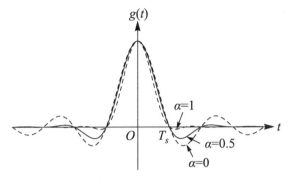

(a) 升余弦滚降滤波器时域波形

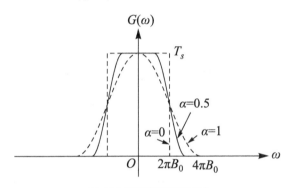

(b) 升余弦滚降滤波器频谱

图 9.27 升余弦滚降滤波器的时域波形及频谱

　　故事的最后还有一个波澜，实际应用的滤波器叫作**根升余弦滚降滤波器**，表达公式为

$$G(\omega) = \begin{cases} \sqrt{T_s} & |\omega| \leqslant |1-\alpha|2\pi B_0, \\ \sqrt{\dfrac{T_s}{2}\left[1 + \cos\dfrac{|\omega| - (1-\alpha)2\pi B_0}{4\alpha B_0}\right]} & |1-\alpha|2\pi B_0 < |\omega| \leqslant |1+\alpha|2\pi B_0, \\ 0 & |\omega| > |1+\alpha|2\pi B_0. \end{cases}$$

　　这个滤波器的频谱就是升余弦滚降滤波器的平方根，所以在名字前加了一个 "根" 字。

　　这是因为在实际系统当中，把一个升余弦滚降滤波器分解成了两个相同的滤波器，一个在发射机，一个在接收机，因此要取一个平方根。而两个合起来就是一个升余弦滚降滤波器。

9.20　几种数字调制方式

在脉冲成形函数 $g(t)$ 确定的情况下，数字调制的主要任务就是研究如何把比特 b_k 映射到符号 I_n。

数字调制的基本方法是调幅、调相和调频，所有的调制方法都是这 3 种方式的组合。这 3 种调制方法有着非常学术的名字，应该说，这些学术化的名字给我造成过一定的困惑。

- 调幅：幅移键控，amplitude shift keying（ASK）;

- 调相：相移键控，phase shift keying（PSK）;

- 调频：频移键控，frequency shift keying（FSK）。

图 9.28 所示的是复平面上 2ASK 和 4ASK 的星座图。图中的每一个黑点代表 I_n 的一个可能取值，它们看上去像一颗颗星星，所以叫星座图。每个 2ASK 符号有两种可能的取值，代表 1bit；4ASK 符号有 4 种可能的取值，可代表 2bit。

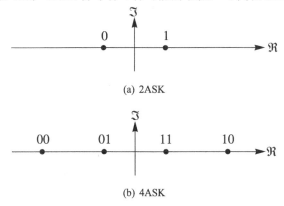

图 9.28 幅移键控星座图

ASK 符号为实数，星座点都在实轴上。

图 9.29 显示了 4ASK 调制的基带信号和射频信号。

脉冲成形采用了矩形函数，相邻的两个符号之间信号出现跳变。这种尖锐的跳变在频域上表现为高频成分，将引起带外泄漏。

由于 ASK 信号为实数，而虚部作为一个正交通路没有被利用，因此频谱效率降低了一半，其射频信号为双边带。在前面我们已经讨论过这个结论。

相移键控是用不同相位的星座点来表示数字信息的。图 9.30 给出的是 BPSK，QPSK 和 8PSK 的星座，一个符号分别可以代表 1bit，2bit 和 3bit。

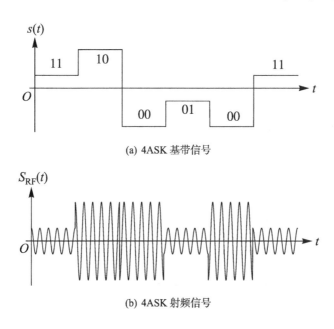

(a) 4ASK 基带信号

(b) 4ASK 射频信号

图 9.29 4ASK 基带信号和射频信号

BPSK 和 2ASK 的星座是相同的。因为是实数，所以射频信号是双边频谱。

QPSK 和 8PSK 是比较常见的相移键控调制方式。我们注意到，PSK 调制的星座点都在一个圆上，随着阶数的增高，星座点之间的距离变得很小，因此基本不会考虑高于 8PSK 的调制方式。

正交幅度调制的英文为 quadrature amplitude modulation，指的是在实部和虚部两个正交的维度上采用了幅度调制，这就比 ASK 的星座点只在一个维度上具有优势。

如图 9.31 所示的是 4QAM 和 16QAM 的星座图。4QAM 只是将 QPSK 旋转了 45°，也可以看作一种 QPSK。一个 16QAM 符号可以表示 4bit。

因为 QAM 同时利用了两个正交维度，资源利用率比较高，因此获得了广泛的应用。LTE 系统主要应用的就是 QAM 调制。

图 9.32 显示的是 4QAM 调制的基带信号和射频信号，采用了矩形脉冲作为成形滤波器。射频信号的包络是恒定的，但是在两个符号之间出现跳变，引起了较大的带外泄漏。

图 9.33 则是采用了 $\alpha = 0.5$ 的升余弦滚降滤波器。滤波器将信号的能量限制在一定的频带范围内，从时域来看，信号的跳变被消除了，而变得更加光滑。由于受成形滤波器的影响，射频信号已经不是恒包络的了。

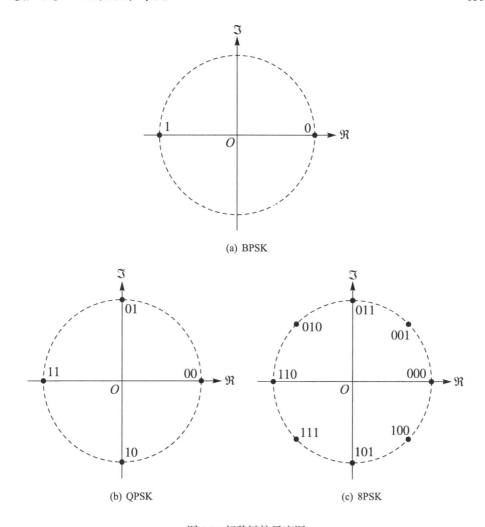

(a) BPSK

(b) QPSK   (c) 8PSK

图 9.30 相移键控星座图

9.21 连续相位调制

我们在 9.20 节提到了恒包络的概念，意思是射频信号的包络是恒定的。在无线通信技术发展当中，这曾经是一个非常重要的概念。

这个概念的背景是功率放大器，简称功放。电磁波要传播足够远的距离，当然需要一定的功率，这就需要功放。

理想的功放应该是这个样子：

$$y(t) = kx(t),$$

其中，$x(t)$ 是输入信号，$y(t)$ 是输出信号，k 为放大系数。

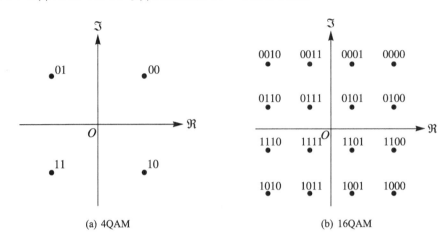

(a) 4QAM   (b) 16QAM

图 9.31 QAM 星座图

而实际的功放是非线性的，其特性如图 9.34 所示。

大家还记得吧，线性系统的一个性质是具有频率保持性：如果输入信号是一个正弦信号，则输出信号是相同频率的正弦信号。

而非线性系统就不具备这个性质。如果输入一个正弦信号，则输出信号当中会出现很多的频率成分，这个现象叫作频谱扩展。

为了避免或者减轻频谱扩展，要尽量使用功放的线性区域，比如图 9.34 中小于 P_L 的部分。满足一定的频谱扩展的要求而确定的 P_L，是输入信号功率的最大值。在最大值确定的情况下，如果输入信号的功率有起伏，那么信号的平均功率会被进一步压低。因此，峰均比是信号的一个很重要的指标：

$$\mathrm{PAPR} = \frac{P_{\mathrm{peak}}}{P_{\mathrm{avg}}},$$

其中 P_{peak} 是信号的峰值功率，P_{avg} 是平均功率，PAPR 是 peak to average power ratio。

信号的 PAPR 反映了对功放的使用效率。PAPR 越低，对功放的使用效率越高。在无线基站设备当中，功放是一个核心器件，在设备成本当中占有相当大的比例。因此降低信号的 PAPR，提高功放的利用率是很重要的问题。

具有恒包络性质的信号，具有最低的 PAPR 指标，对功放的要求是最低的。因此这类信号的研究得到了很大的重视。

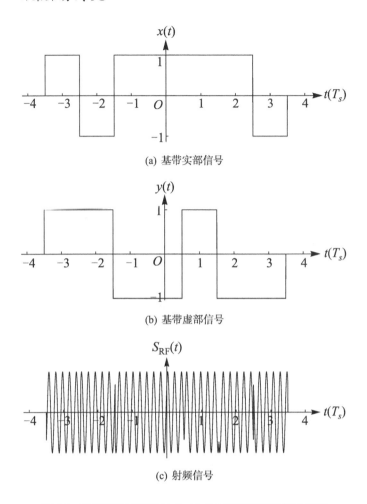

(a) 基带实部信号

(b) 基带虚部信号

(c) 射频信号

图 9.32 采用矩形成形脉冲的 4QAM 基带和射频信号波形

9.21.1 非连续相位频移键控

频移键控（frequency shift keying）信号是恒包络信号。一个非连续相位的 2FSK 调制原理如图 9.35 所示。

图 3.35 中有两个振荡器，产生两个频率的信号。一个用数字信号控制的开关，在数字比特为 0 时接通振荡器 1，为 1 时接通振荡器 2，这样就实现了用不同的频率来表示不同的数字信号。

非连续相位 FSK 的最大问题在于带外泄漏。如图 9.36 所示的信号，如果相邻的两个符号不同，就会在交界处发生相位的跳变，在频谱上表现为高频成分，形成带外泄漏。

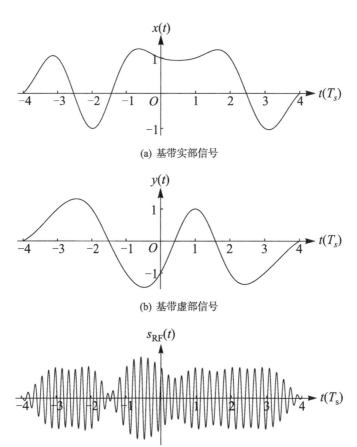

(a) 基带实部信号

(b) 基带虚部信号

(c) 射频信号

图 9.33 4QAM 基带和射频信号波形，采用 $\alpha = 0.5$ 的升余弦滚降滤波器

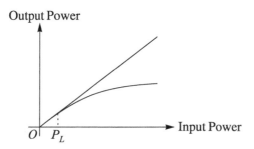

图 9.34 功率放大器的理想特性与实际特性

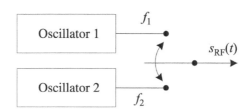

图 9.35 非连续相位的 2FSK 调制原理

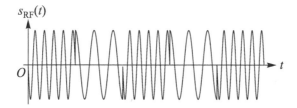

图 9.36 非连续相位的 2FSK 信号，相邻符号之间出现相位跳变，引起带外泄漏。

9.21.2　连续相位频移键控

为了防止带外泄漏的问题，一般采用连续相位的 FSK（Continuous Phase FSK）调制，这可以通过压控振荡器来实现：

$$s_{\text{RF}}(t) = \cos[\theta(t)],$$

其中，$\theta(t)$ 是相位函数，表达为

$$\theta(t) = 2\pi f_c t + \hat{\phi}(t) = 2\pi f_c t + K \int_{-\infty}^{t} u_c(\tau)\mathrm{d}\tau,$$

$\theta(t)$ 对 t 的导数就是瞬时角频率，根据微积分定理，有

$$\omega(t) = \frac{\mathrm{d}}{\mathrm{d}t}\theta(t) = 2\pi f_c + K u_c(t),$$

瞬时角频率与控制电压 $u_c(t)$ 成正比关系。由于积分的作用，不管 $u_c(t)$ 是什么样的波形，相位 $\theta(t)$ 都是连续的。

如果用一个 ASK 信号作为控制电压：

$$u_c(t) = d(t) = \sum_n I_n g(t - nT_s),$$

其中，$g(t)$ 是成形滤波，T_s 是符号周期。把灵敏度系数 K 表达为

$$K = 4\pi f_d T_s,$$

其中 f_d 叫作最大偏移频率，是 FSK 信号带宽的一半。

定义

$$h = 2f_dT_s,$$

h 叫作调制指数（modulation index）。

则 VCO 的输出就是连续相位的 FSK 信号：

$$s_{\mathrm{RF}}(t) = \cos\left[2\pi f_ct + K\int_{-\infty}^{t} d(\tau)\mathrm{d}\tau\right]$$

$$= \cos\left[2\pi f_ct + 2\pi h\int_{-\infty}^{t}\sum_n I_ng(\tau - nT_s)\mathrm{d}\tau\right].$$

图 9.37 所示的是 2ASK 信号作为控制电压，VCO 输出连续相位的 2FSK 信号。

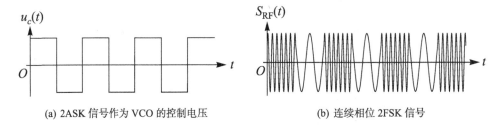

(a) 2ASK 信号作为 VCO 的控制电压　　　　　　(b) 连续相位 2FSK 信号

图 9.37 用 VCO 产生连续相位 2FSK 信号

9.21.3　最小频移键控

假如一个 FSK 符号有 M 个频率选择，可以表达 $\log_2 M$ 个 bit，其已调信号表达为

$$s_{\mathrm{RF}}(t) = \Re[s(t)\mathrm{e}^{\mathrm{j}2\pi f_ct}] = \cos(2\pi f_ct + 2\pi m\Delta ft)\quad m = 0, 1, \cdots, M-1, 0 \leqslant t \leqslant T_s.$$

请注意，这是一个单边信号。其复基带信号为

$$s_m(t) = \mathrm{e}^{\mathrm{j}2\pi m\Delta ft} = \cos(2\pi m\Delta ft) + \mathrm{j}\sin(2\pi m\Delta ft)\quad m = 0, 1, \cdots, M-1, 0 \leqslant t \leqslant T_s.$$

请同学们回忆一下单边带信号的特点，其复基带信号的实部和虚部之间满足希尔伯特变换关系，也就是相移 90°，大家可以从上式验证一下这个关系。

由于单边带基带信号的实部和虚部互相决定，因此只要考虑实部就可以了。

这里出现了一个问题，FSK 调制的两个相邻频率之间的间隔应该是多少？显然，频率间隔越小，所需的带宽就越少，频谱效率就越高。当然，频率间隔不可能小到零。

我们把能够实现正交的最小频率间隔叫作最小相移。两个频率的调制信号之间的内积为

$$\begin{aligned}
\rho_{km} &= \langle \Re[s_m(t)], \Re[s_k(t)] \rangle \\
&= \int_0^{T_s} \cos(2\pi k \Delta f t) \cos(2\pi m \Delta f t) \mathrm{d}t \\
&= \frac{1}{2} \int_0^{T_s} \cos[2\pi(m-k)\Delta f t] + \cos[2\pi(m+k)\Delta f t] \mathrm{d}t \\
&= \frac{1}{2} \left(\frac{\sin[2\pi(m-k)\Delta f T_s]}{2\pi(m-k)\Delta f} + \frac{\sin[2\pi(m+k)\Delta f T_s]}{2\pi(m+k)\Delta f} \right).
\end{aligned}$$

如果 $\rho_{km} = 0$，则表示两个频率正交。从上式可以看出，能够实现相邻频率（$m-k = 1$）两个信号之间正交的最小频率间隔为 $\Delta f = 1/2T_s$。请注意，不是 $1/T_s$，而是它的一半。图 9.38 给出了 $m = 0 \sim 4$ 的互相正交的余弦信号。

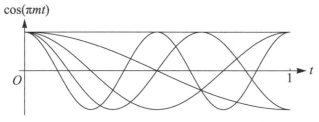

图 9.38 正交余弦信号

频率间隔为 $\Delta f = 1/2T_s$ 的 FSK 调制叫作最小相移键控（minimum shift keying）。对于 2FSK 调制，Δf 是最大频率偏移 f_d 的两倍，因此

$$h = 2 f_d T_s = \Delta f T_s = \frac{1}{2},$$

所以 MSK 的调制指数为 $1/2$。

9.21.4 高斯滤波最小频移键控

高斯滤波最小频移键控（gaussian filtered minimum shift keying）是第二代移动通信系统 GSM 采用的调制方式，其原理如图 9.39 所示。

信息比特通过一个矩形成形滤波器得到 $d(t)$，

$$d(t) = \sum_n I_n \mathrm{Rect}(t - n T_s),$$

其中，$\mathrm{Rect}(t)$ 为矩形脉冲：

$$\mathrm{Rect}(t) = \begin{cases} 1 & |t| \leqslant T_s/2, \\ 0 & \text{其他。} \end{cases}$$

图 9.39 GMSK 调制原理

然后 $d(t)$ 经过一个高斯低通滤波器，滤波器的冲激响应为

$$h(t) = K\mathrm{e}^{-\frac{t^2}{2\sigma^2}},$$

再经过 MSK 调制，也就是将滤波器的输出作为 VCO 的控制电压：

$$u_c(t) = d(t) * h(t),$$

并调节灵敏度使得调制指数 $h = 1/2$，得到 GMSK 信号。

高斯滤波器的频域响应为

$$\begin{aligned}
H(\omega) &= \int_{-\infty}^{\infty} K\mathrm{e}^{-\frac{t^2}{2\sigma^2}}\,\mathrm{e}^{-\mathrm{j}\omega t}\mathrm{d}t \\
&= K\sigma\mathrm{e}^{\frac{\omega^2}{2/\sigma^2}}.
\end{aligned}$$

这个积分对同学们来说有一点挑战，大家记住这个结果就可以了。高斯滤波器的时域和频域特性如图 9.40 所示。

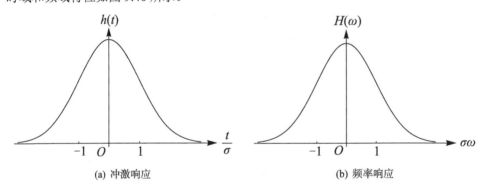

(a) 冲激响应   (b) 频率响应

图 9.40 高斯滤波器的时域和频域特性

$d(t)$ 是一个方波信号，如果直接控制 VCO，则输出的 MSK 信号当中包含两个瞬时频率，这两个频率之差就是最小频移 $2f_d$。

如果看 MSK 信号的频谱，则其并不是离散的两根谱线，而是连续的频率成分。这是因为只有周期信号的频谱才是离散的，而 MSK 信号是一个随机信号，并不是周期信号，因此频谱是连续的。因此在最小频移 $2f_d$ 之外，仍然有带外泄漏。

$d(t)$ 经过高斯滤波器之后得到了平滑，当相邻的信息比特发生变化时，VCO 从一个瞬时频率平滑过渡到另外一个频率。因此，高斯滤波器减少了高频成分，从而改善了信号的带外泄漏特性。

GMSK 的 VCO 控制电压可以写成

$$u_c(t) = d(t) * h(t) = \sum_n I_n \mathrm{Rect}(t - nT_s) * h(t) = \sum_n I_n g(t - nT_s),$$

其中

$$g(t) = \mathrm{Rect}(t) * h(t)$$

为 GMSK 调制的成形滤波器。我们把这个卷积积分写一下：

$$\begin{aligned}
g(t) &= \int_{-T_s/2}^{T_s/2} K e^{-\frac{(t-\tau)^2}{2\sigma^2}} \, \mathrm{d}\tau \\
&= \int_{t-T_s/2}^{t+T_s/2} K e^{-\frac{x^2}{2\sigma^2}} \, \mathrm{d}x \\
&= \sqrt{2\pi} K\sigma \int_{(t-T_s/2)/\sigma}^{(t+T_s/2)/\sigma} \frac{1}{\sqrt{2\pi}} e^{-\frac{y^2}{2}} \, \mathrm{d}y \\
&= \sqrt{2\pi} K\sigma \left[Q\left((t - \frac{T_s}{2})/\sigma \right) - Q\left((t + \frac{T_s}{2})/\sigma \right) \right] \mathrm{d}t,
\end{aligned}$$

其中

$$Q(x) = \int_x^\infty \frac{1}{\sqrt{2\pi}} e^{\frac{t^2}{2}} \, \mathrm{d}t$$

叫作 Q 函数，是数学和通信当中常用的一个函数。它是高斯分布函数从 x 到 ∞ 的积分，满足 $Q(-\infty) = 1, Q(0) = 0.5, Q(\infty) = 0$，如图 9.41 所示。

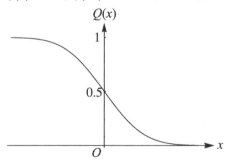

图 9.41 Q 函数

GSMK 的成形滤波器并不满足奈奎斯特第一准则（如果已经忘记了，则要回去复习一下），会引入符号间串扰。因此，其误码率特性要比 MSK 差一些。

实际的 GMSK 调制要综合考虑带外泄漏与误码率的折中。显然，高斯滤波器的带宽越窄，信号的频谱特性越好，而误码率性能越差。高斯滤波器的带宽由 σ 决定，σ 越大，带宽越小。假如高斯滤波器的 $-3\mathrm{dB}$ 带宽为 B，实际当中一般采用 BT_s 这个参数来表征。

GSM 采用 $BT_s = 0.3$ 的 GMSK 调制。

9.21.5　从另外一个视角看 MSK

我们来考察这样的一个复基带信号：

$$s(t) = \sum_{n=-\infty}^{\infty} \left[I_{2n} g(t - nT_s) - j I_{2n+1} g(t - nT_s - T_s/2) \right],$$

其中，脉冲成形函数为

$$g(t) = \begin{cases} \cos \dfrac{\pi t}{T_s} & -T_s/2| \leqslant t \leqslant T_s/2, \\ 0 & \text{其他}。 \end{cases}$$

如图 9.42 所示。

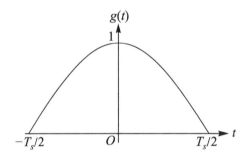

图 9.42 MSK 成形函数

这个复基带信号比较有特点的是，脉冲成形波形为正弦信号的半个周期，符号的周期为 T_s，而实部符号和虚部符号错位了半个符号周期。我们把成形函数代入，得到

$$s(t) = \sum_{n=-\infty}^{\infty} \left[I_{2n} \cos(\frac{\pi(t - nT_s)}{T_s}) - j I_{2n+1} \cos\frac{\pi(t - nT_s - T_s/2)}{T_s} \right]$$

$$= \sum_{n=-\infty}^{\infty} (-1)^n I_{2n} \left[\cos \frac{\pi t}{T_s} + j \frac{I_{2n+1}}{I_{2n}} \sin \frac{\pi t}{T_s} \right].$$

假设信息数据 I_n 只能够取 1 和 -1, 可以得到

$$s(t) = \begin{cases} \displaystyle\sum_{n=-\infty}^{\infty} (-1)^n I_{2n} \mathrm{e}^{\mathrm{j}\frac{\pi t}{T_s}} & \dfrac{I_{2n+1}}{I_{2n}} = 1, \\ \displaystyle\sum_{n=-\infty}^{\infty} (-1)^n I_{2n} \mathrm{e}^{-\mathrm{j}\frac{\pi t}{T_s}} & \dfrac{I_{2n+1}}{I_{2n}} = -1 \text{。} \end{cases}$$

可以看出, 复基带信号是分段的复指数信号, 每段的频率为 $\pm 1/2T_s$, 其间隔为 $1/T_s$, 也就是 MSK 的频率间隔。每段频率由 I_{2n+1}/I_{2n} 的取值决定, 因为复基带信号的实部和虚部错位了半个符号长度, 因此频率改变的最小周期为 $T_s/2$。

按照如下方式, 得到已调信号:

$$s_{\mathrm{RF}}(t) = \Re[s(t)\mathrm{e}^{\mathrm{j}2\pi f_c t}] \text{。}$$

由成形函数的特点可以看出, 其取值向平滑趋于零, 因此复基带信号不会发生取值的跳变, 所以已调信号也是连续相位的。

这样得到的 $s_{\mathrm{RF}}(t)$ 就是一个连续相位的 MSK 信号, 如图 9.43 所示。

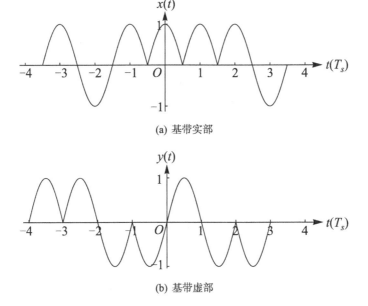

(a) 基带实部

(b) 基带虚部

图 9.43 用 OQPSK 产生 MSK 信号, 基带信号的实部和虚部错位半个符号长度, 并使用半正弦成形函数

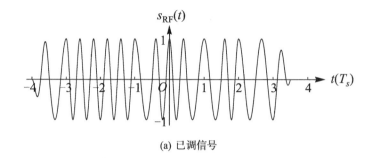

(a) 已调信号

图 9.43 用 OQPSK 产生 MSK 信号，基带信号的实部和虚部错位半个符号长度，并使用半正弦
成形函数（续）

上述过程除采用了一个特殊形式的成形函数外，与 QPSK 的差别仅在于基带信号的实部和虚部错位了半个符号，因此也叫错位 QPSK（Offset QPSK or Staggered QPSK）。

形成 MSK 调制的 OQPSK 采用了正弦函数的半个周期作为成形滤波器，如果换成其他形式的滤波器会怎么样呢？比如，我们之前已经讨论过的升余弦滚降滤波器，它们之间的比较如图 9.44 所示。

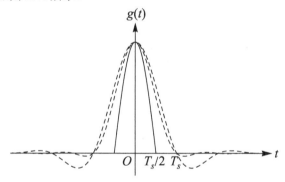

图 9.44 MSK 成形函数与升余弦滚降滤波器的比较

我们已经知道，升余弦滚降滤波器是从频域来设计其特性的，具有严格的带限特征，因此抑制带外泄漏的能力比较强。而 MSK 的成形滤波器是从时域来设计的，在频域不是严格带限的。

通过图 9.44 我们也加强一下这个认识：时域有限对应频域无限，频域有限对应时域无限。升余弦滚降滤波器在频域是有限的，在时域信号就持续到无穷远。半正弦滤波器在时域是有限的，在频域就持续到无穷远，因此抑制带外泄漏的能力就相对较弱。

图 9.45 所示的是采用 0.5 滚降系数的 QPSK 和 OQPSK 已调信号。由于改变了成形滤波器，OQPSK 不再具有 MSK 恒包络的性质。但是，实部和虚部错位半个符号也带来了一定的好处，即避免了实部和虚部同时过零点的情况。在 QPSK 已调信号的

$-1.5T_s$ 处，基带信号的实部和虚部同时经过零点，导致已调信号的幅度起伏比较大。在错位了半个符号之后，实部和虚部只能够有一个过零点，从而避免了已调信号当中幅度非常小的包络，使得 PAPR 特性变好了，有利于更加高效地利用功率放大器。

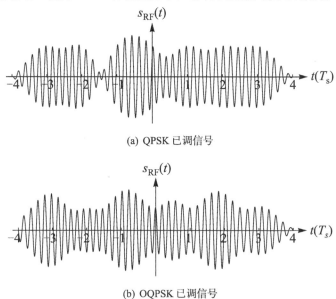

(a) QPSK 已调信号

(b) OQPSK 已调信号

图 9.45 OQPSK 避免了过零点，比 QPSK 信号有更小的峰均比

9.22　数字调制技术之华山论剑

我们已经讨论了 ASK，PSK，FSK，QAM 等数字调制技术，这些技术都已经出现很久了，也都曾在技术发展过程当中得到过应用。

从近期的情况来看，GMSK 在第二代移动通信系统 GSM 当中获得应用，是一个辉煌的胜利。但是到 3G，4G 系统以后，又是 PSK 和 QAM 一统江山了。为什么会出现这样的变化？

1986 年以后，出现了线性功放技术，其原理如图 9.46 所示。

其中的 DPD 叫作数字预失真（digital pre-distortion）。假设非线性功放的输入输出关系为

$$y = Kf(x'),$$

DPD 的特性为非线性功放的反函数：

$$x' = f^{-1}(x),$$

则综合起来

$$y = Kf[f^{-1}(x)] = Kx,$$

就成为一个线性功放，如图 9.47 所示。

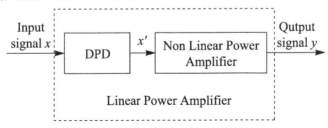

图 9.46 数字预失真线性功率放大器

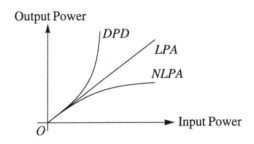

图 9.47 数字预失真线性功放原理

要实现非线性功放的反函数，用模拟的方法比较困难，而用数字的方法就比较简单。

DPD 根据非线性功放的特性，预先制作一张表格，确定其输入和输出数值的对应关系。将输入信号采样后，根据这张表格确定应该输出多大的幅值，然后通过 DA 输出模拟信号到功率放大器。DPD 较大程度地扩大了功放的线性范围，在 3G 以后的通信系统当中获得了广泛应用。

GMSK 的竞争优势是在没有线性功放技术的条件下获得的。在线性功放技术获得突破以后，信号的 PAPR 指标依然重要，但是已经没有原来那样苛刻，不需要追求严格的恒包络信号。毕竟恒包络信号是有代价的，其带外泄漏特性和频谱效率都会受到损失。带外泄漏是因为半正弦的成形滤波不是严格限带的，而恒包络也损失了通过幅度变化传递信息的可能性，因此不可能达到很高的频谱效率。在移动宽带业务迅猛发展的今天，高频谱效率成为需要优先达到的目标。

多少有一点令人惊讶的是，在 3G 和 4G 系统里面，获得应用的是 QPSK 和 QAM 技术，而不是 Offset QPSK 或者 Offset QAM 技术。因为 QPSK 也可以认为是 4QAM，所以可以统一为 QAM。Offset 技术可以避免零包络，在一定程度上降低 PAPR，无疑是有优势的。但是这种优势其实是不大的，从 QPSK 和 OQPSK 的已调信号上大家可以体会到这一点。而到了 16QAM 或者更高阶的 64QAM，信号零包络的概率是非常少的，Offset 的技术优势进一步丧失。

当然这并不会成为劣势。

如果说 Offset 技术的劣势，我认为在于其复杂性有所提高。其实，现代的芯片技术已经能够处理非常复杂的问题，Offset 引入的复杂性并不算多，并不构成实现的障碍。但问题是，其技术优势也不明显。在这种情况下，采用的必要性就不是很大了。

除了实质的实现复杂性，我认为还有人的心理因素。不知道你是否也有和我同样的感觉，错位半个符号让人感到凌乱，感到不舒服。而实质上，这种凌乱也会给协议的文本描述带来不便。

QAM 则简洁、简单，无明显技术劣势，从而成为目前的赢家。

在实际应用当中，简单、高效才是王道。

第10章 概率论与随机过程

我们已经讨论了基本的调制技术，如何解调是另外一个大课题。

一般说来，发射机发射的信号会受到三个方面的影响：一是信号会被信道所扭曲，二是受到噪声的污染，三是受到其他发射机的干扰。接收机在收到被扭曲、被污染、被干扰的信号后，要尽可能地恢复出发送的数据，这就是解调的任务。

在讨论解调方法之前，我们需要补充概率论的相关知识，因为信道、噪声和干扰都是随机信号。

10.1 什么是概率

关于概率，大家最熟悉的例子莫过于掷色子。

色子是一个正方体，有 6 个面，分别标记着 1 ~ 6 个点，或者数字。如果公平地掷色子（色子里没有灌水银，掷色子的人不是能听风辨器的武林高手），每个点数朝上的概率都为 1/6。

掷一次色子，在概率论里面称作一次**试验**。每次试验都会得到一个结果，所有可能的试验结果的集合叫作**样本空间**。

在掷色子的例子当中，样本空间是集合

$$S = \{1, 2, 3, 4, 5, 6\}。$$

定义出现一个或者多个特定的试验结果为一个**事件**。

例如，定义事件 $A = \{1, 2\}$，表示如果掷出一点或者两点，则发生了 A 事件。

同理可以定义事件 $B = \{1, 2, 3\}, C = \{4, 5\}, D = \{6\}$。

可以这样理解，事件就是样本空间的子集。那么集合的运算规则也适用于事件。例如：

- 交：$A \cap B = \{1, 2\}, A \cap C = \phi$；

- 并：$A \bigcup B = \{1, 2, 3\}, A \bigcup C = \{1, 2, 4, 5\}$；

- 补：$\tilde{A} = \{3, 4, 5, 6\}$。

事件之间存在一定的关系。例如，在上面的一次试验中，如果发生了 A 事件，则一定发生了 B 事件，而 C 事件和 D 事件则一定不会发生。这时称事件 A 和事件 C/D 为**互斥**，或者**不相容**。

对于一个事件 A，可以定义一个 0 到 1 的实数 $P(A)$，称作事件 A 的**概率**。

如何定义概率，如何把概率论建立在严格的逻辑基础上，是概率理论发展的困难所在，对这一问题的探索一直持续了 3 个世纪。

20 世纪初完成的勒贝格测度与积分理论，以及随后发展的抽象测度和积分理论，为概率公理体系的建立奠定了基础。在这种背景下，苏联数学家柯尔莫哥洛夫于 1933 年在他的《概率论基础》一书中，第一次给出了概率的测度论定义和一套严密的公理体系。他的公理化方法成为现代概率论的基础，使概率论成为严谨的数学分支。

设 E 是随机试验，S 是它的样本空间。对于 E 的每一个事件 A 赋予一个实数，记为 $P(A)$，称为事件 A 的概率。这里 $P(\bullet)$ 是一个集合函数，$P(\bullet)$ 要满足下列条件：

（1）非负性：对于每一个事件 A，有 $P(A) \geqslant 0$；

（2）规范性：对于必然事件 S，有 $P(S) = 1$；

（3）可列可加性：设 $A_1, A_2, \cdots$ 是两两互不相容的事件，即对于 $i \neq j, A_i \bigcap A_j = \phi, (i, j = 1, 2, \cdots)$，则有 $P(A_1 \bigcup A_2 \bigcup \cdots) = P(A_1) + P(A_2) + \cdots$。其中，$\phi$ 是空集。

从上面的定义可以自然地推导出

$$P(\phi) = 0。$$

因为

$$A \bigcap \phi = \phi,$$
$$A = A \bigcup \phi;$$

所以

$$P(A) = P(A) + P(\phi),$$

也就是

$$P(\phi) = 0。$$

概率的这个定义是概率的本质特征，但是只是说概率是一个实数，并没有涉及概率的具体数值。涉及概率的数值，可以这样来定义：

设 E 是随机试验，S 是它的样本空间，$A \subseteq S$。设 N 是试验次数，而 $N(A)$ 是事件 A 发生的次数，则

$$P(A) = \lim_{N \to \infty} \frac{N(A)}{N}。$$

可以验证，这个定义是符合概率的三个性质的。

10.2 联合事件和联合概率

设 S_A 是随机试验 E_A 的样本空间，$A \subseteq S_A, S_B$ 是随机试验 E_B 的样本空间，$B \subseteq S_B$。

也就是说，A 和 B 是两个事件。这两个事件是任意的，可以是同一试验的两个事件，也就是 $E_A = E_B, S_A = S_B$；也可以是具有相同样本空间的两次试验，也就是 $E_A \neq E_B, S_A = S_B$；还可以是具有不同样本空间的两次试验，也就是 $E_A \neq E_B, S_A \neq S_B$。

那么 (A, B) 称作一个**联合事件**。

一般，把样本空间 S_A 划分成互斥的 m 个事件 A_i（$i = 1, 2, \cdots, m$），把 S_B 划分成互斥的 n 个事件 B_j，满足：

$$A_i \bigcap A_j = \phi, \quad B_i \bigcap B_j = \phi, \quad i \neq j,$$
$$\bigcup_{i=1}^{m} A_i = S_A, \quad \bigcup_{j=1}^{n} B_j = S_B;$$

那么 (A_i, B_j)（$i = 1, 2, \cdots, m, j = 1, 2, \cdots, n$）是一个联合事件，它有一个概率 $P(A_i, B_j)$，叫作**联合概率**，满足：

$$0 \leqslant P(A_i, B_j) \leqslant 1,$$
$$\sum_{i=1}^{m} P(A_i, B_j) = P(B_j),$$
$$\sum_{j=1}^{n} P(A_i, B_j) = P(A_i),$$
$$\sum_{i=1}^{m} \sum_{j=1}^{n} P(A_i, B_j) = 1。$$

如果把联合事件的两次试验看作是一次试验，则称作联合试验，样本空间为

$$S_A \times S_B = \bigcup_{i=1}^{m} \bigcup_{j=1}^{n} (A_i, B_j),$$

那么联合概率也符合一般的概率定义。

10.3 条件概率

考虑一个联合试验的联合事件 (A, B)，条件概率定义为

$$P(A|B) = \frac{P(A, B)}{P(B)}。$$

条件概率表示在事件 B 已经发生的条件下，事件 A 发生的概率。

如果继续沿用 10.2 节当中联合事件 (A_i, B_j)（$i = 1, 2, \cdots, m, j = 1, 2, \cdots, n$）的定义，条件概率为

$$P(A_i|B_j) = \frac{P(A_i, B_j)}{P(B_j)}。$$

把此条件概率按照一般的概率定义去理解，其样本空间为

$$S_{A|B_j} = \bigcup_{i=1}^{m} (A_i, B_j)。$$

在这个样本空间当中，事件 B_j 一定发生，而事件 A_i 发生就意味着联合事件 (A_i, B_j) 发生。

把这个问题放到更大的样本空间 $S_A \times S_B$ 当中去考虑，$S_{A|B_j}$ 可以认为是联合样本空间 $S_A \times S_B$ 当中的一个事件，其概率为

$$P(S_{A|B_j}) = \sum_{i=1}^{m} P(A_i, B_j) = P(B_j)，$$

联合事件 (A_i, B_j) 的概率为 $P(A_i, B_j)$。

如果把 $S_{A|B_j}$ 看成一个样本空间，则应该满足规范性条件，也就是

$$P(S_{A|B_j}) = 1，$$

用 $S_{A|B_j}$ 的概率去除 $P(A_i, B_j)$，就可以满足规范性条件，于是得到条件概率的定义：

$$P(A_i|B_j) = \frac{P(A_i, B_j)}{P(B_j)}。 \tag{10.1}$$

从这里，大家可以体会到，我们所说的事件的概率，都是该事件在一个事先定义的样本空间当中的概率。

在公式（10.1）当中，$P(A_i|B_j)$ 是事件 A_i，或者等价的 (A_i, B_j) 在样本空间 $S_{A|B_j}$ 的概率，$P(A_i, B_j)$ 是事件 (A_i, B_j) 在样本空间 $S_A \times S_B$ 的概率，$P(B_j)$ 是事件 B_j 在样本空间 S_B 当中的概率。在一般的叙述当中我们不会这么啰唆，但是大家要清楚样本空间的变化。

条件概率可以反映两个事件之间的关系。例如，如果

$$P(A|B) > P(A)，$$

则在 B 事件出现的条件下，A 事件出现的概率比 A 事件的总体概率要高；这说明 A 事件和 B 事件之间存在某种因果关系，A 事件可能是导致 B 事件发生的原因之一，或者是 B 事件发生的结果。

如果

$$P(A|B) < P(A),$$

则说明 B 事件是阻止 A 事件发生的因素；或者，A 事件是阻止 B 事件发生因素。

如果

$$P(A|B) = P(A),$$

说明 A 事件和 B 事件之间没有关系，这种情况称 A 和 B **独立**。在这种情况下，有

$$P(A|B) = \frac{P(A,B)}{P(B)} = P(A),$$

也就是

$$P(A,B) = P(A)P(B)。$$

可以验证如下的关系：

$$P(A|B) = \frac{P(A,B)}{P(B)} = \frac{P(B|A)P(A)}{P(B)}。$$

这个关系叫作**贝叶斯准则**，其在信号检测当中起非常大的作用。大家现在只要有印象就可以了，等到讲 Turbo 码的时候我们再仔细讨论。

10.4 随机变量

一个随机试验的样本空间为 S，s 是其中的元素，$s \in S$，定义一个函数 $X(s)$，其定义域为 S，值域为实数的子集，这个函数叫作**随机变量**。

以掷色子为例，可定义随机变量

$$X(s) = \begin{cases} 10 & \text{当 } s = 1 \\ 20 & \text{当 } s = 2 \\ \vdots & \\ 60 & \text{当 } s = 6 \end{cases},$$

我故意在点数上加了一个零，说明随机变量的定义域和值域是两个域，它们的映射关系取决于函数的定义。

在掷色子的例子当中，随机变量的取值是离散的。而在很多情况当中，随机变量是可以连续取值的，比如一个噪声电压。这种随机变量叫作连续随机变量。

既然随机变量为实数，就可以比较大小了。我们来定义一个函数

$$F(x) = P(X \leqslant x), \quad -\infty < x < \infty,$$

这个函数叫作**概率分布函数**（probability distribution function），或者**累积分布函数**（cumulative distribution function）。实际经常使用的名称是后面这个，缩写为 CDF，前一个名称的缩写留给了另外一个常用名称。

因为 CDF 是一个概率，所以其取值范围是 $[0,1]$，并且是一个增函数。图 10.1 所示的是掷色子随机变量的 CDF。

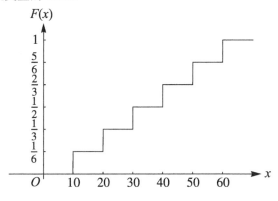

图 10.1 掷色子随机变量的 CDF

在掷色子随机试验当中，色子有 6 个面，样本空间包含了 6 个互斥的事件，每个事件的概率为 1/6。可以想象，如果用正 N 面体的色子，每个事件的概率为 $1/N$，当 $N \to \infty$ 的时候，每个事件的概率则趋向于零。如果把 N 个随机事件映射到同样取值范围（$10 \sim 60$）的随机变量，那么在 $N \to \infty$ 的时候，$X(s)$ 变成一个连续随机变量，它的 CDF 是一条光滑上升的曲线。

由于连续随机变量在每一个值上的概率为零，为了更好地刻画连续随机变量，定义函数 $p(x)$ 为 $F(x)$ 的导数：

$$p(x) = \frac{\mathrm{d}F(x)}{\mathrm{d}x},$$

或者等价地，

$$F(x) = \int_{-\infty}^{x} p(u)\mathrm{d}u,$$

其中 $p(x)$ 称作**概率密度函数**（probability density function），缩写为 PDF。我们考察一个随机变量 X 位于 x_1 和 x_2 之间的概率，由定义可以得到

$$P(x_1 < X \leqslant x_2) = F(x_2) - F(x_1) = \int_{x_1}^{x_2} p(x)\mathrm{d}x。$$

PDF 是一个密度函数，对于在某个数值上具有不为零的概率的随机变量，其概率密度无穷大，严格说来其概率密度函数是不存在的。但是如果我们引入 δ 函数，则具

有 n 个离散取值 $x_i(i = 1, n)$ 的 PDF 函数可以表达成为

$$p(x) = \sum_{i=1}^{n} P(x = x_i)\delta(x - x_i)。$$

例如掷色子随机变量的 PDF 为

$$p(x) = \frac{1}{6}\sum_{i=1}^{6} \delta(x - 10i)。$$

10.5 随机变量的统计量

随机变量的取值是随机的，让人琢磨不定。但是我们总是要抽取那些确定的数值，才能掌握随机变量的特征。这些确定的数值，就是随机变量的统计量。

一般地，随机变量的 N **阶矩**定义为

$$E(X^n) = \int_{-\infty}^{\infty} x^n p(x)\mathrm{d}x。$$

一阶矩（$n = 1$）是随机变量的**均值**，二阶矩（$n = 2$）是**功率**：

$$m_x = E(X) = \int_{-\infty}^{\infty} xp(x)\mathrm{d}x,$$

$$m_{x^2} = E(X^2) = \int_{-\infty}^{\infty} x^2 p(x)\mathrm{d}x。$$

如果把随机变量的均值减掉，再求 N 阶矩，得到的是 N **阶中心矩**：

$$E(Y) = \int_{-\infty}^{\infty} (x - m_x)^n p(x)\mathrm{d}x。$$

一阶中心矩一定是零，二阶中心矩叫作**方差**：

$$\sigma_x^2 = \int_{-\infty}^{\infty} (x - m_x)^2 p(x)\mathrm{d}x。$$

方差是非常重要的统计量，它反映的是随机变量偏离均值的程度。

对于零均值信号，方差也等于信号的功率。对于非零均值信号，存在如下的关系：

$$\begin{aligned}
\sigma_x^2 &= \int_{-\infty}^{\infty} (x - m_x)^2 p(x)\mathrm{d}x \\
&= \int_{-\infty}^{\infty} (x^2 - 2m_x x + m_x^2)p(x)\mathrm{d}x \\
&= m_{x^2} - m_x^2。
\end{aligned}$$

10.6 两个典型的概率密度函数

10.6.1 平均分布

平均分布是最容易理解的一个分布，它的 PDF 为

$$p(x) = \begin{cases} \dfrac{1}{b-a} & x \in [a, b], \\ 0 & \text{其他。} \end{cases}$$

如图 10.2 所示。

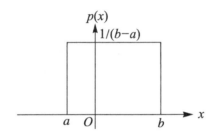

图 10.2 平均分布的概率密度函数

可简单地验证

$$E(X) = \frac{a+b}{2},$$

$$E(X^2) = \frac{1}{3}(a^2 + b^2 + ab),$$

$$\sigma_x^2 = \frac{1}{12}(a - b)^2。$$

10.6.2 高斯分布

高斯分布是概率论当中最重要的分布，也是自然界当中最常见的分布。为什么？这关系到下面要讲到的中心极限定理。高斯分布的 PDF 为

$$p(x) = \frac{1}{\sqrt{2\pi}\sigma} \mathrm{e}^{-(x-m_x)^2/2\sigma^2},$$

如图 10.3 所示。

大家可以验证

$$\int_{-\infty}^{\infty} \frac{1}{\sqrt{2\pi}\sigma} \mathrm{e}^{-(x-m_x)^2/2\sigma^2} \mathrm{d}x = 1。$$

这说明它确实是一个概率密度函数。另外，高斯分布的均值和方差也非常优美：

$$E(X) = m_x,$$

$$\sigma_x^2 = \sigma^2。$$

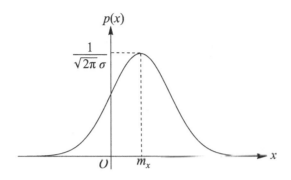

图 10.3 高斯分布的概率密度函数

不过验证这些结果有一点挑战。大家如果不想挑战自己计算积分的能力，则死记硬背也要记住这些结果。

高斯分布也叫**正态分布**。均值为零，方差为 1 的正态分布叫作**标准正态分布**，PDF 为

$$p(x) = \frac{1}{\sqrt{2\pi}} e^{-x^2/2}。$$

通信当中经常使用 Q 函数：

$$Q(x) = \int_x^\infty \frac{1}{\sqrt{2\pi}} e^{-t^2/2} \mathrm{d}t, \quad x \geqslant 0。$$

10.7 中心极限定理

中心极限定理可以说是概率论当中最本质、最核心的定理。

假设有 n 个独立同分布的随机变量 X_i $(i = 1, 2, \cdots, n)$，均值为 m_x，方差为 σ_x^2。为了方便，定义归一化的随机变量

$$U_i = \frac{X_i - m_x}{\sigma_x} \quad i = 1, 2, \cdots, n，$$

则 U_i 的均值为零，方差为 1。构造一个新的随机变量

$$Y = \frac{1}{\sqrt{n}} \sum_{i=1}^n U_i，$$

Y 也是一个零均值单位方差的随机变量。中心极限定理告诉我们，当 $n \to \infty$ 的时候，Y 服从标准正态分布，也就是其 PDF 为

$$p_Y(x) = \frac{1}{\sqrt{2\pi}} e^{-x^2/2}。$$

中心极限定理的证明需要用到很多数学技巧，这里就不给出了。

中心极限定理可以解释为什么那么多的自然和社会现象都符合高斯分布，例如热噪声，同学的考试成绩，人的身高、体重，产品质量，等等。

噪声电流是由很多电子的随机运动叠加而成的，考试成绩是由很多道题目的成绩累加得到的，身高、体重以及产品质量也是同样道理，是由很多环节的效果累积而成的，而中心极限定理告诉我们，这种累积量是服从高斯分布的。

所以，高斯分布和中心极限定理，在概率论当中占据极重要的地位。如果同学们暂时不能够理解，就背下来吧。以后大家也会了解到，信息论也是基于中心极限定理的，它的另一个名字叫**大数定律**。

10.8　多随机变量的联合分布

因为实际的信号往往是多维的随机变量，我们需要把一维随机变量推广到多维。我们先来看二维的情况。

考虑两个随机变量 X_1, X_2，定义它们的联合 CDF 为

$$F(x_1, x_2) = P(X_1 \leqslant x_1, X_2 \leqslant x_2)。$$

因为 $F(x_1, x_2)$ 是 x_1, x_2 的函数，对它们取偏导，可以得到联合概率密度函数

$$p(x_1, x_2) = \frac{\partial^2}{\partial x_1 \partial x_2} F(x_1, x_2),$$

或者等价的

$$F(x_1, x_2) = \int_{-\infty}^{x_1} \int_{-\infty}^{x_2} p(u_1, u_2) \mathrm{d}u_1 \mathrm{d}u_2。$$

从事件概率分析可以得到这个关系：

$$F(x_1, \infty) = F(x_1)。$$

而根据定义有

$$F(x_1, \infty) = \int_{-\infty}^{x_1} \int_{-\infty}^{\infty} p(u_1, u_2) \mathrm{d}u_1 \mathrm{d}u_2;$$
$$F(x_1) = \int_{-\infty}^{x_1} p(u_1) \mathrm{d}u_1。$$

所以

$$\int_{-\infty}^{\infty} p(x_1, x_2) \mathrm{d}x_2 = p(x_1)。$$

同理也有

$$\int_{-\infty}^{\infty} p(x_1, x_2)\mathrm{d}x_1 = p(x_2)。$$

多维随机变量可以直接类比二维随机变量，有如下的定义和关系：

$$F(x_1, x_2, \cdots, x_n) = P(X_1 \leqslant x_1, X_2 \leqslant x_2, \cdots, X_n \leqslant x_n)$$
$$= \int_{-\infty}^{x_1} \int_{-\infty}^{x_2} \cdots \int_{-\infty}^{x_n} p(u_1, u_2, \cdots, u_n)\mathrm{d}u_1 \mathrm{d}u_2 \cdots \mathrm{d}u_n;$$

$$p(x_1, x_2, \cdots, x_n) = \frac{\partial^n}{\partial x_1 \partial x_2 \cdots \partial x_n} F(x_1, x_2, \cdots, x_n)。$$

对 $p(x_1, x_2, \cdots, x_n)$ 当中的任何变量可以通过在这些变量上积分消除，例如

$$\int_{-\infty}^{\infty} \int_{-\infty}^{\infty} p(x_1, x_2, \cdots, x_n)\mathrm{d}x_1 \mathrm{d}x_2 = p(x_3, x_4, \cdots, x_n)。$$

10.9 条件概率分布

假设有两个随机变量 X_1, X_2，我们来考察 $X_2 = x_2$ 条件下 X_1 的 CDF：$F(x_1|x_2) = P(X_1 \leqslant x_1|X_2 = x_2)$。考虑到连续随机变量 $X_2 = x_2$ 的概率为零，所以我们首先来考虑以 $x_2 - \Delta x_2 < X_2 \leqslant x_2 + \Delta x_2$ 为条件：

$$P(X_1 \leqslant x_1 | x_2 - \Delta x_2 < X_2 \leqslant x_2 + \Delta x_2)$$
$$= \frac{P(X_1 \leqslant x_1, x_2 - \Delta x_2 < X_2 \leqslant x_2 + \Delta x_2)}{P(x_2 - \Delta x_2 < X_2 \leqslant x_2 + \Delta x_2)}$$
$$= \frac{F(x_1, x_2 + \Delta x_2) - F(x_1, x_2 - \Delta x_2)}{F(x_2 + \Delta x_2) - F(x_2 - \Delta x_2)}。$$

上面的式子上下都除以 $2\Delta x_2$，再让 $\Delta x_2 \to 0$，得到

$$F(x_1|x_2) = P(X_1 \leqslant x_1|X_2 = x_2)$$
$$= \lim_{\Delta x_2 \to 0} \frac{F(x_1, x_2 + \Delta x_2) - F(x_1, x_2 - \Delta x_2)}{F(x_2 + \Delta x_2) - F(x_2 - \Delta x_2)}$$
$$= \frac{\partial F(x_1, x_2)/\partial x_2}{\mathrm{d}F(x_2)/\mathrm{d}x_2}。$$

再对 x_1 求导数：

$$p(x_1|x_2) = \frac{\mathrm{d}}{\mathrm{d}x_1} F(x_1|x_2)$$
$$= \frac{\partial^2 F(x_1, x_2)/\partial x_1 \partial x_2}{\mathrm{d}F(x_2)/\mathrm{d}x_2},$$

也就是

$$p(x_1|x_2) = \frac{p(x_1, x_2)}{p(x_2)},$$

或者

$$p(x_1, x_2) = p(x_1|x_2)p(x_2)。$$

$p(x_1|x_2)$ 是以 $X_2 = x_2$ 为条件时，$X_1 = x_1$ 的 PDF。

如果

$$p(x_1|x_2) = p(x_1),$$

也就是 $X_2 = x_2$ 的条件并不影响 $X_1 = x_1$ 的概率密度，则称 X_1 和 X_2 独立。下面是两个变量独立的等价条件：

$$p(x_1, x_2) = p(x_1)p(x_2)。$$

推广到 n 个随机变量 $X_1, X_2, \cdots, X_n$，有

$$p(x_1, x_2, \cdots, x_n) = p(x_1, x_2, \cdots, x_k|x_{k+1}, x_{k+2}, \cdots, x_n)p(x_{k+1}, x_{k+2}, \cdots, x_n)。$$

如果 n 个随机变量两两独立，则

$$p(x_1, x_2, \cdots, x_n) = p(x_1)p(x_2)\cdots p(x_n)。$$

10.10　联合矩

两个随机变量 X_1, X_2 的联合 PDF 为 $p(x_1, x_2)$，它们的联合矩定义为

$$E(X_1^k X_2^n) = \int_{-\infty}^{\infty} \int_{-\infty}^{\infty} x_1^k x_2^n p(x_1, x_2)\mathrm{d}x_1\mathrm{d}x_2。$$

联合中心矩定义为

$$E[(X_1 - m_1)^k (X_2 - m_2)^n] = \int_{-\infty}^{\infty} \int_{-\infty}^{\infty} (x_1 - m_1)^k (x_2 - m_2)^n p(x_1, x_2)\mathrm{d}x_1\mathrm{d}x_2,$$

其中 $m_1 = E(X_1), m_2 = E(X_2)$。

当 $k = n = 1$ 的时候，联合矩 $E(X_1 X_2)$ 称作**相关**，中心矩 $E[(X_1 - m_1)(X_2 - m_2)]$ 称作**协方差**。

如果

$$E(X_1 X_2) = E(X_1)E(X_2),$$

则称 X_1 和 X_2 不相关。如果 X_1 和 X_2 独立，也就是

$$p(x_1, x_2) = p(x_1)p(x_2),$$

那么它们也一定不相关：

$$E(X_1 X_2) = \int_{-\infty}^{\infty} \int_{-\infty}^{\infty} x_1 x_2 p(x_1, x_2) \mathrm{d}x_1 \mathrm{d}x_2$$

$$= \int_{-\infty}^{\infty} \int_{-\infty}^{\infty} x_1 x_2 p(x_1) p(x_2) \mathrm{d}x_1 \mathrm{d}x_2$$

$$= \int_{-\infty}^{\infty} x_1 p(x_1) \mathrm{d}x_1 \int_{-\infty}^{\infty} x_2 p(x_2) \mathrm{d}x_2$$

$$= E(X_1) E(X_2).$$

但是反过来却未必成立。从 $E(X_1 X_2) = E(X_1) E(X_2)$ 可以推出

$$\int_{-\infty}^{\infty} \int_{-\infty}^{\infty} x_1 x_2 p(x_1, x_2) \mathrm{d}x_1 \mathrm{d}x_2 = \int_{-\infty}^{\infty} \int_{-\infty}^{\infty} x_1 x_2 p(x_1) p(x_2) \mathrm{d}x_1 \mathrm{d}x_2,$$

但是从这个条件不足以推导出 $p(x_1, x_2) = p(x_1) p(x_2)$。

实际的信号多数是零均值的。对于零均值随机变量，相关和协方差是相同的。

如果把所有均值为零的随机变量看作一个线性空间，可以验证，$E(X_1 X_2)$ 符合**内积**的定义。

如果两个变量独立或者不相关，则

$$E(X_1 X_2) = E(X_1) E(X_2) = 0,$$

说明 X_1 和 X_2 正交。

把相关和协方差用 X_1, X_2 的范数去归一化，得到一个在 $[0, 1]$ 中的系数，叫作**相关系数**：

$$\rho = \frac{E(X_1 X_2)}{\sqrt{E(X_1^2) E(X_2^2)}}.$$

如果 X_1, X_2 不相关，则 $\rho = 0$；如果 $X_1 = kX_2$，则 $\rho = 1$。

如果有 n 个随机变量，$X_1, X_2, \cdots, X_n$，它们两两之间的协方差为

$$\mu_{ij} = E((X_i - m_i)(X_j - m_j)), i, j = 1, 2, \cdots, n,$$

其中 $m_i = E(X_i), i = 1, 2, \cdots, n$。

由 μ_{ij} 组成的矩阵

$$M = \begin{pmatrix} \mu_{11} & \mu_{12} & \cdots & \mu_{1n} \\ \mu_{21} & \mu_{22} & \cdots & \mu_{2n} \\ \vdots & \vdots & \ddots & \vdots \\ \mu_{n1} & \mu_{n2} & \cdots & \mu_{nn} \end{pmatrix}$$

叫作**协方差矩阵**。这个矩阵描述了 n 个随机变量相互之间的关系。对于多维的高斯分布，均值和协方差矩阵共同决定了联合 PDF。

10.11 n 维高斯分布

假设有 n 个随机变量 $X_1, X_2, \cdots, X_n$，它们服从 n 维高斯分布的联合 PDF 为

$$p(\boldsymbol{x}) = \frac{1}{(\sqrt{2\pi})^n \sqrt{\det \boldsymbol{M}}} \mathrm{e}^{-(\boldsymbol{x}-\boldsymbol{m_x})^{\mathrm{T}} \boldsymbol{M}^{-1} (\boldsymbol{x}-\boldsymbol{m_x})/2},$$

其中

$$\boldsymbol{x} = [x_1, x_2, \cdots, x_n]^{\mathrm{T}},$$

$$\boldsymbol{m_x} = [E(X_1), E(X_2), \cdots, E(X_n)]^{\mathrm{T}},$$

为均值向量；

$$\boldsymbol{M} = \begin{pmatrix} \mu_{11} & \mu_{12} & \cdots & \mu_{1n} \\ \mu_{21} & \mu_{22} & \cdots & \mu_{2n} \\ \vdots & \vdots & \ddots & \vdots \\ \mu_{n1} & \mu_{n2} & \cdots & \mu_{nn} \end{pmatrix}$$

为协方差矩阵。

这个联合 PDF 里面有向量和矩阵，有行列式和逆矩阵，相信很多同学看到这里已经完全懵住了。

我们来看一个简单的情形，可以让我们从感情上接受这确实是一个联合 PDF。

假设 $X_1, X_2, \cdots, X_n$ 两两互不相关，那么其协方差矩阵为

$$\boldsymbol{M} = \begin{pmatrix} \sigma_1^2 & 0 & \cdots & 0 \\ 0 & \sigma_2^2 & \cdots & 0 \\ \vdots & \vdots & \ddots & \vdots \\ 0 & 0 & \cdots & \sigma_n^2 \end{pmatrix},$$

其中，$\sigma_i^2 = \mu_{ii}, i = 1, 2, \cdots, n$。那么有

$$\sqrt{\det \boldsymbol{M}} = \prod_{i=1}^{n} \sigma_i;$$

$$(\boldsymbol{x} - \boldsymbol{m_x})^{\mathrm{T}} \boldsymbol{M}^{-1} (\boldsymbol{x} - \boldsymbol{m_x})/2 = \sum_{i=1}^{n} \frac{(x_i - m_i)^2}{2\sigma_i^2}。$$

所以有

$$p(\boldsymbol{x}) = \frac{1}{(\sqrt{2\pi})^n \prod_{i=1}^{n} \sigma_i} \mathrm{e}^{-\sum\limits_{i=1}^{n} \frac{(x_i - m_i)^2}{2\sigma_i^2}}$$

$$= \prod_{i=1}^{n} \frac{1}{\sqrt{2\pi}\sigma_i} \mathrm{e}^{-\frac{(x_i-m_i)^2}{2\sigma_i^2}}$$

$$= \prod_{i=1}^{n} p(x_i).$$

其中

$$p(x_i) = \frac{1}{\sqrt{2\pi}\sigma_i} \mathrm{e}^{-\frac{(x_i-m_i)^2}{2\sigma_i^2}}$$

为均值为 m_i，方差为 σ_i^2 的高斯分布。从这里也可以看出，这 n 个高斯分布的随机变量是独立的。因此，对于高斯分布，不相关等价于独立。而对于一般的情形，独立的条件要比不相关强。

10.12　随机过程

如果 $X(t)$ 是一个时间的函数，并且在每个时刻的取值是一个随机变量，则称 $X(t)$ 是一个**随机过程**。随机过程在通信当中非常普遍，例如

$$r(t) = s(t) + n(t),$$

这个公式表示，接收信号 $r(t)$ 是在发射信号 $s(t)$ 上附加一个噪声信号 $n(t)$。$n(t)$ 就是一个随机过程。

随机过程的每个时刻的值都是一个随机变量，用 CDF 和 PDF 就可以完全刻画。对随机过程比较重要的是不同时刻的随机变量之间的关系。

10.13　平稳随机过程

一个随机过程 $X(t)$，任意取一组时刻的随机变量 $X(t_1), X(t_2), \cdots, X(t_n)$，记它们的联合 PDF 为 $p_0(x_1, x_2, \cdots, x_n)$。任意延时时间 t 后得到另外一组随机变量 $X(t_1 + t), X(t_2 + t), \cdots, X(t_n + t)$，记它们的联合 PDF 为 $p_t(x_1, x_2, \cdots, x_n)$。

如果有

$$p_0(x_1, x_2, \cdots, x_n) = p_t(x_1, x_2, \cdots, x_n),$$

则称 $X(t)$ 是一个**严格平稳**随机过程。

由严格平稳的条件可以推出

$$p_0(x_1) = p_t(x_1),$$

也就是任意时刻的概率分布相同；还有

$$p_0(x_1, x_2) = p_t(x_1, x_2);$$

$$p_0(x_1|x_2) = p_t(x_1|x_2)。$$

也就是间隔时间相同的任意两个随机变量的相关关系相同。

我们来考虑两个随机变量 $X(t_1), X(t_2)$，它们的联合 PDF 为 $p_0(x_1, x_2)$，则

$$E[X(t_1)X(t_2)] = \int_{-\infty}^{\infty} \int_{-\infty}^{\infty} x_1 x_2 p_0(x_1, x_2) \mathrm{d}x_1 \mathrm{d}x_2。$$

$E[X(t_1)X(t_2)]$ 是 t_1, t_2 的函数，记为 $\phi(t_1, t_2)$，叫作**自相关函数**。如果 $X(t)$ 是严格平稳的，那么 $\phi(t_1, t_2)$ 只与 $\tau = t_2 - t_1$ 有关，而与 t_1, t_2 的具体时刻无关。这个时候，可以写成

$$E[X(t_1)X(t_2)] = \phi(t_1, t_2) = \phi(\tau)。$$

注意到，$E[X(t_1)X(t_2)] = E[X(t_2)X(t_1)]$，因此也有

$$\phi(-\tau) = \phi(\tau)，$$

也就是说，$\phi(\tau)$ 是偶函数。

如果 $X(t)$ 是严格平稳的，可以推出 $\phi(t_1, t_2) = \phi(t_1 - t_2)$，但是反过来却不一定成立。因此，把满足 $\phi(t_1, t_2) = \phi(t_1 - t_2)$ 的随机过程叫作**宽平稳**过程，它的限制要比严格平稳过程弱。

当然，我们更多时候关注把均值减掉之后的相关关系，所以定义**自协方差函数**：

$$\mu(t_1, t_2) = E[(X(t_1) - m(t_1))(X(t_2) - m(t_2))] = \phi(t_1, t_2) - m(t_1)m(t_2)。$$

同样地，如果 $X(t)$ 是宽平稳的，则有

$$\mu(t_1, t_2) = \mu(t_1 - t_2) = \mu(\tau) = \phi(\tau) - m^2。$$

为了考察两个随机过程 $X(t), Y(t)$ 之间的关系，可以定义**互相关函数**和**互协方差函数**：

$$\phi_{xy}(t_1, t_2) = E[X(t_1)Y(t_2)];$$

$$\mu_{xy}(t_1, t_2) = E[(X(t_1) - m_x(t_1))(Y(t_2) - m_y(t_2))]。$$

同样，如果 $X(t), Y(t)$ 是平稳过程，即

$$p_0(x, y) = p_t(x, y)，$$

其中，$p_0(x, y)$ 为 $X(t_1), Y(t_2)$ 的联合 PDF，$p_t(x, y)$ 为 $X(t_1 + t), Y(t_2 + t)$ 的联合 PDF，则

$$\phi_{xy}(t_1, t_2) = \phi_{xy}(t_1 - t_2) = \phi_{xy}(\tau);$$

$$\mu_{xy}(t_1, t_2) = \mu_{xy}(t_1 - t_2) = \mu_{xy}(\tau)。$$

可以验证如下的对称关系：

$$\phi_{xy}(\tau) = \phi_{yx}(-\tau);$$

$$\mu_{xy}(\tau) = \mu_{yx}(-\tau)。$$

请注意下标次序的变化。

10.14　复随机过程

复随机过程定义为

$$Z(t) = X(t) + jY(t),$$

其中，j 是虚数单位，$X(t)$ 和 $Y(t)$ 分别是两个实随机过程。复随机过程会出现在复基带信号当中。

复随机过程的自相关函数定义为

$$\begin{aligned}
\phi_{zz}(t_1, t_2) &= E[Z(t_1)Z^*(t_2)] \\
&= E[(X(t_1) + jY(t_1))(x(t_2) - jY(t_2))] \\
&= \phi_{xx}(t_1, t_2) + \phi_{yy}(t_1, t_2) + j[\phi_{yx}(t_1, t_2) - \phi_{xy}(t_1, t_2)]。
\end{aligned}$$

上述定义与实随机过程的自相关函数的定义相比多了一个共轭，而这与复空间内积的定义是一致的，并且兼容实随时过程的定义。

如果 $X(t)$ 和 $Y(t)$ 分别并且联合平稳，则自相关函数和时刻无关：

$$\phi_{zz}(t_1, t_2) = \phi_{zz}(t_1 - t_2) = \phi_{zz}(\tau)。$$

因为

$$\phi_{zz}^*(t_1, t_2) = E[Z(t_2)Z^*(t_1)] = \phi_{zz}(t_2, t_1),$$

所以

$$\phi_{zz}^*(\tau) = \phi_{zz}(-\tau)。$$

现在假设有两个复随机过程 $Z(t) = X(t) + jY(t)$, $W(t) = U(t) + jV(t)$, 那么它们的互相关函数定义为

$$\begin{aligned}
\phi_{zw}(t_1, t_2) &= E[Z(t_1)W^*(t_2)] \\
&= E[(X(t_1) + jY(t_1))(U(t_2) - jV(t_2))]
\end{aligned}$$

$$= \phi_{xu}(t_1, t_2) + \phi_{yv}(t_1, t_2) + \mathrm{j}[\phi_{yu}(t_1, t_2) - \phi_{xv}(t_1, t_2)]。$$

类似地，如果 $X(t), Y(t), U(t), V(t)$ 成对（xu, yv, yu, xv）的联合平稳，则

$$\phi_{zw}(t_1, t_2) = \phi_{zw}(t_1 - t_2) = \phi_{zw}(\tau),$$

并且

$$\phi_{zw}^*(\tau) = \phi_{wz}(-\tau)。$$

10.15　功率密度谱

频域分析是信号处理当中的常用基本方法。对于随机过程，我们自然也会研究它的频域特性。但是，随机过程是不确定的。如何处理这种不确定性，是随机信号频域分析的关键问题。

一个可能的方法是对其样本进行傅里叶变换。但是样本之间存在很大的差异，一个样本的频域分析并不能反映信号的本质特征。

假如 $X(t)$ 是一个随机过程，其 N 个时刻的联合 PDF 为 $p_{t_1, t_2, \cdots, t_n}(x_1, x_2, \cdots, x_n)$。另外一条可能的路径是考察如下的变换

$$\hat{X}(\omega) = \int_{-\infty}^{\infty} X(t) \mathrm{e}^{-\mathrm{j}\omega t} \mathrm{d}t,$$

那么 $\hat{X}(\omega)$ 应该是一个频域的随机过程。由 $X(t)$ 的联合 PDF 和变换关系可能推导出 $\hat{X}(\omega)$ 在 N 个频率上的联合 PDF 为 $p_{\omega_1, \omega_2, \cdots, \omega_n}(x_1, x_2, \cdots, x_n)$。但是这条路似乎过于艰辛了，而且看起来也很难走得通。

比较可行的是找出能够反映随机过程特征的确定的量进行频域分析，自相关函数就是一个可能的理想选择。假设随机过程 $X(t)$ 的自相关函数为 $\phi(\tau)$，对其进行傅里叶变换：

$$\Phi(\omega) = \int_{-\infty}^{\infty} \phi(\tau) \mathrm{e}^{-\mathrm{j}\omega\tau} \mathrm{d}\tau。$$

如果 $X(t)$ 是实数，则 $\phi(\tau)$ 是实偶函数，因此 $\Phi(\omega)$ 也是**实偶函数**。更一般地，如果 $X(t)$ 是复随机过程，有 $\phi(-\tau) = \phi^*(\tau)$，则

$$\begin{aligned}
\Phi^*(\omega) &= \int_{-\infty}^{\infty} \phi^*(\tau) \mathrm{e}^{\mathrm{j}\omega\tau} \mathrm{d}\tau \\
&= \int_{-\infty}^{\infty} \phi(-\tau) \mathrm{e}^{\mathrm{j}\omega\tau} \mathrm{d}\tau \\
&= \int_{-\infty}^{\infty} \phi(\tau) \mathrm{e}^{-\mathrm{j}\omega\tau} \mathrm{d}\tau
\end{aligned}$$

$$= \Phi(\omega)。$$

所以，$\Phi(\omega)$ 还是实函数。反变换为

$$\phi(\tau) = \frac{1}{2\pi} \int_{-\infty}^{\infty} \Phi(\omega) e^{j\omega\tau} d\omega。$$

由反变换可以得到

$$\phi(0) = \frac{1}{2\pi} \int_{-\infty}^{\infty} \Phi(\omega) d\omega = E(|X(t)|^2)。$$

从这个关系可以看出，$\Phi(\omega)$ 在频域的积分就是 $X(t)$ 的平均功率，是 $X(t)$ 的功率在频域的分布，因此 $\Phi(\omega)$ 被叫作**功率密度谱**（power density spectrum），很多时候简称为**功率谱**。

因为功率密度谱是实函数，相位谱为零，因此功率密度谱当中不包含相位信息。

功率密度谱可以扩展到互相关函数。设平稳随机过程 $X(t), Y(t)$ 的互相关函数为 $\phi_{xy}(\tau)$：

$$\phi_{xy}(\tau) = E[X(t+\tau)Y^*(t)],$$

由于 $X(t), Y(t)$ 是联合平稳的，则 $\phi_{xy}(\tau)t$ 无关。则其傅里叶变换为

$$\Phi_{xy}(\omega) = \int_{-\infty}^{\infty} \phi_{xy}(\tau) e^{-j\omega\tau} d\tau,$$

$\Phi_{xy}(\omega)$ 称作**互功率密度谱**。反变换为

$$\phi_{xy}(\tau) = \frac{1}{2\pi} \int_{-\infty}^{\infty} \Phi_{xy}(\omega) e^{j\omega\tau} d\omega。$$

和功率密度谱相似，也有如下的关系成立：

$$\phi_{xy}(0) = \frac{1}{2\pi} \int_{-\infty}^{\infty} \Phi_{xy}(\omega) d\omega = E[X(t)Y^*(t)],$$

但是，$E[X(t)Y^*(t)]$ 没有明显的功率上的意义，因此"互功率密度谱"这个名字是从"自"功率密度谱字面上引申过来的。

可以证明有如下的关系成立

$$\Phi_{xy}^*(\omega) = \int_{-\infty}^{\infty} \phi_{xy}^*(\tau) e^{j\omega\tau} d\tau = \int_{-\infty}^{\infty} \phi_{yx}(-\tau) e^{j\omega\tau} d\tau$$

$$= \int_{-\infty}^{\infty} \phi_{yx}(\tau) e^{-j\omega\tau} d\tau = \Phi_{yx}(\omega)。$$

10.16　循环平稳过程

在数字通信当中经常见到一类信号有如下的形式：

$$X(t) = \sum_{n=-\infty}^{\infty} I_n g(t - nT_s),$$

其中，I_n 是随机的复数信息符号，是一个平稳的离散随机过程，其均值为

$$m_I = E[I_n];$$

自相关函数为

$$\phi[n] = E[I_{n+k}I_k]。$$

而 $g(t)$ 是脉冲成形函数，是比较典型的升余弦滚降函数，是一个确定的实数信号。我们看一下 $X(t)$ 的均值

$$E[X(t)] = \sum_{n=-\infty}^{\infty} E[I_n]g(t-nT_s) = m_I \sum_{n=-\infty}^{\infty} g(t-nT_s)。$$

我们发现，如果 $m_I \neq 0$，$X(t)$ 的均值是随时间变化的，因为 $\sum\limits_{n=-\infty}^{\infty} g(t-nT_s)$ 是一个以 T_s 为周期的函数，所以并不一般性地为一个常数。

再来看 $X(t)$ 的自相关函数：

$$
\begin{aligned}
\phi_{xx}(t+\tau,t) &= E[X(t+\tau)X^*(t)]\\
&= \sum_{m=-\infty}^{\infty}\sum_{n=-\infty}^{\infty} E[I_m I_n^*]g(t+\tau-mT_s)g(t-nT_s)\\
&= \sum_{m=-\infty}^{\infty}\sum_{n=-\infty}^{\infty} \phi_{ii}(m-n)g(t+\tau-mT_s)g(t-nT_s) \quad （10.2）\\
&= \sum_{k=-\infty}^{\infty} \phi_{ii}(k)\sum_{n=-\infty}^{\infty} g(t+\tau-(n+k)T_s)g(t-nT_s),
\end{aligned}
$$

在公式（10.2）当中，对 n 求 $\sum$ 结果是一个周期为 T_s 的周期函数，再对 k 进行求和后，$\phi_{xx}(t+\tau,t)$ 作为 t 的函数还是一个以 T_s 为周期的周期函数：

$$\phi_{xx}(t+\tau+kT_s,t+kT_s) = \phi_{xx}(t+\tau,t), \quad -\infty < k < \infty,$$

这样的随机过程称作**循环平稳**过程。

对循环平稳过程的自相关函数做傅里叶变换，也可以得到功率密度谱，只不过功率密度是 t 的函数，并且也是以 T_s 为周期：

$$\Phi_{xx}(\omega, t) = \int_{-\infty}^{\infty} \phi_{xx}(t + \tau, t) \mathrm{e}^{-\mathrm{j}\omega\tau} \mathrm{d}\tau。$$

一般来说，我们对信号的总体情况更感兴趣，所以在一个周期内进行平均，得到平均的功率密度谱：

$$\tilde{\Phi}_{xx}(\omega) = \frac{1}{T_s} \int_{-T_s/2}^{T_s/2} \Phi_{xx}(\omega, t) \mathrm{d}t。$$

这也相当于首先对自相关函数在一个周期内进行平均，得到平均自相关函数：

$$\tilde{\phi}_{xx}(\tau) = \frac{1}{T_s} \int_{-T_s/2}^{T_s/2} \phi_{xx}(t + \tau, t) \mathrm{d}t,$$

然后再进行傅里叶变换得到平均功率密度谱：

$$\tilde{\Phi}_{xx}(\omega) = \int_{-\infty}^{\infty} \tilde{\phi}_{xx}(\tau) \mathrm{e}^{-\mathrm{j}\omega\tau} \mathrm{d}\tau。$$

10.17 各态历经过程

设 $X(t)$ 是一个平稳随机过程，概率密度函数为 $p(x)$，$x(t)$ 是 $X(t)$ 的任意一个实现，如果

$$m_x = \int_{-\infty}^{\infty} xp(x) \mathrm{d}x = \lim_{T \to \infty} \frac{1}{T} \int_{-T/2}^{T/2} x(t) \mathrm{d}t,$$

则称 $X(t)$ 是**均值各态历经**的。如果

$$\phi_{xx}(\tau) = \lim_{T \to \infty} \frac{1}{T} \int_{-T/2}^{T/2} x(t + \tau) x^*(t) \mathrm{d}t,$$

则称 $X(t)$ 是**自相关各态历经**的。

如果两个平稳随机过程 $X(t)$ 和 $Y(t)$，$x(t)$ 和 $y(t)$ 是其任意实现，如果互相关函数

$$\phi_{xy}(\tau) = \lim_{T \to \infty} \frac{1}{T} \int_{-T/2}^{T/2} x(t + \tau) y^*(t) \mathrm{d}t,$$

则称 $X(t)$ 和 $Y(t)$ 是**互相关各态历经**的。

只有平稳过程才可以称得上各态历经，非平稳过程谈不上各态历经。

有了各态历经性，我们就可以用随机过程的一个样本来计算均值、自相关、互相关等统计量，进一步可以计算功率谱和互功率谱。

各态历经的严格证明比较困难，一个常见的充分条件是自相关函数随时间差趋于无穷而趋于零。幸好工程当中常见的平稳随机过程都具有各态历经性，我们一般把信号的各态历经性作为前提假设。如果结果出了问题，我们才会检查各态历经性是否成立。

10.18　随机信号通过线性时不变系统

假设一个平稳随机过程 $X(t)$ 作为一个线性时不变系统 $h(t)$ 的输入，得到输出

$$Y(t) = \int_{-\infty}^{\infty} h(\tau)X(t-\tau)\mathrm{d}\tau,$$

则 $Y(t)$ 也是一个随机过程。

我们来考察 $Y(t)$ 的统计量的性质，首先看均值：

$$\begin{aligned}
m_y = E[Y(t)] &= \int_{-\infty}^{\infty} h(\tau)E[X(t-\tau)]\mathrm{d}\tau \\
&= m_x \int_{-\infty}^{\infty} h(\tau)\mathrm{d}\tau \\
&= m_x H(0)。
\end{aligned}$$

可以看出，$Y(t)$ 的均值是一个常数，是 $X(t)$ 的均值乘以系统的直流频率响应。再来看 $Y(t)$ 的自相关函数：

$$\begin{aligned}
\phi_{yy}(t_1, t_2) &= E[Y(t_1)Y^*(t_2)] \\
&= \int_{-\infty}^{\infty}\int_{-\infty}^{\infty} h(\mu)h^*(\nu)E[X(t_1-\mu)X^*(t_2-\nu)]\mathrm{d}\mu\mathrm{d}\nu \\
&= \int_{-\infty}^{\infty}\int_{-\infty}^{\infty} h(\mu)h^*(\nu)\phi_{xx}(t_1-t_2+\nu-\mu)\mathrm{d}\mu\mathrm{d}\nu。
\end{aligned}$$

由这里可以看出，如果 $X(t)$ 是宽平稳的，则 $Y(t)$ 也是宽平稳的。令 $\tau = t_1 - t_2$，上式可以写成

$$\phi_{yy}(\tau) = \int_{-\infty}^{\infty}\int_{-\infty}^{\infty} h(\mu)h^*(\nu)\phi_{xx}(\tau+\nu-\mu)\mathrm{d}\mu\mathrm{d}\nu。$$

计算 $Y(t)$ 的功率密度谱：

$$\begin{aligned}
\Phi_{yy}(\omega) &= \int_{-\infty}^{\infty}\int_{-\infty}^{\infty}\int_{-\infty}^{\infty} h(\mu)h^*(\nu)\phi_{xx}(\tau+\nu-\mu)\mathrm{e}^{-\mathrm{j}\omega\tau}\mathrm{d}\mu\mathrm{d}\nu\mathrm{d}\tau \\
&= \int_{-\infty}^{\infty}\phi_{xx}(\lambda)\mathrm{e}^{-\mathrm{j}\omega\lambda}\mathrm{d}\lambda \int_{-\infty}^{\infty} h(\mu)\mathrm{e}^{-\mathrm{j}\omega\mu}\mathrm{d}\mu \int_{-\infty}^{\infty} h^*(\nu)\mathrm{e}^{\mathrm{j}\omega\nu}\mathrm{d}\nu \quad （10.3）
\end{aligned}$$

$$= \Phi_{xx}(\omega)\left|H(\omega)\right|^2 \text{。}$$

在公式（10.3）当中，

$$\lambda = \tau + \nu - \mu,$$
$$H(\omega) = \int_{-\infty}^{\infty} h(t)\mathrm{e}^{-\mathrm{j}\omega t}\mathrm{d}t$$

是系统的频率响应。把结论重新写一遍，表达成比较优美、简洁的形式：

$$\Phi_{yy}(\omega) = \Phi_{xx}(\omega)\left|H(\omega)\right|^2,$$

也就是说，功率密度谱的放大系数为 $\left|H(\omega)\right|^2$。功率密度谱反变换为自相关函数：

$$\phi_{yy}(\tau) = \frac{1}{2\pi}\int_{-\infty}^{\infty} \Phi_{xx}(\omega)\left|H(\omega)\right|^2 \mathrm{e}^{\mathrm{j}\omega\tau}\mathrm{d}\omega,$$

令 $\tau = 0$，得到

$$\phi_{yy}(0) = E\left|Y(t)\right|^2 = \frac{1}{2\pi}\int_{-\infty}^{\infty} \Phi_{xx}(\omega)\left|H(\omega)\right|^2 \mathrm{d}\omega \text{。}$$

假设 $H(\omega)$ 是一个理想的带通滤波器：

$$H(\omega) = \begin{cases} 1 & \omega_1 < \omega < \omega_1 + \Delta\omega, \\ 0 & \text{其余。} \end{cases}$$

则

$$E\left|Y(t)\right|^2 = \frac{1}{2\pi}\int_{\omega_1}^{\omega_1+\Delta\omega} \Phi_{xx}(\omega)\mathrm{d}\omega \geqslant 0 \text{。}$$

这个式子对于任意小的频率间隔 $\Delta\omega$ 都成立，因此说明

$$\Phi_{xx}(\omega) \geqslant 0 \text{。}$$

由此可以看出，$\Phi_{xx}(\omega)$ 是大于或等于零的实数，也进一步验证了它确实是一个功率密度谱。

最后看一下 $Y(t)$，$X(t)$ 的互相关函数：

$$\begin{aligned} \phi_{yx}(t_1, t_2) &= E[Y(t_1)X^*(t_2)] \\ &= \int_{-\infty}^{\infty} h(\mu)E[X(t_1-\mu)X^*(t_2)]\mathrm{d}\mu \\ &= \int_{-\infty}^{\infty} h(\mu)\phi_{xx}(t_1 - t_2 - \mu)\mathrm{d}\mu \text{。} \end{aligned}$$

可以看出，如果 $X(t)$ 是平稳的，则 $Y(t)$ 也是平稳的。令 $\tau = t_1 - t_2$，互相关函数可以写成

$$\phi_{yx}(\tau) = \int_{-\infty}^{\infty} h(\mu)\phi_{xx}(\tau - \mu)\mathrm{d}\mu$$

上面的积分是一个卷积，因此在频域有

$$\Phi_{yx}(\omega) = \Phi_{xx}(\omega)H(\omega)。$$

因为 $\Phi_{xx}(\omega)$ 是非负实数，所以互功率谱 $\Phi_{yx}(\omega)$ 当中保存了系统的相位特性。

10.19 随机过程的采样定理

如果一个确定信号的最高频率为 B，采样定理告诉我们，如果采样频率 $f_s \geqslant 2B$，则可以用采样后的信号无失真地重建原来的信号。那么对于随机信号，这一结论仍然会成立吗？

首先需要明确一个定义，什么是随机信号的最高频率？与确定信号不同的是，我们没有定义一个随机过程的傅里叶变换，因此不能从这个角度去定义随机信号的最高频率。

对于随机过程 $X(t)$，我们定义了自相关函数 $\phi(\tau)$ 和功率密度谱 $\Phi(\omega)$。如果

$$\Phi(\omega) = 0 \text{ for } |\omega| > 2\pi B,$$

那么称 $X(t)$ 的最高频率为 B。自相关函数 $\phi(\tau)$ 是一个最高频率为 B 的确定信号，因此如果满足采样定理，即

$$f_s = 1/T_s \geqslant 2B,$$

$\phi(\tau)$ 就可以由采样信号无失真地重构：

$$\phi(\tau) = \sum_{n=-\infty}^{\infty} \phi(nT_s)\mathrm{sinc}(\frac{\tau}{T_s} - n)。$$

其中

$$\mathrm{sinc}(t) = \frac{\sin(\pi t)}{\pi t}。$$

而对于随机过程 $X(t)$，是否也可以写成如下所示的这种形式呢？

$$X(t) = \sum_{n=-\infty}^{\infty} X(nT_s)\mathrm{sinc}(\frac{t}{T_s} - n)。$$

为了研究这个问题，我们定义一个误差函数 $e(t)$：

$$e(t) = X(t) - \sum_{n=-\infty}^{\infty} X(nT_s)\mathrm{sinc}(\frac{t}{T_s} - n),$$

并考察 $e(t)$ 的功率

$$E\left|e(t)\right|^2 = E\left|e(t)e^*(t)\right| = A(t) - B(t) - B^*(t) + C(t)。$$

由于展开式比较长，下面把它分成了 $A(t), B(t), B^*(t), C(t)$ 四项，分别计算：

$$A(t) = E[X(t)X^*(t)] = \phi(0),$$

$$B(t) = \sum_{n=-\infty}^{\infty} E[X(t)X^*(nT_s)]\mathrm{sinc}(\frac{t}{T_s} - n)$$

$$= \sum_{n=-\infty}^{\infty} \phi(t - nT_s)\mathrm{sinc}(\frac{t}{T_s} - n)。$$

令 $\phi'(\tau) = \phi(t - \tau)$，对它用 T_s 周期进行采样，并用采样信号重构：

$$\phi'(\tau) = \sum_{n=-\infty}^{\infty} \phi'(nT_s)\mathrm{sinc}(\frac{\tau}{T_s} - n)$$

$$= \sum_{n=-\infty}^{\infty} \phi(t - nT_s)\mathrm{sinc}(\frac{\tau}{T_s} - n)。$$

和 $B(t)$ 进行比较，可以发现

$$B(t) = \phi'(t) = \phi(0)。$$

因为 $\phi(0) = E\left|X(t)\right|^2$ 是实数，所以

$$B^*(t) = \phi(0)。$$

再来看 $C(t)$：

$$C(t) = E\left[\sum_{m=-\infty}^{\infty} X(mT_s)\mathrm{sinc}(\frac{t}{T_s} - m) \sum_{n=-\infty}^{\infty} X^*(nT_s)\mathrm{sinc}(\frac{t}{T_s} - n)\right]$$

$$= \sum_{m=-\infty}^{\infty} \sum_{n=-\infty}^{\infty} \phi[(m - n)T_s]\mathrm{sinc}(\frac{t}{T_s} - m)\mathrm{sinc}(\frac{t}{T_s} - n)$$

$$= \sum_{n=-\infty}^{\infty} \left[\sum_{k=-\infty}^{\infty} \phi(kT_s)\mathrm{sinc}(\frac{t}{T_s} - n - k)\right] \mathrm{sinc}(\frac{t}{T_s} - n)$$

$$= \sum_{n=-\infty}^{\infty} \phi(t - nT_s)\mathrm{sinc}(\frac{t}{T_s} - n) = \phi(0)。$$

由此可以得到

$$E\left|e(t)\right|^2 = 0。$$

也就是

$$E\left|X(t) - \sum_{n=-\infty}^{\infty} X(nT_s)\mathrm{sinc}(\frac{t}{T_s} - n)\right|^2 = 0。$$

这个式子表明，在满足采样定理 $f_s \geqslant 2B$ 的情况下，随机过程也可以用采样信号重构：

$$X(t) = \sum_{n=-\infty}^{\infty} X(nT_s)\mathrm{sinc}(\frac{t}{T_s} - n)。$$

10.20　离散随机过程和系统

对一个连续随机过程 $X(t)$ 进行采样，就可以得到一个离散随机过程

$$X[n] = X(nT_s), \quad -\infty < n < \infty。$$

如 10.19 节讨论的随机信号采样定理，如果采样频率大于最高频率的两倍，就可以从采样后的信号无失真地重构该连续随机过程。

在离散域描述一个随机过程的方法，基本上可以把连续域的方法平移过来。

假如一个离散随机过程 $X[n]$ 的概率密度函数为 $p_n(x)$，这里用下标 n 来标识时刻 n：

m 阶矩：

$$E[X^m[n]] = \int_{-\infty}^{\infty} x^m p_n(x)\mathrm{d}x；$$

自相关函数：

$$\phi[n,k] = E[X[n]X^*[k]] = \int_{-\infty}^{\infty}\int_{-\infty}^{\infty} x_1 x_2^* p_{nk}(x_1, x_2)\mathrm{d}x_1\mathrm{d}x_2；$$

其中，$p_{nk}(x_1, x_2)$ 是时刻 n 和时刻 k 的联合 PDF。

自协方差函数：

$$\mu[n,k] = E[(X[n] - m_n)(X[k] - m_k)^*]$$
$$= \int_{-\infty}^{\infty}\int_{-\infty}^{\infty} (x_1 - m_n)(x_2 - m_k)^* p_{nk}(x_1, x_2)\mathrm{d}x_1\mathrm{d}x_2。$$

其中，$p_{nk}(x_1, x_2)$ 是时刻 n 和时刻 k 的联合 PDF，$m_n = E[X[n]], m_k = E[X[k]]$。

对于平稳随机过程，有

$$\phi[n, k] = \phi[n - k],$$
$$\mu[n, k] = \mu[n - k]。$$

功率密度谱及反变换：

$$\Phi(\omega) = \sum_{n=-\infty}^{\infty} \phi[n]\mathrm{e}^{-\mathrm{j}\omega n},$$
$$\psi[n] = \frac{1}{2\pi} \int_0^{2\pi} \Phi(\omega)\mathrm{e}^{\mathrm{j}\omega n}\mathrm{d}\omega。$$

离散随机过程 $X[n]$ 通过一个线性移不变系统 $h[n]$，输出为 $Y[n]$。$Y[n]$ 的功率密度谱为

$$\Phi_{yy}(\omega) = \Phi_{xx}(\omega) \left|H(\omega)\right|^2,$$

$Y[n]$ 和 $X[n]$ 的互功率谱为

$$\Phi_{yx}(\omega) = \Phi_{xx}(\omega)H(\omega),$$

其中

$$H(\omega) = \sum_{n=-\infty}^{\infty} h[n]\mathrm{e}^{-\mathrm{j}\omega n}。$$

10.21 典型随机过程

高斯白噪声是信号处理当中最常见的噪声，用 $W(t)$ 来表示。它是一个平稳过程，PDF 为零均值的高斯分布：

$$p_w(x) = \frac{1}{\sqrt{2\pi}\sigma}\mathrm{e}^{-x^2/2\sigma^2},$$

其自相关函数为

$$\phi_{ww}(\tau) = \begin{cases} \sigma^2 & \tau = 0, \\ 0 & \text{其他}。 \end{cases}$$

自相关函数 $\phi_{ww}(\tau)$ 类似 δ 函数，其频谱在无限带宽上是平的，所以称为白噪声。但是有限的功率分布在无限的带宽上，其功率密度就趋向于零：

$$\Phi_{ww}(\omega) = \int_{-\infty}^{\infty} \phi_{ww}(\tau)\mathrm{e}^{-\mathrm{j}\omega\tau}\mathrm{d}\tau = \int_{0^-}^{0^+} \sigma^2\mathrm{d}\tau。$$

但是通常我们会选择让功率谱是一个有限的常数:

$$\Phi_{ww}(\omega) = N_0/2,$$

这个时候,自相关函数为

$$\phi_{ww}(\tau) = \delta(\tau)N_0/2,$$

噪声的功率/方差是一个有限常数在无穷带宽上的积分,为无穷大的 $\delta(0)N_0/2$。

有同学可能会奇怪,$\Phi_{ww}(\omega)$ 为什么要取为 $N_0/2$,而不是 N_0? 乘以一个 1/2 有什么特别的意思吗?

这是因为通信里面更常用的复高斯白噪声,记为 $Z(t)$:

$$Z(t) = X(t) + \mathrm{j}Y(t),$$

其中,$X(t)$ 和 $Y(t)$ 是两个实的高斯白噪声,功率谱密度为 $N_0/2$,那么 $Z(t)$ 的功率谱密度为 N_0。

高斯白噪声是平稳的,也是各态历经的。

为了帮助大家理解高斯白噪声,我来举一个相反的例子,我称之为**高斯纯色噪声**。这种噪声在实际当中是没有的,只是作为一个对比,让大家理解"白"的概念:

$$X(t) = X(0)\mathrm{e}^{\mathrm{j}\omega_0 t},$$

其中 $X(0)$ 是一个均值为零,方差为 σ^2 的高斯分布的随机变量。

相关函数为

$$\phi(t_1, t_2) = E[X(t_1)X^*(t_2)] = E[X^2(0)]\mathrm{e}^{\mathrm{j}\omega_0(t_1-t_2)} = \sigma^2 \mathrm{e}^{\mathrm{j}\omega_0(t_1-t_2)},$$

可以看出,这是一个宽平稳过程,令 $\tau = t_1 - t_2$,自相关函数可以写成

$$\phi(\tau) = \sigma^2 \mathrm{e}^{\mathrm{j}\omega_0 \tau},$$

而功率谱为

$$\Phi(\omega) = \sigma^2 \delta(\omega - \omega_0)。$$

功率谱只有 ω_0 处的一根谱线,因此称为纯色噪声。

高斯纯色噪声是平稳的,但不是各态历经的。

白噪声并不一定是高斯分布的,只要不同时刻的随机变量是独立并且是零均值的,就是白色噪声。因为中心极限定理的作用,高斯分布是最为普遍的分布,因此噪声多为高斯白噪声。人为信号一般是非高斯分布的白色信号,比如 TDMA 信号,或者单用户的 CDMA 和 OFDM 信号。

实际的信号不可能是无限带宽的，因此更为普遍的是**限带高斯白噪声**，其功率谱为

$$\Phi_{ww}(\omega) = \begin{cases} N_0/2 & |\omega| \leqslant 2\pi B, \\ 0 & \text{其他。} \end{cases}$$

高斯白噪声通过一个带宽为 B 的理想低通滤波器，就得到限带高斯白噪声。相关函数是一个 sinc 函数：

$$\phi_{ww}(\tau) = 2\pi B N_0 \mathrm{sinc}(2B\tau)。$$

如果用奈奎斯特频率去采样 $\phi_{ww}(\tau), \phi_{ww}[n] = \phi_{ww}(\frac{n}{2B})$，就可以得到

$$\phi_{ww}[n] = \begin{cases} 2\pi B N_0 & n = 0, \\ 0 & \text{其他。} \end{cases}$$

也就是

$$\phi_{ww}[n] = 2\pi B N_0 \delta[n]。$$

所以，限带高斯白噪声用奈奎斯特频率采样之后，就得到离散域的高斯白噪声，如图 10.4 所示。

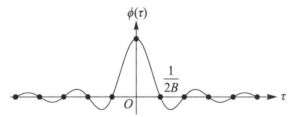

图 10.4 限带高斯白噪声的自相关函数及其采样

10.22 闲话概率论

概率论是关于随机事件的理论。随机事件给人的印象是说不清楚、无法预料的，有些人据此否定概率论是科学。科学怎么能够说不清楚呢？

一个随机事件到底会怎样，确实是说不清楚的。但是，概率论并不是关于一个事件的理论，而是关于大量事件或者是无穷多事件的理论。概率论是研究关于这些大量的随机事件的确定性的东西，例如概率分布、均值/方差等统计量、相关性、功率谱，等等。因此，概率论毫无疑问是一门严密的科学，而这门科学是建立在概率的测度论定义的基础上的。

　　我们可以在电影镜头里面看到概率论的实际应用。例如皇家赌场中的詹姆斯·邦德这样传奇的赌博高手，他能够在每一轮出牌之后计算自己获胜的概率，并最终赢得赌局。这样的神奇故事在现实当中是否存在，我并不清楚。但是应用概率最成功的，而且就发生在我们身边的，恐怕就是保险公司了。保险公司每推出一项新的保险业务，一定会调查出险的概率，并据此确定赔付金额和保费。他们要确保收到的保费高于出险的赔付，这样保险公司才能够赢利。当然，这样的确保不是基于单个保户的，而是基于足够多的保户的统计意义上的。

　　概率论在通信领域当中的应用，要比保险公司深刻得多。通信信号是一种随机信号，对通信信号造成污染的噪声也是随机信号，因此概率论就要大显身手了。常用的信号估计最优准则是基于概率论的，甚至通信的基础理论信息论，也可以认为是概率论的升级版本。后面会陆续介绍。

　　很多人不断地受到某人中奖千万美元的刺激去买彩票，寄希望于好运落到自己头上。然而，从概率的角度去看，买彩票总是要输的，要不然博彩公司怎么赚钱呢？所以，不要把时间和金钱投入到一定要输的事情上。当然，如果你是要为社会献爱心，并非追求意外的刺激，那就要另当别论了。

　　人往往是短视的，往往纠结于一人一事的成败得失。但是一件事情的成败取决于多方面的因素，很多因素是人所不能控制的，因此成败也是随机的，所谓"胜败乃兵家常事"。概率论启示我们，要把注意力从一件事情的成败转移到提高成功率上来，要通过读万卷书，行万里路，广交朋友来提高成功率。但是具体到一件事情，只能"谋事在人，成事在天"了。学懂了概率，让我们从对偶然成败的焦虑当中解脱出来，从而洒脱、平淡、坚定和自信，这与佛理又有什么不同呢？

第11章 AWGN 信道的最佳接收机

在前面已经介绍了基本的调制技术，在解调技术方面，我们介绍了载波恢复技术，不过没有考虑噪声对解调的影响。在这一章中会介绍加性高斯白噪声（AWGN）信道当中的解调问题。AWGN 信道的数学模型为

$$r(t) = s(t) + n(t),$$

其中，$s(t)$ 是发射信号，$n(t)$ 是高斯白噪声，$r(t)$ 是接收信号。

接收机的任务是从被噪声污染的接收信号当中最优地恢复出发送的信息。在讨论具体的解调技术之前，我们先研究一下参数估计方法的基础理论。

11.1 亩产估计问题

一个普遍的系统模型如下所示：

$$\boldsymbol{r} = H\{\boldsymbol{s}(\boldsymbol{\Psi})\} + \boldsymbol{n};$$

其中，H 是一个系统，它的输入信号是 $\boldsymbol{s}(\boldsymbol{\Psi})$，输入信号是参数 $\boldsymbol{\Psi}$ 的函数，$\boldsymbol{\Psi}$ 可能包括多个参数；$\boldsymbol{r}$ 是一个观测，它被噪声 $\boldsymbol{n}$ 所污染。这里的观测 $\boldsymbol{r}$ 和噪声 $\boldsymbol{n}$ 都是矢量，$\boldsymbol{r} = [r_1, r_2, \cdots, r_N]^{\mathrm{T}}, \boldsymbol{n} = [n_1, n_2, \cdots, n_N]^{\mathrm{T}}$。

参数估计的任务是根据观测 $\boldsymbol{r}$ 得到对参数 $\boldsymbol{\Psi}$ 的最优估计。

那么什么是最优呢？评价最优的准则是什么呢？由谁来规定呢？在讨论这么抽象的问题之前，我们先看一个简单的例子。

一亩稻田收获了 800 千克粮食，当然我们并不知道是 800 千克，于是要称一称。为了称准确一些，称了 3 次，结果分别是 801 千克、798 千克和 799 千克。现在该怎么估计稻田的亩产呢？

很多同学张口就回答是 3 次结果的平均，也就是 $(801 + 798 + 799)/3 = 799.333$ 千克。但是为什么是这样呢？为什么不是取最大值 801 千克，或者是最小值 798 千克，或者是这 3 个数字的其他组合，比如 $\sqrt[3]{801 \times 798 \times 799} = 799.332$ 呢？

有同学说，到小数点后第 3 位了，不要那么认真嘛！这样微小的误差当然没有什么，但是我们的任务是找到通用的参数估计方法。

11.2　参数估计的模型

我们把这个亩产的问题用数学语言来描述一下。

稻田的实际亩产 $s = 800$ 千克，但是我们不知道这个数值，它就是我们需要估计的参数 $\boldsymbol{\Psi}$。称了 3 次，得到 3 个数值，把它们合成一个矢量 $\boldsymbol{r} = [r_1 = 801, r_2 = 798, r_3 = 799]^{\mathrm{T}}$，这个观测值是由实际的亩产加上测量误差而得到的，即

$$r_1 = s + n_1,$$
$$r_2 = s + n_2,$$
$$r_3 = s + n_3。$$

写成矢量的形式：

$$\boldsymbol{r} = \boldsymbol{H}s + \boldsymbol{n},$$

其中，$\boldsymbol{H} = [1, 1, 1]^{\mathrm{T}}, \boldsymbol{n} = [n_1, n_2, n_3]^{\mathrm{T}}$。现在我们要根据观测 $\boldsymbol{r}$ 来估计参数 s。

11.3　离散观测的最大似然准则

假设测量误差 n_i（$i = 1, 2, 3$）是零均值，方差 σ^2 的高斯分布为

$$p_n(x) = \frac{1}{\sqrt{2\pi}\sigma}\mathrm{e}^{-x^2/2\sigma^2},$$

则观测值 r_i（$i = 1, 2, 3$）的均值为 s，方差 σ^2 的高斯分布为

$$p_{r|s}(x|s) = \frac{1}{\sqrt{2\pi}\sigma}\mathrm{e}^{-(x-s)^2/2\sigma^2}。$$

注意上面这个写法，$p_{r|s}(x|s)$ 表示以 s 为条件的 r_i 的概率密度。如果 $n_i(i = 1, 2, 3)$ 互不相关，则 $\boldsymbol{r} = [r_1, r_2, r_3]^{\mathrm{T}}$ 的联合概率分布为

$$p_{\boldsymbol{r}|s}(x_1, x_2, x_3|s) = \left(\frac{1}{\sqrt{2\pi}\sigma}\right)^3 \mathrm{e}^{-\sum\limits_{i=1}^{3}(x_i-s)^2/2\sigma^2}。$$

到这里，我们引入一个常用的最优准则，**最大似然准则**（maximum likelihood，ML）：

$$\hat{s} = \arg\max_s p_{\boldsymbol{r}|s}(r_1, r_2, r_3|s),$$

注意，r_1, r_2, r_3 是已知量，$p_{\boldsymbol{r}|s}(r_1, r_2, r_3|s)$ 是 s 的函数，对参数 s 的最大似然估计 $\hat{s}$ 是使得 $p_{\boldsymbol{r}|s}(r_1, r_2, r_3|s)$ 最大的 s 值。

可以看出，最大似然准则的含义是，发生的事件是概率最大的事件。这个准则还是符合我们多数人的直觉的。

最大化 $p_{\boldsymbol{r}|s}(r_1, r_2, r_3|s)$ 等价于最小化如下的公式：

$$\sum_{i=1}^{3}(r_i - s)^2。 \tag{11.1}$$

为了获得最小值，公式（11.1）对 s 求导数并使之为零，得到

$$2\sum_{i=1}^{3}(r_i - \hat{s}) = 0,$$

即

$$\hat{s} = \frac{r_1 + r_2 + r_3}{3} = 799.333。$$

这样，我们就得到了最大似然的估计结果。原来这个简单的平均，背后的原则是最大似然啊！

总结和推广一下，对于前面提出的问题模型

$$\boldsymbol{r} = H\{s(\boldsymbol{\Psi})\} + \boldsymbol{n}, \tag{11.2}$$

其最大似然估计为

$$\hat{\boldsymbol{\Psi}} = \arg\max_{\boldsymbol{\Psi}} p_{\boldsymbol{r}|\boldsymbol{\Psi}}(\boldsymbol{r}|\boldsymbol{\Psi})。$$

这里做的一个推广就是参数 $\boldsymbol{\Psi}$ 是一个矢量，可能包括多个标量参数。最大似然的难点在于把 $p_{\boldsymbol{r}|\boldsymbol{\Psi}}(\boldsymbol{r}|\boldsymbol{\Psi})$ 表达出来，这取决于系统 H 的形式以及噪声 $\boldsymbol{n}$ 的分布。

注意，在前面的例子当中，$\boldsymbol{r}$ 和 $\boldsymbol{\Psi} = s$ 都是连续取值的变量。如果 $\boldsymbol{\Psi}$ 是离散取值的，那么最大似然准则的表达依然不变，但是在求解过程当中就不能采用求导的方法来获得最大值了。这个时候可以对 s 进行穷举，找出那个获得最大值的 $\boldsymbol{\Psi}$。但是在 $\boldsymbol{\Psi}$ 的维数比较高的时候，这往往意味着指数级别的复杂度。

如果 $\boldsymbol{r}$ 是离散取值的，那么就不能使用概率密度了，而要换成概率

$$\hat{\boldsymbol{\Psi}} = \arg\max_{\boldsymbol{\Psi}} P_{\boldsymbol{r}|\boldsymbol{\Psi}}(\boldsymbol{r}|\boldsymbol{\Psi})。$$

注意，p 换成了 P，概率密度换成概率。

在称亩产的例子当中，如果测量误差不是高斯分布会怎么样？同学们可以试一下其他的分布，比如

$$p_n(x) = \frac{1}{\sqrt{2\pi}\sigma}\mathrm{e}^{-|x|/2\sigma},$$

你会发现会比高斯分布麻烦。

高斯分布是最常见的一种分布，在高斯分布下，最大似然等价于最小化这个函数：

$$L(s) = \sum_{i=1}^{3}(r_i - s)^2。$$

公式（11.2）表示的通用模型在高斯噪声情况下的观测值的概率可以表达为：

$$p_{\boldsymbol{r}|\boldsymbol{\Psi}}(\boldsymbol{r}|\boldsymbol{\Psi}) = \left(\frac{1}{\sqrt{2\pi}\sigma}\right)^N \mathrm{e}^{-|\boldsymbol{r}-H\{s(\boldsymbol{\Psi})\}|^2/2\sigma^2},$$

一般把前面的系数省略，定义似然函数为

$$\Lambda(\boldsymbol{\Psi}) = \exp\left\{-|\boldsymbol{r} - H\{s(\boldsymbol{\Psi})\}|^2/2\sigma^2\right\}。$$

最大化似然函数 $\Lambda(\boldsymbol{\Psi})$ 的 $\boldsymbol{\Psi}$ 就是最大似然估计，这也等价于最小化如下函数：

$$L(\boldsymbol{\Psi}) = |\boldsymbol{r} - H\{s(\boldsymbol{\Psi})\}|^2,$$

这个准则叫作**最小二乘准则**。

最小二乘准则在高斯分布下与最大似然准则是等价的。在非高斯分布下，最大似然一般无法得到简洁的解析表达式，就索性采用最小二乘了，这时在性能上可能会比最大似然要差一些。所以，最小二乘成准则为应用广泛的最优化准则。

11.4   连续观测的最大似然准则

刚才讨论的观测值是离散的，对于连续时间的观测值如何处理呢？假设有如下的估计问题：

$$r(t) = s(t;\boldsymbol{\Psi}) + n(t) \qquad (t \in T_0)。$$

这里的信号都是实数信号，其中，T_0 是观测的时间段，$r(t)$ 是观测到的信号，$s(t;\boldsymbol{\Psi})$ 是实际的信号，$\boldsymbol{\Psi}$ 为待估计的参数，$n(t)$ 是高斯白噪声，功率谱密度为 $N_0/2$。

我们要对参数 $\boldsymbol{\Psi}$ 做最大似然估计，但是问题是观测量是连续信号。对于离散观测量，似然函数可以写成联合条件概率，对于连续形式的观测量，如何写这个似然函数呢？

为了解决这个问题，我们要把连续函数离散化。例如，傅里叶系就是这样的一种方法。

我们在 T_0 上定义一组标准正交基 f_n $(n=1,2,\cdots,\infty)$，即

$$\int_{T_0} f_n(t)f_k(t)\mathrm{d}t = \begin{cases} 1 & \text{当 } n = k; \\ 0 & \text{当 } n \neq k \end{cases}$$

对于 T_0 上的连续函数 $x(t)$，有

$$x(t) = \sum_{n=1}^{\infty} x_n f_n(t)。$$

其中，

$$x_n = \int_{T_0} x(t)f_n(t)\mathrm{d}t;$$

并且有巴萨瓦尔定理成立：

$$\int_{T_0} |x(t)|^2 \mathrm{d}t = \sum_{n=1}^{\infty} x_n^2。$$

分别求 $r(t), s_n(\boldsymbol{\Psi}), n(t)$ 的系数：

$$r_n = \int_{T_0} r(t)f_n(t)\mathrm{d}t;$$

$$s_n(\boldsymbol{\Psi}) = \int_{T_0} s(t;\boldsymbol{\Psi})f_n(t)\mathrm{d}t;$$

$$n_n = \int_{T_0} n(t)f_n(t)\mathrm{d}t;$$

则有

$$r_n = s_n(\boldsymbol{\Psi}) + z_n。$$

z_n 是一个高斯分布的噪声，其方差为

$$\begin{aligned}
E[z_n^2] &= E\left[\int_{-\infty}^{\infty} z(t)f_n(t)\mathrm{d}t \int_{-\infty}^{\infty} z(\tau)f_n(\tau)\mathrm{d}\tau\right] \\
&= \int_{-\infty}^{\infty}\int_{-\infty}^{\infty} E[z(t)z(\tau)]f_n(t)f_n(\tau)\mathrm{d}t\mathrm{d}\tau \\
&= \int_{-\infty}^{\infty}\int_{-\infty}^{\infty} \frac{N_0}{2}\delta(t-\tau)f_n(t)f_n(\tau)\mathrm{d}t\mathrm{d}\tau \\
&= \frac{N_0}{2}\int_{-\infty}^{\infty} f_n^2(t)\mathrm{d}t \\
&= \frac{N_0}{2}。
\end{aligned}$$

如果记矢量

$$\boldsymbol{r} = [r_1, r_2, \cdots, r_N]^{\mathrm{T}},$$

则

$$p(\boldsymbol{r}|\boldsymbol{\Psi}) = \left(\frac{1}{\sqrt{\pi N_0}}\right)^N \exp\left\{-\sum_{n=1}^{N} \frac{|r_n - s_n(\boldsymbol{\Psi})|^2}{N_0}\right\}。$$

因为有这个关系成立：

$$\lim_{N\to\infty}\sum_{n-1}^{N} \frac{[r_n - s_n(\boldsymbol{\Psi})]^2}{N_0} = \frac{1}{N_0}\int_{T_0} |r(t) - s(t;\boldsymbol{\Psi})|^2 \mathrm{d}t,$$

所以，取似然函数为

$$\Lambda(\boldsymbol{\Psi}) = \exp\left\{-\frac{1}{N_0}\int_{T_0}|r(t) - s(t;\boldsymbol{\Psi})|^2\mathrm{d}t\right\},$$

使得 $\Lambda(\boldsymbol{\Psi})$ 最大的参数 $\boldsymbol{\Psi}$ 就是最大似然估计。这等价于最小化如下的损失函数：

$$L(\boldsymbol{\Psi}) = \int_{T_0}|r(t) - s(t;\boldsymbol{\Psi})|^2\mathrm{d}t,$$

这也是连续时间观测情况下的**最小二乘准则**。

前面讨论的是**实数**信号，在 $r(t)$ 和 $s(t;\boldsymbol{\Psi})$ 都为**复数**信号的情况下，似然函数仍然为

$$\Lambda(\boldsymbol{\Psi}) = \exp\left\{-\frac{1}{N_0}\int_{T_0}|r(t) - s(t;\boldsymbol{\Psi})|^2\mathrm{d}t\right\}。$$

这个结果大家可以自己验证，把一个复数当成两个实数去处理，并合并成复数的表达形式即可以验证。

最小二乘的损失函数仍然为

$$L(\boldsymbol{\Psi}) = \int_{T_0}|r(t) - s(t;\boldsymbol{\Psi})|^2\mathrm{d}t。$$

11.5   最大后验概率准则

另外一种常用的最优准则叫**最大后验概率**（Maximum a posteriori probability，MAP）**准则**：

$$\hat{\boldsymbol{\Psi}} = \operatorname*{Arg\,max}_{\boldsymbol{\Psi}} p_{\boldsymbol{\Psi}|\boldsymbol{r}}(\boldsymbol{\Psi}|\boldsymbol{r}),$$

它跟最大似然准则的区别在于 $\boldsymbol{\Psi}$ 和 $\boldsymbol{r}$ 交换了位置。它最大化以 $\boldsymbol{r}$ 为条件的 $\boldsymbol{\Psi}$ 的概率。根据贝叶斯准则：

$$p_{\boldsymbol{\Psi}|\boldsymbol{r}}(\boldsymbol{\Psi}|\boldsymbol{r}) = \frac{p(\boldsymbol{\Psi},\boldsymbol{r})}{p(\boldsymbol{r})} = \frac{p_{\boldsymbol{r}|\boldsymbol{\Psi}}(\boldsymbol{r}|\boldsymbol{\Psi})p(\boldsymbol{\Psi})}{p(\boldsymbol{r})}。$$

我们把 $p(\boldsymbol{\Psi})$ 叫**先验概率**，就是没有观测信号的时候 $\boldsymbol{\Psi}$ 的概率，而把 $p_{\boldsymbol{\Psi}|\boldsymbol{r}}(\boldsymbol{\Psi}|\boldsymbol{r})$ 叫**后验概率**。如果 $\boldsymbol{\Psi}$ 是平均分布的离散变量，$p(\boldsymbol{\Psi})$ 为常数，那么最大后验概率准则等价于最大似然。

MAP 准则是 Turbo 码译码算法的基础，它的作用在于可以把接收信号分成几个部分，从一部分接收信号获得的后验概率，可以作为另外一部分的先验概率，各部分互相提供先验概率信息，从而形成迭代的译码算法。

所谓的最优的标准，实际上是一个主观的东西。很多人认为，像最大似然或者最小二乘是客观标准，其实并非如此。它们之所以得到广泛应用，还是因为能够产生价

值，这种价值在商业社会反映为经济效益，是人们对经济利益的追逐导致了它们被选择为最优标准。而在我国的 1958 年，对亩产的最优估计会是在 2 万斤还是 10 万斤之间选择。所以，看起来是非常技术性和理论化的最优准则，最终是由更高层次的经济、政治、心理等因素决定的。

11.6　匹配滤波器

在第 9 章中我们提到，复基带信号具有如下的形式：

$$s(t) = \sum_{n=-\infty}^{\infty} I_n g(t - nT_s),$$

其中，I_n 是复数，由星座图来决定比特到符号的映射，典型的如 QPSK。而 $g(t)$ 是脉冲成形滤波器，典型的是升余弦滚降滤波器，满足无符号间干扰的要求，也就是奈奎斯特第一准则。其时频域特性如图 11.1 所示。

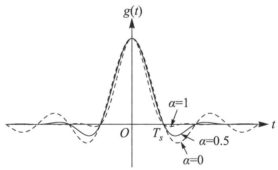

(a) 升余弦滚降滤波器波形

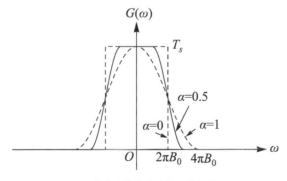

(b) 升余弦滚降滤波器函数频谱

图 11.1 升余弦滚降滤波器波形及频谱

而实际使用的成形滤波器为根升余弦滚降滤波器，也就是频域特性在升余弦滚降滤波器的基础上开一个根号，它是不满足奈奎斯特准则的。而接收机侧再使用同样的一个根升余弦滚降滤波器，发射机和接收机的两个滤波器合起来形成一个余弦滚降滤波器，满足无符号间干扰的条件。

为什么要这么做呢？这就需要介绍**匹配滤波器**。

假如一个实信号为 $s(t)$，则匹配滤波器的冲激响应为

$$h(t) = s(T - t),$$

其中 T 是一个常数。因为滤波器的冲激响应与输入信号有确定的关系，所以叫匹配滤波器。滤波器的输出为

$$\begin{aligned}
y(t) &= \int_{-\infty}^{\infty} s(\tau)h(t - \tau)\mathrm{d}\tau \\
&= \int_{-\infty}^{\infty} s(\tau)s(T - t + \tau)\mathrm{d}\tau \\
&= \phi_s(T - t),
\end{aligned} \quad (11.3)$$

是输入信号的自相关函数。当然，这里假定 $s(t)$ 是各态历经的，样本的平均等于时间平均。如果大家仔细对照各态历经的定义，就会发现还差一个系数，请大家不要纠结于这点细微的差别。本书的后面会讲到，系数的差别会体现在信道增益里面，通过后续的信道估计可以估计出信道增益，并通过解调技术消除信道的影响。

本节的积分限都选择为 $(-\infty, \infty)$。而实际上，$s(t)$ 一般是有限时间，或者是很快衰减的，可以截断为有限时间而带来很小的误差。

观察公式（11.3）还可以发现，

$$y(T) = \int_{-\infty}^{\infty} |s(\tau)|^2 \,\mathrm{d}\tau = \phi_s(0),$$

这说明，如果对匹配滤波器的输出在 T 时刻采样，则得到的是输入信号的自相关函数在零点的值，是极大值，也是输入信号的功率。

如果一个实信号 $s(t)$ 经过一个 AWGN 信道，得到

$$r(t) = s(t) + n(t),$$

其中，$n(t)$ 是高斯白噪声，其相关函数为

$$\phi_{nn}(\tau) = E[n(t + \tau)n(\tau)] = N_0/2\delta(\tau),$$

其功率密度谱为

$$\Phi_{nn}(\omega) = \int_{-\infty}^{\infty} \phi_{nn}(\tau)\mathrm{e}^{-\mathrm{j}\omega\tau}\mathrm{d}\tau = N_0/2。$$

$N_0/2$ 是高斯白噪声的功率密度，国际标准单位是瓦特/赫兹（W/Hz）。这个量纲也等于瓦特·秒，也就是能量的单位焦耳。

被噪声污染的接收信号 $r(t)$ 经过一个滤波器 $h(t)$，并在 $t = T$ 时刻采样，得到

$$
\begin{aligned}
y(T) &= \int_{-\infty}^{\infty} r(\tau)h(T - \tau)\mathrm{d}\tau \\
&= \int_{-\infty}^{\infty} s(\tau)h(T - \tau)\mathrm{d}\tau + \int_{-\infty}^{\infty} n(\tau)h(T - \tau)\mathrm{d}\tau \\
&= y_s(T) + y_n(T)。
\end{aligned}
$$

其中，$y_s(T) = \int_{-\infty}^{\infty} s(\tau)h(T - \tau)\mathrm{d}\tau$ 是期望信号，$y_n(T) = \int_{-\infty}^{\infty} n(\tau)h(T - \tau)\mathrm{d}\tau$ 是噪声。这么做的原因在后面结合数字调制信号的解调有更清晰的解释。

定义 $y(T)$ 的信噪比为

$$
\gamma = \frac{y_s^2(T)}{E[y_n^2(T)]}。
$$

我们来计算它的分母：

$$
\begin{aligned}
E[y_n^2(T)] &= E\left[\int_{-\infty}^{\infty} n(\tau)h(T - \tau)\mathrm{d}\tau \int_{-\infty}^{\infty} n(t)h(T - t)\mathrm{d}t\right] \\
&= \int_{-\infty}^{\infty}\int_{-\infty}^{\infty} E[n(\tau)n(t)]h(T - \tau)h(T - t)\mathrm{d}\tau\mathrm{d}t \\
&= \frac{N_0}{2}\int_{-\infty}^{\infty}\int_{-\infty}^{\infty} \delta(t - \tau)h(T - \tau)h(T - t)\mathrm{d}\tau\mathrm{d}t \\
&= \frac{N_0}{2}\int_{-\infty}^{\infty} h^2(T - \tau)\mathrm{d}\tau。
\end{aligned}
$$

所以

$$
\gamma = \frac{2[\int_{-\infty}^{\infty} s(\tau)h(T - \tau)\mathrm{d}\tau]^2}{N_0\int_{-\infty}^{\infty} h^2(T - \tau)\mathrm{d}\tau}。
$$

由柯西-施瓦茨不等式

$$
\left[\int_{-\infty}^{\infty} f(t)g(t)\mathrm{d}t\right]^2 \leqslant \int_{-\infty}^{\infty} f^2(t)\mathrm{d}t\int_{-\infty}^{\infty} g^2(t)\mathrm{d}t
$$

可以得到

$$
\gamma \leqslant \frac{2\int_{-\infty}^{\infty} s^2(\tau)\mathrm{d}\tau}{N_0}。
$$

记 $s(t)$ 的能量为

$$
\mathcal{E}_s = \int_{-\infty}^{\infty} s^2(\tau)\mathrm{d}\tau,
$$

则有

$$\gamma \leqslant \frac{2\mathcal{E}_s}{N_0}.$$

柯西-施瓦茨不等式取等号的充要条件是

$$f(t) = k \cdot g(t),$$

其中，k 是一个实数标量。因此信噪比 γ 取到最大值的条件为

$$h(T - \tau) = k \cdot s(\tau),$$

也就是

$$h(t) = k \cdot s(T - t).$$

这恰好就是匹配滤波器。这就说明了，**匹配滤波器可以获得最大的信噪比**。

从频域的角度去看

$$
\begin{aligned}
H(\omega) &= k \int_{-\infty}^{\infty} s(T - t) \mathrm{e}^{-\mathrm{j}\omega t} \mathrm{d}t \\
&= k \int_{-\infty}^{\infty} s(\tau) \mathrm{e}^{\mathrm{j}\omega\tau} \mathrm{d}\tau \mathrm{e}^{-\mathrm{j}\omega T} \\
&= k S^*(\omega) \mathrm{e}^{-\mathrm{j}\omega T}.
\end{aligned}
$$

也就是说，滤波器的增益与信号的幅度谱是一样的：

$$|H(\omega)| = k \, |S(\omega)|.$$

由于白噪声的频谱是平的，因此信号的频谱幅度低的地方信噪比小，而频谱幅度大的地方信噪比大。匹配滤波器在信噪比低的地方增益小一点，在信噪比高的地方增益高一点，这样来实现滤波后的信号信噪比最高。

对于形如

$$s(t) = \sum_{n=-\infty}^{\infty} I_n g(t - nT_s)$$

的基带信号，脉冲成形函数 $g(t)$ 为根升余弦（RRC）滚降滤波器，在接收机侧使用了一个同样的 RRC 滚降滤波器，合起来形成了一个 RC 滤波器，满足奈奎斯特准则。

对 $s(t)$ 在 $t = nT_s$ 时刻采样，就可以实现没有符号间干扰。在这种情况下我们只考虑一个符号的情况，假设 $s(t)$ 为

$$s(t) = I_0 g(t),$$

其中，在 PAM 调制的情况下 I_0 为实数，在 QAM/PSK 调制的情况下 I_0 为复数。复数信号可以认为是两路实数信号，可以进行相同的处理。提醒一下，$g(t)$ 是实函数。经过 AWGN 信道后，得到：

$$r(t) = I_0 g(t) + n(t)。$$

刚才说到，接收机采用了一个同样的滤波器 $g(t)$。注意到 $g(t) = g(-t)$，因此这实质上是 $T = 0$ 的匹配滤波器 $g(T - t)$。因为 $g(t)$ 是非因果的，因此在实际系统当中会做一个不为零的延时 T，并会有一定的增益，因此实际采用的滤波器为 $k \cdot g(T - t)$。这时候采样时刻也要延时 T：

$$y(T) = k I_0 \int_{-\infty}^{\infty} g^2(\tau) \mathrm{d}\tau + k \int_{-\infty}^{\infty} n(\tau) g(\tau) \mathrm{d}\tau$$

$$= k \mathcal{E}_g I_0 + k \int_{-\infty}^{\infty} n(\tau) g(\tau) \mathrm{d}\tau,$$

其中，k 和 $\mathcal{E}_g$ 都是常数。可以看到，对输出信号的采样包含了符号 I_0 和一个噪声项。从匹配滤波器的性质可以知道，这样得到的信噪比是最大的。

所以，通过在发射机和接收机都采用 RRC 滚降滤波器，既满足了奈奎斯特准则，实现了无符号间干扰，又实现了匹配滤波器，实现了信噪比最大。

11.7 数字解调

接 11.6 节，对匹配滤波器的输出进行采样得到

$$y(T) = k \mathcal{E}_g I_0 + k \int_{-\infty}^{\infty} n(\tau) g(\tau) \mathrm{d}\tau,$$

假设增益因子 $k \mathcal{E}_g$ 是已知的，把它除掉后得到

$$Y_0 = \frac{y(T)}{k \mathcal{E}_g} = I_0 + \frac{\int_{-\infty}^{\infty} n(\tau) g(\tau) \mathrm{d}\tau}{\mathcal{E}_g},$$

我们把这个式子从单符号扩展到多个符号的情况，有

$$Y_n = \frac{y(T - n T_s)}{k \mathcal{E}_g} = I_n + \frac{\int_{-\infty}^{\infty} n(\tau) g(\tau - n T_s) \mathrm{d}\tau}{\mathcal{E}_g}。$$

这个公式在无符号间干扰的情况下成立，这里就不严格证明了。

Y_n 里面包含了符号信息 I_n 和一个噪声项。把噪声项写成

$$n_n = \frac{\int_{-\infty}^{\infty} n(\tau) g(\tau - n T_s) \mathrm{d}\tau}{\mathcal{E}_g},$$

那么

$$Y_n = I_n + n_n \text{。}$$

复习一下以前的知识：$n(t)$ 是一个高斯白噪声，经过成形滤波器 $g(T-t)$ 后得到一个限带的高斯白噪声 $n_B(t) = \int_{-\infty}^{\infty} n(\tau)g(T+\tau-t)\mathrm{d}\tau$，然后在 $T+nT_s$ 时刻采样得到 $\int_{-\infty}^{\infty} n(\tau)g(\tau-nT_s)\mathrm{d}\tau$，它是一个离散高斯白噪声。

所以，n_n 是一个离散的高斯白噪声，其自相关函数为

$$\phi_{nn}[n] = \frac{N_0}{2}\delta[n] \text{。}$$

I_n 是数字调制形成的符号，假设它的星座点的集合为 $\boldsymbol{C} = \{c_1, c_2, \cdots, c_M\}$。

我们获得了一个被噪声污染的符号 Y_n，需要判断是哪一个星座点。在高斯噪声的情况下，最大似然和最小平方准则是等价的，对 I_n 的最优估计为

$$\hat{I}_n = \arg\min_{c \in \boldsymbol{C}} |Y_n - c|^2 \text{。}$$

大家要熟悉上面的表达形式，其意思是在集合 $\boldsymbol{C}$ 当中找一个元素 c，使得与 Y_n 的距离最小。arg 的意思是取使得距离最小的那个变量的值，而不是取最小距离。

以 QPSK 星座为例，在图 11.2 中，圆圈所在的位置为被噪声污染的符号 Y_n，离它最近的星座点（00）是对 I_n 的最优估计。

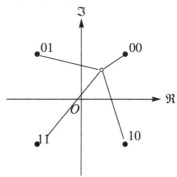

图 11.2 QPSK 解调，距离最近的星座点作为对发射符号的估计

要找到最近的坐标点，基本的方法是计算 $|Y_n - c_i|^2$（$i = 1, 2, \cdots, M$），然后找出其中最小的值。

而实际上计算可以更少。以图 11.2 所示的 QPSK 为例，可以先从实部排除左半平面的两个星座点，再用虚部排除下半平面的星座点，保留下来的星座点为最优估计。这样每次排除一半星座点的算法的效率会高很多，特别是在星座点有很多的情况，比如 64QAM。

那么，综合我们关于匹配滤波器和数字解调的讨论，数字解调的原理如图 11.3 所示。射频信号经过下变频获得复基带信号 $r(t)$，经过匹配滤波 $g(T-t)$ 后，在 $T+nT_s$ 时刻采样，然后进行星座判决，获得对信息符号 I_n 的估计，也就是对信息符号 b_k 的估计。

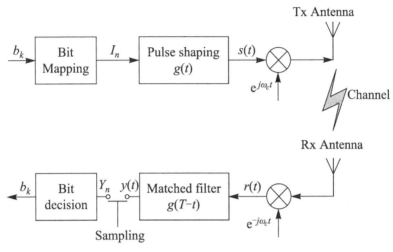

图 11.3 数字调制解调

11.8 2PAM 的误码率

我们有兴趣研究一下前面讨论的解调方法的误码率特性。在此之前，先介绍几个通信当中经常使用的概念。

前面得到了关系

$$Y_n = I_n + n_n,$$

其中 n_n 的方差为 $N_0/2$。

首先是符号能量：

$$\mathcal{E}_s = E[|I_n|^2],$$

如果 I_n 的值域为 $C = \{c_1, c_2, \cdots, c_M\}$，并且每个星座点的概率相同，为 $1/M$，则

$$\mathcal{E}_s = \sum_{m=1}^{M} \frac{|c_m|^2}{M}。$$

以及信噪比

$$E_s/N_0 = \frac{\mathcal{E}_s}{N_0}。$$

因为星座点一般都是复数，对应 IQ 两路信号，因此，噪声能量取两路实信号的和为 N_0。即使符号为实数，它也是双边带信号，噪声的能量仍然取为 N_0。

但是在实际当中，我们经常使用的是

$$E_b/N_0 = \frac{\mathcal{E}_b}{N_0},$$

其中，$\mathcal{E}_b$ 叫作比特能量

$$\mathcal{E}_b = \frac{\mathcal{E}_s}{\log_2 M \cdot R}。$$

$\log_2 M$ 是一个符号的比特数，R 是信道编码的码率。信道编码是为了增加通信的可靠性，将 1 bit 编码成为多个 bits。如果 1bit 编码为 2bits，那么 $R = 1/2$。所以 $\mathcal{E}_b$ 是每个有效比特的能量。

采用比特能量，就使得不同的编码调制方式在公平的条件下进行比较。

对于不编码（$R = 1$）的 2PAM（$M = 2$）调制，有

$$\mathcal{E}_s = \mathcal{E}_b,$$

所以，2PAM 的星座点位于 $\pm\sqrt{\mathcal{E}_b}$，噪声的方差为 $N_0/2$。当 I_n 分别取两个星座点的时候，Y_n 的概率密度为

$$p_{Y_n|I_n=\sqrt{\mathcal{E}_b}}(x) = \frac{1}{\sqrt{\pi N_0}}\mathrm{e}^{-(x-\mathcal{E}_b)^2/N_0},$$

$$p_{Y_n|I_n=-\sqrt{\mathcal{E}_b}}(x) = \frac{1}{\sqrt{\pi N_0}}\mathrm{e}^{-(x+\mathcal{E}_b)^2/N_0},$$

如图 11.4 所示，按照最大似然或者最小平方准则进行解调，在 $I_n = \sqrt{\mathcal{E}_b}$ 的情况下，解调错误（记为事件 E）的概率为图中阴影部分的面积。推导得到

$$\begin{aligned}
P(E|I_n = \sqrt{\mathcal{E}_b}) &= \int_{-\infty}^{0} p_{Y_n|I_n=\sqrt{\mathcal{E}_b}}(x)\mathrm{d}x \\
&= \frac{1}{\sqrt{\pi N_0}}\int_{-\infty}^{0} \mathrm{e}^{-(x-\mathcal{E}_b)^2/N_0}\mathrm{d}x \\
&= \frac{1}{\sqrt{2\pi}}\int_{-\infty}^{-\sqrt{2\mathcal{E}_b/N_0}} \mathrm{e}^{-x^2/2}\mathrm{d}x \\
&= \frac{1}{\sqrt{2\pi}}\int_{\sqrt{2\mathcal{E}_b/N_0}}^{\infty} \mathrm{e}^{-x^2/2}\mathrm{d}x \\
&= Q\left(\sqrt{\frac{2\mathcal{E}_b}{N_0}}\right)。
\end{aligned}$$

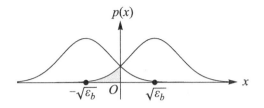

图 11.4 2PAM 的概率密度函数

同样道理，在 $I_n = -\sqrt{\mathcal{E}_b}$ 的情况下解调错误的概率为

$$P(E|I_n = -\sqrt{\mathcal{E}_b}) = Q\left(\sqrt{\frac{2\mathcal{E}_b}{N_0}}\right),$$

那么总体的错误概率为

$$
\begin{aligned}
P_e &= P(E) \\
&= P(E|I_n = -\sqrt{\mathcal{E}_b})P(I_n = -\sqrt{\mathcal{E}_b}) + P(E|I_n = \sqrt{\mathcal{E}_b})P(I_n = \sqrt{\mathcal{E}_b}) \\
&= Q\left(\sqrt{\frac{2\mathcal{E}_b}{N_0}}\right)\left(P(I_n = \sqrt{\mathcal{E}_b}) + P(I_n = -\sqrt{\mathcal{E}_b})\right) \\
&= Q\left(\sqrt{\frac{2\mathcal{E}_b}{N_0}}\right) 。
\end{aligned}
$$

P_e 是 $\mathcal{E}_b/N_0$ 的函数，如图 11.5 所示。这个图是通信当中最常见到的性能曲线。其中纵坐标为误码率，采用了对数坐标；横坐标为 $\mathcal{E}_b/N_0$，用 dB 来表示。

dB 就是 Decibel（分贝）。我们经常说到的环境噪声是多少个分贝，说的就是它。分贝用来表达一个无量纲的纯数，其本意是表达两个量的比值 A/B。但是有的时候 dB 的概念会让人产生一些困惑，因为你能看到有两种定义：

当 A 和 B 为功率或者能量的时候

$$\mathrm{dB} = 10\log_{10}\frac{A}{B};$$

当 A 和 B 为幅度的时候

$$\mathrm{dB} = 20\log_{10}\frac{A}{B} 。$$

其实这两种定义是一致的。如果 A 和 B 为幅度，那么功率为 A^2 和 B^2，按照功率的 dB 定义有

$$\mathrm{dB} = 10\log_{10}\frac{A^2}{B^2} = 20\log_{10}\frac{A}{B} 。$$

可以看到，这两种定义是相同的。

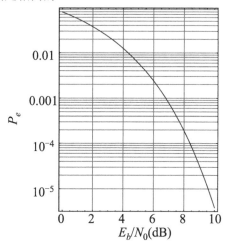

图 11.5 2PAM 在 AWGN 的误码率

从上面大家可以理解，dB 这个概念，描述的不是两个数之间的比值，而是两个信号之间的关系。如果我们说 A 信号比 B 信号高 3dB，那么我们不需要说是幅度高 3dB 还是功率高 3dB，因为幅度和功率都是高 3dB。

从 dB 还衍生出一些其他度量单位，比如 dB 毫瓦，即 dBm。它是以 1 毫瓦为基准，是基准的多少倍，换算成 dB，就是多少 dBm。例如

$$1\text{W} = 10 \log_{10} \frac{1\text{W}}{1\text{mW}} \text{dBm} = 30\text{dBm}。$$

11.9   载波恢复和符号同步

我们已经讨论了数字调制的解调方法，但是在实际应用当中，还存在需要解决的关键问题。假设接收到的射频信号是发射信号延迟了一定的时间，并且被一个高斯白噪声所污染：

$$r_{\text{RF}}(t) = s_{\text{RF}}(t - \tau) + n_{\text{RF}}(t)。$$

其中，发射的射频信号为

$$s_{\text{RF}}(t) = \Re[s(t)\text{e}^{\text{j}2\pi f_c t}],$$

则

$$r_{\text{RF}}(t) = \Re[s(t - \tau)\text{e}^{\text{j}2\pi f_c(t-\tau)} + n(t)\text{e}^{\text{j}2\pi f_c t}]$$
$$= \Re[(s(t - \tau) + z(t))\,\text{e}^{\text{j}(2\pi f_c t + \phi)}]。$$

其中

$$\phi = -2\pi f_c \tau,$$

$$z(t) = n(t)\mathrm{e}^{-\mathrm{j}\phi},$$

是一个复高斯白噪声。

在接收侧，如果能够估计出相位 ϕ，并用载波 $\mathrm{e}^{-\mathrm{j}(2\pi f_c t + \phi)}$ 去相干解调，则可以得到基带信号

$$r(t) = s(t - \tau) + z(t)。$$

在接收机本地恢复出载波的问题叫**载波恢复**。我们在前面已经讨论了双边带信号的载波恢复问题。

在得到了 $r(t)$ 之后，需要在 $nT_s - \tau$ 时刻进行采样，才能得到无符号间干扰的信息符号，因此需要对 τ 做出估计，这个问题叫作**符号同步**。

有的同学会提出异议了：因为 $\phi = -2\pi f_c \tau$，所以只要知道了 τ，也就知道了 ϕ，所以需要估计的参数其实只是一个。

但这实际上做不到。因为，第一需要对 τ 估计得极其准确，第二需要接收机产生和发射机一致的振荡频率 f_c，而这两点都是难以做到的。

大家可以建立一个数量上的概念。比如载波 $f_c = 1\mathrm{GHz}$，那么其一个周期为 $10^{-9}\mathrm{s}$，对符号长度 $T_s = 10^{-6}\mathrm{s}$ 来说，精度已经足够高了。但是对相位来说，这种精度还谈不上有任何的意义。况且，发射机和接收机的振荡器都存在一定的频率漂移，即使对延时估计的精度再高也没意义。

因此，ϕ 和 τ 是两个需要估计的参数，分别由载波恢复和符号同步功能来完成。一个比图 11.3 更加详细的数字解调原理框图如图 11.6 所示。

在图 11.6 中，载波恢复模块产生出相干的载波信号，用于把射频信号转换为基带信号；而符号同步模块产生出一个时钟信号，控制对基带信号的采样时刻。

我们在前面已经讨论过双边带信号的载波恢复，如平方环和 Costas 环。接下来我们研究一下符号同步的问题。

11.10　符号同步

假设接收机的复基带信号为

$$r(t) = s(t; \tau) + z(t), t \in T_0,$$

其中，T_0 是观测时间段，$s(t; \tau)$ 是延时了 τ 的发射机的基带信号：

$$s(t; \tau) = s(t - \tau) = \sum_n I_n g(t - nT_s - \tau),$$

$z(t)$ 是一个复高斯白噪声，功率谱密度为 N_0。

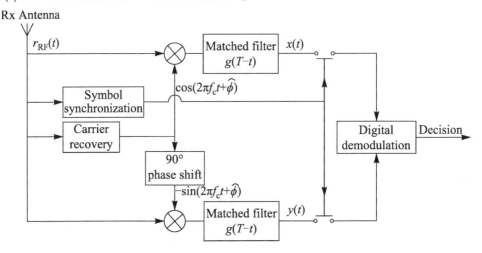

图 11.6 数字解调原理框图

现在的任务是估计参数 τ，我们采用最大似然准则，似然函数为

$$\Lambda(\tau) = \exp\left\{-\frac{1}{N_0}\int_{T_0}|r(t) - s(t;\tau)|^2\mathrm{d}t\right\},$$

这也等价于最小平方准则，使得损失函数

$$L(\tau) = \int_{T_0}|r(t) - s(t;\tau)|^2\mathrm{d}t$$

达到最小。把损失函数 $L(\tau)$ 展开：

$$\begin{aligned}
L(\tau) &= \int_{T_0}[r(t) - s(t;\tau)][r^*(t) - s^*(t;\tau)]\mathrm{d}t\\
&= \int_{T_0}|r(t)|^2 + |s(t;\tau)|^2 - [r(t)s^*(t;\tau) + r^*(t)s(t;\tau)]\mathrm{d}t\\
&= \int_{T_0}|r(t)|^2 + |s(t;\tau)|^2 - 2\Re[r(t)s^*(t;\tau)]\mathrm{d}t。
\end{aligned}$$

因为前两项是确定的，所以，使 $L(\tau)$ 最小，也就是使

$$\Lambda_L(\tau) = \int_{T_0}\Re[r(t)s^*(t;\tau)]\mathrm{d}t$$

最大。$\Lambda_L(\tau)$ 实际上是 $r(t)$ 与 $s(t)$ 互相关函数的实部，展开得到

$$\Lambda_L(\tau) = \int_{T_0}\Re[r(t)]\Re[s(t;\tau)] + \Im[r(t)]\Im[s(t;\tau)]\mathrm{d}t。 \tag{11.4}$$

不要让花字母晃了眼，其实很简单，就是 $r(t)$ 与 $s(t)$ 的实部的互相关函数和虚部的互相关函数的和。把 $s(t;\tau)$ 的表达式

$$s(t;\tau) = \sum_n I_n g(t - nT_s - \tau)$$

代入公式（11.4），得到：

$$
\begin{aligned}
\Lambda_L(\tau) &= \int_{T_0} \Re[r(t)] \sum_n \Re[I_n] g(t - nT_s - \tau) \mathrm{d}t \\
&\quad + \int_{T_0} \Im[r(t)] \sum_n \Im[I_n] g(t - nT_s - \tau) \mathrm{d}t \\
&= \sum_n \Re[I_n] \int_{T_0} \Re[r(t)] g(t - nT_s - \tau) \mathrm{d}t + \\
&\quad \sum_n \Im[I_n] \int_{T_0} \Im[r(t)] g(t - nT_s - \tau) \mathrm{d}t。
\end{aligned}
$$

记

$$y_{n\Re}(\tau) = \int_{T_0} \Re[r(t)] g(t - nT_s - \tau) \mathrm{d}t, \qquad (11.5)$$

$$y_{n\Im}(\tau) = \int_{T_0} \Im[r(t)] g(t - nT_s - \tau) \mathrm{d}t。 \qquad (11.6)$$

则

$$\Lambda_L(\tau) = \sum_n \left[\Re[I_n] y_{n\Re}(\tau) + \Im[I_n] y_{n\Im}(\tau) \right]。$$

$\Lambda_L(\tau)$ 取到最大值的充分条件是

$$\frac{d\Lambda_L(\tau)}{\mathrm{d}\tau} = \sum_n \left[\Re[I_n] \frac{\mathrm{d}y_{n\Re}(\tau)}{\mathrm{d}\tau} + \Im[I_n] \frac{\mathrm{d}y_{n\Im}(\tau)}{\mathrm{d}\tau} \right] = 0,$$

记这个使得 $\Lambda_L(\tau)$ 达到最大值的 τ 值为 τ_{ML}，可以用如图 11.7 所示的原理框图来实现符号同步。

在图 11.7 当中，射频信号 $r_{\mathrm{RF}}(t)$ 经过相干解调得到复基带信号 $r(t)$。对 $r(t)$ 的实部和虚部，也就是 I 路和 Q 路的处理是相同的，因此我们只看 I 路信号的处理就可以了。

观察公式（11.5）和（11.6），可以看出 $y_{n\Re}(\tau)$ 和 $y_{n\Im}(\tau)$ 实际上是 I 路和 Q 路经过匹配滤波器后在 $nT_s + \tau$ 时刻的采样，那么，$\mathrm{d}y_{n\Re}(\tau)/\mathrm{d}\tau$ 和 $\mathrm{d}y_{n\Im}(\tau)/\mathrm{d}\tau$ 就是匹配滤波，再进行微分后在 $nT_s + \tau$ 的采样。

所以，让 I 路信号首先经过匹配滤波器，然后进行微分，并在一个时钟的控制之下在 $nT_s + \tau_{ML}$ 时刻采样，与 $\Re[I_n]$ 相乘后送入加法器。如果采样时刻正确，那么加

法器的输出应该接近于零，反之，加法器的输出控制压控时钟（VCC）调整采样时刻，使得加法器的输出接近于零。

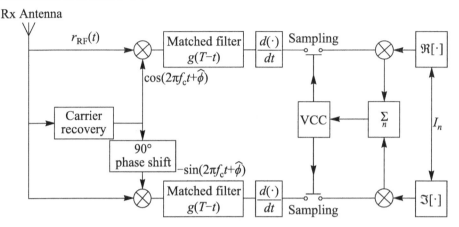

图 11.7 判决反馈的符号同步

压控时钟（VCC）其实就是一个压控振荡器（VCO）。VCO 输出一个正弦信号，经过整形后成为一个同频同相的方波信号，用于控制采样时刻。

加法器实际上是一个低通滤波器，所以这个环路与锁相环的原理是相似的。

理论上加法器是把从 $-\infty$ 到 ∞ 所有的样点都累加起来，但是实际上做不到。加法器可以对近期的 N 个样点累加。N 越大，对 τ 的估计精度也就越高；N 越小，系统捕获定时的动态特性越快，如何取舍是实际系统设计当中需要考虑的问题。

在这个方法当中，用到了信息符号 I_n，需要接收机把信息符号解调出来后再反馈给符号同步模块，因此其被称作判决反馈的同步方法。如果信息符号完全正确，则判决反馈方法可以获得很好的性能；但是如果信息符号当中存在错误，则会使判决反馈方法性能下降。特别是，如果加法器的累加长度 N 比较小的时候，则信息符号错误的影响会更加明显。

11.11 无判决反馈的符号同步算法

判决反馈的算法需要将符号的判决信息反馈回来，一方面比较复杂，另一方面误判的符号也会对性能造成不良影响，因此我们也希望发展不需要判决反馈的符号同步算法。

我们知道，似然函数为

$$\Lambda(\tau) = \exp\left\{-\frac{1}{N_0}\int_{T_0}|r(t) - s(t;\tau)|^2\mathrm{d}t\right\},$$

记

$$C_L = \exp\left\{-\frac{1}{N_0}\int_{T_0} |r(t)|^2 + |s(t;\tau)|^2 \mathrm{d}t\right\},$$

$$\Lambda_L(\tau) = \int_{T_0} \Re[r(t)s^*(t;\tau)]\mathrm{d}t,$$

则

$$\begin{aligned}
\Lambda(\tau) &= C_L \exp\left\{\frac{2\Lambda_L}{N_0}\right\} \\
&= C_L \exp\left\{\frac{2\sum_n \left[\Re[I_n]y_{n\Re}(\tau) + \Im[I_n]y_{n\Im}(\tau)\right]}{N_0}\right\} \\
&= C_L \prod_n \exp\left\{\frac{2\Re[I_n]y_{n\Re}(\tau) + 2\Im[I_n]y_{n\Im}(\tau)}{N_0}\right\}.
\end{aligned}$$

通过观察可以发现，$\Re[I_n]y_{n\Re}(\tau)$ 与 $\Im[I_n]y_{n\Im}(\tau)$ 的地位是完全对等的。为了描述上的简便，引入下面的符号统一表达。

这里假定在观测时间段 T_0 内有 N 个符号，记作

$$I'_{2n} = \Re[I_n], n = 0, 1, \cdots, N-1,$$

$$I'_{2n+1} = \Im[I_n], n = 0, 1, \cdots, N-1,$$

组成一个矢量

$$\boldsymbol{I'} = [I'_0, I'_1, \cdots, I'_{2N-1}]^{\mathrm{T}},$$

记

$$y'_{2n}(\tau) = 2y_{n\Re}(\tau), n = 0, 1, \cdots, N-1,$$

$$y'_{2n+1}(\tau) = 2y_{n\Im}(\tau), n = 0, 1, \cdots, N-1,$$

注意，新引入的标记都是实数。在引入上述标记之后，似然函数表达为

$$\Lambda(\tau; \boldsymbol{I'}) = C_L \prod_n \exp\left\{\frac{I'_n y'_n(\tau)}{N_0}\right\}.$$

这里，为了后面的表述更合理，将信息符号矢量 $\boldsymbol{I'}$ 加入到似然函数的自变量当中。为了摆脱对信息符号的依赖，我们把似然函数对信息符号做统计平均，得到一个平均的似然函数 $\tilde{\Lambda}(\tau)$：

$$\tilde{\Lambda}(\tau) = E[\Lambda(\tau); \boldsymbol{I'}] = \sum_{\boldsymbol{I'}} \Lambda(\tau, \boldsymbol{I'})P(\boldsymbol{I'}),$$

让 τ 的取值使得这个平均的似然函数达到最大值。请注意这个求和符号的记法：$P(\boldsymbol{I}')$ 表示矢量 $\boldsymbol{I}'$ 当中的所有元素的联合概率，$\sum_{\boldsymbol{I}'}$ 表示对所有 $\boldsymbol{I}'$ 的取值进行求和。

假设信息符号的取值是相互独立的，也就是

$$P(\boldsymbol{I}') = \prod_n P(I'_n),$$

代入上一个公式后得到

$$\tilde{\Lambda}(\tau) = \sum_{\boldsymbol{I}'} C_L \prod_n \exp\left\{\frac{I'_n y'_n(\tau)}{N_0}\right\} \prod_n P(I'_n)$$

$$= C_L \sum_{\boldsymbol{I}'} \prod_n \exp\left\{\frac{I'_n y'_n(\tau)}{N_0}\right\} P(I'_n)。$$

进一步假设

$$P(I'_n = 1) = P(I'_n = -1) = \frac{1}{2}, \quad n = 0, 1, \cdots, 2N-1,$$

这相当于 $4QAM$ 调制。把求和当中的第一个信息符号 I'_0 提取出来考虑，得到：

$$\tilde{\Lambda}(\tau) = C_L \sum_{I'_0 = 1, \boldsymbol{I}' \backslash I'_0} \prod_n \exp\left\{\frac{I'_n y'_n(\tau)}{N_0}\right\} P(I'_n) +$$

$$C_L \sum_{I'_0 = -1, \boldsymbol{I}' \backslash I'_0} \prod_n \exp\left\{\frac{I'_n y'_n(\tau)}{N_0}\right\} P(I'_n)。$$

为了表达上的简洁，我们需要借助一下双曲余弦函数

$$\cosh(x) = \frac{e^x + e^{-x}}{2},$$

把 I'_0 的概率代入后得

$$\tilde{\Lambda}(\tau) = C_L \cosh\left(\frac{y'_0(\tau)}{N_0}\right) \sum_{\boldsymbol{I}' \backslash I'_0} \prod_{n \neq 0} \exp\left\{\frac{I'_n y'_n(\tau)}{N_0}\right\} P(I'_n),$$

把这个关系递推下去可以得到

$$\tilde{\Lambda}(\tau) = C_L \prod_n \cosh\left(\frac{y'_n(\tau)}{N_0}\right)。$$

因为 $\ln(x)$ 是单调递增函数，因此使得 $\tilde{\Lambda}(\tau)$ 最大化，等价于 $\ln \tilde{\Lambda}(\tau)$ 最大化：

$$\tilde{\Lambda}_L(\tau) = \ln \tilde{\Lambda}_L(\tau) = \ln C_L + \sum_n \ln \cosh\left(\frac{y'_n(\tau)}{N_0}\right)。$$

利用泰勒级数的知识可以得到

$$\ln\cosh(x) = \ln\frac{\mathrm{e}^x + \mathrm{e}^{-x}}{2} = \ln(1 + \frac{1}{2!}x^2 + \frac{1}{4!}x^4 + \cdots) = \frac{1}{2}x^2 + o(x^2)。$$

因此，在信噪比比较低的情况下

$$\tilde{\Lambda}_L(\tau) \approx \ln C_L + \frac{1}{2}\sum_n \left(\frac{y_n'(\tau)}{N_0}\right)^2。$$

为了简洁，把不影响判定的常数省略掉，得到

$$\Lambda_L(\tau) \approx \sum_n y_n'^2(\tau),$$

这样我们就得到了一个不依赖信息符号的简洁的似然函数。其取得最大值的充分条件
是

$$\frac{d\tilde{\Lambda}_L(\tau)}{\mathrm{d}\tau} = 0。$$

这个条件可以表达为两种形式，一种是

$$\sum_n \frac{\mathrm{d}y_n'^2(\tau)}{\mathrm{d}\tau} = 0,$$

对应图 11.8 所示的跟踪环；第二种形式是

$$\sum_n y_n'(\tau)\frac{\mathrm{d}y_n'(\tau)}{\mathrm{d}\tau} = 0,$$

对应图 11.9 所示的跟踪环。在图 11.9 当中，只画出了 I 路信号，Q 路的处理方式与第
一种形式是完全相同的。

如果与载波恢复技术对比一下，则可以发现第一种形式与平方环是类似的，第二
种形式与 Costas 环是类似的。差别在于在这里用了显式的微分表达，而在载波恢复当
中，微分的结果是相移 $\pi/2$。而这里的加法器起到了环路滤波器的作用。

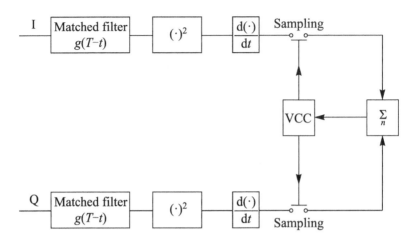

图 11.8 非判决反馈的符号同步

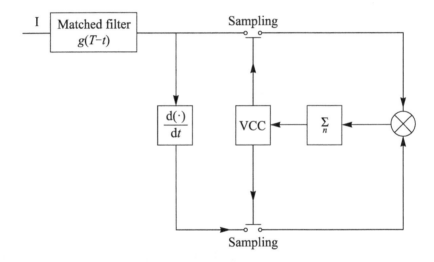

图 11.9 非判决反馈的符号同步

第12章 无线信道

我们已经探讨了 AWGN 信道当中的解调方法。有线信道，比如铜缆、光缆，在通信速率不是特别高的时候，基本可以认为是 AWGN 信道。

而无线通信的条件比有线通信的条件恶劣得多。由于无线信道的恶劣性，以及无线通信的便利性，使得大量的先进技术在无线通信当中得到使用。

而要理解这些先进技术，理解无线信道是前提。

无线通信的媒介是电磁波，电磁波在传播的时候，会发生衰减；在遇到障碍物的时候，还会发生反射、散射、绕射等现象。电磁波传播的物理机制决定了无线信道的衰减特点。衰减一般归类为慢衰落和快衰落。

12.1 慢衰落

在无线通信当中，一般把由于距离而引起的路径损耗和由于地形的遮挡而引起的阴影衰落统称为慢衰落。

先来看路径损耗。

在自由空间当中，电磁波的强度随着传播距离的增加而降低。根据电磁学原理，有如下的公式成立：

$$P_r(d) = \frac{P_t G_t G_r \lambda^2}{(4\pi)^2 d^2};$$

其中，d 是发射天线与接收天线之间的距离；$P_r(d)$ 是接收功率，是 d 的函数；P_t 是发射功率；G_t 和 G_r 分别是发射机和接收机的增益；λ 是电磁波的波长。

如果你不想深入了解电磁学原理，则可以把这些系数合并，即

$$G = G_t G_r,$$

$$K_L = \frac{\lambda^2}{(4\pi)^2 d^2};$$

则

$$P_r = K_L G P_t。$$

系数 K_L 是与距离相关的，一般把其倒数称作**路径损耗**，即

$$L = 1/K_L = \frac{(4\pi)^2 d^2}{\lambda^2}。$$

更常用的做法是把路径损耗表达成 dB 的形式：

$$L(\text{dB}) = 20\log_{10} L = 32.44 + 20\log_{10} f + 20\log_{10} d,$$

其中，f 是频率，单位是 MHz；d 是距离，单位为 km。

路径损耗的表达式说明了两个问题：一是波长 λ 越长，也就是频率越低，电磁波的衰减越小，传播的距离就越远。比如战争年代中的无线电台，使用中波或者短波频段，波长可以达到几百米，传播的距离非常远。在 20 世纪 30 年代，一个 100 W 的电台，就可以让上海的中共中央与莫斯科的共产国际之间建立无线电联系。而 LTE 使用的 2.6 GHz 频段，波长是 10 cm 的量级，通信距离一般不超过 1km。

所以说，运营商要新部署一个移动通信网络，初期总是希望用比较低的频段。因为在建网初期用户比较少，这个时候系统的容量不是问题。但是即便是初期的网络，连续覆盖也是一个起码的要求，要不然很多地方不能够打电话，会影响用户体验。如果采用较低的频段，每个无线基站的覆盖范围大，就可以用比较少的基站完成对一个区域的连续覆盖，从而减少投资规模。

此外，接收信号的功率与距离的平方成反比。要理解这一点，需要有一点空间想象力。如果把发射天线当成一个点辐射源，在某一个时刻辐射出来的电磁波能量，在传播了距离 d 之后，平均分布在半径为 d 的球面上。而球面的面积与 d^2 成正比，也就是电磁波的强度与 d^2 成反比。

实际的发射天线一般不是点辐射源，但是在自由空间当中，电磁波的平方衰落规律仍然成立。

非自由空间传播的路径损耗有所不同。图 12.1 所示的是 2 射线地面反射模型，其接收功率可表达为

$$P_r = P_t G_t G_r \frac{h_t^2 h_r^2}{d^4};$$

其中，P_r 和 P_t 为接收功率和发射功率，G_t 和 G_r 为发射机增益和接收机增益，h_t 和 h_r 为发射天线高度和接收天线高度，d 为发射天线和接收天线之间的水平距离。

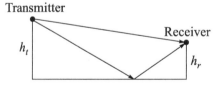

图 12.1 无线传播 2 射线地面反射模型

路径损耗可以表达为

$$L = \frac{d^4}{h_t^2 h_r^2};$$

用 dB 表达为

$$L(\mathrm{dB}) = -20\log_{10} h_t h_r + 40\log_{10} d。$$

这个公式的推导比较烦琐，有兴趣的同学可以参考 Theodore S. Rapppaport 所著的《无线通信原理与应用》。

在这个模型当中，路径损耗与距离的 4 次方成正比，比自由空间衰落得更快。一般把距离 d 上的指数称作**路径损耗指数**。

实际的无线传播模型非常复杂，有建筑、植被、山岭、水面等不同地貌，因此路径衰落一般无法通过公式推导的方式获得准确的表达。更经常的做法是根据实际的测量结果总结出一些经验公式。比如，比较著名的用于蜂窝通信的 Cost231-Hata 模型：

$$L(\mathrm{dB}) = 46.3 + 33.9\log_{10} f - 13.82\log_{10} h_t +$$

$$(44.9 - 6.55\log_{10} h_t)\log_{10} d - a(h_r) + C_m,$$

其中，

- f 为频率，范围是 1500 ~ 2000MHz;

- h_t 为基站天线高度，范围是 30 ~ 200m;

- h_r 为终端天线高度，范围是 1 ~ 10m;

- d 为传播距离，范围是 1 ~ 20km;

- $a(h_r)$ 为一个移动台天线修正因子;

- C_m 为一个环境参数，对中小城市和郊区取 0dB，对大城市取 3dB。

在移动通信传播环境中，电磁波在传播路径上遇到起伏的山丘、建筑物、树林等障碍物阻挡，形成电磁波的阴影区，就会造成信号场强中值的缓慢变化。通常把这种现象称为阴影效应，由此引起的衰落又称为阴影衰落。

阴影衰落一般服从**对数正态分布**，概率密度函数为

$$p(x) = \frac{1}{\sqrt{2\pi}\sigma} \mathrm{e}^{-(\ln x - \mu)^2 / 2\sigma^2}。$$

如果 x 服从对数正态分布，则 $\ln x$ 服从正态分布。如果 x 服从正态分布，则 e^x 服从对数正态分布。

如果变量 x 可以看作是许多很小独立因子的乘积，则 $\ln x$ 是很多独立因子的和，根据大数定律，$\ln x$ 服从正态分布，x 则服从对数正态分布。

阴影衰落服从对数正态分布，那么以 dB 表达的阴影衰落服从正态分布。在仿真当中，以 dB 表达的阴影衰落经常取均值为 0，方差为 5 ~ 12dB 的正态分布。

阴影衰落在地理上具有相关性，一般按如下的方法建模：

$$\gamma(\Delta x) = \mathrm{e}^{-\frac{|\Delta x|}{d_{\mathrm{cor}}}\ln 2},$$

其中，Δx 是两个地点之间的距离，γ 是相关系数，d_{cor} 是相关距离。UMTS 建议的仿真参数取 $d_{\mathrm{cor}} = 20\mathrm{m}$。

在仿真当中，可按照如下的方法产生相关系数为 γ 的阴影衰落。

首先产生两个独立的同高斯分布的随机变量 X_1, X_2，令一个地点的衰落为

$$L_1(\mathrm{dB}) = X_1,$$

根据相关距离和两个地点之间的距离计算出相关系数 γ，然后根据如下公式产生第二个地点的阴影衰落：

$$L_2(\mathrm{dB}) = \gamma X_1 + \sqrt{1-\gamma^2} X_2。$$

可以验证，L_1, L_2 的相关系数为 γ，试试看。

12.2　多径效应与快衰落

由于传播环境当中可能存在建筑、树木、山体等物体，电磁波从发射机发射出来，经过多个物体的反射从不同的路径到达接收机，称作多径现象。不同的路径的传播距离不同，到达接收机的时间就有先后，因此，发射一个尖脉冲，接收机会接收到一系列的展宽的脉冲，如图 12.2 所示。

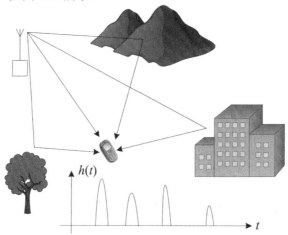

图 12.2 无线传播的多径现象

在图 12.2 当中画了 4 条路径，与之对应，在信道的冲激响应 $h(t)$ 上也画了 4 个展宽的脉冲。但是有两点值得说明：第一点是实际的传播环境可能比较复杂，比如在

高楼林立的繁华市区，反射体很多，在信道的冲激响应上可能看不出一个个清晰的展宽脉冲，而是连续的波形；第二点是每个反射面都不是理想的镜面，即使在一个展宽的脉冲之内，也是由很多条微路径组合成的，因此表现为展宽的脉冲。

12.2.1 二径模型

多径现象的一个效应是在终端移动的时候引起信道的快衰落。为了简单，我们来看一个只有一个反射体的两径模型，如图 12.3 所示。

在这个模型当中，一条路径从发射机直接到达终端，另一条路径经过终端背后的反射体反射后到达终端。假设终端与反射体的距离很近，那么这两条路径的强度基本相等，而相位取决于终端的位置。假如在某一点两条路径是同相的，它们叠加后相互增强，幅度是一条路径的两倍。当终端从这一点向右或者向右移动四分之一波长时，两条路径的相位分别增加和减少了 $\pi/2$，这两条路径的相位变成了反相，相互抵消后的幅度为零。同理，如果再移动四分之一波长，又变成同相了。

图 12.3 两径信道

四分之一波长是多长呢？以 3G 使用的 2GHz 频段为例其波长为 15cm，则四分之一波长为 4cm 左右。人的步行速度大约是 1m/s，按照这个速度信道在 1 秒中内强度变化了 25 次。如果速度是 10m/s，相当于 36km/h 的车速，则信道强度变化频率是 250Hz。这个变化速度相对于路径损耗和阴影衰落是很快的，因此叫作快衰落。

快衰落还有一个等价的多普勒效应解释。我们在生活当中能够见到多普勒效应：当火车冲着我们开来的时候，我们听到它的汽笛声音是比较尖的，而当火车离我们而去的时候，它的汽笛声音则变得比较沉。这是由于火车的运动使得汽笛的声音频率发生了变化，来的时候升高，去的时候降低，这就是多普勒效应。

两个相向运动的物体，相对速度为 v，一个物体发出频率为 f_s 的波，则另一个物体收到的波的频率为

$$f_r = \left(1 + \frac{v}{c}\right) f_s,$$

其中，c 为波的传播速度，对电磁波来说，就是光速。

对于刚才的两径模型，如果终端的运动速度为 v，那么收到的两条路径的频率分别为 $(1 + v/c)f_s$ 和 $(1 - v/c)f_s$，两个信号叠加的结果是

$$r(t) = \cos[(1 + v/c)2\pi f_s t] + \cos[(1 - v/c)2\pi f_s t]$$
$$= 2\cos(2\pi \frac{v}{c} f_s t)\cos(2\pi f_s t).$$

接收信号表达成为两个余弦函数乘积的形式后，$\cos(2\pi\frac{v}{c}f_s t)$ 可以认为是变化的信道，频率为 $\frac{v}{c}f_s = \frac{v}{\lambda}$，这个频率被称为多普勒频移。我们注意到在一个周期内，信道强度变化 4 次，也就是每四分之一波长变化一次，和上面的分析是一致的。

12.2.2 瑞利衰落

如图 12.4 所示，实际的反射体都不是光滑的镜面。比如楼房墙面上有窗户等不同的阶梯，尺寸在米的量级，每个阶梯的反射就构成了一条微路径。每条微路径到达接收机的时间差得不太多，从信道的冲激响应上看是一个展宽的脉冲，但是每条微路径的相位可以认为是独立的。对于 2GHz 频段 15cm 的波长，几米量级的传播距离的差异完全可以破坏微路径之间的固定相位关系。每条微路径上的信号频率相同，相位随机，叠加在一起或者相互增强，或者相互抵消，合成的结果是一个随机变量。

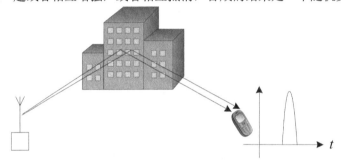

图 12.4 一条路径是由很多条微路径构成的，效果是发射一个冲激信号，接收到一个展宽的脉冲

当终端运动的时候，和二径模型类似，由于相位的快速变化导致信道增益的快速变化，形成快衰落。

我们在前面已经讨论过，射频信号经过的信道，可以等效成基带的复数信道。我们忽略每条路径的时间扩展，假设第 k 条路径发生在时刻 t_k，记其基带复数响应为 $h(t_k)$。由于每条路径都是由很多的微路径叠加而成的，则 $h(t_k)$ 可以表达为

$$h(t_k) = \sum_{n=1}^{N} h_n(t_k),$$

其中，$h_n(t_k)$ 是每条微路径的复数基带响应。

如果所有的微路径是独立同分布的随机变量，根据大数定律，叠加的结果 $h(t_k)$ 服从复高斯分布，它的模 $|h_n(t_k)|$ 服从瑞利分布（rayleigh distribution），相位服从均匀分布，所以这种衰落叫作瑞利衰落。

瑞利分布的概率密度函数为

$$p(x) = \frac{x}{\sigma^2}\mathrm{e}^{-x^2/2\sigma^2} \quad x \geqslant 0,$$

如图 12.5 所示。

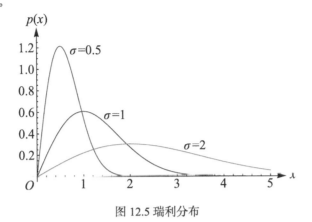

图 12.5 瑞利分布

如果在多个微路径当中存在一个幅度比较高的主要分量，比如直射（light of sight）信号，则 $|h_n(t_k)|$ 服从莱斯（Rice）分布，概率密度函数为

$$p(x) = \frac{x}{\sigma^2} \mathrm{e}^{-(x^2+v^2)/2\sigma^2} I_0\left(\frac{xv}{\sigma^2}\right) \quad x \geqslant 0,$$

其中，$I_0(x)$ 是修正的第一类零阶贝塞尔函数（Bessel function）。对这个函数就不必细抠了，直接看它的图形，如图 12.6 所示。

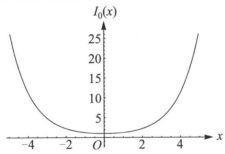

图 12.6 第一类零阶贝塞尔函数

图 12.7 所示的是莱斯分布的概率密度函数。

如果 $v = 0$，则莱斯分布就退化成了瑞利分布，在 v 比较大的情况下，莱斯分布可近似为高斯分布。

12.2.3　时间选择性衰落和频率选择性衰落

前面讲到，快衰落就是信道衰落的变化比较快。为了描述这种信道变化的速度，给出一个概念，叫作**相干时间**。

相干时间是指信道基本不变的时间。至于什么叫基本不变，是变化在 5% 之内还是在 10% 之内，这倒没有严格定义，因为这个概念一般用于定性描述，而不是用来严格表述什么内容。

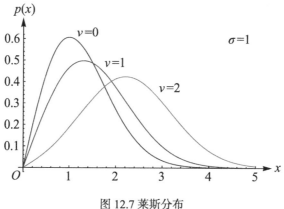

图 12.7 莱斯分布

我们在二径模型里面看到，信道变化的频率就是多普勒频移，因此多普勒频移越大，信道变化越快。那么很容易得到，相干时间，也就是信道保持不变的时间，与多普勒频移成反比：

$$T_{coherent} \propto \frac{1}{f_{Doppler}}。$$

因为快衰落信道在不同的时间的衰落不一样，也叫作**时间选择性衰落**。

时间和频率是对偶的，与时间选择性衰落对应的是**频率选择性衰落**，其指的是在不同频率上的衰落不同。与相干时间类似，**相干带宽**指的是在该带宽内的信道衰落基本不变，并且有这个关系：

$$B_{coherent} \propto \frac{1}{t_{spread}}。$$

其中，t_{spread} 是信道的冲激响应 $h(t)$ 的持续时间，其有一个专业的名字叫作**时延扩展**。

为什么是这样的关系呢？因为信道的频域响应 $H(\omega)$ 是 $h(t)$ 的傅里叶变换。大家应该还记得傅里叶变换的尺度变换性质，即时域和频域的尺度变化方向是相反的，即时域上把信号压缩，频域上就展宽了。因此相干带宽就和时延扩展长度成反比关系。

有的时候 $h(t)$ 会持续很长时间，但是过了一段时间之后的幅度就非常小。在这种情况下，当幅度小于一定的值就可以认为是零了。同样，相干带宽一般用来定性描述，只要把趋势关系定义清楚就基本足够了，而不需要精确的数量关系。

如果在信号的整个带宽上的衰落相差不多，就叫**平坦衰落**。

判断是平坦衰落还是频率选择性衰落，不只取决于信道，还取决于信道和信号带宽之间的关系。如果信号的带宽小于信道的相干时间，则就是平坦衰落；反之，如果信号的带宽远远大于信道的相干时间，则就是频率选择性衰落。

到这里，大家要记住两个关系，**信道的时间选择性是由多普勒频移引起的，频率选择性是由时延扩展引起的**。这是无线通信的基本概念，要牢牢记住。可以这么说，我们超过一半的努力是在与这两个选择性做斗争。我做面试官的时候经常考这个问题，可惜的是很多博士生都答不上来，后面的试题也就不再问了。

信道引起的衰落产生了两个方面的作用，一是降低了信号的强度，从而使得信号更容易被噪声污染，另外多路径的作用使信号产生了扭曲，从而引起了符号间干扰。

图 12.8 所示的是数字信号的调制和解调原理，在 AWGN 信道当中，只要满足了奈奎斯特准则并获得准确的时间同步，就可以做到无符号间干扰。但是在衰落信道当中，无论怎么处理，符号间干扰都是无法避免的。

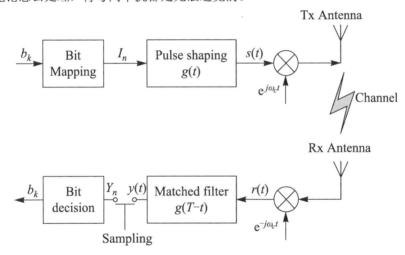

图 12.8 数字信号的调制和解调原理

为了遵循离散信号的命名规则，记

$$Y[n] = Y_n;$$

$$I[n] = I_n。$$

它们有如下的关系：

$$Y[n] = I[n] * h[n] + z[n] = \sum_{k=-\infty}^{\infty} I[k]h[n-k] + z[n],$$

其中，$z[n]$ 是复高斯噪声，$h[n]$ 是离散化后的复基带信道的冲激响应。在多路径的情况下，$h[n]$ 是有一定持续长度的序列，$Y[n]$ 一定存在符号间干扰。

12.3 小结

无线信道比有线信道的条件恶劣得多，克服无线信道的影响是无线通信技术最关键的问题之一。无线信道引起的信号衰落可以划分成慢变化的路径损耗和阴影衰落，以及快速变化的瑞利衰落。信道的总的效果是这三种衰落的叠加。信道衰落引起了两个方面的作用，一是降低了信号的强度，从而使得信号更容易被噪声污染，另外多路径的作用使信号产生了扭曲，从而引起了符号间干扰。

第13章 均 衡

第 12 章讲到，在衰落信道下，有如下的关系：

$$Y[n] = I[n] * h[n] + z[n] = \sum_{k=-\infty}^{\infty} I[k]h[n-k] + z[n].$$

其中，$I[n]$ 是发送的信息符号，$h[n]$ 是离散的复基带信道，$z[n]$ 是噪声，$Y[n]$ 是对接收机复基带信号的采样。

在得到的 $Y[n]$ 当中，存在符号间干扰和噪声。在通信当中，把符号间干扰去掉的技术叫作**均衡**（equalization）。

因为我学的不是通信专业，所以看到这个名称的时候甚为困惑。在信号处理领域，这种技术有更一般的名称，比如**信号恢复**（signal recovery），或者**信号重构**（signal reconstruction）。

我没有考证过"均衡"一词的起源，猜想其和通信技术发展的历史相关。早期的通信系统，在设计之初就是设法使得接收信号与发射信号相同，这些技术包括了前面介绍的奈奎斯特准则、载波同步和符号同步技术。对窄带系统来说，信道基本可以认为是平坦衰落的，因此这个目标基本上是达到了。

但是对于宽带系统（代表通信的发展方向），信道就不再是平坦衰落，此时符号间干扰的影响就很明显了，接收信号与发射信号就有了差异，消除这种差异在英文里面叫 equalization，就是"使相等"的意思。翻译成中文要文雅一些，总不能叫"相等"技术吧，于是就选择了"均衡"二字。

13.1 横向抽头滤波器

早期的均衡技术是在模拟域实现的，图 13.1 所示的横向抽头滤波器，它的输入信号 $x(t)$ 是存在符号间干扰的模拟基带信号，其输出为

$$y(t) = \sum_{n=0}^{N-1} c_n x(t - nT_s).$$

$y(t)$ 是经过均衡后的信号，符号间干扰被消除或者大大降低了。为了实现这个目的，滤波器的系数 c_n 是经过精心设计的。至于如何设计，我们就不再讲了。因为这种

模拟域处理的方法是比较早期的技术，目前使用的技术都是数字处理，我们把重点放在这个方面。

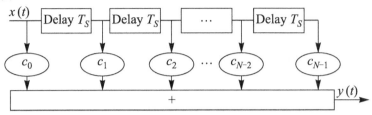

图 13.1 横向抽头滤波器

13.2　MF、ZF 和 MMSE 滤波器

前面讲了，在离散域接收信号是发射的符号与信道的卷积。我们回归到一般的数学问题，抛弃特定意义的符号 $I[n]$、$Y[n]$，而考察这个一般的离散卷积问题：

$$y[n] = \sum_{k=-\infty}^{\infty} x[k]h[n-k] + z[n]。$$

在实际的系统当中，观测的数据不可能是无限长的。假设 $x[n]$、$h[n]$ 的长度分别是 N_x，N_h，则

$$y[n] = \sum_{k=0}^{N_x-1} x[k]h[n-k] + z[n]。$$

可以知道，$y[n]$ 的长度 $N_y = N_x + N_h - 1$。在有限长度的情况下，离散的线性系统可以用矩阵来表达：

$$\boldsymbol{y} = \boldsymbol{H}\boldsymbol{x} + \boldsymbol{z},$$

其中，

$$\boldsymbol{x} = [x[0], x[1], \cdots, x[N_x-1]]^{\mathrm{T}} \in \mathbb{C}^{N_x \times 1};$$

$$\boldsymbol{y} = [y[0], y[1], \cdots, y[N_y-1]]^{\mathrm{T}} \in \mathbb{C}^{N_y \times 1};$$

$$\boldsymbol{z} = [z[0], z[1], \cdots, z[N_y-1]]^{\mathrm{T}} \in \mathbb{C}^{N_y \times 1}。$$

矩阵理论里面的矢量一般表达为列矢量的形式，这是一个习惯做法。

$$\boldsymbol{H} = \begin{bmatrix} h[0] & & & \\ h[1] & h[0] & & \\ \vdots & h[1] & \ddots & \\ h[N_h - 1] & \vdots & \ddots & h[0] \\ & h[N_h - 1] & \ddots & h[1] \\ & & \ddots & \vdots \\ & & & h[N_h - 1] \end{bmatrix} \in \mathbb{C}^{N_y \times N_x}.$$

只要你懂得矩阵的乘法，就可以验证 $\boldsymbol{y} = \boldsymbol{H}\boldsymbol{x} + \boldsymbol{z}$ 确实表达了卷积运算。

我们把卷积表达成矩阵的形式，是为了利用矩阵理论里面的成果。对于一个形式如

$$\boldsymbol{y} = \boldsymbol{A}\boldsymbol{x} + \boldsymbol{z}$$

的方程组；其中

$$\boldsymbol{x} = [x_1, x_2, \cdots, x_{N_x}]^{\mathrm{T}} \in \mathbb{C}^{N_x \times 1}$$

是需要估计的信号；

$$\boldsymbol{A} = \begin{bmatrix} a_{11} & \cdots & a_{1N_x} \\ \vdots & & \vdots \\ a_{N_y 1} & \cdots & a_{N_y N_x} \end{bmatrix} \in \mathbb{C}^{N_y \times N_x}$$

是一个一般形式的已知复矩阵；

$$\boldsymbol{y} = [y_1, y_2, \cdots, y_{N_y}]^{\mathrm{T}} \in \mathbb{C}^{N_y \times 1}$$

是观测到的信号；

$$\boldsymbol{z} = [z_1, z_2, \cdots, z_{N_y}]^{\mathrm{T}} \in \mathbb{C}^{N_y \times 1}$$

是复噪声。

请注意本文对索引的用法。对于离散信号 $x[n]$，n 的取值范围为整数 $\mathbb{Z}$，对于有限长度的信号，索引一般从 0 开始；而对于矢量当中的元素，索引从 1 开始，$\boldsymbol{x} = [x_1, x_2, \cdots, x_{N_x}]^{\mathrm{T}}$。

这里的任务是要估计 $\boldsymbol{x}$。为了保证不出现不定解，一般要求 $\mathrm{rank}(\boldsymbol{A}) = N_x$。我们知道，解一个线性方程组，最低要求是方程的个数要等于未知数的个数，不然就会出现不定解。N_x 就是未知数的个数，根据矩阵理论，矩阵的行秩等于列秩，所以最低要求是 $N_y = N_x$。在多数实际情况下，这是远远不够的，因为还存在矩阵的病态问题。我们在后面会对矩阵的病态进行专门的讨论。

13.2.1　匹配滤波器

连续时间的匹配滤波在前面已经讲过了，对于如下形式的接收信号：

$$r(t) = I_0 g(t) + n(t),$$

匹配滤波器为

$$h(t) = ks(T - t)。$$

匹配滤波器在 $t = T$ 的采样为

$$y(T) = k \int_{-\infty}^{\infty} |g(\tau)|^2 \mathrm{d}\tau I_0 + k \int_{-\infty}^{\infty} n(\tau) g(\tau) \mathrm{d}\tau,$$

$y(T)$ 作为对 I_0 的估计，具有最高的信噪比。

对于形如

$$\boldsymbol{y} = x\boldsymbol{a} + \boldsymbol{z}$$

的离散信号，有类似的结论。在这里，x 是一个标量，对应符号 I_0；$\boldsymbol{a}$ 是一个已知的矢量，对应成型滤波 $g(t)$；$\boldsymbol{y}$ 是观测到的信号。

也有对应形式的匹配滤波器，直接写出滤波结果为

$$\boldsymbol{a}^{\mathrm{H}} \boldsymbol{y} = x\boldsymbol{a}^{\mathrm{H}} \boldsymbol{a} + \boldsymbol{a}^{\mathrm{H}} \boldsymbol{z} = |\boldsymbol{a}|^2 x + \boldsymbol{a}^{\mathrm{H}} \boldsymbol{z}。$$

其中，$\cdot^{\mathrm{H}}$ 表示共轭转置。

类似地，$\boldsymbol{a}^{\mathrm{H}} \boldsymbol{y}$ 作为对 x 的估计，具有最高的信噪比。把因子 $|\boldsymbol{a}|^2$ 除掉，得到对 x 的匹配滤波估计为

$$\hat{x}_{MF} = \frac{\boldsymbol{a}^{\mathrm{H}} \boldsymbol{y}}{|\boldsymbol{a}|^2}。$$

那么，我们回到 $\boldsymbol{y} = \boldsymbol{A}\boldsymbol{x} + \boldsymbol{z}$ 这个问题上来。矩阵 $\boldsymbol{A}$ 可以写成其列矢量的排列：

$$\boldsymbol{A} = [\boldsymbol{a}_1, \boldsymbol{a}_2, \cdots, \boldsymbol{a}_{N_x}],$$

那么

$$\boldsymbol{y} = \boldsymbol{A}\boldsymbol{x} + \boldsymbol{z} = \sum_{n=1}^{N_x} \boldsymbol{a}_n x[n] + \boldsymbol{z}。$$

把 $n = 1$ 从求和符号当中提出来，即

$$\boldsymbol{y} = \boldsymbol{a}_1 x[1] + \sum_{n=2}^{N_x} \boldsymbol{a}_n x[n] + \boldsymbol{z}。$$

如果把除 $x[1]$ 外的所有的项都当成噪声，则对 $x[1]$ 的匹配滤波估计为

$$\hat{x}_{MF}[1] = \frac{\boldsymbol{a}_1^{\mathrm{H}} \boldsymbol{y}}{|\boldsymbol{a}_1|^2}。$$

同样地，对 $x[n]$ 的匹配滤波估计为

$$\hat{x}_{MF}[n] = \frac{\boldsymbol{a}_n^{\mathrm{H}} \boldsymbol{y}}{|\boldsymbol{a}_n|^2} \quad n = 1, 2, \cdots, N_x。$$

如果把 $\hat{x}_{MF}[n]$（$n = 1, 2, \cdots, N_x$）排成矢量 $\hat{\boldsymbol{x}}_{MF}$，则可以简洁地表达为

$$\hat{\boldsymbol{x}}_{MF} = \boldsymbol{\Lambda}^{-1} \boldsymbol{A}^{\mathrm{H}} \boldsymbol{y}。$$

其中，

$$\boldsymbol{\Lambda} = \begin{bmatrix} |\boldsymbol{a}_1|^2 & 0 & \cdots & 0 \\ 0 & |\boldsymbol{a}_2|^2 & \cdots & 0 \\ \vdots & \vdots & \ddots & \vdots \\ 0 & 0 & \cdots & |\boldsymbol{a}_{N_x}|^2 \end{bmatrix} \in \mathbb{C}^{N_x \times N_x}。$$

这就是匹配滤波算法了。

我们已经知道，匹配滤波算法能够达到最高的信噪比，那么它是不是就是最好的算法了呢？如果只有一个符号需要估计，则匹配滤波算法基本上算是最好的算法。在存在多个符号，而且它们之间相互干扰的情况下，匹配滤波算法里面做了一个假设，就是其他所有信号的干扰都认为是噪声，而这是不合理的，因此其性能受到了很大的限制。

13.2.2　迫零算法

在匹配滤波算法中，其他符号的干扰都被当成了噪声，这是一个非常糟糕的假设，因为噪声水平被抬高了，尽管信噪比达到最优，但是性能还是很差。因此，如果将符号之间的干扰去掉，可以比较大地提高性能。

对于方程

$$\boldsymbol{y} = \boldsymbol{A}\boldsymbol{x} + \boldsymbol{z},$$

一个很自然的反应是，取

$$\hat{\boldsymbol{x}} = \boldsymbol{A}^{-1}\boldsymbol{y} = \boldsymbol{x} + \boldsymbol{A}^{-1}\boldsymbol{z},$$

那么，该估计当中只含有一个噪声项，而没有符号间的相互干扰，不就达到目的了吗？

然而很遗憾，一般情况下 $\boldsymbol{A}$ 不是方阵，不存在 $\boldsymbol{A}^{-1}$。在实际情况当中，我们希望观测的数据越多，估计的结果就越好。而矩阵 $\boldsymbol{A}$ 和观测数据是同样长度的。

使用矩阵给我们带来了很大的方便。矩阵是把很多的数据打成了一个包,用一个字母来表示。它自身有一些特性,比如对称、正定、循环、对角等,而对外的关系包括了加法、乘法这些运算。这样一来,数据之间的关系表达就很简洁,从而能够从宏观上表达出更加本质的规律。这个思想其实和程序员们所熟悉的面向对象的编程是异曲同工的。

但是数据在打包成一个字母之后就更加抽象了,同时也给我们的学习带来了困难,这只能够通过不断地训练,提升我们抽象思维的能力。然而,根据我的体会,抽象思维的能力,必须通过形象的方式来建立。你看到我写了满篇的公式,其实对于每一个字母,在我的脑子里面都有一个形象,因此并不会觉得枯燥。

就拿前面介绍的这个例子,就是因为我们没有对矩阵 $\boldsymbol{A}$ 建立一个形象,从而出现了错误的反应。

好了,回到题目上来,构造一个损失函数

$$L = |\boldsymbol{y} - \boldsymbol{A}\boldsymbol{x}|^2,$$

让 L 达到最小,可以获得一个对 $\boldsymbol{x}$ 的最优估计。这个准则我们在参数估计理论里面讨论过了,其实就是最小二乘准则。如果 $\boldsymbol{z}$ 是复高斯分布,这也等价于最大似然准则。

有了这个准则,当然可以对 $\boldsymbol{x}$ 的每一个分量求偏导并使之为零。但是这样做有点啰唆,我们借鉴矩阵代数里面的结论,直接给出结果

$$\hat{\boldsymbol{x}}_{ZF} = (\boldsymbol{A}^{\mathrm{H}}\boldsymbol{A})^{-1}\boldsymbol{A}^{\mathrm{H}}\boldsymbol{y}。$$

注意,$\boldsymbol{A}^{\mathrm{H}}\boldsymbol{A}$ 是一个方阵,也是一个共轭对称阵,或者艾尔米特对称阵,一般称作相关矩阵:

$$\boldsymbol{A}^{\mathrm{H}}\boldsymbol{A} = \begin{bmatrix} |\boldsymbol{a}_1|^2 & \boldsymbol{a}_1^{\mathrm{H}}\boldsymbol{a}_2 & \cdots & \boldsymbol{a}_1^{\mathrm{H}}\boldsymbol{a}_{N_x} \\ \boldsymbol{a}_2^{\mathrm{H}}\boldsymbol{a}_1 & |\boldsymbol{a}_2|^2 & \cdots & \boldsymbol{a}_2^{\mathrm{H}}\boldsymbol{a}_{N_x} \\ \vdots & \vdots & \ddots & \vdots \\ \boldsymbol{a}_{N_x}^{\mathrm{H}}\boldsymbol{a}_1 & \boldsymbol{a}_{N_x}^{\mathrm{H}}\boldsymbol{a}_2 & \cdots & |\boldsymbol{a}_{N_x}|^2 \end{bmatrix} \in \mathbb{C}^{N_x \times N_x}。$$

在通信领域,这个算法叫作迫零(zero forcing)算法。把 $\boldsymbol{y}$ 代入这个估计,得到

$$\hat{\boldsymbol{x}}_{ZF} = \boldsymbol{x} + (\boldsymbol{A}^{\mathrm{H}}\boldsymbol{A})^{-1}\boldsymbol{A}^{\mathrm{H}}\boldsymbol{z}。$$

这个估计当中只包含一个噪声项,而没有符号之间的相互干扰,并且有

$$E(\hat{\boldsymbol{x}}_{ZF}) = \boldsymbol{x}。$$

在信号估计理论当中,这种估计叫作**无偏估计**。在通信领域里面把它叫作迫零,就是把干扰逼迫到零的意思。

迫零算法和匹配滤波算法也有很大的关系，我们注意到估计结果的形式，只有 $\boldsymbol{\Lambda}$ 和 $\boldsymbol{A}^{\mathrm{H}}\boldsymbol{A}$ 的不同，而 $\boldsymbol{\Lambda}$ 与 $\boldsymbol{A}^{\mathrm{H}}\boldsymbol{A}$ 的对角元是相同的。如果 $\boldsymbol{A}$ 的列矢量两两正交，相关矩阵是对角矩阵，则匹配滤波和迫零算法是相同的。

13.2.3 最小均方误差算法

在迫零算法当中，只用到了矩阵 $\boldsymbol{A}$ 和观测数据 $\boldsymbol{y}$。如果我们对信号和噪声不是完全无知的，而是已经知道了它们的某些统计特性，就可以利用这些进一步的信息，获得更好的估计。假设已知信号和噪声都是高斯分布的，其方差分别为 σ_x^2 和 σ_z^2，构造如下的损失函数

$$L = E[|\hat{\boldsymbol{x}} - \boldsymbol{x}|^2],$$

L 称作均方误差（mean square error），使它最小化的算法叫作最小均方误差（minimum mean square error）算法。

注意 MMSE 算法与 ZF 算法有思想上的区别。在 ZF 算法当中，$\boldsymbol{x}$ 被认为是确定的未知参数，而在 MMSE 算法当中则被认为是已知统计特性的随机变量的一个样本。

我们还是不纠结于这个算法的推导过程，而直接给出结果。如果 $\boldsymbol{x}$ 和 $\boldsymbol{z}$ 是均值为 0，方差分别为 σ_x^2 和 σ_z^2 的高斯分布，那么 MMSE 估计为

$$\hat{\boldsymbol{x}}_{MMSE} = (\boldsymbol{A}^{\mathrm{H}}\boldsymbol{A} + \frac{\sigma_z^2}{\sigma_x^2}\boldsymbol{I})^{-1}\boldsymbol{A}^{\mathrm{H}}\boldsymbol{y}。$$

最终结果与 ZF 算法差别并不大，只是在求逆矩阵的对角元上增加了一项 $\frac{\sigma_z^2}{\sigma_x^2}$。增加的这一项有什么作用呢？我们用一个简单的例子来看一看。

假如信号 $\boldsymbol{x}$ 的长度为 1，也就是说是一个标量，矩阵 $\boldsymbol{A}$ 的维度为 $N_y \times 1$，则 $\boldsymbol{A}^{\mathrm{H}}\boldsymbol{A}$ 就是一个实数，那么对 $\boldsymbol{x}$ 的 ZF 估计为

$$\hat{\boldsymbol{x}}_{ZF} = \frac{\boldsymbol{A}^{\mathrm{H}}\boldsymbol{y}}{\boldsymbol{A}^{\mathrm{H}}\boldsymbol{A}} = \boldsymbol{x} + \frac{\boldsymbol{A}^{\mathrm{H}}\boldsymbol{z}}{\boldsymbol{A}^{\mathrm{H}}\boldsymbol{A}},$$

而 MMSE 估计为

$$\hat{\boldsymbol{x}}_{MMSE} = \frac{\boldsymbol{A}^{\mathrm{H}}\boldsymbol{A}\boldsymbol{x} + \boldsymbol{A}^{\mathrm{H}}\boldsymbol{z}}{\boldsymbol{A}^{\mathrm{H}}\boldsymbol{A} + \sigma_z^2/\sigma_x^2}。$$

如果 $\boldsymbol{A}^{\mathrm{H}}\boldsymbol{A}$ 相比于 $\frac{\sigma_z^2}{\sigma_x^2}$ 很大，这个时候信噪比很好，ZF 估计基本等同于 MMSE 估计。反之，在信噪比比较差的时候，ZF 结果当中有一个比较大的噪声项，而在 MMSE 结果当中，这个噪声项被有效地抑制了，而付出的代价是，MMSE 估计是**有偏估计**，即

$$E[\hat{\boldsymbol{x}}_{MMSE}] = \frac{\boldsymbol{A}^{\mathrm{H}}\boldsymbol{A}}{\boldsymbol{A}^{\mathrm{H}}\boldsymbol{A} + \sigma_z^2/\sigma_x^2}\boldsymbol{x} \neq \boldsymbol{x}。$$

虽然 MMSE 是有偏估计，但是如果观测的数据足够多，则 $\boldsymbol{A}^{\mathrm{H}}\boldsymbol{A}$ 就会足够大，使得 $E[\hat{\boldsymbol{x}}_{MMSE}]$ 逼近 $\boldsymbol{x}$，因此 MMSE 估计是**渐进无偏估计**，是可以接受的估计结果。

13.2.4　MF、ZF 和 MMSE 的关系

对于线性方程组

$$\boldsymbol{y} = \boldsymbol{A}\boldsymbol{x} + \boldsymbol{z};$$

其 MF、ZF 和 MMSE 估计分别为：

$$\hat{\boldsymbol{x}}_{MF} = \boldsymbol{\Lambda}^{-1}\boldsymbol{A}^{\mathrm{H}}\boldsymbol{y};$$

$$\hat{\boldsymbol{x}}_{ZF} = (\boldsymbol{A}^{\mathrm{H}}\boldsymbol{A})^{-1}\boldsymbol{A}^{\mathrm{H}}\boldsymbol{y};$$

$$\hat{\boldsymbol{x}}_{MMSE} = (\boldsymbol{A}^{\mathrm{H}}\boldsymbol{A} + \sigma_z^2/\sigma_x^2\boldsymbol{I})^{-1}\boldsymbol{A}^{\mathrm{H}}\boldsymbol{y}。$$

其中，$\boldsymbol{\Lambda}$ 是 $\boldsymbol{A}^{\mathrm{H}}\boldsymbol{A}$ 的对角元组成的对角矩阵，其他符号的意义见 13.2.3 节。这是信号处理领域经典的估计算法，希望大家能把这几个公式背下来，并且背得扎实一点。

请注意观察这几个公式的相似之处。

在这几个估计算法中，匹配滤波算法最简单，对角矩阵 $\boldsymbol{\Lambda}$ 的求逆就是一个简单的除法，但是它不能消除符号间的干扰。而迫零算法就可以克服 MF 的缺点，能够消除符号间的干扰，但是需要解一个线性方程组，因此复杂度大大提高了。最小均方误差算法的复杂度与迫零算法基本相同，在高信噪比的情况下估计结果也与迫零算法基本等同，而在低信噪比的情况下以有偏的代价抑制了噪声。在极低信噪比下，$\boldsymbol{A}^{\mathrm{H}}\boldsymbol{A} + \sigma_z^2/\sigma_x^2\boldsymbol{I}$ 近似于一个对角矩阵，因此在形式上与 MF 相同，而在数值上 MMSE 估计是趋向于零的。

13.2.5　ZF 和 MMSE 的快速算法

ZF 和 MMSE 算法要解这样的一个线性方称组

$$(\boldsymbol{A}^{\mathrm{H}}\boldsymbol{A} + \sigma_z^2/\sigma_x^2\boldsymbol{I})\hat{\boldsymbol{x}} = \boldsymbol{A}^{\mathrm{H}}\boldsymbol{y},$$

最常用的方法是高斯消去法，计算复杂度在 N_x^3 的量级。但是 $(\boldsymbol{A}^{\mathrm{H}}\boldsymbol{A} + \sigma_z^2/\sigma_x^2\boldsymbol{I})$ 是对角占优的埃尔米特对称阵，对于这种特殊形式的方程组，有一个快速的算法，叫作 Cholesky 分解算法。有如下形式的分解：

$$(\boldsymbol{A}^{\mathrm{H}}\boldsymbol{A} + \sigma_z^2/\sigma_x^2\boldsymbol{I}) = \boldsymbol{\Delta}^{\mathrm{H}}\boldsymbol{\Delta},$$

其中，$\boldsymbol{\Delta}$ 是一个上三角矩阵：

$$\boldsymbol{\Delta} = \begin{bmatrix} a_{11} & 0 & 0 & \cdots & 0 \\ a_{21} & a_{22} & 0 & \cdots & 0 \\ a_{31} & a_{32} & a_{33} & \cdots & 0 \\ \vdots & \vdots & \vdots & \ddots & \vdots \\ a_{N_x1} & a_{N_x2} & a_{N_x3} & \cdots & a_{N_xN_x} \end{bmatrix} \in \mathbb{C}^{N_x \times N_x}。$$

那么方程组就可以写成

$$\boldsymbol{\Delta}^{\mathrm{H}} \boldsymbol{\Delta} \hat{\boldsymbol{x}} = \boldsymbol{A}^{\mathrm{H}} \boldsymbol{y}。$$

因此，只要解两次三角方程组就可以了。

解三角方程组的计算量是比较小的，而 Cholesky 分解的复杂度也不大，大家可以试着去分解一下，没有什么特别的技巧，老老实实地去计算就可以了。其整体的复杂度在 N_x^2 的量级。

13.3 数字均衡技术

讨论了一般的估计算法后，下面回到均衡的问题上来：

$$\boldsymbol{y} = \boldsymbol{H} \boldsymbol{x} + \boldsymbol{z},$$

其中，$\boldsymbol{H}$ 是卷积矩阵。

13.3.1 时域均衡

由于这个问题比较简单，现在的处理器能力也非常强，一般就不采用 MF 估计，而采用 MMSE/ZF 算法：

$$\hat{\boldsymbol{x}}_{MMSE} = (\boldsymbol{H}^{\mathrm{H}} \boldsymbol{H} + \sigma_z^2/\sigma_x^2 \boldsymbol{I})^{-1} \boldsymbol{H}^{\mathrm{H}} \boldsymbol{y}。$$

和一般的矩阵相比，卷积矩阵 $\boldsymbol{H}$ 有其进一步的特点，因此相关矩阵也有其特殊性。

我们定义

$$r_h[n] = \sum_{i=0}^{N_h-1} h[i] h^*[i+n],$$

则

$$\boldsymbol{H}^{\mathrm{H}} \boldsymbol{H} = \begin{bmatrix} r_h[0] & r_h^*[1] & \cdots & r_h^*[N_x-1] \\ r_h[1] & r_h[0] & \cdots & r_h^*[N_x-2] \\ \vdots & \vdots & \ddots & \vdots \\ r_h[N_x-1] & r_h[N_x-2] & \cdots & r_h[0] \end{bmatrix} \in \mathbb{C}^{N_x \times N_x}。$$

它不光是一个共轭对称矩阵，而且与主对角线平行的元素是相等的。

在实际情况中，特别是在窄带系统中，N_h 会比较小。举例来说，城市环境典型的时延扩展为 $5\mu s$，GSM 系统的带宽为 180kHz，符号长度也为 $5\mu s$ 左右，因此取 $N_h = 2$ 就足够了。

在这种情况下，相关矩阵只有与主对角线平行的 3 条线不为零，其他的元素都是零。利用这个特点，可以大大降低 Cholesky 分解和三角方程组回代的计算量。这些具体的内容就不展开讲了，如果你的课题正好是关于这个方面的，则可以仔细研究一下。

13.3.2   频域均衡

对于窄带系统，由于相关矩阵里面存在大量的零元，时域均衡的效率是很高的。但是宽带是通信的发展方向，目前的 LTE 系统的带宽已经达到 20MHz，是 GSM 的 100 倍。在这种情况下，N_h 大概是 200，时域均衡的计算量是比较大的，在 $N_h N_x$ 的量级。这个时候，频域均衡技术就派上了用场。

对于一个信号 $x[n]$（$n = 0, 1, \cdots, N-1$），其离散傅里叶变换为

$$\hat{x}[k] = \sum_{n=0}^{N-1} x[n] \mathrm{e}^{-\mathrm{j}\frac{2\pi}{N}kn} \quad k = 1, 2, \cdots, N-1。$$

逆变换为

$$x[n] = \frac{1}{N} \sum_{k=0}^{N-1} \hat{x}[k] \mathrm{e}^{\mathrm{j}\frac{2\pi}{N}kn} \quad n = 1, 2, \cdots, N-1。$$

在矩阵论里面，一般用大写黑体表示矩阵，小写黑体表示矢量。为了遵从这个规则，我们用 $\hat{x}[k]$ 而不是 $X[k]$ 来表示频域信号。如果把 $x[n]$ 排列成矢量 $\boldsymbol{x}$，把 $\hat{x}[k]$ 排列乘矢量 $\hat{\boldsymbol{x}}$，则离散傅里叶变换可以用矩阵来表达：

$$\hat{\boldsymbol{x}} = \boldsymbol{W}_N \boldsymbol{x};$$

逆变换为

$$\boldsymbol{x} = \boldsymbol{W}_N^{-1} \hat{\boldsymbol{x}}。$$

其中，$\boldsymbol{W}_N$ 为 N 点的离散傅里叶变换矩阵。

记 $w_N = \mathrm{e}^{-\mathrm{j}\frac{2\pi}{N}}$，

$$\boldsymbol{W}_N = \begin{bmatrix} w_N^{0\times 0} & w_N^{0\times 1} & \cdots & w_N^{0\times(N-1)} \\ w_N^{1\times 0} & w_N^{1\times 1} & \cdots & w_N^{1\times(N-1)} \\ \vdots & \vdots & \ddots & \vdots \\ w_N^{(N-1)\times 0} & w_N^{(N-1)\times 1} & \cdots & w_N^{(N-1)\times(N-1)} \end{bmatrix},$$

$$\boldsymbol{W}_N^{-1} = \frac{1}{N} \begin{bmatrix} w_N^{-0\times 0} & w_N^{-0\times 1} & \cdots & w_N^{-0\times(N-1)} \\ w_N^{-1\times 0} & w_N^{-1\times 1} & \cdots & w_N^{-1\times(N-1)} \\ \vdots & \vdots & \ddots & \vdots \\ w_N^{-(N-1)\times 0} & w_N^{-(N-1)\times 1} & \cdots & w_N^{-(N-1)\times(N-1)} \end{bmatrix}。$$

频域均衡的核心是快速傅里叶变换（FFT）算法。按照一般的算法，计算一次 DFT 的复杂度为 N^2，而采用 FFT 算法复杂度降低为 $N \log_2 N$。如果 $N = 1024$，则 FFT 的效率提高了 100 倍。所以 FFT 算法真的是很强大。

离散傅里叶变换有一个性质，时域圆卷积对应着频域相乘。时域的卷积运算比较复杂，而转换到频域就很简单了。

在时域，观测信号是输入信号与系统响应的线卷积，表达为

$$\boldsymbol{y} = \boldsymbol{H}\boldsymbol{x} + \boldsymbol{z}。 \tag{13.1}$$

其中，$\boldsymbol{H}$ 是线卷积矩阵：

$$\boldsymbol{H} = \begin{bmatrix} h[0] & & & \\ h[1] & h[0] & & \\ \vdots & h[1] & \ddots & \\ h[N_h-1] & \vdots & \ddots & h[0] \\ & h[N_h-1] & \ddots & h[1] \\ & & \ddots & \vdots \\ & & & h[N_h-1] \end{bmatrix} \in \mathbb{C}^{N_y \times N_x}。$$

首先要把这个关系转换成圆卷积的形式。其中一个有效的方法是，不管 $h[n]$ 有多长，把它切成长度为 N_x 的段然后累加起来：

$$\widetilde{h}[n] = \sum_{i=-\infty}^{\infty} h[n+iN_x] \quad n = 0, 1, 2, \cdots, N_x - 1。$$

输出信号和噪声也做同样的处理：

$$\widetilde{y}[n] = \sum_{i=-\infty}^{\infty} y[n+iN_x] \quad n = 0, 1, 2, \cdots, N_x - 1;$$

$$\widetilde{z}[n] = \sum_{i=-\infty}^{\infty} z[n+iN_x] \quad n = 0, 1, 2, \cdots, N_x - 1。$$

如此处理后的信号之间是圆卷积的关系：

$$\widetilde{y}[n] = x[n] \circledast \widetilde{h}[n] + \widetilde{z}[n]。$$

用矩阵表达为

$$\widetilde{\boldsymbol{y}} = \widetilde{\boldsymbol{H}}\boldsymbol{x} + \widetilde{\boldsymbol{z}}。$$

$\widetilde{\boldsymbol{y}}$ 和 $\widetilde{\boldsymbol{z}}$ 是由 $\widetilde{y}[n]$ 和 $\widetilde{z}[n]$ 排列而成的列矢量，

$$\widetilde{\boldsymbol{H}} = \begin{bmatrix} \widetilde{h}[0] & \widetilde{h}[N_x - 1] & \widetilde{h}[N_x - 2] & \cdots & \widetilde{h}[1] \\ \widetilde{h}[1] & \widetilde{h}[0] & \widetilde{h}[N_x - 1] & \cdots & \widetilde{h}[2] \\ \widetilde{h}[2] & \widetilde{h}[1] & \widetilde{h}[0] & \cdots & \widetilde{h}[3] \\ \vdots & \vdots & \vdots & \ddots & \vdots \\ \widetilde{h}[N_x - 1] & \widetilde{h}[N_x - 2] & \widetilde{h}[N_x - 3] & \cdots & \widetilde{h}[0] \end{bmatrix} \in \mathbb{C}^{N_x \times N_x}。$$

可以看到，这样做是合并了一些方程，方程组内的方程个数从 $N_y = N_x + N_h - 1$ 个减少到 N_x 个。在一般情况下，N_x 要比 N_h 大很多，因此，这样的做法不会引起比较明显的性能损失。

两边做 DFT：

$$\boldsymbol{W}_{N_x} \widetilde{\boldsymbol{y}} = \boldsymbol{W}_{N_x} \widetilde{\boldsymbol{H}} \boldsymbol{W}_{N_x}^{-1} \boldsymbol{W}_{N_x} \boldsymbol{x} + \boldsymbol{W}_{N_x} \widetilde{\boldsymbol{z}},$$

引入以下符号：

$$\hat{\boldsymbol{x}} = \boldsymbol{W}_{N_x} \boldsymbol{x};$$

$$\hat{\boldsymbol{y}} = \boldsymbol{W}_{N_x} \widetilde{\boldsymbol{y}};$$

$$\hat{\boldsymbol{z}} = \boldsymbol{W}_{N_x} \widetilde{\boldsymbol{z}};$$

$$\boldsymbol{\Lambda} = \boldsymbol{W}_{N_x} \widetilde{\boldsymbol{H}} \boldsymbol{W}_{N_x}^{-1}。$$

则可以得到频域内的方程：

$$\hat{\boldsymbol{y}} = \boldsymbol{\Lambda} \hat{\boldsymbol{x}} + \hat{\boldsymbol{z}}。$$

根据卷积定理，时域圆卷积对应频域乘积，$\boldsymbol{\Lambda}$ 必须是一个对角矩阵：

$$\boldsymbol{\Lambda} = \begin{bmatrix} \hat{h}[0] & & & \\ & \hat{h}[1] & & \\ & & \ddots & \\ & & & \hat{h}[N_x - 1] \end{bmatrix} \in \mathbb{C}^{N_x \times N_x};$$

$$\hat{h}[k] = \sum_{n=0}^{N_x - 1} \widetilde{h}[n] \mathrm{e}^{-\mathrm{j} \frac{2\pi}{N_x} kn} \quad k = 1, 2, \cdots, N_x - 1。$$

有了频域内的方程组，就可以在频域采用 ZF 或者 MMSE 算法。比如 ZF 算法：

$$\hat{\boldsymbol{x}}_{ZF} = (\boldsymbol{\Lambda}^{\mathrm{H}} \boldsymbol{\Lambda})^{-1} \boldsymbol{\Lambda}^{\mathrm{H}} \hat{\boldsymbol{y}} = \boldsymbol{\Lambda}^{-1} \hat{\boldsymbol{y}}。$$

注意到，$\boldsymbol{\Lambda}$ 是一个对角方阵，一般来说存在逆矩阵，因此 ZF 估计的结果简单了很多。

对角矩阵求逆是非常简单的，可以写成分量的形式

$$\hat{x}[k] = \frac{\hat{y}[k]}{\hat{h}[k]} \quad k = 0, 1, \cdots, N_x - 1;$$

MMSE 估计也是类似的，矢量形式为

$$\hat{\boldsymbol{x}}_{MMSE} = (\boldsymbol{\Lambda}^{\mathrm{H}}\boldsymbol{\Lambda} + \frac{\sigma_z^2}{\sigma_x^2}\boldsymbol{I})^{-1}\boldsymbol{\Lambda}^{\mathrm{H}}\hat{\boldsymbol{y}},$$

分量形式为

$$\hat{x}[k] = \frac{\hat{h}^*[k]\hat{y}[k]}{|\hat{h}[k]|^2 + \sigma_z^2/\sigma_x^2} \quad k = 0, 1, \cdots, N_x - 1 \text{。}$$

得到了频域的估计结果后，再通过 IDFT 得到时域的估计结果

$$\boldsymbol{x} = \boldsymbol{W}_{N_x}^{-1}\hat{\boldsymbol{x}} \text{。}$$

所以，下面总结一下频域均衡的步骤。

- 计算 $\hat{\boldsymbol{y}} = \boldsymbol{W}_{N_x}\widetilde{\boldsymbol{y}}$ 和 $\hat{\boldsymbol{h}} = \boldsymbol{W}_{N_x}\widetilde{\boldsymbol{h}}$；

- 频域内估计 $\hat{\boldsymbol{x}}$，用 ZF 算法：$\hat{\boldsymbol{x}} = \boldsymbol{\Lambda}^{-1}\hat{\boldsymbol{y}}$，或者 MMSE 算法：$\hat{\boldsymbol{x}} = (\boldsymbol{\Lambda}^{\mathrm{H}}\boldsymbol{\Lambda} + \frac{\sigma_z^2}{\sigma_x^2}\boldsymbol{I})^{-1}\boldsymbol{\Lambda}^{\mathrm{H}}\hat{\boldsymbol{y}}$；

- 转换到时域 $\boldsymbol{x} = \boldsymbol{W}_{N_x}^{-1}\hat{\boldsymbol{x}}$。

一般说来，这需要做 3 次 FFT/IFFT 和 N_x 次除法，在宽带系统里面是计算量比较经济的算法。

大家可以看到，频域均衡还是一个比较简单的算法，完全可以不用矩阵就可以清晰地描述。但是对于后续一些比较复杂的算法，比如多用户检测、MIMO 等，不采用矩阵是很难描述的。

所以，在这个简单的问题里面引入了矩阵的表达，是为后面的复杂问题做准备。这里引入的卷积、圆卷积、DFT/IDFT 的矩阵形式，以及圆卷积矩阵的对角化方法，都是数字信号处理中非常重要和常用的方法，希望同学们能够牢固掌握。

13.4 信道估计

在均衡技术里面，无论是时域均衡还是频域均衡，我们都需要知道信道的冲激响应 $h[n]$。那么，在实际系统当中如何获得它呢？这就需要信道估计技术。本节介绍基本的信道估计方法。

13.4.1 信道估计的系统方程

再来看一看离散卷积的公式:

$$y[n] = \sum_{k=0}^{N_x-1} x[k]h[n-k]。$$

该公式除可以写成公式（13.1）所表达的卷积矩阵与输入信号矢量的乘积形式外,
还可以写成如下的矩阵形式:

$$\boldsymbol{y} = \boldsymbol{X}\boldsymbol{h} + \boldsymbol{z}。$$

其中, $\boldsymbol{X}$ 为

$$\boldsymbol{X} = \begin{bmatrix} x[0] & & & \\ x[1] & x[0] & & \\ \vdots & x[1] & \ddots & \\ x[N_x-1] & \vdots & \ddots & x[0] \\ & x[N_x-1] & \ddots & x[1] \\ & & \ddots & \vdots \\ & & & x[N_x-1] \end{bmatrix} \in \mathbb{C}^{N_y \times N_h},$$

$$\boldsymbol{h} = [h[0], h[1], \cdots, h[N_h-1]]^{\mathrm{T}} \in \mathbb{C}^{N_h \times 1}$$

是信道的冲激响应;

$$\boldsymbol{y} = [y[0], y[1], \cdots, y[N_y-1]]^{\mathrm{T}} \in \mathbb{C}^{N_y \times 1}$$

是观测信号;

$$\boldsymbol{z} = [z[0], z[1], \cdots, z[N_y-1]]^{\mathrm{T}} \in \mathbb{C}^{N_y \times 1}$$

是复高斯噪声。

如果知道了矩阵 $\boldsymbol{X}$, 那么就可以用与均衡完全相同的算法来获得对 $h[n]$ 的估计。

既然是这样, 发射机就可以发送事先约定的已知信号, 从而帮助接收机事先对信
道的估计。这种事先约定的已知信号叫作**导频**, 而这种信道估计的方法叫作**导频辅助
的信道估计**。

如图 13.2 所示的是一个帧结构中的一帧。一个通信系统一般把时间划分成等长
的时间片, 每一片叫作一个帧。在图 13.2 中的一帧当中, 包含了数据 D、导频 P 和
保护时间 G。

信道一般会有时延扩展, 使得接收信号比发送的数据符号多出来一截拖尾, 保护
时间 G 是用来容纳这个拖尾的, 防止它影响到后面的数据。

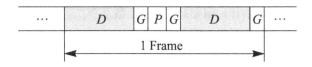

图 13.2 包含数据和导频的帧结构

导频 P 是事先约定的，接收机用它来进行信道估计。无线信道往往是时变的，但是一帧的时间往往比较短，比如 5ms，所以一般假设信道在一帧之内保持不变。用导频 P 估计的信道，用于前后两块数据的解调。在这个结构当中，导频 P 位于两个数据块之间，所以又叫**中导**（midamble）。中导的结构使得导频离使用它的数据块尽量地近，从而保证信道估计的及时性。属于第三代移动通信的 TD-SCDMA 标准就是采用了类似的帧结构。

13.4.2 导频设计问题

从公式上看，均衡与信道估计的数学模型完全相同，看起来算法也应该完全一致。但是这两个问题毕竟还是不同的。

在均衡技术当中，无论是发送的数据，还是信道的冲激响应，都是天然的，无法控制。我们能够做的就是在现实的情况下获得对数据的最优估计。

但是在信道估计当中，发送什么样的导频却是可以控制的，包括导频的长度，以及什么样的导频序列。

一个最简单的想法大概是，让导频的长度为 1，并且 $x[0] = 1$，也就是 $\boldsymbol{X} = [1]$，是一个标量。这个时候，$\boldsymbol{y} = \boldsymbol{h} + \boldsymbol{z}$，也就是说，观测到的信号就是信道的冲激响应，也不用什么算法了，这不是很好吗？

算法当然是简单明了，问题是观测信号 $\boldsymbol{y}$ 里面还有一个噪声 $\boldsymbol{z}$。如果单纯依靠一个冲激信号还获得对 $\boldsymbol{h}$ 的估计，就需要有很大的发射功率。这在实际情况当中是无法做到的。

以 ZF 估计为例，估计值为

$$\hat{\boldsymbol{h}} = \boldsymbol{h} + (\boldsymbol{X}^{\mathrm{H}}\boldsymbol{X})^{-1}\boldsymbol{X}^{\mathrm{H}}\boldsymbol{z},$$

后面一项为噪声项，这个噪声项被相关矩阵 $\boldsymbol{X}^{\mathrm{H}}\boldsymbol{X}$ 的逆所抑制。我们注意到相关矩阵对角线上的元素为导频的总能量，也就是 $\sum_{n=0}^{N_x-1} |x[n]|^2$，所以导频的长度越长，噪声被抑制得越厉害。

但是导频越长，占用的资源就越多，用来发送数据的资源就减少了。因此，在实际的系统当中，应结合实际的应用场景来设计适当的导频长度。

另外，一般情况下导频长度 N_x 要比信道响应的长度 N_h 大很多，如果按照频域均衡的方式进行频域信道估计，则要把方程的个数从 $N_y = N_x + N_h - 1$ 个减少到 N_h 个，性能损失还是很大的。所以一般不这样做。

还有一个问题就是导频序列的选择。

举一个例子，假如导频为长度为 4 的全 1 序列 $[1, 1, 1, 1]$，而 $h[n]$ 的长度为 2，则矩阵 $\boldsymbol{X}$ 为

$$\boldsymbol{X} = \begin{bmatrix} 1 & 0 \\ 1 & 1 \\ 1 & 1 \\ 1 & 1 \\ 0 & 1 \end{bmatrix},$$

相关矩阵为

$$\boldsymbol{X}^{\mathrm{H}} \boldsymbol{X} = \begin{bmatrix} 4 & 3 \\ 3 & 4 \end{bmatrix}.$$

我们先看一看现象，然后解释原因。

这个矩阵的主对角线元素为 4，而非对角线上的元素为 3，它与主对角线元素太接近了，这对解方程是不利的。理想的特性是非对角线元素为 0，这样的话相关矩阵 $\boldsymbol{X}^{\mathrm{H}} \boldsymbol{X}$ 就是一个正交矩阵，能够得到最精确的估计结果。

13.4.3　病态问题

为什么会出现这样的现象？这涉及矩阵理论里面的**病态**概念。我们回到一个一般的方程组

$$\boldsymbol{y} = \boldsymbol{A} \boldsymbol{x},$$

其中，$\boldsymbol{A}$ 是一个方阵。如果 $\boldsymbol{A}$ 的逆矩阵存在，则方程的解为

$$\boldsymbol{x} = \boldsymbol{A}^{-1} \boldsymbol{y}.$$

现在的问题是，观测数据 $\boldsymbol{y}$ 里面会含有噪声，在数学里面称作**扰动**。如果扰动比较小，得到的解 $\boldsymbol{x}$ 变化也比较小，那么就称矩阵 $\boldsymbol{A}$ 是良性的。反之，如果观测信号里面有很小的扰动，就引起解的巨大变化，就称矩阵 $\boldsymbol{A}$ 是病态的。病态的极致叫**奇异**，也就是即使观测信号里面没有扰动，方程组的解也会变化，这就表现为方程组的解不唯一，是不定解。这个时候矩阵 $\boldsymbol{A}$ 的逆是不存在的。

矩阵的病态特性是矩阵的固有特性，不取决于解方程的算法，在线性代数中一般用**条件数**的概念来衡量矩阵的病态程度，其定义为

$$\kappa(\boldsymbol{A}) = \|\boldsymbol{A}\| \cdot \|\boldsymbol{A}^{-1}\|,$$

其中，$\|\cdot\|$ 可以是任何一种范数，典型的可以取矩阵行列式 $\det(\cdot)$。

条件数的计算要应用到矩阵的行列式的值和逆矩阵的行列式的值，计算量非常巨大，在实际问题中很难应用。而且一眼看上去，也看不出个所以然。我们就不再辨析这个数学概念了，而介绍一个更加直观的概念，不妨叫它映射的广义条件数。

【定义：广义条件数】：设有可逆映射 $\boldsymbol{A} : \mathbb{X} \to \mathbb{Y}$，$\mathbb{X}$ 和 $\mathbb{Y}$ 为度量空间。$\boldsymbol{x}_1, \boldsymbol{x}_2 \in \mathbb{X}$。广义条件数定义为

$$\kappa(\boldsymbol{A}) = \sup \frac{d(A(\boldsymbol{x}_1) - A(\boldsymbol{x}_2))}{d(\boldsymbol{x}_1 - \boldsymbol{x}_2)},$$

$d(\cdot, \cdot)$ 表示求度量，sup 表示上确界。

一看到符号就头疼的同学人可不必烦恼，我想，也没有必要讲究什么严密性了，只要大概理解这个意思就行了。不知道上确界概念的同学，把它理解为最大值就好了。

这个定义的意思是，映射 $\boldsymbol{A}$ 定义域中的两个元素，如果它们之间的距离比较远，而经过映射的作用后，它们的像之间的距离却比较近，那么 $\kappa(\boldsymbol{A})$ 就比较高。

也就是说，对于逆问题由像求原像的过程，如果对于像的观测存在微小的误差，就有可能使求得的原像有较大的差异，从而问题表现为病态。在实际的工程问题中，当定义域中的元素之间的距离超过误差所允许的范围，而值域中的像之间的距离仍然小于观测噪声的时候，逆问题就成为病态问题。

病态问题的极限是这样的，对值域中的一个像在值域中有不同的原像与之对应，此时映射 $\boldsymbol{A}$ 的逆映射是不存在的，即对定义域中不同的元素，经过映像 $\boldsymbol{A}$ 的作用后的像可以相同，在线性代数中这种现象叫奇异。

学习过数值分析的同学都知道，人们设计出了许多措施来使解算过程具有数值稳定性，例如 Gauss-Jordan 法通过选主元的方法来避免小主元作分母，奇异值分解（SVD）方法将矩阵分解成正交阵的形式，等等。但是这些方法只能够解决由计算过程带来的误差问题，并不能解决病态问题本身。

病态问题是说，即使求解是完全精确的，没有任何误差，由于实际噪声的影响，结果也是不稳定的。我们给一个例子来看一看。

解一个二元一次方程，在几何上表现为求两条直线的交点的坐标，如图 13.3 所示。

当两条直线不平行时，交点是唯一的。这个时候，方程组矩阵的逆存在。

这两条直线的夹角反映了问题的病态程度。在实际的测量中总有一定的观测噪声。如图 13.4 所示，对于同样的观测噪声，当两条直线的夹角比较大的时候，问题是良态的，特别是两条直线正交的时候，解具有最小的误差带。当两条直线的夹角很小时，解的误差带就很大，问题就成为病态的。

当两条直线的夹角越来越小达到完全重合的时候，问题就成为奇异问题，具有多解。

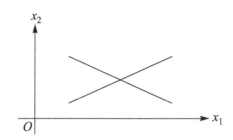

图 13.3 解二元一次方程相当于求两条直线交点的坐标

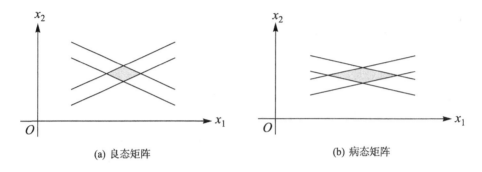

(a) 良态矩阵   (b) 病态矩阵

图 13.4 当存在观测噪声的时候，阴影部分为解的可能误差范围

平面上一个点需要在两个方向上加以限定。当两条直线的夹角很小接近平行时，实际只在一个方向上提供了限定，而在与这个方向垂直的方向上的限定却很弱，也就是说，在这个方向上的信息不够，于是造成了病态问题。

更高维数的矩阵的病态问题和二维矩阵的情况也是类似的。

解决病态问题的唯一方法是补充信息，将病态问题转化成良态问题。补充信息有两种实现方法：一种方法就是降低噪声水平，如果能将噪声降到足够低，那么解的误差就可以被限制在要求的范围之内。这种方法可以通过提高观测仪器的精度来实现，但在工程中更广泛的应用是对同一观测对象进行反复测量，通过平均的方法来降低噪声。

另外一种方法是提供适当的约束条件，比如在与两条直线近乎正交的方向上提供约束，那么误差带将大大缩小，病态问题将转化成良态问题。

13.4.4   优化导频和矩阵特性

下面回到信道估计的问题，再看一看相关矩阵

$$\boldsymbol{X}^{\mathrm{H}}\boldsymbol{X} = \begin{bmatrix} 4 & 3 \\ 3 & 4 \end{bmatrix},$$

可以看到，这个方程组对应的平面上的两条直线的夹角是很小的，斜率分别是 $-3/4$ 和 $-4/3$，因此会对观测噪声很敏感，造成信道估计结果有较大的误差。而造成这一现象的原因是导频序列的自相关特性太差。

为了克服这个缺点，我们把导频改为 $[1, 1, -1, 1]$：

$$\boldsymbol{X} = \begin{bmatrix} 1 & 0 \\ 1 & 1 \\ -1 & 1 \\ 1 & -1 \\ 0 & 1 \end{bmatrix},$$

相关矩阵变为

$$\boldsymbol{X}^{\mathrm{H}}\boldsymbol{X} = \begin{bmatrix} 4 & -1 \\ -1 & 4 \end{bmatrix}。$$

你可以看到，非对角线元素的绝对值降低了，矩阵对应的平面上的两条直线的夹角也增大了，方程的性质改良了许多。还可以进一步优化导频为 $[1, 1, -0.5, 1]$，则相关矩阵为

$$\boldsymbol{X}^{\mathrm{H}}\boldsymbol{X} = \begin{bmatrix} 3.25 & 0 \\ 0 & 3.25 \end{bmatrix},$$

变成了一个对角矩阵，是一个理想的结果。

如果导频的长度比较长，则可以忽略矩阵 $\boldsymbol{X}$ 的头部和尾部效应，相关矩阵 $\boldsymbol{X}^{\mathrm{H}}\boldsymbol{X}$ 的病态程度取决于导频序列的自相关函数。如果自相关函数是一个 δ 函数，则相关矩阵是对角矩阵。因此在实际应用当中，一般采用具有白噪声性质的序列作为导频。

13.5　小结

多径信道引起的时延扩展带来了符号间干扰，给通信带来了不好的影响。消除符号间干扰的技术叫作均衡。

早期的均衡技术比如横向抽头滤波器，是模拟方法，而现在普遍使用的是数字技术，这主要归功于处理器技术的指数发展。

在离散领域，符号间干扰可以由离散卷积来表达，这种表达在写成矩阵的形式后抽象为一个数学上的最优估计问题。

根据不同的准则，有 MF, ZF 和 MMSE 等经典的估计结果。应用这些数学成果，就得到均衡的结果。数字均衡也可以在频域进行，这主要是因为离散卷积定理和 FFT 的强大。频域均衡主要在宽带系统当中得以应用，因为在这种场景下 FFT 的优势才比较明显。

　　为了获得均衡所需要的信道冲激响应，需要发送导频来辅助接收机进行信道估计。信道估计可以抽象成与数字均衡相同的数学模型，可以应用相同的估计方法。信道估计当中的一个重要问题是导频序列的设计，需要考虑导频的长度来平衡发射功率，以及自相关特性以防止方程的病态。

第14章 多 址 技 术

前面介绍了调制、成型滤波、载波同步、符号同步、均衡等技术，利用这些技术已经可以实现发射机与接收机之间的通信，并且能够对抗无线信道带来的衰落。

但是在实际的通信系统当中，还需要实现多址（multiple access）。那么什么是多址，为什么需要多址呢？

早期的无线电报并不需要多址技术。因为电报的通信方式是单机对单机，能发能收就可以了。中共中央从上海发电报给莫斯科的共产国际，就是由上海的电台发信号，莫斯科的电台收下来，跨越几千公里的距离。

而现代的移动通信，为了实现更高的通信效率，采用了基础网络架构。在这个基础网络架构当中，包括很多基站，基站之间是相互连接的。手机在通信的时候，不是直接和另一部手机通过无线电来通信，而是先发送信号到离自己最近的基站，基站把信号送到离另一部手机最近的基站，再由这个基站通过无线的方式送达目的手机。

那么，就会有多部手机同时和一个基站通信，基站如何区分不同手机的信号呢？这就需要多址技术。

已经获得过实际使用的多址技术包括 FDMA、TDMA、CDMA 和 OFDMA。这几个技术都叫 xDMA，差别就在第一个字母。FDMA 的英文全称是 Frequency Division Multiple Access，意思是通过频率（Frequnecy）把用户区分（Division）的多个用户（Multiple）同时接入（Access）的技术。注意，是 Access 而不是 Address。其他几个的首字母分别是 Time、Code 以及 Orthogonal frequency。OFDMA 也是一种 FDMA，只不过它是正交的 FDMA，有更高的频谱效率。

多址技术在无线通信当中占据着很重要的地位，以至于到目前，移动通信是以多址技术来划分时代的。FDMA、TDMA、CDMA 和 OFDMA 分别代表了第一代到第四代的移动通信技术。

14.1 FDMA 与 TDMA

我们首先来看一看 FDMA。如图 14.1 所示，不同的用户占据不同的频段，从而避免了相互干扰，实现了区分。

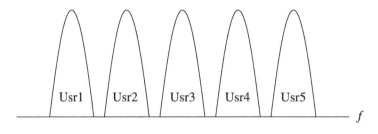

图 14.1 频分多址

　　手机选择哪一个频率，可以通过滤波器实现。由于滤波器的阻断都有过渡带，因此，相邻的两个频率之间一般会保留一定的带宽作为保护。

　　从原理上来说，TDMA 与 FDMA 类似，只不过把频率换成了时间而已，如图 14.2 所示。时间资源被划分成帧，每一帧内又被划分成若干时隙，不同的用户使用不同的时隙实现区分。图 14.2 中虽然没有画出来，实际上由于信道存在时延扩展，不同的时隙之间也需要保留一定的保护时间。在实现中，用户要选择某一个时隙，需要定时器，并且需要与基站同步。

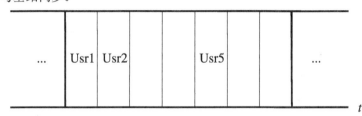

图 14.2 时分多址的一帧

　　所以，第一代移动通信采用了 FDMA，因为滤波器是电子产业里面最早成熟的技术之一，用它来实现最早的多址技术就是顺理成章的。

　　TDMA 是在高精度的定时技术，比如石英振荡器成熟之后才被采用的。我这个年龄（出生于 20 世纪 70 年代）的人还记得在改革开放初期，很多人去倒腾电子表，这说明石英计时技术大概是在那个时候成熟的。所以 20 世纪 80 年代制定的第二代移动通信标准 GSM 采用了 TDMA 的多址方式，一个载频上通过 TDMA 可以承载 8 路语言信号。

　　为什么 TDMA 需要很高的定时精度呢？初次接触通信的同学也可能会有这样一个疑问，如果一部手机的通信是断断续续的，是不是听到的声音就不连贯了呢？

　　实际当中是这样处理的：比如 GSM 系统，每个用户只占用 1/8 的时间，要在这段时间内传送完用户的数据，就要把速率提高 8 倍。接收机收到后，再把数据展开到所有的时间上，接收用户就能听到连续的语音了。

不过这样的处理会造成在时间上出现了一个延迟。如果只是单向通信，这种延迟不会对人造成什么不好的感觉，相当于节目晚播出了几秒而已。在交互业务当中，如果我们说完了一句话希望马上听到对方的反馈，就不允许有很大的延迟了，一般交互业务要求延时在 100ms 以内。

TDMA 造成的延时至少为一帧，分配给 8 个用户，一个时隙的时间就是十几毫秒。实际的系统还要小得多，比如 GSM 系统的帧长为 4.6ms，分成 8 个时隙，每个时隙的长度为 0.557ms。要准确定位这么短的时间片，从人们的生物直觉上来说是不可能的。但是要知道，时间是人类测量得最准确的物理量，由美国国家标准局研制的铝离子光钟已达到 37 亿年误差不超过 1 秒的惊人水平。我们花 10 元钱买的电子表，走一年也差不了 1 秒。所以说，现代的计时技术水平，足以支撑 TDMA 的应用。

从原理上看，TDMA 与 FDMA 也差不太多，其有什么优势吗？TDMA 的优势是系统的宽带化。意思是说，TDMA 把多个用户组合在一个载频上，一个载频的宽度就加大了。

实现了宽带化之后，基站设备的基带和中射频通道中的主要器件，比如处理器、滤波器、功放、天线等也宽带化了，可以用一个宽带的通道代替若干个窄带的通道。随着器件水平的发展，这可以降低成本。宽带是技术发展的方向，目前的 LTE 系统带宽已经是 20MHz，以后还可能会发展到更高的带宽，比如 100MHz。

14.2   CDMA

CDMA 与 OFDMA 分别是第三代和第四代移动通信的多址技术。其实，从数学上看，这两种技术的差别非常小，因此这里放在一起对比着来讲。

可能让你想不到的是，CDMA 的发明人是好莱坞艳星海蒂·拉玛（Hedy Lamarr）。对，就是如图 14.3 所示的这位大美女。

海蒂本身所学的专业是通信，她的第一任丈夫是军火商，这使她得以接触保密通信的课题。海蒂富有远见地认识到：可以通过不断地改变无线电波频率，防止信号堵塞的发生，从而防止敌方干扰。1940 年年初，她和作曲家乔治设计出了一个飞机导航系统，并于 1942 年 8 月获得了美国的专利，专利号为 2292387，这就是"跳频通信技术"。可惜当时的美国军方完全不把他们的研究当一回事儿，拒绝尝试，并为之保密。海蒂在当时未能获得任何荣誉。

海蒂的发明于 1985 年被解密，高通公司把它应用到民用通信当中，研制成功 IS95 系统，后来 CDMA 成为第三代移动通信的多址技术，从而成就了一个巨无霸的高科技公司。

海蒂的发明是用一个序列去控制通信的频率，属于跳频技术。现在使用的 CDMA 是直接序列扩频（direct sequence spread spectrum），其核心思想与跳频是一致的。下面我们主要介绍的是直扩序列。

图 14.3 CDMA 的发明人海蒂·拉玛（Hedy Lamarr）

CDMA 是用码（code）来区分用户的。所谓的码，就是一个由 1 和 −1 构成的序列，例如 1 1 −1 −1，就是一个长度为 4 的扩频码。

扩频操作，就是把用户数据符号，假设为 x_0，乘以上面这个码，得到 $x_0, x_0, -x_0, -x_0$。也就是说，经过扩频之后，一个符号变成了 4 个符号，如果要保持用户的速率不变，就需要 4 倍的带宽。因此，这个技术被称为直接序列扩频。

我们现在用数学公式来表达扩频技术。假设用户 k 的数据为

$$\boldsymbol{x}^{(k)} = \begin{bmatrix} x_1^{(k)}, & x_2^{(k)}, & \cdots, & x_N^{(k)} \end{bmatrix}^{\mathrm{T}} \in \mathbb{C}^{N \times 1}, k = 1, \cdots, K,$$

使用长度为 Q 的扩频码

$$\boldsymbol{c}^{(k)} = \begin{bmatrix} c_1^{(k)}, & c_2^{(k)}, & \cdots, & c_Q^{(k)} \end{bmatrix}^{\mathrm{T}} \in \mathbb{C}^{Q \times 1}, k = 1, \cdots, K,$$

那么扩频后的信号可以表达为

$$\boldsymbol{x}_{sp}^{(k)} = \boldsymbol{C}^{(k)} \boldsymbol{x}^{(k)} \in \mathbb{C}^{NQ \times 1}, k = 1, \cdots, K,$$

其中，$\boldsymbol{C}^{(k)}$ 为扩频矩阵：

$$\boldsymbol{C}^{(k)} = \begin{bmatrix} \boldsymbol{c}^{(k)} & & & \\ & \boldsymbol{c}^{(k)} & & \\ & & \ddots & \\ & & & \boldsymbol{c}^{(k)} \end{bmatrix} \in \mathbb{C}^{NQ \times N}。$$

这些符号可能有点抽象，下面举一个具体的例子。假如数据 $\boldsymbol{x}^{(k)} = [1,1]^{\mathrm{T}}$，扩频码采用 $\boldsymbol{c}^{(k)} = [1,1,-1,-1]^{\mathrm{T}}$，则扩频矩阵为

$$\boldsymbol{C}^{(k)} = \begin{bmatrix} 1 & 0 \\ 1 & 0 \\ -1 & 0 \\ -1 & 0 \\ 0 & 1 \\ 0 & 1 \\ 0 & -1 \\ 0 & -1 \end{bmatrix};$$

扩频后的信号为

$$\boldsymbol{x}_{sp}^{(k)} = [1,1,-1,-1|1,1,-1,-1]^{\mathrm{T}},$$

中间的竖线是两个符号的边界。

14.2.1 扩频增益

在一个 AWGN 信道当中，假设只有一个用户 1，则接收信号为

$$\boldsymbol{y} = \boldsymbol{C}^{(1)}\boldsymbol{x}^{(1)} + \boldsymbol{z}。$$

在 AWGN 信道当中，相邻的符号之间没有干扰，因此可以独立处理。为表达简洁，假设只有一个符号 $\boldsymbol{x}^{(1)} = [x^{(1)}]$，则

$$\boldsymbol{y} = \boldsymbol{C}^{(1)}\boldsymbol{x}^{(1)} + \boldsymbol{z} = \boldsymbol{c}^{(1)}x^{(1)} + \boldsymbol{z}。$$

对 $x^{(1)}$ 的最优估计为匹配滤波，即

$$\hat{x}^{(1)} = \boldsymbol{c}^{(1)\mathrm{H}}\boldsymbol{y} = Qx^{(1)} + \boldsymbol{c}^{(1)\mathrm{H}}\boldsymbol{z}。$$

这个由扩频信号得到发送的符号的过程也叫作解扩。

如果你对这里的公式没有感觉，是因为矩阵的乘法没有学好，或者不知道什么叫共轭转置。这些都是线性代数最基本的东西，应该熟练掌握，至少应该能够推导出 $c^{(1)H}c^{(1)} = Q$。

如果 $x^{(1)}$ 的方差为 σ_x^2，噪声 z 的方差为 σ_z^2，则接收信号 y 的信噪比为

$$\gamma_y = \frac{\sigma_x^2}{\sigma_z^2}。$$

解调之后，信号的方差为 $Q^2\sigma_x^2$，而噪声的方差为 $Q\sigma_z^2$。这是因为接收机知道用户使用的扩频码，所以在解扩中对于信号是相干叠加，功率增加了 Q^2 倍；而对于噪声则是非相干叠加，功率只增加了 Q 倍。解扩后的信号的信噪比为

$$\gamma_{\hat{x}} = \frac{Q^2\sigma_x^2}{Q\sigma_z^2} = Q\gamma_y。$$

也就是说，解扩后符号的信噪比提高了 Q 倍，所以扩频码的长度 Q 也被称作扩频增益。

在实际应用当中，Q 一般会比较大，如 WCDMA 中的 Q 值最大为 256。由于扩频增益的原因，扩频后的信号可以用很低的功率密度发射，完全隐藏在噪声当中，使敌方不易发现。因此 CDMA 技术最早应用于军方的保密通信中。

所以看起来这个扩频增益是非常大的，这也一直是 CDMA 技术所宣传的技术优势。但是从系统容量的角度看，扩频增益其实是一个伪增益，并不能给系统容量带来提升。这也是 CDMA 在 4G 时代被淘汰的原因，我们在后续部分会深入讨论这个话题。

14.2.2 正交码

CDMA 作为一种多址技术，是可以用来区分用户的。假如有用户 1 和用户 2，分别使用扩频码 $c^{(1)}$ 和 $c^{(2)}$，同样只考虑一个符号，那么在 AWGN 信道当中的接收信号为

$$y = c^{(1)}x^{(1)} + c^{(2)}x^{(2)} + z；$$

对 $x^{(1)}$ 的估计仍然采用匹配滤波算法，则

$$\hat{x}^{(1)} = c^{(1)H}y = Qx^{(1)} + c^{(1)H}c^{(2)}x_2 + c^{(1)H}z。$$

显然，在这个估计里面，除噪声项 $c^{(1)H}z$ 外，还有一个干扰项 $c^{(1)H}c^{(2)}x_2$。但是如果 $c^{(1)}$ 和 $c^{(2)}$ 是正交的，即

$$c^{(1)H}c^{(2)} = 0，$$

则干扰项就为零了，这对通信当然是有好处的。还记得吗？$c^{(1)H}c^{(2)}$ 就是 $c^{(1)}$ 和 $c^{(2)}$ 的内积，内积为零就表示 $c^{(1)}$ 和 $c^{(2)}$ 正交。

所以，正交码在实际当中获得了应用。例如 3 个 3G 标准——WCDMA、CDMA2000 和 TDS-CDMA 的下行都使用了正交码。

3G 当中使用的正交码叫 OVSF（orthogonal variable spreading factor）码，其实就是 Walsh 码。可以通过递归的方式来实现构造。

令初始值

$$\boldsymbol{W}_0 = [1],$$

然后通过迭代的方式构造：

$$\boldsymbol{W}_n = \begin{bmatrix} \boldsymbol{W}_{n-1} & \boldsymbol{W}_{n-1} \\ \boldsymbol{W}_{n-1} & -\boldsymbol{W}_{n-1} \end{bmatrix}。$$

$\boldsymbol{W}_n$ 的列矢量（或者行矢量），就是长度为 2^n 的正交扩频码。按照这种方式，可以构造出不同长度的正交码。例如：

$$\boldsymbol{W}_1 = \begin{bmatrix} 1 & 1 \\ 1 & -1 \end{bmatrix},$$

$$\boldsymbol{W}_2 = \begin{bmatrix} \boldsymbol{W}_1 & \boldsymbol{W}_1 \\ \boldsymbol{W}_1 & -\boldsymbol{W}_1 \end{bmatrix} = \begin{bmatrix} 1 & 1 & 1 & 1 \\ 1 & -1 & 1 & -1 \\ 1 & 1 & -1 & -1 \\ 1 & -1 & -1 & 1 \end{bmatrix},$$

依此类推。

实际采用的扩频码，为了满足信道估计和组网方面的要求，还要在 Walsh 码的基础上乘以一个长扰码。

14.2.3 Rake 接收机

还是假设只有一个用户 1，用扩频码 $\boldsymbol{c}^{(1)}$ 发送一个符号 x，让扩频信号通过一个多径信道：

$$\boldsymbol{h}^{(1)} = \begin{bmatrix} h_1^{(1)}, & h_2^{(1)}, & \cdots, & h_W^{(1)} \end{bmatrix}^{\mathrm{T}} \in \mathbb{C}^{W \times 1},$$

则接收信号为

$$\boldsymbol{y} = \boldsymbol{H}^{(1)} \boldsymbol{C}^{(1)} \boldsymbol{x}^{(1)} + \boldsymbol{z} = \boldsymbol{H}^{(1)} \boldsymbol{c}^{(1)} x + \boldsymbol{z}。$$

其中，$\boldsymbol{H}^{(1)}$ 是卷积矩阵：

$$\boldsymbol{H}^{(1)} = \begin{bmatrix} h_1^{(1)} & & & \\ h_2^{(1)} & h_1^{(1)} & & \\ \vdots & h_2^{(1)} & \ddots & \\ h_W^{(1)} & \vdots & \ddots & h_1^{(1)} \\ & h_W^{(1)} & \vdots & h_2^{(1)} \\ & & \ddots & \vdots \\ & & & h_W^{(1)} \end{bmatrix} \in \mathbb{C}^{(Q+W-1)\times Q}。$$

那么对 x 的最优估计还是匹配滤波器：

$$\hat{x}^{(1)} = (\boldsymbol{H}^{(1)}\boldsymbol{c}^{(1)})^{\mathrm{H}}\boldsymbol{y}。 \tag{14.1}$$

在 CDMA 技术当中，一般把这个匹配滤波器换一个形式来表达。因为有这个关系：

$$\boldsymbol{H}^{(1)}\boldsymbol{c}^{(1)} = \boldsymbol{C}^{(1)}\boldsymbol{h}^{(1)},$$

其中，

$$\boldsymbol{C}^{(1)} = \begin{bmatrix} c_1^{(1)} & & & \\ c_2^{(1)} & c_1^{(1)} & & \\ \vdots & c_2^{(1)} & \ddots & \\ c_Q^{(1)} & \vdots & \ddots & c_1^{(1)} \\ & c_Q^{(1)} & \vdots & c_2^{(1)} \\ & & \ddots & \vdots \\ & & & c_Q^{(1)} \end{bmatrix} \in \mathbb{C}^{(Q+W-1)\times W}。$$

这个关系我们在介绍信道估计的时候已经见过了。所以，匹配滤波也可以写成

$$\hat{x}^{(1)} = (\boldsymbol{C}^{(1)}\boldsymbol{h}^{(1)})^{\mathrm{H}}\boldsymbol{y}。$$

我们再把这个式子写成分量的形式：

$$\hat{x}^{(1)} = \sum_{n=1}^{W} h_n \boldsymbol{c}_n^{(1)H}\boldsymbol{y},$$

其中，$\boldsymbol{c}_n^{(1)}$ 是矩阵 $\boldsymbol{C}^{(1)}$ 的第 n 列，也就是把扩频码 $\boldsymbol{c}^{(1)}$ 延迟了 $n-1$。

　　这样改写之后的匹配滤波器有一个响亮的名称，叫作 Rake 接收机，它是 CDMA 的核心技术。Rake 接收机于 1956 年就被申请了专利，发明人是 Robert Price 和 Paul Green，是他们在林肯实验室工作的时候发明的。20 世纪 50 年代，他们领导开发了第一个扩频系统 Lincoln F9C，也没有考虑给海蒂·拉玛一些报酬。

　　维基百科上是这样描述的：

The Rake receiver has been described as "historically the most important adaptive receiver for fading multipath channels."

　　鉴于 Rake 接收机有如此重要的地位，我们的描述也要隆重一些。除了这些数学公式，下面给出一个 Rake 接收机的框图，如图 14.4 所示。

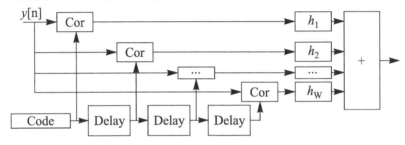

图 14.4 Rake 接收机

　　图 14.4 中的每个延迟（Delay）叫作一个 finger。每个 finger 做一次相关（Cor）和加权（h_n），然后累加起来得到对信息符号的估计，送到星座解调器。这个框图既可以是数字的，也可以是模拟的。

　　先来说数字的，相关器 Cor 执行的操作是

$$\sum_{n=1}^{Q} c_n^{(1)} y[n + D],$$

其中，D 是这个 finger 对应延迟的 Tap 数。现代的数字技术已经很发达了，所以一般都是采用数字的方法进行处理。尤其是如果用 Matlab 仿真，则使用数字技术就更加方便了。

　　大家已经看到，匹配滤波器和 Rake 接收机实质上是等价的，那么为什么 Rake 接收机的名字会这么响亮呢？

　　要注意到，因为扩频码的取值为 ±1，所以数字相关器不需要乘法运算，相关的结果与信道加权需要一次乘法。所以 Rake 接收机解扩一个符号需要的乘法的数量为 finger 数。

　　如果再检查一下匹配滤波器（公式 14.1），如果先用卷积矩阵与扩频码相乘，再和接收信号进行相关，就需要 $Q + W - 1$ 次乘法。通常扩频因子 Q 比较大，比如 128，而 finger 数 W 是比较小的，例如 12，这个运算量就大大增加了。

在数字技术之前，Rake 接收机是用模拟方法实现的。对于模拟信号，相关器执行的操作是：

$$\int_{T_{code}} c^{(1)}(t) y(t+\tau) \mathrm{d}t。$$

其中，$c^{(1)}(t)$ 是扩频码经过脉冲成型后的波形；T_{code} 是扩频码，是此波形的持续时间；τ 是这个 finger 的对应延时。这里没有讲得很清楚，也不再赘述了。

如果系统当中有多个用户，发送多个符号，怎么处理呢？Rake 接收机的做法就是装聋作哑，就当不知道这回事儿，还是按照只有一个用户的方式，一个符号一个符号地去处理。这就造成了 CDMA 的**自干扰特性**。

14.2.4 CDMA 的多用户模型和自干扰特性

如果有 K 个用户，每个用户发送 N 个符号，则接收信号为

$$\boldsymbol{y} = \sum_{k=1}^{K} \boldsymbol{H}^{(k)} \boldsymbol{C}^{(k)} \boldsymbol{x}^{(k)} + \boldsymbol{z},$$

其中，$\boldsymbol{x}^{(k)}$ 是第 k 个用户的数据符号矢量，包含 N 个符号：

$$\boldsymbol{x}^{(k)} = \begin{bmatrix} x_1^{(k)}, & x_2^{(k)}, & \cdots, & x_N^{(k)} \end{bmatrix}^{\mathrm{T}} \in \mathbb{C}^{N \times 1}, k = 1, \cdots, K;$$

$\boldsymbol{C}^{(k)}$ 为扩频矩阵：

$$\boldsymbol{C}^{(k)} = \begin{bmatrix} \boldsymbol{c}^{(k)} & & & \\ & \boldsymbol{c}^{(k)} & & \\ & & \ddots & \\ & & & \boldsymbol{c}^{(k)} \end{bmatrix} \in \mathbb{C}^{NQ \times N}。$$

每个符号扩展成为 Q 个码片，一共是 N 个符号，所以矩阵的长度为 NQ 行，扩频后总共有 NQ 个码片。

然后经过信道，$\boldsymbol{H}^{(k)}$ 是第 k 个用户的卷积矩阵。因为输入信号的长度为 NQ，所以输出信号的长度为 $NQ + W - 1$，对应的卷积矩阵的维数为 $(NQ + W - 1) \times NQ$，

$$\boldsymbol{H}^{(k)} = \begin{bmatrix} h_1^{(k)} & & & \\ h_2^{(k)} & h_1^{(k)} & & \\ \vdots & h_2^{(k)} & \ddots & \\ h_W^{(k)} & \vdots & \ddots & h_1^{(k)} \\ & h_W^{(k)} & \vdots & h_2^{(k)} \\ & & \ddots & \vdots \\ & & & h_W^{(k)} \end{bmatrix} \in \mathbb{C}^{(NQ + W - 1) \times NQ}。$$

y 是接收信号，长度为 $NQ + W - 1$，

$$\boldsymbol{y} = \begin{bmatrix} y_1, & y_2, & \cdots, & y_{NQ+W-1} \end{bmatrix}^{\mathrm{T}} \in \mathbb{C}^{NQ+W-1 \times 1},$$

在接收信号里包含了一个噪声信号，长度同样为 $NQ + W - 1$，

$$\boldsymbol{z} = \begin{bmatrix} z_1, & z_2, & \cdots, & z_{NQ+W-1} \end{bmatrix}^{\mathrm{T}} \in \mathbb{C}^{NQ+W-1 \times 1}。$$

这就是多用户 CDMA 信号经过衰落信道的数学模型了，可以参考图 14.5 获得各个矩阵的具体形状。

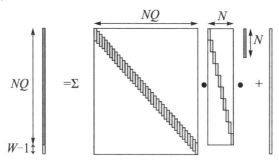

图 14.5 多用户 CDMA 信号经过衰落信道的数学模型

这个方程表示的模型一般叫作同步 CDMA，意思是各个用户的 CDMA 符号是相互对齐的。

一般来说,CDMA 蜂窝系统的下行,也就是由基站发向手机的方向,是同步 CDMA。因为各个用户的信号由基站这个共同的节点发出，很容易做到同步。在上行，也就是由手机到基站的方向，TD-SCDMA 标准是同步 CDMA，而 WCDMA 和 CDMA2000 则是异步 CDMA，就是各个用户的信号之间不需要有时间上的配合关系。在上行实现同步 CDMA，需要有专门的同步信令，这也是 TD-SCDMA 的关键技术之一，也是其名称当中字母"S"的由来，代表"Synchronized"。

在实际的系统当中，接收机广泛采用的是 Rake 接收机，也就是匹配滤波器。我们在前面已经讲到，为了避免多个用户之间的相互干扰，采用相互正交的 Walsh 码作为扩频码。但问题是，Walsh 码的正交只有在 AWGN 信道下才成立，在多径信道的条件下，正交性遭到了破坏。

比如 $1,1,1,1$ 和 $1,1,-1,-1$ 这两个码，在 AWGN 信道下是对齐的，是正交的。在多径信道之下，一个码的第一径和另外一个码的第二径是非正交的。在错位一个码片的情况下，两个码变为 $1,1,1,1,0$ 和 $0,1,1,-1,-1$，或者 $0,1,1,1,1$ 和 $1,1,-1,-1,0,$ 是非正交的，于是就出现了多用户之间的干扰。

14.2.5　远近效应

多用户干扰在蜂窝通信当中的一个结果是**远近效应**，主要表现在上行，也就是手机到基站的方向。

假设有两个 CDMA 用户同时向基站发送信号，但是他们一个离基站比较近，一个离基站比较远，那么信道的衰落就会不同。那会差多少呢？一个典型的路径损耗模型的衰减指数为 3.52，则路径损耗为

$$L(dB) = C + 35.2\lg(d)。$$

其中，C 是常数，d 为用户到基站的距离。如果两个用户到基站的距离分别为 d_1, d_2，则它们的路径损耗的差为

$$L_1 - L_2 = 35.2\lg(\frac{d_1}{d_2})。$$

也就是说，如果距离相差一倍，则损耗相差 10dB，也就是 10 倍；如果距离为 4 倍，则损耗相差 20dB，也就是 100 倍。

在实际情况当中，用户离基站的距离相差 4 倍是很常见的。如果两个用户的发射功率相同，则基站接收到的信号强度就会差 100 倍之多，近端的用户就会强烈地干扰远端用户，导致远端用户无法通信。这就是远近效应。

在 FDMA 或者 TDMA 当中，这种不同距离的用户的信号强度也是存在差别的，但是在频率或者时间上区分开来，相互之间没有干扰，因此远近效应并不明显。

在 CDMA 当中，不同用户的信号在时间和频率上是重叠的，仅仅依靠码来区分。虽然不同用户的码可以是正交的，但是在多径信道下，码的正交性被破坏，形成了用户间的干扰，这就造成了明显的远近效应。

14.2.6　功率控制

CDMA 系统克服远近效应的方法是功率控制。

功率控制的思想非常简单。在基站侧测量每个用户的接收功率，并设定一个控制目标。如果接收功率比设定目标大，就通知终端降低发射功率。相反，如果接收功率小于设定目标，则通知终端升高发射功率。

那么基站如何通知终端改变发射功率呢？这就需要专门的功率控制信令。一般来说，在下行（基站到终端）信号当中的每一帧内会保留几个比特用作功率控制信令。

在实际系统当中，功率控制信令的频率是很高的。比如 CDMA2000 每秒发 800 次功控信令，而 WCDMA 则是 1500 次/秒，TD-SCDMA 慢一些，也有 200 次/秒。

因此，不管终端距离基站有多远，功率控制的结果是基站的接收功率基本一致。这样就避免了近端用户阻塞远端用户的现象了。

14.2.7　CDMA 系统的特性

假如 CDMA 系统的扩频因子为 Q，系统当中一共有 K 个用户，由于功率控制的结果，每个用户的接收功率为 P，噪声为 P_n，则可以计算一个用户信号解扩后的信噪比为

$$\gamma = \frac{QP}{\alpha(K-1)P + P_n}, \qquad (14.2)$$

其中，系数 α 为正交因子，是 $0 \sim 1$ 中的一个系数。

由于存在用户间干扰，其他 $K-1$ 个用户的功率被当作了噪声。但是，对于同步 CDMA，同一径的码字还是正交的，因此不是所有的功率都是干扰，需要乘以一个正交因子。而对于异步 CDMA，正交因子取 1。

从公式（14.2）也可以看出，如果系统新增加一个用户，因为干扰总量增加了，为了达到同样的信噪比，每个用户的功率 P 都需要增加，这又进一步增加了干扰。

如果扩频因子 Q 比较大，用户数 K 也比较大，白噪声 P_n 相对于 CDMA 自身的多用户之间的干扰可以忽略，那么用户数为

$$K = \frac{Q}{\alpha\gamma} + 1 。$$

比如，话音一般要求的信噪比为 7dB，也就是 5 左右，对于扩频因子 $Q = 128$ 的异步 CDMA 系统，$\alpha = 1$，系统容纳的用户数为

$$K = \frac{128}{5} + 1 = 26 。$$

如果对语音质量要求低一点，把信噪比降为 6dB，也就是 4 左右，那么系统容纳的用户数变为 33。FDMA/TDMA 系统的容量就是信道的数目，而 CDMA 系统的容量取决于干扰水平和对业务质量的要求，被称为软容量。这也是由 CDMA 系统的自干扰带来的不同特性。

CDMA 的自干扰特性还带来了另外一个特点，叫作干扰共享。电话业务有一个特点，就是通话双方一般是一个人说，一个人听。因此，一个信道只有不到 50% 的时间有语音数据，其余的时间都是空闲的。在 FDMA/TDMA 系统当中，每个用户占据一个信道，不用的时候信道就闲着，这是对资源的浪费。而在 CDMA 系统当中，码的资源是足够的，系统的容量取决于干扰水平。那么对于语音用户，虽然其独占一个码字，但是如果在没有数据的时候不发射信号，就降低了对系统的干扰，从而可以容纳更多的用户。这个特性叫作干扰共享，是 CDMA 技术的一个优势。

CDMA 的干扰共享特性还导致了另外一个特点，就是蜂窝组网采用复用因子为 1，也叫作 Universal frequency resue（UFR）。而在 CDMA 之前的 FDMA/TDMA 系统的频率复用因子为 4 ~ 7，甚至为 11。这也被认为是 CDMA 的技术优势。

UFR 还导致了另外一个技术，叫作软切换。这是写进高通公司发展史的专利技术。我们在后续的部分将进一步讨论。

14.2.8 时域多用户检测

实际上 CDMA 系统一般采用了 Rake 接收机，主要是因为算法简单。然而，Rake
接收机把其他用户的信号粗暴地当成了噪声，造成了 CDMA 系统的自干扰现象，降
低了系统的容量。

为了克服这个缺点，产生了多用户检测技术。应该说，WCDMA 和 CDMA 2000
在设计之初就假设使用 Rake 接收机技术，因此上行被设计成为异步 CDMA 系统，这
样的设计比较简单，但是给多用户检测技术的使用带来了困难。

TD-SCDMA 在设计的时候就假设使用多用户检测，因此在设计上做了很多考虑，
比如上行同步、短的扩频码和扰码、保护时隙等。如图 14.6 所示是 TD-SCDMA 系统
的帧结构示意。

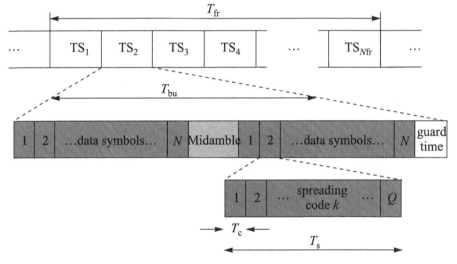

图 14.6 TD-SCDMA 系统的帧结构

在这个帧结构当中，一个帧被划分成若干个 Time slot，每个 Time slot 包括了两个
数据符号块，它们的中间是导频（midamble），用于信道估计。每个数据符号块当中包
含 N 个符号，每个符号有 Q 个码片。在图 14.6 中，T_{fr}, T_{bu}, T_s 和 T_c 分别是帧、time
slot、数据符号和码片的长度。这个结构仅仅是一个示意，在实际的 TD-SCDMA 系统
中帧长度是 10ms，被进一步划分成两个 5ms 的子帧。

对于一个数据符号块，我们已经得到同步 CDMA 系统的系统方程：

$$y = \sum_{k=1}^{K} H^{(k)} C^{(k)} x^{(k)} + z,$$

具体每个符号的意义已经在前面介绍过了。引入标记

$$B^{(k)} = H^{(k)} \cdot C^{(k)} \in \mathbb{C}^{(NQ+W-1)\times N}, k = 1, 2, \cdots, K。$$

则系统方程写为

$$y = \sum_{k=1}^{K} B^{(k)} \cdot x^{(k)} + z。$$

因为我们已经有了对一般性问题 $y = Ax + z$ 的最优估计，因此把系统方程进一步合并成为如下形式：

$$B = \left[B^{(1)}, B^{(2)}, \cdots, B^{(K)} \right];$$

$$x = \left[x^{(1)\mathrm{T}}, x^{(2)\mathrm{T}}, \cdots, x^{(K)\mathrm{T}} \right]^{\mathrm{T}}。$$

注意，矩阵 B 是横排的，矢量 x 是竖排的，则

$$y = B \cdot x + z。$$

那么就可以套用一般形式的 ZF/MMSE 的估计结果，得到

$$\hat{x} = (B^{\mathrm{H}}B + \frac{\sigma_z^2}{\sigma_x^2}I)^{-1}B^{\mathrm{H}}y。$$

其中，σ_z^2 和 σ_x^2 分别是噪声和信号的方差。

这个就是多用户检测的结果。

我们已经知道，解这个方程组需要采用 Cholesky 分解方法。而在实际的系统中，矩阵 $B^{\mathrm{H}}B$ 具有带状结构，利用这个特点可以进一步降低运算量。具体的细节有兴趣的同学可以找专门的文献来学习。

14.2.9　频域多用户检测

我们已经讲过频域均衡算法，同样地，多用户检测也可以在频域进行。下面介绍的这个频域算法是由我提出的，发表在 IEEE Transactions on Communications 上，也是业界效率最高的可商用算法。

1. 转换为圆卷积

首先，和频域均衡一样，还是要把线卷积变成圆卷积，如图 14.7 所示。把由于信道的时延扩展的最后 $W - 1$ 个码片移到前面并叠加，就把线卷积变成了圆卷积的形式。

在 IEEE TCOM 审稿的时候，评委说这样的表达不够严谨，需要更加严格的表述，于是引入这样一个算子：

Γ^L: $\mathbb{C}^{M \times N} \mapsto \mathbb{C}^{L \times N}$，$M, N, L$ 是正整数，且 $L \leqslant M$。对于矩阵 $A = [a_{i,j}]_{M \times N}$，$\tilde{A} = \Gamma^L(A) = [\tilde{a}_{i,j}]_{L \times N}, \tilde{a}_{i,j} = \sum_{k=0}^{kL+i \leqslant M} a_{kL+i,j}$。

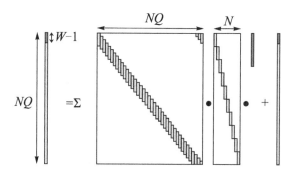

图 14.7 转化为圆卷积形式的系统方程

这个算子的作用就是把行数为 M 的矩阵或者矢量，切成长度为 L 的段然后累加起来。把这个算子运用到各个向量和矩阵上，得到

$$\widetilde{\boldsymbol{y}} = \Gamma^{NQ}(\boldsymbol{y}) \in \mathbb{C}^{NQ \times 1},$$
$$\widetilde{\boldsymbol{z}} = \Gamma^{NQ}(\boldsymbol{z}) \in \mathbb{C}^{NQ \times 1},$$
$$\widetilde{\boldsymbol{H}}^{(k)} = \Gamma^{NQ}(\boldsymbol{H}^{(k)}) \in \mathbb{C}^{NQ \times NQ},$$
$$\widetilde{\boldsymbol{B}}^{(k)} = \Gamma^{NQ}(\boldsymbol{B}^{(k)}) \in \mathbb{C}^{NQ \times N}。$$

于是，图 14.7 中表达的系统方程为

$$\widetilde{\boldsymbol{y}} = \sum_{k=1}^{K} \widetilde{\boldsymbol{H}}^{(k)} \cdot \boldsymbol{C}^{(k)} \cdot \boldsymbol{x}^{(k)} + \widetilde{\boldsymbol{z}}$$
$$= \sum_{k=1}^{K} \widetilde{\boldsymbol{B}}^{(k)} \cdot \boldsymbol{x}^{(k)} + \widetilde{\boldsymbol{z}}。$$

2. 在频域实现对角分块矩阵

在频域实现多用户算法，比频域均衡复杂的地方在于扩频和多个用户。当初我发明这个算法的时候想，既然要做频域算法，自然需要 DFT，于是接收信号 $\widetilde{\boldsymbol{y}}$ 做 DFT，长度为 NQ；发射信号 $\boldsymbol{x}^{(k)}$ 也需要做 DFT，长度为 N。为了维持等式的成立，系统方程成为如下形式：

$$\boldsymbol{W}_{NQ}\widetilde{\boldsymbol{y}} = \sum_{k=1}^{K} \boldsymbol{W}_{NQ} \widetilde{\boldsymbol{B}}^{(k)} \boldsymbol{W}_{N}^{-1} \boldsymbol{W}_{N} \boldsymbol{x}^{(k)} + \boldsymbol{W}_{NQ}\widetilde{\boldsymbol{z}},$$

其中，$\boldsymbol{W}_N$ 是 N 维的 DFT 矩阵：

$$\boldsymbol{W}_N = \begin{bmatrix} w_N^{0\times 0} & w_N^{0\times 1} & \cdots & w_N^{0\times(N-1)} \\ w_N^{1\times 0} & w_N^{1\times 1} & \cdots & w_N^{1\times(N-1)} \\ \vdots & \vdots & \ddots & \vdots \\ w_N^{(N-1)\times 0} & w_N^{(N-1)\times 1} & \cdots & w_N^{(N-1)\times(N-1)} \end{bmatrix},$$

其中，$w_N = \mathrm{e}^{-\mathrm{j}\frac{2\pi}{N}}$，$e = 2.71828\cdots$，$\pi = 3.14159\cdots$，$\mathrm{j}^2 = -1$。

这样一来，引入以下的频域符号就顺理成章了：

$$\hat{\boldsymbol{y}} = \boldsymbol{W}_{NQ}\widetilde{\boldsymbol{y}},$$
$$\hat{\boldsymbol{x}}^{(k)} = \boldsymbol{W}_N \boldsymbol{x}^{(k)},$$
$$\hat{\boldsymbol{z}} = \boldsymbol{W}_{NQ}\widetilde{\boldsymbol{z}},$$
$$\hat{\boldsymbol{B}}^{(k)} = \boldsymbol{W}_{NQ}\widetilde{\boldsymbol{B}}^{(k)}\boldsymbol{W}_N^{-1}。$$

于是得到

$$\hat{\boldsymbol{y}} = \sum_{k=1}^{K} \hat{\boldsymbol{B}}^{(k)}\hat{\boldsymbol{x}}^{(k)} + \hat{\boldsymbol{z}}。$$

在这些频域符号当中，$\hat{\boldsymbol{y}}, \hat{\boldsymbol{x}}^{(k)}, \hat{\boldsymbol{z}}$ 的意义都非常清楚，不过值得注意的是，由于 DFT 的影响，$\hat{\boldsymbol{x}}^{(k)}$ 的方差放大了 N 倍，为 $N\sigma_x^2$；$\hat{\boldsymbol{z}}$ 的方差放大了 NQ 倍，为 $NQ\sigma_z^2$。而 $\hat{\boldsymbol{B}}^{(k)}$ 是一个新的东西，我们需要看一看它的性质。

首先证明一个引理。

引理：假设 $\boldsymbol{b}^{(k)} \in \mathbb{C}^{NQ\times 1}$ 是矩阵 $\widetilde{\boldsymbol{B}}^{(k)}$ 的第一列，并且

$$\hat{\boldsymbol{b}}^{(k)} = \boldsymbol{W}_{NQ}\boldsymbol{b}^{(k)} = [\hat{b}_1^{(k)}, \hat{b}_2^{(k)}, \cdots, \hat{b}_{NQ}^{(k)}]^{\mathrm{T}} \in \mathbb{C}^{NQ\times 1},$$

则 $\hat{\boldsymbol{B}}^{(k)}$ 可以表达成

$$\hat{\boldsymbol{B}}^{(k)} = \begin{bmatrix} \hat{b}_1^{(k)} & 0 & \cdots & 0 \\ 0 & \hat{b}_2^{(k)} & \cdots & 0 \\ \vdots & \vdots & \ddots & \vdots \\ 0 & 0 & \ddots & \hat{b}_N^{(k)} \\ \hat{b}_{N+1}^{(k)} & 0 & \cdots & 0 \\ 0 & \hat{b}_{N+2}^{(k)} & \cdots & 0 \\ \vdots & \vdots & \ddots & \vdots \\ 0 & 0 & \cdots & \hat{b}_{2N}^{(k)} \\ \ddots & & & \\ & \ddots & & \\ & & \ddots & \\ & & & \ddots \\ \hat{b}_{(Q-1)N+1}^{(k)} & 0 & \cdots & 0 \\ 0 & \hat{b}_{(Q-1)N+2}^{(k)} & \cdots & 0 \\ \vdots & \vdots & \ddots & \vdots \\ 0 & 0 & \cdots & \hat{b}_{NQ}^{(k)} \end{bmatrix} \in \mathbb{C}^{NQ \times N}。 \tag{14.3}$$

证明：观察矩阵 $\widetilde{\boldsymbol{B}}^{(k)}$ 的结构，可以看出它的每一列都是其左边的列循环移位了 Q。根据 DFT 的循环移位性质，可以得到

$$\boldsymbol{W}_{NQ}\widetilde{\boldsymbol{B}}^{(k)} = \begin{bmatrix} \hat{b}_1^{(k)} & \hat{b}_1^{(k)}\mathrm{e}^{-\mathrm{j}\frac{2\pi}{N}0\times 1} & \cdots & \hat{b}_1^{(k)}\mathrm{e}^{-\mathrm{j}\frac{2\pi}{N}0\times(N-1)} \\ \hat{b}_2^{(k)} & \hat{b}_2^{(k)}\mathrm{e}^{-\mathrm{j}\frac{2\pi}{N}1\times 1} & \cdots & \hat{b}_2^{(k)}\mathrm{e}^{-\mathrm{j}\frac{2\pi}{N}1\times(N-1)} \\ \vdots & \vdots & \cdots & \vdots \\ \hat{b}_{NQ}^{(k)} & \hat{b}_{NQ}^{(k)}\mathrm{e}^{-\mathrm{j}\frac{2\pi}{N}(NQ-1)\times 1} & \cdots & \hat{b}_{NQ}^{(k)}\mathrm{e}^{-\mathrm{j}\frac{2\pi}{N}(NQ-1)\times(N-1)} \end{bmatrix}$$

$$= \mathrm{diag}[\hat{b}_1^{(k)}, \hat{b}_2^{(k)}, \cdots, \hat{b}_{NQ}^{(k)}]\begin{bmatrix} \boldsymbol{W}_N \\ \boldsymbol{W}_N \\ \vdots \\ \boldsymbol{W}_N \end{bmatrix}。$$

那么

$$\hat{\boldsymbol{B}}^{(k)} = \boldsymbol{W}_{NQ}\widetilde{\boldsymbol{B}}^{(k)}\boldsymbol{W}_N^{-1}$$

$$= \mathrm{diag}[\hat{b}_1^{(k)}, \hat{b}_2^{(k)}, \cdots, \hat{b}_{NQ}^{(k)}] \begin{bmatrix} \boldsymbol{I}_N \\ \boldsymbol{I}_N \\ \vdots \\ \boldsymbol{I}_N \end{bmatrix}。 \tag{14.4}$$

其中，$\boldsymbol{I}_N$ 是 $N \times N$ 的单位阵。

公式（14.4）就是引理当中的公式（14.3），命题得证。

这个引理说明了矩阵 $\hat{\boldsymbol{B}}^{(k)}$ 是由 Q 个 $N \times N$ 的对角矩阵连接而成的。我们把 $\hat{\boldsymbol{B}}^{(k)}$ 和 $\hat{\boldsymbol{x}}^{(k)}$ 拼成一个大的矩阵和矢量：

$$\hat{\boldsymbol{B}} = \begin{bmatrix} \hat{\boldsymbol{B}}^{(1)} & \hat{\boldsymbol{B}}^{(2)} & \cdots & \hat{\boldsymbol{B}}^{(K)} \end{bmatrix} \in \mathbb{C}^{NQ \times NK};$$

$$\hat{\boldsymbol{x}} = \begin{bmatrix} \hat{\boldsymbol{x}}^{(1)\mathrm{T}} & \hat{\boldsymbol{x}}^{(2)\mathrm{T}} & \cdots & \hat{\boldsymbol{x}}^{(K)\mathrm{T}} \end{bmatrix}^{\mathrm{T}} \in \mathbb{C}^{NQ \times NK}。$$

从而频域的系统方程可以写为：

$$\hat{\boldsymbol{y}} = \hat{\boldsymbol{B}}\hat{\boldsymbol{x}} + \hat{\boldsymbol{z}}。$$

请观察这个大的矩阵 $\hat{\boldsymbol{B}}$ 的结构，建议根据引理把 $\hat{\boldsymbol{B}}$ 在纸上画出来，此时会发现，可以通过行和列的重新排列获得一个对角分块矩阵。排列的方法是在矩阵 $\hat{\boldsymbol{B}}$ 当中，每 N 行取一行排在一起，每 N 列取一列排列在一起。得到的对角分块矩阵表达为

$$\bar{\boldsymbol{B}} = \begin{bmatrix} \bar{\boldsymbol{B}}_1 & & & \\ & \bar{\boldsymbol{B}}_2 & & \\ & & \ddots & \\ & & & \bar{\boldsymbol{B}}_N \end{bmatrix} \in \mathbb{C}^{NQ \times NK}。$$

其中，每个小块 $\bar{\boldsymbol{B}}_n$ 的维数为 $Q \times K$。为了保证系统方程的成立，$\hat{\boldsymbol{y}}$ 和 $\hat{\boldsymbol{z}}$ 也要执行和 $\hat{\boldsymbol{B}}$ 同样的行排列，得到 $\bar{\boldsymbol{y}}$ 和 $\bar{\boldsymbol{z}}$；$\hat{\boldsymbol{x}}$ 要执行和 $\hat{\boldsymbol{B}}$ 同样的列排列，得到 $\bar{\boldsymbol{x}}$。不熟悉矩阵的初等变换的同学恐怕要复习一下了。

于是，排列后的频域系统方程为

$$\bar{\boldsymbol{y}} = \bar{\boldsymbol{B}}\bar{\boldsymbol{x}} + \bar{\boldsymbol{z}}。$$

由于 $\bar{\boldsymbol{B}}$ 是一个对角分块矩阵，其中的每个小块都可以单独求解而互不影响，于是一个 $NQ \times NK$ 的大方程组被分解为 N 个 $Q \times K$ 的小方程组：

$$\bar{\boldsymbol{y}}_n = \bar{\boldsymbol{B}}_n\bar{\boldsymbol{x}}_n + \bar{\boldsymbol{z}}_n, n = 1, \cdots, N。$$

其中，$\bar{\boldsymbol{y}}_n \in \mathbb{C}^{Q \times 1}, \bar{\boldsymbol{B}}_n \in \mathbb{C}^{Q \times K}, \bar{\boldsymbol{x}}_n \in \mathbb{C}^{K \times 1}, \bar{\boldsymbol{z}}_n \in \mathbb{C}^{Q \times 1}$。

　　每一个小方程组可以单独来解。因为解方程组的复杂度与矩阵的规模成超线性的关系。如果未知数的个数为 N，高斯消去法的复杂度正比于 N^3，Cholesky 分解正比于 N^2，所以这种分解可以较大地降低解方程组的复杂度。

　　在我发现了这个实现对角分块矩阵的方法后非常高兴，简直可以用欣喜若狂来形容。因为这可以说是一个非常基础的信号处理方法，这也是我在信号处理领域做出的第一个有分量的创新。但是当时我并不知道已经存在了一种信号变换方法，叫作分块傅里叶变换，它也可以实现类似的对角分块矩阵。

　　后来我发现，这两种方法虽然形式上类似，但是却表现出不同的特性。我提出的这种方法在复杂度和误差特性方面占有一定的优势。有兴趣的同学可以参考 M. Vollmer, M. Haardt, and J. Gotze1, "*Comparative study of jointdetection techniques for TD-CDMA based mobile radio systems*," IEEE J. Select. Areas Commun., vol. 19, pp. 1461–1475, Aug 2001.

3. 在频域做 ZF/MMSE 估计

　　针对每个小方程组，可以采用 ZF/MMSE 估计方法：

$$\bar{x}_{n,MMSE} = (\bar{B}_n^{\mathrm{H}}\bar{B}_n + Q\frac{\sigma_z^2}{\sigma_x^2}I_K)^{-1}\bar{B}_n^{\mathrm{H}}\bar{y}_n, n = 1, 2, \cdots, N。$$

　　系数 Q 是由 DFT 带来的功率变化造成的。得到对 $\bar{x}_n$（$n = 1, 2, \cdots, N$）的估计后，再按照前面的排列方法得到每个用户的频域估计信号 $\hat{x}_{MMSE}^{(k)}$（$k = 1, 2, \cdots, K$）。傅里叶反变换回去得到时域信号的估计：

$$x_{MMSE}^{(k)} = W_N^{-1}\hat{x}_{MMSE}^{(k)}。$$

　　故事到这里你可能认为已经结束了，而实际上，要做到业界效率最高并不是一件容易的事情，还有很多的工作要做。接下来的内容有很多的公式，虽然并不难，但是需要定下神来看。

4. 相关矩阵和匹配滤波器的计算

　　为了得到 MMSE 估计，首先要计算匹配滤波器 $\bar{B}_n^{\mathrm{H}}\bar{y}_n$ 和相关矩阵 $\bar{B}_n^{\mathrm{H}}\bar{B}_n$（$n = 1, 2, \cdots, N$）。直觉的方法当然是首先用 FFT 计算 $\hat{B}^{(k)}$（$k = 1, 2, \cdots, K$）和 $\hat{y}$，重新排列后得到 $\bar{B}_n$ 和 $\bar{y}_n$（$n = 1, 2, \cdots, N$），然后做矩阵的乘法。

　　这样的做法涉及 $\hat{b}^{(k)}$（$k = 1, 2, \cdots, K$）和 $\hat{y}$ 的计算。这最多需要 $K + 1$ 次 NQ 点的 FFT 运算。实际所需要的运算量可能比这个要少，比如如果信道是恒定的，那么 $\hat{b}^{(k)}$ 就可以事先计算好，而不必每次解调都要计算。但如果是变化的信道，则运算量就要增加了。而 $\hat{\boldsymbol{y}}$ 是每次解调都要计算的。虽然 FFT 是一个快速算法，但这仍然需要不少的计算量。

如果信道的冲激响应长度 W 很长，那么这些运算都是避免不了的。但是在实际的 TD-SCDMA 系统当中，由于码片速率比较低，即 1.28MHz，所以 W 比较小。典型的城市环境的时延扩展在 $5\mu s$ 之内，所以 W 一般小于 8。在这种情况下，时域的多用户算法的运算量本来就不是很大，如果频域算法需要付出额外的 FFT 的代价，将是得不偿失的。在频域均衡当中也是这个逻辑。

当初我在设计这个算法的时候，当论证完复杂度后发现其比时域算法要高，我是非常沮丧的。虽然作为一篇学术论文这个算法还是非常有价值的，但是复杂度的提高就意味着在商业上的落选。我身处企业，不是一个宽松的学术环境，做创新是要实现商业价值的，因此克服这一障碍成了我需要攻克的一个课题。幸运的是，经过苦苦思索，这个障碍竟然被克服了。

克服这个障碍的方法就是用时域信号直接计算频域的相关矩阵和匹配滤波器，而不是先转换成频域再计算。

把相关矩阵 $\bar{\boldsymbol{B}}_n^{\mathrm{H}}\bar{\boldsymbol{B}}_n$ 的每个元素表达出来。如果

$$\bar{\boldsymbol{B}}_n^{\mathrm{H}}\bar{\boldsymbol{B}}_n = [\bar{r}_n^{k_1,k_2}] \in \mathbb{C}^{K\times K}, n = 1, \cdots, N,$$

则

$$\bar{r}_n^{k_1,k_2} = \bar{\boldsymbol{b}}_n^{(k_1)\mathrm{H}}\bar{\boldsymbol{b}}_n^{(k_2)}。$$

其中，$\bar{\boldsymbol{b}}_n^{(k)}$ 是 $\bar{\boldsymbol{B}}$ 的列，也就是

$$\bar{\boldsymbol{b}}_n^{(k)} = [\hat{b}_n^{(k)}, \hat{b}_{n+N}^{(k)}, \cdots, \hat{b}_{n+(Q-1)N}^{(k)}]^{\mathrm{T}} \in \mathbb{C}^{Q\times 1}。$$

同样地，也把匹配滤波后得到的矢量的元素表达出来，如果

$$\bar{\boldsymbol{B}}_n^{\mathrm{H}}\bar{\boldsymbol{x}}_n = [\bar{z}_n^{(k)}] \in \mathbb{C}^{K\times 1},$$

则

$$\bar{z}_n^{(k)} = \bar{\boldsymbol{b}}_n^{(k)\mathrm{H}}\bar{\boldsymbol{y}}_n。$$

这里就不给出推导过程了，直接给出 $\bar{r}_n^{k_1,k_2}$ 和 $\bar{z}_n^{(k)}$ 的表达式。

首先说明一下表达式当中需要用到的符号。

把 $\boldsymbol{b}^{(k)}$ 切成 N 段，每段的长度为 Q：

$$\boldsymbol{b}^{(k)} = [\boldsymbol{b}_1^{(k,m)\mathrm{T}}, \boldsymbol{b}_2^{(k)\mathrm{T}}, \cdots, \boldsymbol{b}_N^{(k,m)\mathrm{T}}]^{\mathrm{T}} \in \mathbb{C}^{NQ\times 1},$$

$$\boldsymbol{b}_n^{(k)} = [b_{1+(n-1)Q}^{(k)}, b_{2+(n-1)Q}^{(k)}, \cdots, b_{Q+(n-1)Q}^{(k)}]^{\mathrm{T}} \in \mathbb{C}^{Q\times 1}, \ n = 1, \cdots, N, k = 1, 2, \cdots, K。$$

对 $\tilde{\boldsymbol{y}}$ 也同样切成长度为 Q 的 N 段:

$$\tilde{\boldsymbol{y}} = [\tilde{\boldsymbol{y}}_1^{\mathrm{T}}, \tilde{\boldsymbol{y}}_2^{\mathrm{T}}, \cdots, \tilde{\boldsymbol{y}}_N^{\mathrm{T}}]^{\mathrm{T}} \in \mathbb{C}^{NQ \times 1},$$

$$\tilde{\boldsymbol{y}}_n = [\tilde{y}_{1+(n-1)Q}, \tilde{y}_{2+(n-1)Q}, \cdots, \tilde{y}_{Q+(n-1)Q}]^{\mathrm{T}} \in \mathbb{C}^{Q \times 1}, n = 1, 2, \cdots, N。$$

有了这样的符号定义, $\bar{r}_n^{k_1,k_2}$ 和 $\bar{z}_n^{(k)}$ 可以表达为

$$
\begin{aligned}
\bar{r}_n^{k_1,k_2} = Q\{ & w_N^{(N-1)n} \sum_{l=1}^{1} \boldsymbol{b}_l^{(k_1)\mathrm{H}} \boldsymbol{b}_{l+N-1}^{(k_2)} + \cdots + \\
& w_N^{2n} \sum_{l=1}^{N-2} \boldsymbol{b}_l^{(k_1)\mathrm{H}} \boldsymbol{b}_{l+2}^{(k_2)} + w_N^{n} \sum_{l=1}^{N-1} \boldsymbol{b}_l^{(k_1)\mathrm{H}} \boldsymbol{b}_{l+1}^{(k_2)} + \\
& w_N^{0n} \sum_{l=1}^{N} \boldsymbol{b}_l^{(k_1)\mathrm{H}} \boldsymbol{b}_{l}^{(k_2)} + w_N^{-n} \sum_{l=2}^{N} \boldsymbol{b}_l^{(k_1)\mathrm{H}} \boldsymbol{b}_{l-1}^{(k_2)} + \\
& w_N^{-2n} \sum_{l=3}^{N} \boldsymbol{b}_l^{(k_1)\mathrm{H}} \boldsymbol{b}_{l-2}^{(k_2)} + \cdots + \\
& w_N^{-(N-1)n} \sum_{l=N}^{N} \boldsymbol{b}_l^{(k_1)\mathrm{H}} \boldsymbol{b}_{l-(N-1)}^{(k_2)} \};
\end{aligned}
\tag{14.5}
$$

$$
\begin{aligned}
\bar{z}_n^{(k)} = Q\{ & w_N^{(N-1)n} \sum_{l=1}^{1} \boldsymbol{b}_l^{(k)\mathrm{H}} \tilde{\boldsymbol{y}}_{l+N-1} + \cdots + \\
& w_N^{2n} \sum_{l=1}^{N-2} \boldsymbol{b}_l^{(k)\mathrm{H}} \tilde{\boldsymbol{y}}_{l+2} + w_N^{n} \sum_{l=1}^{N-1} \boldsymbol{b}_l^{(k)\mathrm{H}} \tilde{\boldsymbol{y}}_{l+1} + \\
& w_N^{0n} \sum_{l=1}^{N} \boldsymbol{b}_l^{(k)\mathrm{H}} \tilde{\boldsymbol{y}}_{l} + w_N^{-n} \sum_{l=2}^{N} \boldsymbol{b}_l^{(k)\mathrm{H}} \tilde{\boldsymbol{y}}_{l-1} + \\
& w_N^{-2n} \sum_{l=3}^{N} \boldsymbol{b}_l^{(k)\mathrm{H}} \tilde{\boldsymbol{y}}_{l-2} + \cdots + \\
& w_N^{-(N-1)n} \sum_{l=N}^{N} \boldsymbol{b}_l^{(k)\mathrm{H}} \tilde{\boldsymbol{y}}_{l-(N-1)} \}。
\end{aligned}
\tag{14.6}
$$

其中, $w_N = \mathrm{e}^{-\mathrm{j}\frac{2\pi}{N}}$。

对这个推导过程感兴趣的同学可以参考我的论文: Xuezhi Yang and Branka Vucetic. A Frequency Domain Multi-User Detector for TD-CDMA Systems. IEEE Transactions on Communications, Vol. 59, pp. 2424–2433, 2011.

我们注意到 $w_N^{-ln} = w_N^{(N-l)n}$，公式（14.5）和（14.6）是一个 N 点的 DFT，从而可以应用 FFT 实现快速计算。

在这 N 个矢量 $\boldsymbol{b}_n^{(k)}$（$n = 1, \cdots, N$）当中，只有前 $L = \lceil 1 + \frac{W-1}{Q} \rceil$ 个矢量是非零矢量。这里的 $\lceil \cdot \rceil$ 表示取上限整数，比如 $\lceil 2 \rceil = 2, \lceil 2.3 \rceil = 3$。对于 TD-SCDMA 系统，码片速率为 1.28Mcps，而实际的无线传播环境的典型时延扩展为 $5\mu s$，所以，TDD L 的典型值为 2。在这样的情况下，公式（14.5）和公式（14.6）变为

$$\bar{r}_n^{k_1,k_2} = Q\{(\boldsymbol{b}_1^{(k_1)\mathrm{H}}\boldsymbol{b}_1^{(k_2)} + \boldsymbol{b}_2^{(k_1)\mathrm{H}}\boldsymbol{b}_2^{(k_2)}) + \tag{14.7}$$
$$w_N^n \boldsymbol{b}_1^{(k_1)\mathrm{H}}\boldsymbol{b}_2^{(k_2)} + w_N^{-n}\boldsymbol{b}_2^{(k_1)\mathrm{H}}\boldsymbol{b}_1^{(k_2)}\},$$

$$\bar{z}_n^{(k)} = Q\{(\boldsymbol{b}_1^{(k)\mathrm{H}}\tilde{\boldsymbol{y}}_1 + \boldsymbol{b}_2^{(k)\mathrm{H}}\tilde{\boldsymbol{y}}_2) + w_N^n(\boldsymbol{b}_1^{(k)\mathrm{H}}\tilde{\boldsymbol{y}}_2 + \boldsymbol{b}_2^{(k)\mathrm{H}}\tilde{\boldsymbol{y}}_3) + \tag{14.8}$$
$$w_N^{2n}(\boldsymbol{b}_1^{(k)\mathrm{H}}\tilde{\boldsymbol{y}}_3 + \boldsymbol{b}_2^{(k)\mathrm{H}}\tilde{\boldsymbol{y}}_4) + \cdots + w_N^{(N-1)n}(\boldsymbol{b}_1^{(k)\mathrm{H}}\tilde{\boldsymbol{y}}_N + \boldsymbol{b}_2^{(k)\mathrm{H}}\tilde{\boldsymbol{y}}_1)\}.$$

这样的话，你可以看到计算量就变得很小了。

5. 利用信道的相关性进一步降低运算量

在无线信道方面有一个相干带宽的概念，指的是在相干带宽内，信道保持基本不变。这个性质可以用来进一步降低运算量。

在这个算法里面，相关矩阵 $\bar{\boldsymbol{R}}_n$ 在相邻的频率点上具有相关性，特别在信道的时延扩展比较小的情况下。

可以仔细观察一下公式（14.7），相关矩阵的每个元素是四项的和，前两项对所有的频率点是相同的，只有后两项随频率而变化。这就可以看出 $\bar{\boldsymbol{R}}_n$ 在相邻的频点上具有高度相关性。

我们已经讨论过，解这个方程组需要对相关矩阵 $\bar{\boldsymbol{R}}_n$ 做 Cholesky 分解得到一个三角矩阵，这个分解需要相当的运算量。如果相邻频率点的相关矩阵很相似，那么就不必在所有的频率点上做这个分解，而只需要在几个频率点上做就好了，其他频率点上的三角矩阵可以通过插值的方法得到。

插值的方法很成熟了，比较简单一点的是零阶插值和一阶线性插值，也可以用二阶插值或者是样条插值。

当然，插值会带来误差。做分解的频率点越少，插值的频率点越多，计算量就越小，误差也就越大。因此，利用信道的相关性，可以在解调性能和复杂度之间取得妥协。而且令人满意的是，这种妥协可以平滑地进行。具体地说，一共有 N 个频率点，可以选择在 $1 \sim N$ 中任意数量的频率点上做分解，从而实现复杂度和性能的平滑折中。

6. 框图，仿真和性能

总结一下前面的算法，频域多用户检测接收机的原理框图如图 14.8 所示。

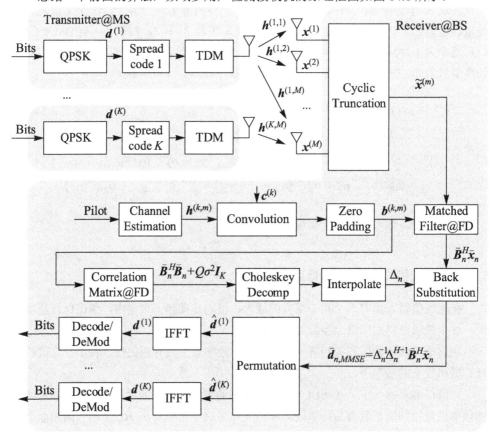

图 14.8 TD-CDMA 发射机和频域多用户检测接收机的原理框图

为了验证所提出的多用户接收机的性能，在 VA 和 VB 信道下进行了仿真，仿真参数如表 14.1 所示。仿真的参数比较接近于 TD-SCDMA，参数 N 和 Q 采用了 2 的幂是为了方便 FFT 运算。VA 和 VB 信道是 ITU 定义的信道模型，都是 6 径信道，参数如表 14.2 所示。VA 信道的时延扩展比较小，为 $2.5\mu s$；VB 信道的时延扩展比较大，为 $20\mu s$。

仿真当中选取了另外一个频域算法作为比较对象，具体的算法见文章 M. Vollmer, M. Haardt, and J. Gotze1，*"Comparative study of jointdetection techniques for TD-CDMA based mobile radio systems,"* IEEE J. Select. Areas Commun., vol. 19, pp. 1461–1475, Aug 2001，并标记为 FD-VGH 算法。

VA 和 VB 信道下的无编码的 BER 曲线如图 14.9 和图 14.10 所示。在所提出的算法当中，参数 P 是采样频率点的个数，而在 FD-VGH 算法当中，代表每个数据切片当中有效符号的个数（*D-prelap-postlap*）。在 VA 信道当中，参数 $W = 6$，而在 VB 信道当中，$W = 24$。

表 14.1 Simulation Parameters

Parameter	Value
Chip rate	1.125Mcps
Modulation	QPSK
FEC coding	None
Number of symbols (N)	32
Spreading factor (Q)	16
Number of users (K)	8
Number of antennas (M)	2
Channel model	Vehicular Channel A&B

表 14.2 Vehicular Test Environment, High Antenna, Tapped-Delay-Line Parameters

Tap	Channel A		Channel B	
	Rel. Delay (nsec)	Avg. Power (dB)	Rel. Delay (nsec)	Avg. Power (dB)
1	0	0	0	-2.5
2	310	-1.0	300	0.0
3	710	-9.0	8900	-12.8
4	1090	-10.0	12900	-10.0
5	1730	-15.0	17100	-25.2
6	2510	-20	20000	-16

仿真发现，算法在没有简化的情况下，也就是 $P = 32$ 时，两个算法的性能是相同的。在简化算法当中，也就是 $P < 32$ 时，FD-VGH 算法在各种 P 取值的情况下性能变化不大，这主要是因为在 FD-VGH 当中，由于简化造成的误差主要集中在交叠的符号上，然后被 overlap-save 技术给切掉了，但是这个做法却带来了运算量的负担。在

VA 信道当中，所提的算法在 $P = 2$ 的情况下有明显的性能损失，然而在 $P > 4$ 的情况下，所提的算法性能与没有简化的情况下相差无几。在 VB 信道下，P 应当大于 8，才能获得与非简化算法相似的性能。

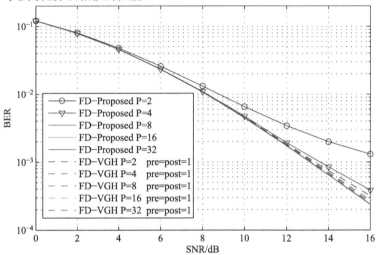

图 14.9 BER comparison of the FD-Proposed and FD-VGH in a VA channel, Doppler shift=100Hz

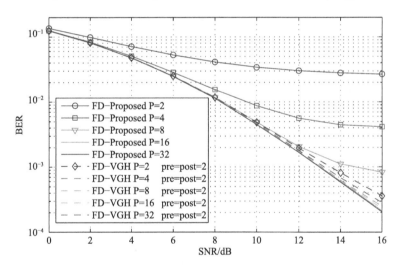

图 14.10 BER comparison of the FD-Proposed and FD-VGH in a VB channel, Doppler shift=100Hz

　　所提算法和 FD-VGH 算法的复杂度如图 14.11 所示，复杂度用复数乘法的数量来表示。可以看出，所提算法的复杂度随着 P 线性增长，而 FD-VGH 算法的最小复杂度在 VA 信道中发生在 $P = 4$ 时，在 VB 信道中发生在 $P = 8$。

　　图 14.9 也显示了所提算法在 VA 信道中 $P \geqslant 8$ 的情况下与非简化算法相比性能

几乎没有损失，并且性能超过了 FD-VGH。在这种情况下，可以从图 14.11 中清楚地看到，所提算法的复杂度比 FD-VGH 最少低 30%。而在 VB 信道当中，图 14.10 显示在 $P \geqslant 16$ 的情况下所提算法的性能要好于 FD-VGH，而图 14.11 显示所提算法的复杂度比 FD-VGH 少 10%。

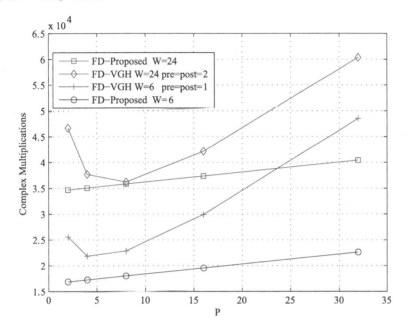

图 14.11 Computational complexity of the FD-Proposed and FD-VGH, with parameters Q=16, M=2, K=8, N=32, W=6 and W=24

14.2.10 CDMA 小结

CDMA 是第三代移动通信所采用的多址技术。CDMA 受到重视的一个很重要的原因是扩频增益，因此得到的一个流行的说法是 CDMA 抗干扰的能力很强。但实际上，扩频增益是一个伪增益，并不能为系统容量带来任何的好处。CDMA 的关键技术是 Rake 接收机，由此决定了 CDMA 是一个自干扰的系统。为了克服这个缺点，CDMA 系统采用了功率控制、UFR 和软切换等技术，在一定程度上弥补了这个缺点，但是却无法从根本上克服。多用户检测技术可以消除用户之间的干扰，从根本上解决 CDMA 系统的弱点，但是，3G 的两大主流标准 WCDMA 和 CDMA2000 在设计之初就没有考虑多用户检测技术，导致该技术始终处于学术研究的阶段而无法获得实用。随着 OFDM 技术的商用化，采用多用户检测的 CDMA 系统已经永远失去了商用的机会。

14.3　OFDMA

第四代移动通信 LTE 系统已经在全球获得商用，中国在 2013 年颁发了 4G 牌照，而 OFDMA 是 LTE 的下行多址技术。OFDMA 就是用 OFDM 作为多址的方法，OFDM 的全称是 Orthogonal frequency-division multiplexing，中文为正交频分复用。LTE 的上行多址技术叫 SC-FDMA（single carrier FDMA），中文为单载波 FDMA，也是基于 OFDM 的一种多址技术。所以说，OFDM 是第四代移动通信的关键技术。在 4G 之前，OFDM 已经在 ADSL、电力线通信、数字音频广播 DAB、数字视频广播 DVB、WPAN（802.15.3a）和 WLAN（802.11a），以及 WiMax 当中获得了应用。

OFDM 是贝尔实验室的 R. W. Chang 在 1966 年发明的，他是一位华裔科学家。1971 年，S. Weinstein 和 P. Ebert 提出用 IFFT 实现 OFDM；1980 年，A.Peled 和 A.Ruiz 提出循环前缀 cyclic prefix 以克服信道的多径效应，基本形成了今天所使用的 OFDM 的技术框架。

14.3.1　OFDM 也是一种 CDMA

从表面上看，OFDM 与 CDMA 是两个完全不同的技术，甚至形成了第三代与第四代的差别。但从数学上看，这两种技术的差别非常小，几乎可以看作同一个技术，下面具体介绍一下。

在 CDMA 技术当中，如果只有一个数据符号为 $x^{(k)}$，使用长度为 Q 的扩频码

$$\boldsymbol{c}^{(k)} = \begin{bmatrix} c_1^{(k)}, & c_2^{(k)}, & \cdots, & c_Q^{(k)} \end{bmatrix}^{\mathrm{T}} \in \mathbb{C}^{Q \times 1}, k = 1, \cdots, K,$$

那么扩频后的信号可以表达为

$$\boldsymbol{x}_{sp}^{(k)} = \boldsymbol{c}^{(k)} x^{(k)} \in \mathbb{C}^{Q \times 1}, k = 1, \cdots, K。$$

这里用的扩频码的元素取值为 ± 1，一般为正交码，比如 Walsh 码。因为扩频码的长度为 Q，所以最多有 Q 个正交码，K 的最大取值为 Q。

在 OFDM 技术当中，数学形式还是相同的，不同的是，扩频码 $\boldsymbol{c}^{(k)}$ 取为复指数序列，也就是

$$\boldsymbol{c}^{(k)} = \begin{bmatrix} 1, & e^{j\frac{2\pi}{Q}(k-1)}, & e^{j\frac{2\pi}{Q}2(k-1)}, & \cdots, & e^{j\frac{2\pi}{Q}(Q-1)(k-1)} \end{bmatrix}^{\mathrm{T}} \in \mathbb{C}^{Q \times 1}, k = 1, \cdots, K。$$

复指数序列相互之间也是正交的，最多有 Q 个序列，K 的最大取值也是 Q。由此可以看出，OFDM 与 CDMA 的差别仅仅在于使用了不同的扩展序列，OFDM 也可以认为是一种特殊的 CDMA。

在 CDMA 当中，扩展码是实数，但是因为被扩展的符号是复数，所以扩展后的序列为复数。而在 OFDM 当中，扩展码是复数，扩展后的序列也是复数。

如果有 K 个用户符号 $x^{(1)}, x^{(2)}, \cdots, x^{(K)}$，每个符号用一个复指数序列去扩展，然后叠加起来就可以实现复用：

$$x_{sp} = \sum_{k=1}^{K} x^{(k)} c^{(k)}$$

用矩阵表达为

$$x_{sp} = Cx。$$

其中，

$$x = \begin{bmatrix} x^{(1)}, & x^{(2)}, & \cdots, & x^{(K)} \end{bmatrix}^{T} \in \mathbb{C}^{K \times 1}, \quad k = 1, \cdots, K；$$

$$C = \begin{bmatrix} 1 & 1 & \cdots & 1 \\ 1 & e^{j\frac{2\pi}{Q}} & \cdots & e^{j\frac{2\pi}{Q}(K-1)} \\ \vdots & \vdots & \ddots & \vdots \\ 1 & e^{j\frac{2\pi}{Q}(Q-1)} & \cdots & e^{j\frac{2\pi}{Q}(Q-1)(K-1)} \end{bmatrix} \in \mathbb{C}^{Q \times K}。$$

可以注意到，如果 $K = Q$，C 就是一个 IDFT 矩阵，因此，OFDM 可以用 IFFT 来快速实现。如果 $K < Q$，则可以在数据的后面补零到 Q 的长度，仍然可以用 IFFT 来实现。这也是目前 OFDM 系统在实际当中所采用的方法。

OFDM 当中的每一个频率叫作一个子载波，扩展后得到的长度为 Q 的序列叫作一个 OFDM 符号。

在 OFDM 当中，可以把一部分子载波分配给一个用户，把另一部分分配给另外的用户，从而作为多址的手段，称作 OFDMA。

前面所用的符号是为了与 CDMA 系统的表达一致。在一般的文献当中一般不从这个角度去考虑，所以我们还是采用普遍采用的符号。

OFDM 符号的长度一般用 N 来表示，用 $\hat{x}$ 表示星座调制（例如 QPSK）后的补零到长度 N 符号矢量，W_N^{-1} 表示 N 点的 IDFT 矩阵，则 OFDM 调制后的时域信号为

$$x = W_N^{-1}\hat{x}。$$

OFDM 调制后是时域波形。回忆一下，DFT 是得到时域信号在每个频率分量上的系数，IDFT 是用频域系数合成时域信号，所以 OFDM 是用 IDFT 来实现的。

在得到离散信号 x 之后，下一步是脉冲成形，得到模拟复基带信号，然后调制到射频，这个过程在前面已经讲解过，相信大家已经很熟悉了。

复指数序列就是不同频率的正弦波，其脉冲成形后得到的是模拟的正弦波，相互之间是正交的，所以叫作正交频分复用。

从离散域来解释 OFDM 是非常简单而清晰的。一般关于 OFDM 的介绍资料是从模拟的角度去讲的，这是因为 OFDM 最早是从连续域提出的，所比较的对象是传统的 FDMA。

传统的 FDMA 的各个信道之间为了避免相互干扰，一般需要保留一定的保护带，有一定的频谱损失。而 OFDM 的各个子载波之间没有保护带，而且又是正交的，相互之间没有干扰，所以比 FDMA 有较大的频谱效率优势。但是说实话，以今天的眼光来看，这样的比较标准实在太低了，子载波之间保持正交是很自然的事情。

我们来看一看离散和模拟是如何联系起来的，当然，联系的桥梁是采样率。

以 LTE 为例，采样率为 30.72MHz，一个 OFDM 符号的长度是 2048 点，在连续域对应的时间为 2048/30.72MHz = 66.6μs。根据傅里叶分析的知识，一个 OFDM 符号是一个有限时间长度的信号，也可以认为是周期信号的一个周期，可以分解为不同的频率成分，也就是表达为傅里叶级数的形式，相邻频率成分之间的频率间隔为周期的倒数。就是说，OFDM 相邻子载波之间的间隔为 OFDM 符号长度的倒数，也就是 30.72MHz/2048 = 15kHz。

14.3.2　OFDM 如何克服多径效应

多径效应会引起符号间干扰，而消除符号间干扰的技术称作均衡，其有时域和频域两类方法，这在前面的章节已经讨论过了。在 OFDM 系统当中，这两种方法都可以用，但是目前的 OFDM 系统一般都是宽带系统，使用频域均衡方法比较普遍。假如一个 OFDM 符号为

$$\boldsymbol{x} = \boldsymbol{W}_N^{-1}\hat{\boldsymbol{x}},$$

经过一个多径信道后得到

$$\boldsymbol{y} = \boldsymbol{H}\boldsymbol{x} + \boldsymbol{z} = \boldsymbol{H}\boldsymbol{W}_N^{-1}\hat{\boldsymbol{x}} + \boldsymbol{z}。$$

其中，$\boldsymbol{H}$ 是信道矩阵：

$$\boldsymbol{H} = \begin{bmatrix} h[0] & & & \\ h[1] & h[0] & & \\ \vdots & h[1] & \ddots & \\ h[N_h-1] & \vdots & \ddots & h[0] \\ & h[N_h-1] & \ddots & h[1] \\ & & \ddots & \vdots \\ & & & h[N_h-1] \end{bmatrix} \in \mathbb{C}^{(N+N_h-1)\times N}。$$

$\boldsymbol{H}$ 是一个线卷积矩阵，不是一个方阵。根据我们以前讨论的频域均衡方法，首先要把这个关系转换成圆卷积的形式，转换成为方阵。我们曾经使用的方法是，把 $\boldsymbol{H}$ 和 $\boldsymbol{y}$ 切成长度为 N 的段然后累加起来，得到圆卷积：

$$\widetilde{\boldsymbol{y}} = \widetilde{\boldsymbol{H}}\boldsymbol{W}_N^{-1}\hat{\boldsymbol{x}} + \widetilde{\boldsymbol{z}}。 \tag{14.9}$$

这里隐含的假设是，把输入信号，也就是 OFDM 符号 $W_N^{-1}\hat{x}$ 进行周期化，得到的输出信号也是一个周期信号，它的一个周期是 $\widetilde{y}$。这样处理后，两边做 DFT 变换得到

$$W_N\widetilde{y} = W_N\widetilde{H}W_N^{-1}\hat{x} + W_N\widetilde{z},$$

记 $\Lambda = W_N\widetilde{H}W_N^{-1}$，是一个对角矩阵：

$$\Lambda = \begin{bmatrix} \hat{h}[0] & & & \\ & \hat{h}[1] & & \\ & & \ddots & \\ & & & \hat{h}[N-1] \end{bmatrix} \in \mathbb{C}^{N\times N}$$

采用常用的 ZF/MMSE 估计很容易得到发送的符号，用矩阵表达为

$$\hat{x}_{MMSE} = (\Lambda^{\mathrm{H}}\Lambda + \sigma_z^2 I)^{-1}\Lambda^{\mathrm{H}}\widetilde{y}。$$

因为 Λ 是对角矩阵，上面的计算只需要计算标量的乘除法。

但是这种做法有两个要求，其一是需要在一个 OFDM 符号后面添加一段保护时间，用于保存由于信道造成的拖尾部分；其二是对定时有较高的要求，需要准确地知道 OFDM 符号起始和结束时刻，从而知道在哪里切断接收信号。

在 OFDM 技术里面采用了循环前缀的技术，可以实现同样的效果，但是降低了对同步的要求。

前面提到，把线卷积转换成圆卷积的过程，相当于把一个 OFDM 符号周期化。前面的方法是对输出信号进行处理，而在输入端进行处理也可以达到同样的目的，方法很直接，就是一个 OFDM 符号重复，形成一个周期信号。这个周期信号经过信道之后，也得到一个同样周期的信号。

但是我们在接收端只需要一个信号周期就足够了，因此发射端并不需要真正发射一个周期信号，而只需要发送其中的一部分，长度足以使接收信号达到稳态即可。满足这个条件的最小要求是一个 OFDM 符号长度 + 信道冲激响应的持续时间。发射端在周期信号的任意位置取如此长时间的信号片段都可以，但是目前普遍的做法是在一个 OFDM 符号的前面加上符号尾部的一部分信号，叫作循环前缀，如图 14.12 所示。

图 14.12 OFDM 循环前缀，将 OFDM 符号周期化后截取一个信号片段

将 OFDM 符号和 CP 连接起来，构成发射机的信号时序，如图 14.13 所示。

图 14.13 OFDM 时序

接收机在收到信号后，将 CP 去掉，就得到 $\tilde{y}$，也就得到了公式（14.9），然后做 DFT 和频域均衡，就可以得到发送符号。

循环前缀的方法对同步的要求有所降低。理论上只要在时延扩展之后截取一个 OFDM 符号长度就可以得到 $\tilde{y}$。为了适应多种无线传播环境，一般情况下，CP 要比信道的时延扩展大，因此具有一定的同步误差容忍度。

图 14.14 显示的是离散形式的 OFDM 发射机和接收机。信息 bits 经过星座映射（Mod）之后得到复数符号，N 个符号经过 IFFT 后得到 OFDM 符号的时域离散符号，加上 CP 后，经过一个离散信道 $h[n]$ 到达接收机。在离散信道模型当中，包括了脉冲成形、上变频、无线信道、下变频、匹配滤波、采样等环节，这在基本通信链路部分已经介绍过了。在接收机去掉 CP，做 FFT 和频域均衡（FDE）后，再进行星座解调（DeMod），得到信息 bits。

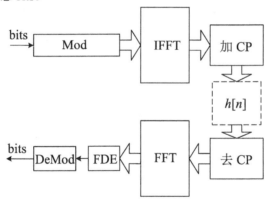

图 14.14 OFDM 发射机和接收机

有一点需要提醒一下，做 FFT 的过程，其实就是匹配滤波器，从这个角度上看，和 CDMA 的 Rake 接收机也没有什么不同。同学们可以去联系一下前面的知识思考一下。我们经常听到一句话，读书由薄到厚，再由厚到薄。把很多不同的现象的共同本质抽取出来，就是由厚到薄的过程。

14.3.3 OFDM 的多用户干扰

多用户干扰是 CDMA 系统的一个重要问题。在前面已经说了，OFDM 实质上也是一种特殊的 CDMA，接收机做 DFT 也相当于 rake 接收机，那 OFDM 系统是不是也存在多用户干扰这个问题呢？

非常有意思的是，OFDM 系统不存在这个问题，这也是 OFDM 能够取代 CDMA 成为第四代移动通信的多址技术的原因。

如果从公式上看，对接收信号做 DFT 后则得到

$$\boldsymbol{W}_N \widetilde{\boldsymbol{y}} = \boldsymbol{W}_N \widetilde{\boldsymbol{H}} \boldsymbol{W}_N^{-1} \hat{\boldsymbol{x}} + \boldsymbol{W}_N \boldsymbol{z},$$

因为 $\boldsymbol{W}_N \widetilde{\boldsymbol{H}} \boldsymbol{W}_N^{-1}$ 是一个对角矩阵，$\hat{\boldsymbol{x}}$ 的各个元素之间没有相互的干扰。对于 CDMA 系统，$\boldsymbol{W}_N$ 相当于一个 Hadamard 矩阵，无法将圆卷积矩阵对角化，所以出现了多用户干扰。

这么说有点太抽象，换一个角度。线性系统具有频率不变的性质，也就是说，一个正弦信号输入到一个线性系统，输出是同频率的正弦信号，这个性质是傅里叶变换得到广泛应用的基础。

在 OFDM 系统当中，星座调制后的符号是用复指数序列，也就是正弦波来扩展的，不同频率的复指数序列是正交的，在经过线性时不变系统之后频率保持不变，所以经过信道后仍然保持正交，OFDM 的子载波间没有干扰。而 CDMA 是用方波进行扩展的，方波经过线性信道不能保持原来的波形，即使采用了正交码，经过信道后码之间的正交性被破坏了，所以造成了码间干扰。

OFDM 对 CDMA 的优势就在于这个地方。其实，在 ITU 征求 3G 方案的时候，也有几家公司提交了基于 OFDM 的方案，但是最终 CDMA 获胜了。从技术上讲，CDMA 的优势在于简单。CDMA 的码是由 1 和 -1 组成的，Rake 接收机不需要做乘法，而 OFDM 则需要乘法运算。尽管如此，不可否认的是，在国际标准的制定过程中，利益的博弈起到了很大的作用。CDMA 的内在的自干扰特性使其无法胜任高速数据通信的要求，以至于第四代移动通信采用了 OFDM 体制。

正如前面说到的，子载波保持正交的前提是线性时不变系统。但是当终端移动的时候，信道会发生变化，从频域的视角去看，就是多普勒效应使得频率发生了偏移和扩展。本来 OFDM 的子载波是正交的，即使发生向同一个方向的频率偏移，仍然能够保持正交。但是在多径环境下的多普勒扩展，频率偏移的方向不一致，就会破坏子载波的正交性，形成了子载波间的干扰。

对于 OFDM 符号长度的选择，需要做两个方面的折中。一方面是 CP 的长度需要大于信道的时延扩展，这是由无线传播环境决定的。在 LTE 里面，为了适应不同的传播环境，规定了三种 CP 长度，第一种是短 CP，长度大约为 $5\mu s$，在一般的城市环境当中基本够用了。第二种是长 CP，长度大约为 $17\mu s$，用于比较大的小区。第三种 CP 长度大约为 $33\mu s$，用于独立载波的多媒体广播多播业务（MBMS）。CP 对系统来说是一种开销。由于一个 OFDM 符号对应一个 CP，因此要降低 CP 开销就必须要增大 OFDM 符号的长度。所以，从 CP 开销的角度来说，OFDM 符号越长越好。但是 OFDM 符号

长度越大，子载波间隔就越小，时不变信道并不会有什么问题，但是在变化的信道下，多普勒扩展造成的影响就越大。从时域上解释，我们会假定在一个 OFDM 符号的长度内信道是不变的，而实际上 OFDM 符号的长度越长，信道的变化就越大，子载波间的干扰也就越大。所以从终端的移动性角度来说，OFDM 符号的长度越短越好。综合两个方面，LTE 选择了子载波间隔为 15kHz，也就是 OFDM 符号长度为 $66.67\mu s$。

14.3.4 OFDM 的导频设计和信道估计

在均衡当中需要用到信道信息，也就是矩阵 $\boldsymbol{\Lambda}$：

$$\boldsymbol{\Lambda} = \begin{bmatrix} \hat{h}[0] & & & \\ & \hat{h}[1] & & \\ & & \ddots & \\ & & & \hat{h}[N-1] \end{bmatrix} \in \mathbb{C}^{N \times N}\text{。}$$

而信道信息的获得，一般需要发射机发射一个已知的导频，帮助接收机进行信道估计。在前面的章节中已经讲到，导频可以放置在连续的一段时间上，这个方法也可以应用于 OFDM 系统。但是由于 OFDM 的特点，更一般地采用栅格状的导频，如图 14.15 所示。

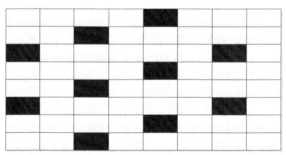

图 14.15 OFDM 的栅格导频

在图 14.15 中，横轴是时间轴，每个格子代表一个 OFDM 符号的长度，纵轴是频率轴，每个格子代表一个子载波。图中黑色的格子代表导频的位置，也就是在导频位置上发送的复数符号是接收机事先知道的。

在导频格点上，信道很容易获得，也就是

$$\hat{h}[n] = \frac{\hat{y}[n]}{\hat{x}[n]}\text{。}$$

其中，$\hat{x}[n]$ 是导频符号，$\hat{y}[n]$ 是导频位置的接收信号。这个公式没有用到噪声的分布，相当于迫零算法。如果有噪声的方差信息，也可以采用 MMSE，前面已经讲过很多次了。

　　获得了导频位置的信道之后，其他位置的信道可以通过插值的方法得到。插值是数值计算当中的基本知识，在实际系统当中，线性插值也就够用了，一般来说不需要二次插值或者样条插值这样比较复杂的插值算法。

　　栅格导频比时分导频的分布更加均匀，通过插值可以得到更好的系统性能。

　　插值的理论基础是信道存在相关性。信道有一定的相干时间和相干带宽，也就是说，相邻子载波和相邻符号之间的信道变化不会特别剧烈，所以才可以采用插值的方法。

　　信道的时延扩展越大，相干带宽就越窄，终端的移动速度越高，相干时间就越短，相应地就需要更高密度的导频，从而提高信道估计的精度。但是导频越多，系统的开销就越大，真正用于传输用户数据的资源就越少，因此需要在这两个方面进行折中。LTE 系统主要针对低移动速度进行优化，导频开销大约占 10%。

　　但是这样还存在一个问题：由于导频位置上的接收信号是被噪声污染的，噪声有比较大的随机性。有些位置的噪声比较大，与实际值的偏离也比较大，由它来插值得到的数值精度就更差了。实际上，还有另外一种信息可以利用来降低突发噪声的影响。在一个无线传播环境当中，信道的时延扩展，也就是相干带宽基本上是不变的，可以认为是一个已知量。

　　通过导频和插值的方法得到了频域的信道 $\hat{h}[0], \hat{h}[1], \cdots, \hat{h}[N-1]$ 之后，通过 IDFT 转换到时域，利用信道的时延扩展长度的先验信息，将超过该长度之外的信道响应置为零，然后再 DFT 回到频域，就得到了更高精度的频域信道。

　　可以这样来理解，一个子载波上的噪声是频域的一个冲激，转换到时域是一个无限长的信号，破坏了信道冲激响应的时间有限性。信道持续时间之外的信号都是噪声，将其强制置零后，噪声的能量降低了。反变换回到频域后，信道估计的精度就得到了提高。所以利用信道时延扩展的有限性，或者与其等价的频域的相干性，可以约束噪声，提高信道估计的精度。

14.3.5　SC-FDMA

　　峰均比是无线通信系统中非常重要的问题。信号的峰均比太高会降低功放的使用效率，因此需要尽量降低信号的峰均比。OFDM 与 CDMA 的峰均比的问题是类似的，发射信号由多个子载波或者码道的信号叠加而成，有些时刻的多个子载波的信号同向叠加形成很高的峰值，提高了信号的峰均比。

　　那么，是不是子载波的个数越多，峰均比就越高呢？一般说来，是的，但问题也没有那么严重。因为根据大数定律，无限多个独立同分布的随机变量叠加后是高斯分布，因此宽带 OFDM 和 CDMA 信号一般呈现为高斯分布的信号，峰值可以无穷大，但是幅值越高，概率就越小。

　　解决信号的峰均比一般采用两个手段，其一是采用数字预失真（DPD）技术的线性功放；其二是削波，就是把高于一定幅度的信号削平。LTE 的下行采用 OFDM 技术，也采用了这两种应对峰均比的方法。降低峰均比还有在一些保留子载波上施加特殊设计的信号的方法，这仅限于学术研究，在实际当中还无法应用。

对于上行，手机的功放成本很低，不可能期望其像基站功放那样采用 DPD 技术，加上发射功率小，因此峰均比问题比下行更为严重。为了解决这个问题，LTE 采用了单载波 FDMA（SC-FDMA）技术，也称作 DFT 扩展的 OFDM（DFT-S-OFDM）技术，其原理如图 14.16 所示。

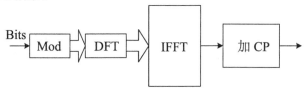

图 14.16 SC-FDMA 原理

星座调制的复数符号，首先经过一个小尺寸的 DFT，例如 64 点，然后放置在一个大尺寸的 IDFT 的某个区域，比如 2048 点，其他的数据用零填充，经过 IDFT 后再加上 CP，就得到了 SC-FDMA 信号。

DFT 前是时域信号，DFT 后在频域，经过 IDFT 后又到了时域，所以 SC-FDMA 的调制过程是把一个窄带的时域信号放置在了一个宽带信号的某个频率范围内。

那为什么 SC-FDMA 信号的峰均比比较低呢？我们来看一看。假如窄带的时域信号为 $x[n]$（$n = 0, 1, \cdots, 63$），经过 DFT 之后得到

$$\hat{x}[k] = \sum_{n=0}^{63} x[n] \mathrm{e}^{-\mathrm{j}\frac{2\pi}{64}kn}, k = 0, 1, \cdots, 63。$$

如果 $\hat{x}[k]$ 经过一个 64 点的 IDFT，就又得到了原来的时域信号 $x[n]$，也就是：

$$x[n] = \frac{1}{64} \sum_{k=0}^{63} \hat{x}[k] \mathrm{e}^{\mathrm{j}\frac{2\pi}{64}kn}, n = 0, 1, \cdots, 63。$$

SC-FDMA 的做法稍微有一点变化，就是补零到长度 2048 后，再做 2048 点的 IDFT，得到

$$x'[n] = \frac{1}{2048} \sum_{k=0}^{63} \hat{x}[k] \mathrm{e}^{\mathrm{j}\frac{2\pi}{2048}kn}, n = 0, 1, \cdots, 2047。$$

比较这两个式子可以发现，不考虑前面的系数，$x'[16n]$ 与 $x[n]$ 是相同的，而其他位置的值是由 $x[n]$ 插值得到。为了更好地理解这个说法，我们可以假设 $x[n]$ 是由一个连续信号 $x(t)$ 采样得到的，并且满足奈奎斯特采样定律，也就是采样频率大于最高频率的两倍。那么由 $x[n]$ 可以用 sinc 函数插值无失真地得到 $x(t)$。如果对 $x(t)$ 把采样

频率提高 16 倍，得到 2048 个采样，得到的信号就是 SC-FDMA 信号。因为信号中的最高频率是确定的，如果做 DFT，序号高于 64 的部分一定为零，而这就是 SC-FDMA 的处理方法。

所以，SC-FDMA 的处理相当于时域的插值，可以维持星座调制后的信号的峰均比而不会带来额外的提高。

当然也可以把信号放置于其他的频段，比如 1024 ～ 1087 号子载波上。根据傅里叶变换的性质，这只是相当于频率搬移了一下，并不影响信号的峰均比。

其实，还有另外一种方法，就是将信号放置在均匀间隔的子载波上，这种方法叫作 Interleaved FDMA，信号在时域表现为重复。但是这种方法不利于频域调度，LTE 经过讨论后没有采用。

可以看出，SC-FDMA 相比于 OFDMA，只是多了一个 DFT 的环节，其解调方法也和 OFDM 类似，也是采用频域均衡，再多加一个 IDFT 环节就是了。

由于峰均比的原因，LTE 在上行选择了 SC-FDMA。但是，这里应该注意到几个问题：

第一，经过 DFT 之后的频域数据，必须连续地放置在大 IDFT 的子载波上，不然就会破坏信号的峰均比特性。

第二，由于上面的限制，用于信道估计的导频只能在时间上与用户数据复用，而不能实现栅格状的导频，从而降低了系统的性能。

所以，尽管 SC-FDMA 获得了峰均比的优势，但是付出的代价也很大。目前有很多研究指出，SC-FDMA 得不偿失，性能还不如直接采用 OFDMA+ 削波方案。

SC-FDMA 是在爱立信公司主导之下被 LTE 采纳的，专利也应该是爱立信公司的。

14.3.6 OFDM 领域的核心专利

高通公司掌握了 CDMA 的核心技术，包括了 Rake 接收机、快速功率控制、同频复用、软切换等，其中软切换专利在美国获得授权载入了高通的发展史。高通凭借其核心专利收取高额的许可费，从一个小公司发展为通信领域的"巨无霸"。在高通之后，移动通信领域的专利受到了空前的重视。OFDM 是 4G 的核心技术，高通在 4G 上也投入了巨额的研究经费，并且收购了研究 4G 的先驱公司 Flarion，这个公司设计出了基于 OFDM 技术的原型，叫作 Flash-OFDM。那么 OFDM 的核心专利是什么样的情况呢？

正如我们介绍的那样，OFDM 的核心技术框架包括了用 IFFT 的实现方法，CP 以及频率域均衡，这些技术提出的时间都比较早，而专利的有效期一般是 20 年，即使这些技术有专利也已经过期了。除此之外，下面介绍一个目前在 LTE 系统当中 OFDM 最为核心的专利技术。

在 LTE 标准制定的初期提出了一个需求，要求 LTE 系统能够部署在 1.25MHz,

2.5MHz, 5MHz, 10MHz, 15MHz, 20MHz 这 6 种带宽上, 后来前两个带宽变成了 1.4MHz 和 3MHz。在后来的 LTE-A 标准当中, 为了进一步提高通信速率, 又提出了载波聚合 (Carrier Aggregation) 的技术特性, 要求终端能够通过多个载波同时接收或者发送数据。

华为公司的专利技术一举解决了这两个问题, 具体的专利信息是 "杨学志, 基于正交频分复用的信号调制方法及其调制装置, CN1913508B/2010-05-05, Aug. 8. 2005"。你可能注意到了, 专利已经获得了授权, 发明人就是我本人。

数字通信系统的发射机有一个样点率参数, 接收机有一个采样率参数。虽然在具体实现上样点率和采样率可以不同, 但在概念理解上它们是相同的, 所以我们统称为样点率。首先, 针对第一个问题, 自然的反应是对每个带宽对应一个样点率, 带宽小就用低的样点率, 带宽大就用高的样点率。这样, 对于每个带宽都需要设计一套参数, 主要包括样点率、(I) FFT 点数、子载波带宽。子载波带宽已经确定为 15kHz, 并且有如下的关系:

$$子载波带宽 = \frac{样点率}{(I) FFT点数}。$$

所以确定了采样率, 也就确定了 FFT 点数。在 LTE 的初期, 可以参考 3GPP TR25.814 v011, 给出如表 14.3 所示的参数选择。

表 14.3 LTE 标准初始的 OFDM 参数, 子载波带宽 15kHz

带宽（MHz）	1.25	2.5	5	10	15	20
样点率（MHz）	1.92	3.84	7.68	15.36	23.04	30.72
(I)FFT 点数	128	256	512	1024	1536	2048

其实在 LTE 之前, WiMax 标准也需要支持不同的带宽, 也是采用这样的方案。

我提的这个方案总体来说就是一句话: 所有的带宽都采用 30.72MHz 的样点率和 2048 点的 (I) FFT。

如果你是第一次听到这个方案, 第一反应会有一些吃惊, 第二反应会是当然可以这么做, 这还用得着你说吗?

为什么会吃惊呢? 因为一般来说, 信号的带宽低, 就可以采用低的采样率, 只要满足采样定理, 能低一点当然是好, 起码省电嘛! 而且 128 点的 FFT 总比 2048 点的 FFT 运算要小。这也是为什么之前所有的方案都采用了与带宽成正比的样点率。

为什么要放弃这个优点呢? 那是因为看到了更大的优势, 也就是市场的规模效应。市场的规模效应是说, 一个产品的销售量越大, 成本就越低。因为一个产品的投入可以分为两个部分, 第一个部分是一次性投入, 比如产品的设计、生产线建造等; 第二个部分是每件产品的原材料、水电等。高科技产品, 特别是芯片等核心器件, 主要投入是一次性投入, 而随产量线性增加的第二个部分投入占很少的比例, 因此产品的销量大，一次性投入就会被摊薄从而降低成本。

那么，把 6 种产品的规格合并成一种，相当于将 6 种产品合并成一种，规模效应就更明显。因此，从经济上看，省电或者运算量是一个小点，而规模经济是一个大局。研究技术的人，要想做出真正的创新，除技术外还需要有市场的头脑。

有人会反驳说，实现 6 种样点率和（I）FFT 点数，其实也没有太多的麻烦，变一下时钟就可以了，各种 FFT 点数的实现方法也类似，加一个选择开关就可以了。但是这个终究是麻烦的，而且这些控制是底层电路实现的，远没有用软件实现那么方便。

这里的关键问题是，最高的样点率和 FFT 点数反正是要实现的。如果大家懂一点硬件，就知道在通信当中像 FFT 这种底层的运算要求有很高的实时性，一般都会用专用的逻辑电路实现，而不是用通用的 DSP 或者 CPU。实现了 2048 点的 FFT 逻辑，即使只用 128 点，其他不用的也是浪费的，还要加选择开关去控制，当然是不可取的。

其实，当我把这个方案提出来之后，华为内部的一些专家马上就意识到了其意义所在，反应时间应该在 10 秒之内。但是他们说，当然可以这么做，你不说也会这么做的。但是其实并不是如此，在我没说之前，无论 WiMax 或者 3GPP 都不是这样做的。

我把这个方案放在提案"3GPP R1-050824 Proposal for the reduced set of DL transmission parameters"中提交给 3GPP 讨论，并最终达成了共识，LTE 标准以 1/30.72M 秒作为基本的时间单元。

故事还没有结束。30.72MHz 的样点率对于 1.25MHz 的带宽来说显然是远远超出需求了。实际上，这么高的样点率可以承载多个载波。可以采用如图 14.17 所示的用一个 IFFT 承载多个载波的 OFDM 调制方案。

在这个方案当中，用一个大的 IFFT 承载多个载波，每个载波的数据放在大的 IFFT 的输入端不同的区域，经过 IFFT 后得到多个载波的基带信号，然后通过一套射频通路发射出去。对于熟悉无线通信设备的同学来说，他们一眼就能看出这个方案的优势。下面回顾一下相关的技术发展史。

如果一个无线基站要发射多个载波，早期的解决方案如图 14.18 所示。当然，早期的系统不是 OFDM 的，而是 FDMA 或者 TDMA 的。为了比较，还是用 OFDM 作为例子。在这个方案当中，每个载波独立完成从基带到射频的调制过程，射频信号经过功率放大器后通过合路器合并成一个信号，通过一条馈线送到发射天线。

合路器的作用是将多路信号合并成一路，共享一条馈线和天线。这是非常重要的，因为安装天线需要空间，天线的馈线是比较粗的铜缆，是很贵的。合路器的样子如图 14.19 所示，是一个无源器件，会带来 3dB 的损耗，也就是说，一半的功率被合路器损耗掉了。

为了避免这个缺点，在 3G 的时候出现了射频宽带化技术。射频宽带化是技术发展的要求，因为 WCDMA 的一个载波的宽度是 5MHz，因此，射频通道的带宽最少也要达到 5MHz。而在实际应用当中往往要求支持多个载波，因此对射频通道的带宽会更高，比如 20MHz。天线是一个宽带器件，要达到这个带宽是不难的，主要的问题在于功放。早期的功放是窄带的，后来才出现了宽带功放。射频宽带化的经济基础是一条宽带射频链路的成本低于相同带宽的多条窄带链路。

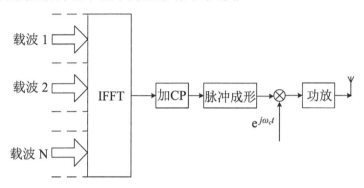

图 14.17 用一个 IFFT 承载多个载波，在基带实现多载波合路

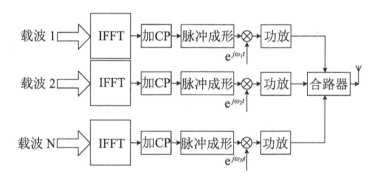

图 14.18 早期的多载波方案，用合路器在射频实现合路

图 14.19 合路器

有了宽带射频技术之后，可以采用如图 14.20 所示的多载波方案。在这个方案里采用了数字中频技术，在中频阶段就实现了多载波信号的合路，然后通过一条宽带射

频链路发射出去，这样就省掉了多条射频链路和引起较大损耗的合路器。

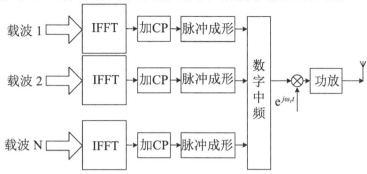

图 14.20 多载波的射频宽带化方案

这里出现了一个新的名词叫中频。前面讲过，基带信号要调制到射频才能发射，在实际系统当中，通常是通过两次变频实现的：首先从基带调制到中频，中频的频率可以有不同的选择，例如 100MHz，然后再从中频调制到射频，比如 2GHz。接收机也是这样，先从射频降到中频，再由中频到基带。这样的方式叫作超外差。而从基带直接变频到射频的技术叫作零中频。

从概念上看零中频是简单的，然而早期的收发信机都是超外差结构的。目前超外差结构仍然是主流，差不多所有的基站设备都是采用超外差结构。在终端上，零中频技术逐渐获得应用。

采用超外差结构的原因在于，零中频存在直流偏置和闪烁噪声。直流偏置的原因是本振泄漏，收发信机要在本机产生一个载波频率，用于调制和解调。以接收机为例，正常的信号途径是接收信号与本机载波信号相乘后得到基带信号。然而，载波信号频率很高，比较容易从电路当中辐射出去，从而混合到接收信号当中，再与本身相乘的时候就得到一个直流偏移。而另外一个因素叫闪烁噪声，或者叫 1/f 噪声。也就是说，噪声在低频段比较大，而在高频段比较小。由于这两个因素，所以采用了超外差结构，首先降到中频，经过滤波和放大之后，再降到基带。中频信号不容易泄漏，而且信号经过放大后也比较强了，从而克服了这两个问题。所以，超外差结构得到了广泛的应用。

超外差结构的优点是性能优良，缺点是集成度不高，不利于小型化和降低成本。而零中频结构简单，有利于集成和低成本，并首先在寻呼机上获得了应用。近年来，随着技术发展，它们也逐步在手机上获得应用。特别是发射机的信号比较强，挑战没有接收机那么大，零中频结构更容易实现。

中频可以用模拟的方式实现，也可以用数字的方式实现。数字方式就是产生离散形式的中频载波并混频，然后经过 D/A 输出模拟信号。在如图 14.20 所示的数字中频当中，多个载波的合路通过数字方式实现是很容易的。

以宽带射频技术为基础,通过数字中频实现合路是技术的进步。

我们回过头再来看如图 14.17 所示的方案,其通过一个大的 IFFT 在基带就实现了多载波信号的合路,与中频合路相比又前进了一步。在基带实现了合路后,后续的过程既可以采用传统的超外差结构,也可以采用零中频结构,可以灵活选择。而中频合路就限制了只能够采用超外差结构。

基带合路的另外一个好处是有利于降低峰均比。前面已经介绍过,实际应用的降低峰均比的方法就是简单地削波。较早的方法是每个载波削波后再合路,效果不好,损失也会比较大。因为每个载波削好了之后再合并,又会出现峰均比的提高。在中频合路后再削波性能会好很多,但是中频的频率比较高,削波的运算量比较大。而在基带合路之后削波,性能又好,运算量又低,真是不二选择!

这些特点对基站来说可以提高性能,简化结构,降低成本。但是毕竟系统设备对成本不是特别敏感,即使不采用此专利技术,无非就是成本高一些,开发人员工作量大一些,心里堵一点,算不上致命。对于终端,通常情况下只工作在一个载波上,就不存在这些问题。但是自从 3GPP 提出了载波聚合的需求之后,也要求终端同时发送多个载波。要知道,终端对成本是非常敏感的,成本高一元钱有时候就会意味企业的死亡。因此,此专利技术是支持载波聚合的终端所必须使用的,不使用就无法进入市场。

从前面的分析来看,此专利一举解决了两个问题,一个是产业的规模化效应,另一个是载波聚合。它是 LTE 的奠基性技术,要比 SC-FDMA 重要得多。此专利属于华为公司,已经获得了授权,并且已经许可给 Apple 公司。可以说,仅凭此项专利,华为公司就在 LTE 的知识产权方面获得了领先地位。

可以看到,这个技术用非常简单的方法解决了重要的问题。但是要想到这样的方法还是不太容易的,因为这需要打破两个思维定势:第一,之前的 TDMA 和 CDMA,其样点率一般都稍低于其带宽,比如 5MHz 带宽的 WCDMA,其码片率为 3.84MHz。这是因为扩频码是白噪声性质的,所以码片速率和带宽在同一个量级。而 OFDM 的特点决定了其能够用很高的样点率实现很窄的带宽。第二,之前的基带信号都是关于零频对称的,而在 OFDM 里面,可以不必受到这个限制,可以把一个载波的中心放在偏离直流的某个频率上。只有打破了这两个思维定势,才可以做出如此简单,却可以影响产业格局的创新。

14.4　多址技术小结

多址是无线通信的基础性技术,我们按照技术发展的进程介绍了 FDMA、TDMA、CDMA 和 OFDMA,它们分别是第一代到第四代移动通信的多址技术。实现 FDMA 的基础是滤波器技术,因为其最简单所以最先应用。而 TDMA 是走向宽带化的第一步,需要依托于定时技术的发展。TDMA 的问题在于只有一个资源划分的维度，也就是时间，在走向更高的带宽的时候资源分配存在困难。CDMA 把资源划分为时间和码道两个维度，可以更方便地分配资源。但是 CDMA 的问题在于它是一个自干扰的系统，虽然采用了快速功率控制、UFR、软切换等技术手段，但是仍然无法克服其缺点。CDMA系统的多用户检测是解决这一问题的根本方法，但是由于实际系统设计的限制使得多用户检测技术无法应用。OFDM 也是一种特殊的 CDMA，它利用了线性系统的特性，用比较小的代价克服了信道的多径效应和多用户间干扰，成为第四代移动通信的多址技术。多址技术还会继续发展，让我们拭目以待。

第15章 信 息 论

信息论是通信专业的研究生课程，但是由于这门课程实在是过于艰深，多数同学在学的时候就没有学懂，工作当中也用不着，很快就忘掉了。

信息论自其诞生以来，指引着信息产业的发展。而在实际的开发工作当中，你义找不到它的踪影，它是一个大象无形的东西。而我的研究工作时时刻刻都离不开信息论，我的几个创新成果都是在信息论的指引下做出的。

如果你只想做一点软硬件的开发工作，则信息论能够起到的作用很少；但是对做研究的人来说，信息论是一定要懂的。即使不做基础研究，产品的性能算法也需要信息论。懂得信息论可以使你很快找到问题的实质，让你成为高手。

克劳德•艾尔伍德•香农（Claude Elwood Shannon，1916—2001），美国数学家、信息论创始人。香农于 1916 年 4 月 30 日出生于美国密歇根州的 Petoskey，1936 年毕业于密歇根大学并获得数学和电子工程学士学位，1940 年获得麻省理工学院（MIT）数学博士学位和电子工程硕士学位。1941 年，他加入贝尔实验室，一直工作到 1972 年。1956 年，香农成为麻省工学院（MIT）客座教授，并于 1958 年成为终身教授。香农于 2001 年 2 月 26 日去世，享年 84 岁。香农于 1948 年发表了 "*A Mathematical Theory of Communication*"（《通信的数学原理》），标志了信息论的诞生。他在论文当中定义了信息的度量单位比特、信息熵和信道容量，并证明了 AWGN 信道的信道容量为 $C = B\log(1 + S/N)$，指引了信息产业的发展。香农是美国科学院和工程院院士，一生获奖无数，以他的名字命名的"香农奖"，是信息论领域的最高奖。

15.1 什么是信息和比特

比特（bit），大家都已经比较熟悉了，计算机领域经常说，这个 CPU 是 32bit 或者 64bit 的，就是这个比特。比特是信息的度量单位，是由香农定义的，也是信息论最基础的概念。为什么度量单位这么重要？想一想你去买东西时，会问老板西瓜多少钱一千克。千克就是度量单位。大家首先要对一千克是多少达成一致的意见，买卖才能做下去。秦始皇统一度量衡的事迹都写进了小学课本，因此你就能看出来建立度量是多么重要的。

信息论是关于信息的理论，因此首先要知道什么是信息和怎样度量信息。我们先来看香农给出的信息的定义。

一个随机事件发生的概率为 p，那么它的自信息为

$$I = -\log(p)。$$

在概率论里面，概率用大写字母表示，而概率密度用小写字母表示。但是在信息论里面，概率和概率密度都用小写字母表示，而读者则只需要注意随机变量是离散的还是连续的，如果是离散的，就表示概率；如果是连续的，就表示概率密度。从后面的公式可以发现，这样的用法确实在视觉上比较舒服，而且对于离散和连续随机变量的形式也比较统一。

概率 p 肯定是一个小于 1 的数，取对数是负数，前面再加一个负号就成了正数，也可以以不同的数为底，如果以 2 为底，信息的单位就是 bit。

首先，信息是和概率直接相关的。你可以看到，一个事件的信息由其概率唯一决定。

那么，什么是概率呢？通俗地说，概率就是一个事件的可能性。告诉大家一个秘密，我在华为做面试官的时候，什么是概率是我经常问到的一个问题。如果应聘者像我上面说的那样回答，就惨了，我会把他归类为一般水平。实际上，概率有一个严格的测度论定义，概率论就是建立在概率的严格定义上的，我认为每一个学过概率论的人都应该知道。这个定义在概率论部分已经讲过了，希望忘记了的同学回过头去复习一下。

概率是用来描述一个不确定的事件的。比如有一个袋子，里面有两个球，一个是红色的，一个是白色的。我们随机摸一个球出来，让你来说是什么颜色的，然后放回去，继续摸。如果只告诉你前提（有两个球，一个红色，一个白色），而不告诉你摸出来的球的任何信息，随便你猜，怎么猜都可以，例如全是红的，或者全是白的，或者一半一半，无论你怎么猜，你能够猜对的概率是 50%，不会对得更多，也不会对得更少。

有人会说，50% 也不算少呢。记得有这样一个故事：在朝鲜战争爆发前，兰德公司给了美国政府一份研究报告，其中只有一句话，说中国会出兵朝鲜，并索价 500 万美元。但是美国政府认为这是讹诈，没有理睬。后来中国果然参战了，导致美国损失了 830 亿美元和十多万士兵的生命。美国政府后悔不迭，花 280 万美元把这份报告买了下来。其实中国会不会出兵，只有"会"和"不会"两个结果，让大家随便猜，也有一半的人会猜对。猜对的人会愤愤不平：我也预测对了，凭什么给他们那么多钱，却一个子儿也不给我？

兰德公司的报告的结论只有一句话，但是却有 600 多页的分析。也就是说，人家不是乱猜的，而是有根据的，所以才值那么多钱，人家卖的是信息。虽然你也说对了，但是却不包含任何信息，因此不会有人付钱给你。

回到红白球的例子，如果你猜对的比 50% 少，比如 30%，则反而有更多的信息量，因为你取一个反，红白颠倒一下，就对了 70% 了，50% 是没有任何信息量的。要想猜对得更多或者更少，你需要信息。比如，如果有一个电平，摸出来红球就把电平置 0，摸出来白球就把电平置 1，则你看着这个电平来说就能完全说对了，当然也可以全说错。

那么什么是信息呢？以这个红白球的例子来说，有些东西是确定的，比如一共有两个球，一个红色的，一个白色的，摸球的方法是随机的而不是有所偏好。这些确定的东西，是我们已经知道的，不需要去猜，叫作先验信息。但是每一次摸出来的球的颜色，单靠猜，我们只能猜对一半。也就是说，这个事件对我们来说具有不确定度。我们要想完全说对球的颜色，也就是消除这种不确定度，所需要的那个东西就是信息。在这个例子当中，通过那个电平就可以获得球的颜色的所有信息，这就是猜对每个球需要的信息。

还是这个红白球的游戏，只不过条件变成袋子里面有 1024 个球；其中有 1023 个红球，有 1 个白球，会发生什么情况？

那么很明显，摸出来红球的概率比较大，为 1023/1024，而摸出来白球的概率为 1/1024。现在再让你猜球的颜色，你闭着眼睛说是红球，那么你猜对的概率是 1023/1024；也就是说，你基本是能够猜对的。但是你不知道那个白球什么时候会出现，也就是说，你不能够完全猜对，仍然有不确定度。我们仍然采用上面所说的电平的方法给你信息，也就是每个球是一个 bit 的信息，你就可以完全说对了。但是，在完全没有信息的情况下，我们已经能够猜得差不多对了，要做到完全猜对，应该不需要那么多的信息就可以做到。

事实上确实如此。为了叙述方便，我们来做一个假定。假定每摸出 1024 个球有且只有一个白球。那么实际上没有必要告诉你每个球的颜色，只需要告诉你白球的位置就可以了。1024 是 2 的 10 次方，也就是用 10 个 bit 就可以表示白球出现的位置，也就完全表达 1024 个球的颜色信息，而不是像上面的例子那样需要 1024 个 bit。

那么如何定义一个事件的信息的多寡呢？从前面对红白球的讨论看，信息是由概率决定的，是概率的函数。而且，概率越大，信息就越少；概率越小，信息就越大。香农研究后发现，采用对概率取对数再取负号的方法比较合适。你看，白球的概率为 1/1024，取以 2 为底的负对数后不正好是 10 个 bit 吗？

一个事件的信息，也就是自信息，只是一个局部的描述，我们还需要对一个信源进行整体刻画。

15.2　信息熵

信源，就是信息的源泉。信源可以分为连续的和离散的，有记忆的和无记忆的。

这个世界很奇妙。从工程师的角度去看，这个世界是连续的。但是在量子物理学家眼里，世界又是离散的。对于工程师眼中的连续世界，如果我们按照离散的方法去认知和处理，这就是数字革命。

连续信源的例子非常多，比如语音、音乐、图像、振动等模拟信号都是连续信源。离散信源产生离散事件，每个事件有其发生的概率。

无记忆信源，是指当前事件发生的概率，与上一个事件没有关系。如果有关系，就是有记忆信源。

比如，你正在读的这本书就是一个信源。对你来说，它是由很多汉字（和一点英文）组成的，每个汉字都有一定的发生概率，是一个离散信源。同时，它也是一个有记忆的信源，在本书当中，经常出现"信息"一词，如果上一个字为"信"，则下一个字为"息"的概率就很大。如果把本书所有的文字重新洗牌，就变成了无记忆信源。而对你的宠物来说，本书只是一幅幅没有意义的图像，是一个连续信源。

离散无记忆信源是最简单的信源，它可以用一个集合来表示，集合当中的每个元素就是事件，每个事件都有一个发生的概率。因为事件的名称一般没有显著的意义，重要的是每个事件的概率，因此，一个离散无记忆信源就可以表达为一个概率分布的集合，即 $\{p_1, p_2, \cdots, p_N\}$。

对于这样一个信源，用来描述其信息论属性的概念，就是大名鼎鼎的信息熵，简称为熵（entropy），它是这样表示的：

$$H(X) = -\sum_i p_i \log p_i。$$

$-\log p_i$，就是每个事件的自信息，乘以概率然后求和，就是平均的意思。所以熵就是信源当中所有事件的自信息的平均值，它反映了一个信源整体的不确定度。

熵有一个数学性质，也就是等概率分布（$p_1 = p_2 = \cdots = p_N = 1/N$）的时候达到最大值。这个性质的数学证明可以在任何一本信息论专著里面找到，我就不介绍了。

这个性质其实非常符合我们的直觉。在红白球的例子当中，两种颜色概率相等的时候是最难猜对的，无论怎么猜都只能猜对一半。如果红球的概率大于白球，我们就全猜是红球，那猜对的概率就大于 50% 了。所以等概率的时候熵最大，也就是不确定性最大。

15.3 复习一下条件概率

概率就是一个事件发生的可能性。而条件概率就是在符合一定条件的前提下，一个事件发生的可能性。

条件概率，就是事件 A 在另外一个事件 B 已经发生的条件下的发生概率。条件概率表示为 $P(A|B)$，读作"在 B 条件下 A 的概率"。

比如，看到一件很令人惊奇的事情，30% 的中国人会说，"我的个老天"，50% 的英语国家的人会说"OMG"，用条件概率的语言来表达就是

$$P(\text{"我的个老天"}|\text{中国人}) = 0.3;$$
$$P(\text{"OMG"} | \text{英语国家的人}) = 0.5。$$

而反过来概率就很低，例如可能的数值是

$$P(\text{"我的个老天"}|\text{英语国家的人}) = 0.001;$$
$$P(\text{"OMG"} | \text{中国人}) = 0.01。$$

中国人说英语的比例肯定比美国人说汉语的比例高。

条件概率是一个非常重要的概念，它把两个事件关联了起来，刻画两个事件之间的关系。

那条件概率刻画的是什么关系呢？答案是概率上的关系。这句话听着像一句废话，你可能还是没有懂。我们先看一看条件概率的公式：

$$P(A|B) = \frac{P(AB)}{P(B)}。$$

而 $P(AB)$ 叫 A 和 B 的联合概率。例如，随便从地球上找一个人出来，这个人可能是中国人，也可能是美国人；可能说中文，也可能说英文，这些都可以作为一个事件。把两个事件组合起来看成一个事件，就是联合事件，这个联合事件发生的概率就是联合概率。例如（中国人，说中文）和（中国人，说英文）就是两个联合事件。第一个联合事件的概率会比较高；第二个联合事件的概率会低一些，但是如今会说英文的中国人逐渐变多了。

我们说概率的时候，心中时刻要有这样一个概念，即样本空间。

样本空间就是所有事件的集合。我们所说的每一个事件，都是样本空间当中的事件，所说的事件的概率，都是事件在样本空间当中发生的概率。如果样本空间变了，事件的概率也会发生改变。比如中国有 14 亿人，美国有 4 亿人，全世界有 70 亿人，如果把中国人 + 美国人作为样本空间，随便找一个人出来是中国人的概率是 14/18，而如果把全世界人民作为样本空间，则中国人的概率就是 14/70。

我们说联合事件的时候，其实样本空间发生了变化。

那么我们再来看一看条件概率是如何刻画两个事件的关系的，我们来看一个定义：如果 A 和 B 两个事件，满足

$$P(A|B) = P(A),$$

或者

$$P(AB) = P(A)P(B),$$

那么称 A 和 B 独立，反之则称 A 和 B 相关。

$P(A|B) = P(A)$，$P(AB) = P(A)P(B)$ 这两个条件是等价的。

独立是概率论当中最重要的概念之一，一定要理解透彻。

独立或者相关，就是两个事件之间的概率关系。

关系分很为多种，例如有因果关系、时间关系、线性关系、夫妻关系、上下级关系，等等。概率关系是所有关系当中最抽象、最普适的，它描述 A 发生的时候，B 发生的可能性。至于为什么会这样，概率论是不关心的。

例如，爸爸姓杨，儿子姓杨的概率会大于 90%。发生这种情况是有其伦理方面的原因的，但是从概率的角度会描述成 P（儿子姓杨| 爸爸姓杨）> 90%，而并不关心产生这种现象的机理。

再例如，通信当中接收信号是因为有发射信号形成，但是概率论只描述这两个信号之间的概率关系，而不关心通信系统的内部机理。

信息论是建立在概率论的基础之上的。正是因为如此，概率论和信息论摆脱了对细节的纠缠，具有广泛的普适性。也正是这个原因，使得信息论非常抽象、难懂、微妙。

独立的意思就是，我们之间没有什么关系，你是不是发生，对我是不是发生没有影响。

很多人会把概率当中的独立与线性代数里面的正交搞混了。之所以搞混，是因为正交的对立面也叫相关，即线性相关。

正交是刻画两个矢量之间的线性关系。平面上的两根线成 90° 夹角，是正交的。正弦和余弦函数，也是正交的。但是我们知道，把正弦函数移相 90° 就是余弦函数，因此从概率的角度去看，正弦函数的发生完全决定了余弦函数的发生，它们不是独立的，而是相关的，而且是完全决定性的相关。从线性代数的角度去看，它们是正交的，线性相关度为零。

15.4　联合熵和条件熵

联合熵的定义：

$$H(X,Y) = -\sum_{x,y} p(x,y) \log p(x,y)。$$

联合熵直接从熵的定义发展过来，描述的是 (X,Y) 联合信源的不确定度，没有什么难懂的。

条件熵描述的是以某个事件为条件时，X 的不确定度。如果这个事件是一个具体的事件，比如随机变量 $Y = y$，则 X 的不确定度为

$$
\begin{aligned}
H(X|Y=y) &= -\sum_{x} p(x|Y=y) \log p(x|Y=y) \\
&= -\sum_{x} p(x|y) \log p(x|y)。
\end{aligned}
$$

因为 Y 是一个随机变量，对 $H(X|Y=y)$ 取统计平均，得到的是在 Y 发生的总体条件下的 X 的不确定度，也就是条件熵的定义：

$$
\begin{aligned}
H(X|Y) &= -\sum_{y} H(X|Y=y) p(y) \\
&= -\sum_{y} \sum_{x} p(x|y) p(y) \log p(x|y) \\
&= -\sum_{x,y} p(x,y) \log p(x|y)。
\end{aligned}
$$

如果随机变量 X, Y 相互独立，那么

$$
\begin{aligned}
H(X|Y) &= -\sum_{x,y} p(x,y) \log p(x|y) \\
&= -\sum_{x,y} p(x,y) \log p(x) \\
&= -\sum_{x} p(x) \log p(x) = H(X)。
\end{aligned}
$$

联合熵和条件熵满足链式法则（Chain Rule）：

$$H(X,Y) = H(X) + H(Y|X)。$$

证明：

$$H(X) + H(Y|X) = -\sum_{x} p(x) \log p(x) - \sum_{x,y} p(x,y) \log p(y|x)$$

$$= -\sum_x p(x) \log p(x) - \sum_{x,y} p(x,y) \log \frac{p(x,y)}{p(x)}$$

$$= -\sum_{x,y} p(x,y) \log p(x|y) = H(X,Y)\text{。}$$

在 X, Y 相互独立的情况下：

$$H(X,Y) = H(X) + H(Y)\text{。}$$

15.5 互信息

对于离散随机变量 X, Y，其互信息定义为

$$I(X;Y) = \sum_{x,y} p(x,y) \log \frac{p(x,y)}{p(x)p(y)}\text{。}$$

$I(X;Y)$ 的定义在形式上看是很对称的，也容易看出：

$$I(X;Y) = I(Y;X)\text{，}$$

可以证明一个结论：

$$I(X;Y) = H(X) - H(X|Y) = H(Y) - H(Y|X)\text{。}$$

证明：

$$I(X;Y) = \sum_{x,y} p(x,y) \log \frac{p(x,y)}{p(x)p(y)}$$

$$= \sum_{x,y} p(x,y) \log \frac{p(x|y)}{p(x)}$$

$$= \sum_{x,y} p(x,y) \log p(x|y) - \sum_{x,y} p(x,y)p(x)$$

$$= H(X) - H(X|Y)\text{。}$$

同样的方法也可以证明 $I(X;Y) = H(Y) - H(Y|X)$。

因为 $H(X)$ 是 X 的不确定度，而 $H(X|Y)$ 是以 Y 为条件的 X 的不确定度，它们之间的差就是互信息 $I(X;Y)$。

结合实际的例子可以这样理解：X 是一个信源，我们想知道它发出的信息是什么。但是在先验的情况下，也就是没有任何接收信号的情况下，我们只知道 X 的概率分布，这个时候该信源的不确定度为 $H(X)$。为了获得信源的信息，我们获得了一个接

收信号 Y，我们已经可以确信 Y 发生了，在这个条件下，信源 X 对我们来说仍然具有不确定性，为 $H(X|Y)$。在 15.6 节我们会证明这个结论：

$$H(X|Y) \leqslant H(X)。$$

也就是说，观测信号 Y 不会增加信源 X 的不确定性，那么观测信号对信源的不确定性减少的部分就是互信息。

我们可以发现

$$I(X;X) = H(X) - H(X|X) = H(X), \qquad (15.1)$$

也就是随机变量与其自身的互信息就是它的熵。在公式（15.1）当中，$H(X|X) = 0$，就是在 X 确定的条件下，其不确定度为零。同学们可以把这个题目作为一个小练习推导一下。

这是一个极端的情况，另一个极端的情况是 X 和 Y 独立，那么

$$I(X;Y) = H(X) - H(X|Y) = H(X) - H(X) = 0。$$

也就是说，两个独立的随机变量的互信息为零。在通信当中，通常情况下观测到的信号能够反映发射信号，也就是二者不独立。但是如果观测信号当中全都是噪声，其取值与发射信号没有关系，也就是二者独立，那么观测信号不能消除任何发射信号的不确定度。

由于有这个关系

$$H(X,Y) = H(X) + H(Y|X),$$

所以有

$$I(X;Y) = H(X) + H(Y) - H(X,Y)。$$

那么总结一下有关互信息的性质：

$$I(X;Y) = H(X) - H(X|Y);$$

$$I(X;Y) = H(Y) - H(Y|X);$$

$$I(X;Y) = H(X) + H(Y) - H(X,Y);$$

$$I(X;Y) = I(Y;X);$$

$$I(X;X) = H(X) - H(X|X) = H(X)。$$

这些性质可以用图 15.1 来表示，其表现出优美的对称性，希望同学们仔细揣摩一下。

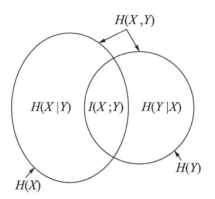

图 15.1 熵和互信息的关系图

15.6 凸函数与 Jensen 不等式

一个定义在区间 (a,b) 上的函数 $f(x)$，如果对于任意的 $x_1, x_2 \in (a,b)$ 和 $0 \leqslant \lambda \leqslant 1$ 满足

$$f(\lambda x_1 + (1-\lambda)x_2) \leqslant \lambda f(x_1) + (1-\lambda)f(x_2),$$

那么称函数 $f(x)$ 在区间 (a,b) 上是凹（convex）的。如果只有在 $\lambda = 0$ 或者 $\lambda = 1$ 的时候等号才能取到，则称 $f(x)$ 在区间 (a,b) 上是严格凹（strictly convex）的。

如果 $f(x)$ 是凹函数，那么 $-f(x)$ 是凸（concave）函数。凹函数和凸函数如图 15.2 所示。

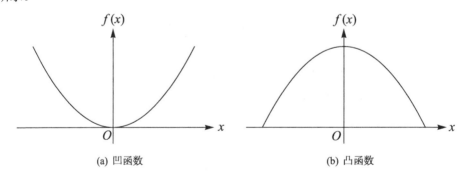

(a) 凹函数   (b) 凸函数

图 15.2 凹函数和凸函数

关于凹函数，有如下定理。

【定理】：如果函数 $f(x)$ 具有非负（正）二阶导数，那么 $f(x)$ 是凹（严格凹）的。

证明：把 $f(x)$ 在 x_0 点展开为泰勒级数：

$$f(x) = f(x_0) + f'(x_0)(x - x_0) + \frac{f''(x^*)}{2}(x - x_0)^2,$$

其中，x^* 是 x 和 x_0 之间的一点。

根据条件，$f''(x^*) \geqslant 0$，让 $x_0 = \lambda x_1 + (1-\lambda)x_2$ 并且取 $x = x_1$，得到

$$f(x_1) \geqslant f(x_0) + f'(x_0)[(1-\lambda)(x_1 - x_2)]。 \tag{15.2}$$

取 $x = x_2$，得到

$$f(x_2) \geqslant f(x_0) + f'(x_0)[\lambda(x_2 - x_1)]。 \tag{15.3}$$

将公式（15.2）乘以 λ，将公式（15.3）乘以 $1 - \lambda$，然后相加即可以得到

$$f(\lambda x_1 + (1-\lambda)x_2) \leqslant \lambda f(x_1) + (1-\lambda)f(x_2)，$$

结论得证。

下面的 Jensen 不等式是应用非常广泛的一个不等式，是许多重要结论的基础。

【Jensen 不等式】：如果 f 是一个凹函数，X 是一个随机变量，那么

$$Ef(X) \geqslant f(EX)。$$

证明：我们用归纳法来证明这个定理，首先从二元分布开始，假设随机变量 X 有两个取值 x_1 和 x_2，概率分别为 p_1 和 p_2，那么不等式为

$$p_1 f(x_1) + p_2 f(x_2) \geqslant f(p_1 x_1 + p_2 x_2)。$$

由于 $p_2 = 1 - p_1$，由凹函数的性质可以直接得到这个结论。

假设在 X 有 $k-1$ 个离散取值的情况下不等式成立，那么在 X 有 k 个离散取值的情况下：

$$
\begin{aligned}
\sum_{i=1}^{k} p_i f(x_i) &= \sum_{i=1}^{k-1} p_i f(x_i) + p_k f(x_k) \\
&= (1 - p_k) \sum_{i=1}^{k-1} \frac{p_i}{1 - p_k} f(x_i) + p_k f(x_k) \\
&\geqslant (1 - p_k) f\left(\sum_{i=1}^{k-1} \frac{p_i}{1 - p_k} x_i\right) + p_k f(x_k) \\
&\geqslant f\left(\sum_{i=1}^{k-1} p_i x_i + p_k x_k\right) \\
&= f\left(\sum_{i=1}^{k} p_i x_i\right)。
\end{aligned}
\tag{15.4}
$$

请注意，$\frac{p_i}{1-p_k}$（$i = 1, 2, \cdots, k-1$）构成一个概率分布，命题得证。

借助 Jensen 不等式，可以证明互信息的非负性，也就是

$$I(X;Y) \geqslant 0。$$

证明：

$$\begin{aligned}
I(X;Y) &= \sum_{x,y} p(x,y) \log \frac{p(x,y)}{p(x)p(y)} \\
&= -\sum_{x,y} p(x,y) \log \frac{p(x)p(y)}{p(x,y)} \\
&\geqslant -\log\left[\sum_{x,y} p(x)p(y)\right] \\
&= -\log 1 \\
&= 0。
\end{aligned}$$

推导的第三步用到了 Jensen 不等式。$-\log t$ 是一个凹函数，对于一个联合随机变量 (X,Y)，联合概率分布为 $p(x,y)$，取值为 $\frac{p(x)p(y)}{p(x,y)}$，利用 Jensen 不等式就得到结论，命题得证。

因为

$$I(X;Y) = H(X) - H(X|Y) \geqslant 0,$$

所以

$$H(X|Y) \leqslant H(X)。$$

也就是说，观察到的信号 Y 总是使信源的不确定度减少，最差就是相等，而不会使信源的不确定度增大。那么观测信号 Y 使得我们对信源的不确定度降低的部分，就是互信息 $I(X;Y)$。

15.7 连续随机变量的微熵

我们已经定义了离散随机变量的熵，那么如何定义连续随机变量的不确定度呢？下面看几个离散随机变量的熵的例子。

假如离散随机变量 X 有两个取值，概率分布为 $(\frac{1}{2}, \frac{1}{2})$，那么它的熵可以计算为

$$H(X) = -\frac{1}{2} \log_2 \frac{1}{2} - \frac{1}{2} \log_2 \frac{1}{2} = 1 \text{ bit}。$$

也就是说，每表达一个符号需要 1bit 的信息。如果 X 有 4 个取值，概率分布为 $(\frac{1}{4}, \frac{1}{4}, \frac{1}{4}, \frac{1}{4})$，那么可以依定义计算它的熵为 2bits，依此类推，如果有 8 个取值，则熵为 3bits，等等。

如果一个连续随机变量 X，它的累积分布函数 $F(x) = \Pr(X \leqslant x)$ 是连续的，其概率密度函数为 $p(x)$，并且有 $\int_{-\infty}^{x} p(t)\mathrm{d}t = F(x)$。连续随机变量 X 是有无穷多个取值的，每个取值的概率趋向于零，那么按照前面的逻辑可以推断，它的熵是无穷大的，无穷大就是没法定义了。

所以对于连续随机变量 X，无法定义它的熵，然而一般会定义它的微熵为

$$h(X) = -\int_{-\infty}^{\infty} p(x) \log p(x)\mathrm{d}x。$$

微熵在形式上与熵类似，但是微熵不是熵。

但是，既然叫微熵，还是应该和熵有一些联系。我们来研究一下这种联系是什么。

如果把连续随机变量 X 的取值划分为长度为 Δ 的区间段，假设概率密度函数 $p(x)$ 是连续的，根据积分中值定理，在一个区间当中一定存在一个 x_i，使得

$$p(x_i)\Delta = \int_{i\Delta}^{(i+1)\Delta} p(x)\mathrm{d}x。$$

那么，考虑一个离散随机变量 X^{Δ}，它是对连续随机变量 X 的量化，如果 X 在区间 $[\Delta, (i+1)\Delta)$ 内，则量化成为 x_i，也就是

$$X^{\Delta} = x_i, i\Delta \leqslant X < (i+1)\Delta。$$

那么 X^{Δ} 取值为 x_i 的概率为 $p(x_i)\Delta$，量化后的随机变量 X^{Δ} 的熵为

$$\begin{aligned}
H(X^{\Delta}) &= -\sum_i p(x_i)\Delta \log[p(x_i)\Delta] \\
&= -\sum_i p(x_i)\Delta \log p(x_i) - \sum_i p(x_i)\Delta \log \Delta \\
&= -\sum_i p(x_i)\Delta \log p(x_i) - \log \Delta
\end{aligned}$$

让 $\Delta \to 0$，第一项如果收敛，则趋向于 $\int_{-\infty}^{+\infty} p(x) \log p(x)\mathrm{d}x = h(X)$，而第二项 $-\log \Delta$ 趋向于无穷大。

也就是说，如果对一个连续随机变量进行量化，量化的粒度越小，它的熵也就越大，以至于趋向于无穷大。然而，量化后的熵由两部分组成，一部分趋向于一个稳定的极限，也就是微熵 $h(X)$；另一部分趋向于无穷大，并且与概率密度函数 $p(x)$ 无关。那么，微熵 $h(X)$ 虽然不是熵，但是也完全反映了连续随机变量在信息方面的特性。

对于两个连续随机变量 X 和 Y，联合概率密度函数为 $p(x, y)$，条件概率密度函数为 $p(x|y)$，也可以定义联合微熵和条件微熵：

$$h(X, Y) = -\int_{-\infty}^{+\infty} \int_{-\infty}^{+\infty} p(x, y) \log p(x, y)\mathrm{d}x\mathrm{d}y；$$

$$h(X|Y) = -\int_{-\infty}^{+\infty}\int_{-\infty}^{+\infty} p(x,y)\log p(x|y)\mathrm{d}x\mathrm{d}y。$$

并且可以证明有这样的关系:

$$h(X,Y) = h(X) + h(Y|X)。$$

15.8　高斯分布的微熵

高斯分布是最重要的分布,我们来看一看它的微熵。如果随机变量服从高斯分布,则概率密度函数为

$$p(x) = \frac{1}{\sqrt{2\pi}\sigma}\mathrm{e}^{-\frac{x^2}{2\sigma^2}},$$

计算它的微熵:

$$
\begin{aligned}
h(X) &= -\int_{-\infty}^{+\infty} p(x)\log p(x)\mathrm{d}x\\
&= -\int_{-\infty}^{+\infty} p(x)\log\left[\frac{1}{\sqrt{2\pi}\sigma}\mathrm{e}^{-\frac{x^2}{2\sigma^2}}\right]\mathrm{d}x\\
&= \int_{-\infty}^{+\infty} p(x)\log\sqrt{2\pi}\sigma\mathrm{d}x - \int_{-\infty}^{+\infty} p(x)\log\mathrm{e}^{-\frac{x^2}{2\sigma^2}}\mathrm{d}x\\
&= \frac{1}{2}\log 2\pi\sigma^2 + \frac{1}{2}\log\mathrm{e}\\
&= \frac{1}{2}\log 2\pi\mathrm{e}\sigma^2。
\end{aligned}
$$

可以证明一个结论,在相同方差的情况下,高斯分布的微熵最大。

这个结论很重要,但是证明起来有些麻烦,我们就不去证明了,有兴趣的同学可参考信息论方面的书。

从这里也可以看出为什么高斯分布是最重要的分布。因为它是微熵最大的分布,也就是不确定性最大的分布。

如果有 n 个随机变量 $X_1, X_2, \cdots, X_n$ 服从 n 维的高斯分布,则联合概率密度函数为

$$p(\boldsymbol{x}) = \frac{1}{(\sqrt{2\pi})^n\sqrt{\det \boldsymbol{M}}}e^{-(\boldsymbol{x}-\boldsymbol{m_x})^{\mathrm{T}}\boldsymbol{M}^{-1}(\boldsymbol{x}-\boldsymbol{m_x})/2},$$

其中,

$$\boldsymbol{x} = [x_1, x_2, \cdots, x_n]^{\mathrm{T}},$$

$$\boldsymbol{m_x} = [E(X_1), E(X_2), \cdots, E(X_n)]^{\mathrm{T}},$$

为均值向量, $\boldsymbol{M}$ 为协方差矩阵。

则可以计算联合微熵为

$$h(X_1, X_2, \cdots, X_n) = \frac{1}{2} \log(2\pi e)^n \det \boldsymbol{M}。$$

15.9 连续随机变量的互信息

两个离散的随机变量可以定义互信息，那么连续随机变量之间可以定义互信息吗？怎么定义呢？

假设连续随机变量 X, Y 的联合分布为 $p(x, y)$。因为已经定义了离散变量的互信息，所以对连续变量互信息的定义也以此为起点。把连续随机变量 X, Y 量化成离散随机变量 X^Δ, Y^Δ，其互信息为

$$I(X^\Delta; Y^\Delta) = H(X^\Delta) - H(X^\Delta | Y^\Delta)。$$

让量化区间长度 Δ 趋向于零，则等式右边为

$$H(X^\Delta) - H(X^\Delta | Y^\Delta) \to h(X) - \log\Delta - h(X|Y) + \log\Delta = h(X) - h(X|Y)。$$

把它定义为连续随机变量的互信息，也就是

$$I(X; Y) = h(X) - h(X|Y)。$$

把这个公式展开：

$$
\begin{aligned}
I(X; Y) &= h(X) - h(X|Y) \\
&= -\int_{-\infty}^{+\infty} p(x) \log p(x) \mathrm{d}x + \int_{-\infty}^{+\infty} \int_{-\infty}^{+\infty} p(x, y) \log p(x|y) \mathrm{d}x\mathrm{d}y \\
&= -\int_{-\infty}^{+\infty} \int_{-\infty}^{+\infty} p(x, y) \log p(x) \mathrm{d}x\mathrm{d}y + \int_{-\infty}^{+\infty} \int_{-\infty}^{+\infty} p(x, y) \log \frac{p(x, y)}{p(y)} \mathrm{d}x\mathrm{d}y。
\end{aligned}
$$

得到

$$I(X; Y) = \int_{-\infty}^{+\infty} \int_{-\infty}^{+\infty} p(x, y) \log \frac{p(x, y)}{p(x)p(y)} \mathrm{d}x\mathrm{d}y。$$

大家可以体会一下，连续变量的互信息是从离散变量的互信息求极限而来的，因此两者在本质上是统一的。对于离散随机变量，其概念的发展顺序是熵、联合熵、条件熵、互信息；而对于连续随机变量，熵这个概念是不存在的，转而定义了微熵、联合微熵、条件微熵、互信息。我们发现，离散和连续领域，共同的概念是互信息，因此互信息才是信息论最基础的概念，而不是熵或者微熵。Robert G. Gallager 先生是香农的单传弟子，也是 LDPC 码的发明人，他认为对于连续随机变量，直接定义互信息就够了，而不需要微熵的概念。这种观点有合理的成分。但是从实际来看，微熵的定义还是必要的。

15.10 离散信道容量

什么是信道呢？香农奖获得者 Thomas M. Cover 在其著作 *"Elements of Information Theory"* 当中是这样说的：

What do we mean when we say that A communicates with B? We mean that the physical acts of A induced a desired physical state in B.

什么意思呢？当我们说 A 和 B 通信的时候，是指 A 点的动作引起 B 点的状态的改变。我认为修饰词 desired 是多余的。这可以认为是信道在广泛意义上的定义。我们可以从 B 点的状态改变去判断 A 点发生的情况，从而实现通信。

请注意，这里并没有说 A 点的一个动作就会引起 B 点的某一个状态。实际的系统都是物理信号，不可避免地会受到噪声的影响，因此 A 点的同一个动作会引起 B 点的不同状态。

可以用条件概率 $p(y|x)$ 来描述离散无记忆（memoryless）信道。无记忆的意思是，信道的输出只与信道当前的输入有关，而与历史的输入信号没有关系。条件概率 $p(y|x)$ 描述的是，当输入为不同的 x 的时候，输出为不同的 y 值的概率。条件概率可以完全地描述一条离散信道。

相同的输入可以引起不同的输出，相同的输出可能是由不同的输入引起的，这就引起了信息的混淆。为了减少甚至消除这种混淆，可以在发射端采用编码技术，而在接收端采用解码技术。一个典型的通信系统如图 15.3 所示。

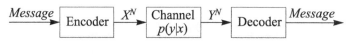

图 15.3 通信系统

编码就是把一定长度的信息编成长度为 N 的符号串，称其为码字，经过信道后，把码字输入到解码器，解出发送的信息。这样做的理论基础是大数定律，当 N 较大的时候，把一个码字混淆为另外一个码字的概率就会下降。

举一个简单的离散信道例子，如图 15.4 所示。信道的输入字符集为 $\{0,1\}$，输出字符集也为 $\{0,1\}$，会发生 10% 的误码。

如果经过编码，把 0 编码为 000，把 1 编码为 111，解码器利用最大似然算法，有两个以上误码才会判错，那么误码率为 $3 \times 0.1^2 \times 0.9 + 0.1^3 = 0.028$，也就是误码率降低到了 2.8%。误码率降低了，但是通信的速率也下降了，那么如何评价一个信道的通信能力？这就需要用到信道容量的概念，它是指能够通过信道的最大的信息速率。

从前面的例子来看，码字的长度 N 越大，误码率越低，信息速率也越低。那么什么是最大的信息速率？是在什么误码率条件下的最大信息速率呢？

这个问题就很有意思了，信道容量所指的最大速率，是指在误码率趋向于零的时

$p(y\|x)$	0	1
0	0.9	0.1
1	0.1	0.9

图 15.4 一个简单的离散信道

候的最大信息速率。从直觉上看，即使 N 再大也是会有误码的，按照这个定义，信道容量应该是零啊！但是信息论告诉我们，信道容量是一个不为零的值，如果信息速率低于信道容量，是可以做到误码率趋向于零的。

先来看无记忆离散信道的信道容量定义：

$$C = \max_{p(x)} I(X, Y),$$

注意，最大值是在所有的输入信息的概率分布上取的。

我们还记得互信息的定义：

$$I(X, Y) = H(X) - H(X|Y) = H(Y) - H(Y|X),$$

其中，$H(X)$ 是信源 X 的不确定度，$H(X|Y)$ 是在获得接收信号 Y 后 X 的不确定度，互信息是获得接收信号 Y 后信源 X 的不确定度减少的部分，也就是接收方可以获得的信息量。显然，如果 X 的分布确定，信道 $p(y|x)$ 确定，那么接收信号 Y 的分布也就确定了，$I(X, Y)$ 也就确定了。

然而，对于不同的 X 的分布，$I(X, Y)$ 是不同的。例如，如果 X 就是确定信号，也就是 $H(X) = 0$，那么 $I(X, Y)$ 也必然为零。而信道容量则是 $I(X, Y)$ 的最大值，这个时候对应一个特定的 X 的分布。

这个信道容量是理论上的信道容量，是由公式计算出来的，但是在实际操作当中能不能达到呢？香农第二定理指出，如果通信速率低于信道容量，一定存在一个编码方法使得误码率任意小。也就是说，信道容量是可以达到的。当然，这个定理这里就不证明了。

举一个简单的例子。图 15.5 所示的是一个二元对称离散信道，其互信息为

$$
\begin{aligned}
I(X; Y) &= H(Y) - H(Y|X) \\
&= H(Y) - \sum_x p(x) H(Y|X = x) \\
&= H(Y) - \sum_x p(x) H(p) \\
&= H(Y) - H(p)
\end{aligned}
$$

$$\leqslant 1 - H(p),$$

其中，

$$H(p) = -p \log_2 p - (1-p) \log_2 (1-p)。$$

可以看到，$1 - H(p)$ 是互信息的一个高限。当 X 是均匀分布的时候，Y 也是均匀分布的，这个时候 $I(X;Y)$ 取到最大值 $1 - H(p)$。也就是说信道容量为 $1 - H(p)$。

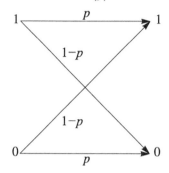

图 15.5 二元对称信道

离散信道容量的单位是 bits/symbol，即每一个符号传输多少个 bits。注意，如果 $p = 0.5$，也就是信道的误码率为 50%，则此时的信道容量为零。

15.11 加性高斯白噪声信道容量

加性高斯白噪声信道是最简单的符号集连续取值的信道，可以表达为

$$Y = X + Z,$$

其中，X, Y, Z 都是连续取值的随机变量，Z 是高斯噪声，方差为 N，X 的方差为 P。

连续信道的信道容量定义和离散信道是相同的，也就是

$$C = \max_{p(x)} I(X, Y)。$$

$$
\begin{aligned}
I(X;Y) &= h(Y) - h(Y|X) \\
&= h(Y) - h(X + Z|X) \\
&= h(Y) - h(Z|X) \\
&= h(Y) - \frac{1}{2} \log_2 2\pi \mathrm{e} N \\
&\leqslant \frac{1}{2} \log_2 2\pi \mathrm{e} (P + N) - \frac{1}{2} \log_2 2\pi \mathrm{e} N
\end{aligned}
$$

$$= \frac{1}{2} \log_2(1 + \frac{P}{N}).$$

也就是

$$C = \frac{1}{2} \log_2(1 + \frac{P}{N}).$$

在上面的推导当中，要注意几个环节。一个是 $h(X + Z|X) = h(Z|X)$，以 X 为条件，X 本身是一个确定信号。第二个是 Y 的方差为 $P + N$，当 Y 是高斯白噪声的时候微熵最大，也就是 $\frac{1}{2} \log_2 2\pi e(P + N)$。这个时候，$X$ 应该是方差为 P 的高斯白噪声信号。

前面说的是实数信道，如果 X, Y, Z 都为复数，由于一个复数符号相当于两个实数符号，则因此信道容量为

$$C = \log_2(1 + \frac{P}{N}).$$

这里的信道容量单位还是 bits/symbol。

实际的信号是时间 t 的函数，可以写成

$$y(t) = x(t) + z(t).$$

如果信号的带宽为 B，那么根据采样定理用 $2B$ 的采样率采样可以无失真地表达原有信号。即每一个采样点都是一个独立的随机变量，每秒 $2B$ 个采样点，每个采样点的信道容量为 $\frac{1}{2} \log_2(1 + \frac{P}{N})$，那么总的信道容量为

$$C = B \log_2(1 + \frac{P}{N}).$$

这个信道容量的单位是 bits/second。

这个公式是信息论最重要的成果，称为香农公式。

为什么这么重要呢？那是因为香农证明了，如果信息速率低于信道容量，就一定存在一种编码方法，使得误码率任意接近于零。六十多年来，通信产业在这个理论的指引下，一直寻找逼近香农限的方法，但始终有较大的距离。直到 1993 年 Turbo 的发明，才使得我们接近该极限。

这个结论称为香农信道容量第一定理。定理的证明比较复杂，这里就不给出了。

15.12 注水定理

一个 AWGN 信道

$$Y = X + Z,$$

其中，X 是输入信号，Z 是白噪声，Y 是输出信号，都是复随机变量。它的信道容量就是下面这个公式：

$$C = \log(1 + \frac{P}{N}),$$

其中，C 是信道容量，P 是输入信号功率，N 是噪声功率。这几个字母组成的公式是香农老人家最大的成果，指引着通信技术的发展方向。

如果信号的功率为 $P = P_1 + P_2$，则可以验证一个公式：

$$C = \log(1 + \frac{P_1 + P_2}{N}) = \log(1 + \frac{P_1}{N}) + \log(1 + \frac{P_2}{P_1 + N}) = C_1 + C_2。$$

$C_1 = \log(1 + \frac{P_1}{N})$ 可理解为信号功率为 P_1，噪声为 N 时的容量；$C_2 = \log(1 + \frac{P_2}{P_1 + N})$ 可理解为信号功率为 P_2，噪声为 $P_1 + N$ 时的容量。

也就是说，这两份功率，第一份功率产生了一个容量，同时等效成了对第二份功率的噪声。

了解了这个结论，我们来想一下，如果有 N 个并行的 AWGN 信道

$$Y_i = X_i + Z_i, \quad i = 1, 2, \cdots, N - 1,$$

这 N 个信道上已经有一些噪声或者信号的功率。如果我再有一小份功率，那么把它分配到哪个信道上能获得最大的信道容量呢？

从上面的分析可以知道，已经存在的功率，无论是噪声还是信号，对后来的信号来说都是噪声。因此，把这一小份功率分配到累积功率最小的信道上获得的容量最大。

如果你手上有一大份功率，要分配给 N 个平行信道，则你可以把它分成很多的小份，一小份一小份地分配下去。为了获得最大的信道容量，每一小份都分配到累积功率最小的信道上。就像把水一滴滴地倒进一个容器里，每一滴水都流到水位最低的地方。

这样分配的结果就是 N 个信道上的功率是相同的，如图 15.6 所示。

这就是注水定理。

15.13 信息论小结

信息论是由香农于 1948 年创立的理论，其最重要的贡献在于定义了信息的度量方法，也就是信息熵和 bit 的概念。在此基础之上，信息论给出了信道容量公式和定理，指出可以通过编码以小于信道容量的速率实现无差错的信息传输，这为通信科学的发展指明了方向。在这一理论的指引下，人们不断探索逼近香农容量的方法。经过几十年的探索，在信道编码领域，Turbo 码、LDPC 码和 Polar 码已经能够充分逼近香

农限。在网络技术领域，我所发明的软频率复用技术，也是运用信息论的结果，在第 16 章中会介绍。

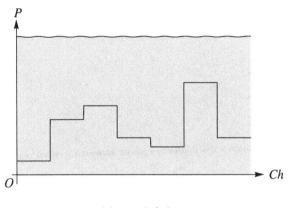

图 15.6 注水定理

第16章 蜂窝通信

我们已经讲了基本链路技术可以实现点到点的通信，也讲了多址技术可以实现点到多点的通信，接下来讲无线通信网络。

早期的移动通信系统是大区制的。大区制是移动通信网的区域覆盖方式之一，一般在较大的服务区内设一个基站，负责移动通信的联络与控制。其覆盖范围半径为 30～50km，天线高度为几十米至百余米，发射机的输出功率也较高。在覆盖区内有移动终端，可以与基站通信。一个大区制系统有一个至数个无线电信道。

大区制的缺点是容量小，因为分配给一个系统的频谱是有限的，这段频谱被划分成若干个信道，在很大的一个区域内共享这么多资源。在早期业务需求比较少的时候，大区制还是可行的。但是无线通信的便利性使得其业务量增长很快，大区制就无法适应了。

蜂窝通信的概念可以追溯到 1947 年 12 月，贝尔实验室的科学家 D. H. Ring 在其内部刊物上发表了一篇文章 *"Mobile telephony - wide area coverage"*，而这篇文章的主要工作来自于 W.R. Young。这篇文章提出了蜂窝通信的几个重要概念，包括用小功率的发射机去覆盖一个小的区域、六边形拓扑、频率复用、切换等。贝尔实验室的另一位科学家 Philip T. Porter，提出了用三扇区天线实现蜂窝网络。Amos Joel.，还是贝尔实验室的，1970 年在实际系统上实现了业务在不同站点间的切换，同时保证业务的连续性。

1978 年美国开发出 AMPS 系统，现在被称为第一代移动系统。AMPS 系统采用了蜂窝架构，极大地提升了系统的容量。从 AMPS 之后，所有的移动通信系统都是蜂窝系统。

16.1 频率复用

频率复用（frequency reuse）是蜂窝移动通信的基石。

由于电磁波在空间传播的衰减特性，一个频率在一个区域被使用之后，在离这个区域比较远的地方功率已经衰减了很多，干扰降低到可以接受的程度，于是这个频率就可以再用（reuse）一次，这个就是频率复用的概念。"频率复用"是中文的习惯翻译，已经被广泛接受，其实它应该翻译为"频率再用"。

频率复用如图 16.1 所示。左边的图是全向小区，天线位于六边形小区的中心；右边的图采用的是 120° 定向天线，也叫三扇区天线，位于六边形小区的顶点上。在图中，相同字母的小区使用相同的频率资源。ABCD 叫作一个复用簇。一个复用簇内的小区使用不同的频率资源，复用簇通过复制拓展从而覆盖整个平面。这样同一个频率通过复用，在大的区域里面使用了很多次，与大区制相比成倍地提高了系统容量。

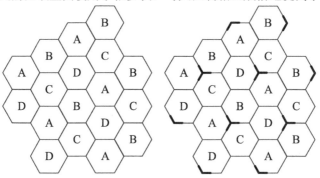

图 16.1 频率复用

一个复用簇内小区的个数叫作复用因子 K。如图 16.1 所示，其复用因子为 4。选择合适的复用因子是蜂窝通信系统最基础的问题，这需要从两个方面来考虑，即频谱获得性和同频干扰。

显然，复用因子越大，复用簇就越大，同频小区的距离就越远，干扰就越小。但是，因为每个小区的频谱资源是总频谱资源的 $1/K$，增大复用因子就减少了每个小区的资源。因此，复用因子需要在干扰和频谱获得性之间做折中。

16.2　切换

频率复用解决了大区制信道不足的问题，然而也带来了新的问题。一个正在通话中的用户从一个小区移动到另一个小区，如果不能保持通话的连续，将会给用户造成很恶劣的体验。解决这个问题的技术叫作切换。

处于蜂窝网络当中的一个用户，他要打电话和网络建立无线连接，首先要确定与哪一个小区连接。当然，从直觉上看，终端应该和离自己最近的基站，或者是路径损耗最小的基站连接。实际的系统还会做其他的一些考虑，比如负载平衡的因素，可能会引导终端与距离稍远的基站连接。

那么终端需要知道自己的大概位置，离哪个基站近一些，哪个基站远一些。有人会说，我的手机上有 GPS，有电子地图，把基站的位置在地图上标出来就知道了。但是复杂度、网络的变动等因素使得这个方法并不可行。

在实际的蜂窝系统中，每个小区的基站都发射一个灯塔（beacon）信号。这个信号的功率是恒定的，而且每个小区是不同的，而终端是可以区分的。这一般通过不同的随机序列来实现。在 LTE 当中，公共参考信号 CRS 扮演了灯塔信号的角色。灯塔信号是协议事先定义好的，因此终端知道蜂窝系统灯塔信号的信息，包括采用了什么样的随机序列组。

终端会周期性地搜索和测量一组灯塔信号的接收强度。如果终端离一个基站很近，那么这个小区的灯塔信号就比较强，其他的灯塔信号则比较弱；如果终端处于小区边界的地方，则它会测量到多个比较强的灯塔信号。一般来说，终端会选择接收强度最强的那个小区，这样终端就选择了离自己最近的小区，称作驻留在该小区。终端驻留在一个小区，会收听这个小区的广播信道，得到这个小区的配置信息，包括终端可以在哪条上行信道上向基站发送呼叫请求等。

终端驻留在一个小区之后，就可以在这个小区发起呼叫并建立与该小区基站的无线连接。

在移动通信系统当中，终端可能是移动的。终端对灯塔信号的测量是周期性的，当然测量的周期是可以配置的。这样，终端就能根据最新的测量结果，始终驻留在离自己最近的小区。这个过程在通信协议里面叫作小区选择和重选过程。

前面讲的小区选择和重选过程，指的是终端没有业务时的动作。如果终端在跨越小区边界时有正在进行的业务，这个时候就叫切换。

在切换过程当中，对灯塔信号的测量和选择小区的过程与没有业务的时候是相同的。切换过程需要额外把正在进行的业务从旧小区搬移到新小区。一般的过程是，当网络决定要切换一个终端，首先要在新的小区准备好通信资源，并且通知终端。终端接收到切换指令后，断开与旧小区的连接，并在新小区分配的资源上通信。

这个过程听起来还是挺简单的，实际上还是有很多实际的问题需要考虑的。比如要建立与新小区的同步，信令出错或者延时的影响，如何保证数据不丢失等。这些具体的内容，可以在实际工作当中进行研究。

16.3 避免乒乓切换

如果一个终端从小区 1 向小区 2 移动，则在这个过程当中，它会测量到小区 1 的灯塔信号强度在减弱，小区 2 的信号强度在增强。一般说来，当小区 2 的信号强度大于小区 1 的时候，就应该切换到小区 2。

但是这么做会引起乒乓切换，就像打乒乓球一样，在小区 1 和小区 2 之间来来回回地切换。

实际的系统并不像纸上的图那么干净，会有许多随机的因素，比如噪声、干扰、信道的变化等，导致测量结果会有波动。因此当终端在小区的边界处的某一点，一会儿小区 1 强于小区 2，一会儿又反过来，这样就导致乒乓切换。从上面的介绍可以看到，切换是要付出代价的，必须避免乒乓切换。

避免的方法很简单，在切换门限上再加上额外的一个值。也就是说，当小区 2 的信号强度大于小区 1 的时候，这时候还不切换，要等到当小区 2 的信号强度比小区 1 的信号强度超出一个额外的 margin 的时候才从小区 1 切换到小区 2。反过来，从小区 2 到小区 1 的切换也遵循相同的原则。这样就能容忍测量的波动，避免乒乓切换。

16.4 同频复用

在蜂窝技术的早期，频率复用因子是比较大的。第一代移动通信（AMPS) 的复用因子为 9 ~ 11，第二代移动通信（GSM) 的复用因子为 4 ~ 7。

那么如何来决定这个复用因子呢？传统的做法是这样的：

首先根据链路的性能决定一个最低的信干噪比（SINR）的指标，这个指标与链路的解调能力有关，随着技术水平的发展，对这个指标的要求会逐渐降低，例如，AMPS 系统要求的 SINR 指标为 7dB。

有了这个指标之后，根据传播模型计算所需要的最小的复用距离，就可以得出复用因子。这个方法并不难，同学们可以自己画一个复用因子（比如 7）的拓扑图，并且计算最差的点上的 SINR。

当然，这里面可以有一定的弹性，因为网络规划并不是一门严格的科学，具有一定的模糊性。虽然要求 SINR 指标为 7dB，但是 6.5dB 也差不太多，并且允许一定的区域达不到要求，怎么取舍要从商业的角度去考虑。

CDMA 是第三代移动通信的多址技术，采用的复用因子为 1，也称为普遍频率复用（universal frequency reuse）和同频复用。

很显然，在同频复用当中，每个小区可以使用全部的带宽，这当然是好的。在 CDMA 之前，并不是想不到同频复用，而是干扰的问题限制了只能够采用大于 1 的复用因子。

那么，为什么 CDMA 可以采用同频复用？怎么来处理干扰的问题呢？这就是业界普遍流行的说法，CDMA 技术抗干扰。

我们在前面讲到 CDMA 的扩频增益，这个增益等于扩频码的长度。例如 WCDMA 采用的扩频因子为 256，这是很大的增益，就使得 CDMA 信号的功率密度非常小，可以比白噪声还要低十多个 dB，这说明 CDMA 不怕噪声。既然如此，干扰也算是噪声，也没有什么大不了的，采用同频复用就成为可行的了。

在这个理论的支撑下，CDMA 系统都采用了同频复用方案，其被认为是 CDMA 的技术优势。1989 年，Qualcomm 在美国的现场试验证明 CDMA 用于蜂窝移动通信的容量大，并经理论推导其为 AMPS 容量的 20 倍。我查到了这篇文章在 IEEE Trans 上的版本的发表信息为：

K. S. Gilhousen, I. M. Jacobs, R. Padovani, A. J. Viterbi, L. A. Weaver, C. E. Wheatley, On the capacity of a cellular cdma system , IEEE Transactions on Vehicular Technology, May, 1991, pp. 303 - 312.

因为期刊的评审周期长，滞后两年是正常的。你可以看到，作者当中有高通创始人雅各布和首席科学家维特比两位"大牛"。这个结果在当时极大地鼓舞了学术界和产业界对 CDMA 的研究热情，并且推动了 CDMA 的产业化。但是从现在来看，这个结论是让人匪夷所思的，或者说是错误的，并且使得无线通信产业走了弯路。

16.5 软切换

CDMA 采用了同频复用之后，衍生出另外一个技术——软切换。

有了软切换之后，一般把前面讲的切换过程叫作硬切换。二者的区别可以用一句话概括：硬切换先断后连，软切换先连后断。

先断后连，前面已经讲过了。在切换的时候，新小区准备好资源，通知终端，终端切断与旧小区的连接，在新小区分配的资源上通信。大家应该注意到，在 FDMA 或者 TDMA 系统当中，因为复用因子大于 1，相邻小区是异频的，出于成本的考虑，终端设计成只能在一个频率上通信，因此切换也必须是先断后连，属于硬切换。

CDMA 系统采用了同频复用，终端就可以从多个小区发射和接收信号，可以实现先连后断的软切换方式。

在软切换技术当中，对每个终端定义了一个激活集，就是与终端保持无线连接的小区的集合。当一个终端在小区 1 中心的时候，激活集里只有一个小区。如果这个终端向小区 2 移动，测量到的小区 2 的灯塔信号强度越来越强，当超过一定的门限时，就会把小区 2 也加入激活集，这个时候激活集里面就有两个小区，终端同时与两个小区保持无线连接。当然，激活集里还可以加入第三和第四个小区。当终端继续向小区 2 的中心移动，小区 1 的灯塔信号就越来越弱，低于一定的门限时就从激活集当中将其删除，只保留一个无线连接。所以，软切换是先连后断。

先断后连，必然意味着有一段时间是无连接的，因此正在通话的用户在切换的时候会听到"咔嗒"的声音。如果切换过程配合不好，也会出现掉话。掉话对用户的体验影响很大，而很大比例的掉话是发生在切换的时候。而软切换就避免了这个问题，因为终端始终与基站保持着无线连接。当终端在小区边缘的时候，信号比较弱而干扰比较强，而终端同时与多个基站保持连接，提高了连接的可靠性。

在上行，终端发射一个信号，激活集里面的小区都收到这个信号，并且进行星座解调。因为解调的结果分布在不同的基站，因此需要汇集到一个地方并且合并起来，得到一个更好的结果。这个合并的地方在 UMTS 体系里面是 RNC（radio network controller，无线网络控制器），一个 RNC 管着若干 NodeB，这个奇怪的名字在 UMTS

标准里面就是基站的意思。本来 NodeA，NodeB 等是没有想好正式名字而临时用的，结果临时的名字用多了反而成了正式的名字。

在 RNC 中，对多个信号合并的方法有三种，即选择性合并、等增益合并和最大比合并。

选择性合并就是选择信噪比最大的信号，抛弃其他的信号。等增益合并是把收到的各个信号求和得到合并信号。而最大比合并是对高信噪比的信号加一个比较大的权，而对信噪比小的信号加一个比较小的权，然后求和得到合并信号。

从这里也可以看出这三种方法的特点：选择性合并只利用了一个信号，其他的信号浪费了；等增益合并利用了所有的信号，但是低信噪比的信号和高信噪比的信号权重相同，会降低合并信号的信噪比；而最大比合并利用了所有的信号，并且可以得到最高的信噪比。

上面介绍的内容，在通信里面有一个专门的名词叫分集（diversity）技术。从中文字面上不容易看出来它是什么，而从英文上看就比较直观了。Diversity 的意思是多样化，把多个不同的东西合并起来，得到一个更好的。在通信领域，多样化的角度可以是时间、频率和空间，它们分别叫时间分集、频率分集和空间分集。

软切换里面的分集是空间分集，即同一个发射信号，得到不同地点的天线多个接收信号。如果多个接收天线的距离比较近，例如位于同一个基站，这是多天线领域中一种常见的情况，属于微观领域，则可以称作微分集。在软切换当中，多个天线分别属于不同的基站，相距比较远，称作宏分集。

上行宏分集是接收侧的分集，称为接收分集。

在软切换的下行，相同的内容从激活集的多个小区同时发射出来，终端接收来自多个小区的信号，星座解调之后实现合并。所以下行属于发射分集。

一般认为，上行宏分集是一发多收，对系统容量有提高；而下行是多发一收，需要占用多份资源，对系统容量不利。而实际上，即使在上行，宏分集对系统容量也是不利的。这个可能你现在还不大容易理解，要等到介绍完软频率复用才能明白。

时间分集也是差不多的意思，即同一个信号在两个不同的时间上发送。一般来说，时间分集技术要求两个时间的间隔超出信道的相干时间，这样两个时间的信道衰落是独立的，至少有一个时间的信号比较好的概率比较大，这样才是分集的效果。如果两个时间的信道相同，要好都好，要差都差，这样遇到两个都差的概率就较大，就没有分集效果了。频率分集与时间分集是类似的。

时间分集和频率分集是发射分集。发射分集需要多份资源，分集是在发射端不清楚哪个资源更好的情况下的一种折中的方法，使用多个独立的资源，只要有一个资源上的接收信号比较好就可以了。如果发射端知道哪个资源比较好，那就不需要分集技术了，只在那个比较好的资源上发射就行了，这样就节省了资源，提高了频谱效率。LTE 里面的频率选择性调度就是用的这个方法。

16.6 分数频率复用

分数频率复用一开始的英文名称是 reuse partitioning，是 1983 年提出来的概念。后来，人们又给它起了另外一个名字 fractional frequency reuse，翻译成中文是分数频率复用。reuse partitioning 是首创的名字，而后起的名字更符合人们的使用习惯，因此这两个名称都被广泛使用，也引起了一定程度上的混乱。如果首创者对技术命名进行充分考虑，尊重人们的认知习惯，就可以避免这种混乱的情况。

分数频率复用的基本思想是，把频谱划分成 M 个部分，每个部分采用一个不同的复用因子。

如图 16.2 所示，整个频谱 B 划分成 $B1$ 和 $B2 + B3$ 两个部分，$B1$ 部分采用复用因子 3, $B2 + B3$ 部分采用复用因子 1。但是复用因子 1 的部分的功率密度比较小，只覆盖了小区的内部，而复用因子 3 的部分的功率密度较高，可以覆盖到整个小区，包括内部和边缘。具体覆盖区域如图 16.3 所示。

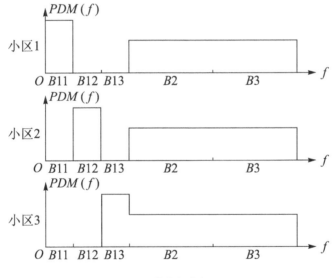

图 16.2 分数频率复用

分数频率复用是在 1983 年提出的，这个时候还处于第一代移动通信时期，第二代的 GSM 系统在两年后问世。在这个时期，移动通信的全部功能就是话音，业务的速率恒定，对 SINR 的要求是固定的。在这种情况下，频率复用方案要按照网络的最薄弱环节，也就是小区边缘来进行设计。而小区内部的 SINR 要好很多，这种设计当然会造成资源浪费。而分数频率复用就可以解决这个问题，其单独划出一部分频谱用于小区内部，并选择更加紧密的复用因子，这样频谱效率就提高了。

当然，最初提出分数频率复用时候的方案不是图示的 reuse 1 和 3 的结合，而是更加宽松的方案，例如 reuse 3，7，11 的结合。分数频率复用可以一般化为如图 16.4 所示。

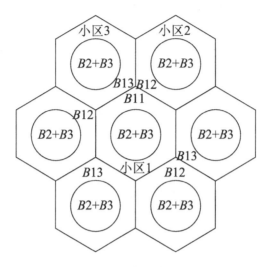

图 16.3 分数频率复用

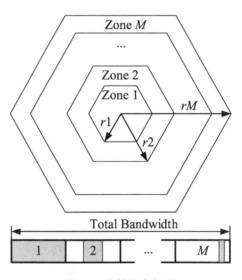

图 16.4 分数频率复用

在图 16.4 中，整个频谱被划分成 M 个部分，每个部分采用一个不同的复用因子。小区被划分成 M 个区域，复用越紧密的频谱，采用的发射功率就越小，覆盖范围就越小。其可以用于小区外部的频谱，也可以用于内部。

16.7 最佳复用因子

同频复用被认为是 CDMA 非常大的技术优势,这个观点在第三代移动通信(UMTS,CDMA2000)上得到了加强和广泛传播,并以其巨大的认知惯性延续到了后 3G,例如后来被高通收购的 4G 技术的先驱厂商 Flarion 的 Flash OFDM 系统就采用了快跳频OFDM 和同频复用作为基本技术框架。

但是果真如此吗?虽然以前的分析似乎很有道理,但是作为严肃的研究人员我们应该注意到其中的缺陷,也就是这个分析并没有严格的逻辑论证。

那好,我们来看如图 16.5 所示的蜂窝网络,观察图中央 3 个小区的交点的情况。在这一点上信号最弱而干扰最强,是整个网络最薄弱的地方,有代表性。前面已经讲到,频率复用需要在可获得带宽和 SINR 之间进行平衡,那么我们来看一看这个点在不同的频率复用因子的条件下 SINR 的情况,并且综合可获得带宽与 SINR 这两个指标,得到信道容量。

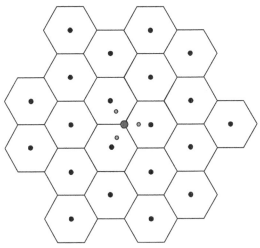

图 16.5 一个蜂窝网络

我们采用如表 16.1 所示的参数。

在这个参数表中,小区半径采用了 1km 和 0.3km 两种数值。小区半径为 1km 时,路径损耗比较大,信噪比比较低;而小区半径为 0.3km 时情况正好反过来。SINR 按照如下的公式进行计算:

$$\text{SINR} = \frac{P_{rx}}{\alpha \cdot P_{rx} + I_{inter} + N}$$

其中,P_{rx} 是终端的接收信号,α 是一个 $0 \sim 1$ 的系数,$\alpha \cdot P_{rx}$ 是小区内干扰。α 的取值与技术体制有关系。如果是采用 Rake 接收机的 CDMA 系统,则基本上 $\alpha = 1$,表示 CDMA 是自干扰系统，信号功率同时也是干扰功率。如果是 OFDM 系统，则基本上 $\alpha = 0$，表示小区内的干扰被消除了。

表 16.1 无线参数

参数	单位	值	公式
带宽	MHz	20	A
白噪声密度	dBm/Hz	-174	B
接收机噪声系数	dB	5	C
白噪声功率	dBm	-96	$D = 10 * \log(A) + B + C$
发射功率	dBm	45	E
小区半径	km	1.0/0.3	F
路损模型	dB	/	$G = 137.3 + 35.2 * \log(d)$

I_{inter} 是所有其他小区间干扰同频功率的和，根据路径损耗模型就可以算出来。很显然其与复用因子有关，复用因子越大，干扰就越小。当然，计算 I_{inter} 首先要把不同复用因子的频率复用图样画出来。

有了参数和计算公式，在复用因子为 $1 \sim 7$ 的小区边缘的 SINR，如图 16.6 所示。在图 16.6 中，zero、half 和 full SI（self inteference）分别对应 $\alpha = 0, 0.5$ 和 1 的情况，表示小区内干扰被完全、部分和完全没有消除的情况。很显然，SINR 随着复用因子的提高而增大，因为干扰降低了。同时，$r = 300\mathrm{m}$ 的一组曲线在 $r = 1\mathrm{km}$ 的上方，因为信号和干扰同比例增大后，相当于噪声降低了。

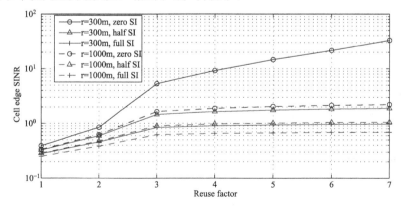

图 16.6 小区边缘 SINR

但是，从 SINR 曲线中我们还看不出特别的结论。下面进一步看一看频谱效率随

复用因子变化的曲线。根据香农公式，频谱效率为

$$\frac{C}{B} = \frac{1}{K}\log_2(1 + \text{SINR}) \qquad (16.1)$$

其中，B 为系统的带宽，K 为复用因子。因为每个小区的带宽是整个频谱的 $1/K$，所以有 $1/K$ 的因子。我们先来看一看曲线，如图 16.7 所示。

从图 16.7 中，我们看到了一个亮点。注意，代表 $r = 300$m，zero SI 的那条曲线，频谱效率在复用因子为 3 的时候达到最大值，而且要超出同频复用 80% 左右；而 $r = 300$m，full SI 在复用因子为 1 时频谱效率最高；half SI 介于两者之间。

在 $r = 1$km 的情况下也是类似的情况，只不过白噪声相比干扰作用更加明显，因此，复用因子引起的干扰变化对频谱效率的影响没有 $r = 300$m 的时候强烈。

因此，我们得到了一个结论：在小区边缘，对于 full SI 的情况，同频复用是最佳的；而对于 zero SI 的情况，复用因子为 3 才是最佳的。从这个结论我们可以得到，对于 CDMA 系统同频复用确实是最佳的，而对于 OFDM 小区边缘的最佳复用因子应该是 3。

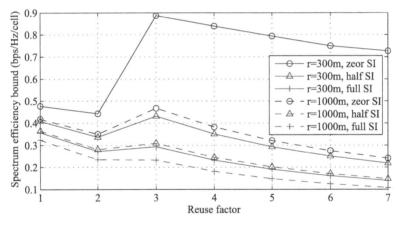

图 16.7 小区边缘的频谱效率

这是因为，增加复用因子，减少了每个小区可使用的带宽，但同时提高了信干比。在 CDMA 系统当中，由于自干扰的存在，提高复用因子降低了小区间的干扰，但是小区内的干扰仍然存在，SINR 提升的幅度不是很大，不足以弥补带宽的损失，所以频谱效率下降。而在 OFDM 系统当中，小区内的干扰已经基本被消除了，通过频率复用降低小区间干扰后，SINR 提高得很快。你可以看到当复用因子从 2 提高到 3 的时候，SINR 有一个 5dB 左右的跳升。这是因为在一个平面当中，复用因子为 3 可以消除同频的相邻小区。这样，SINR 大幅度的提升可以弥补带宽的损失，频谱效率或者信道容量得到了比较大的提升。当复用因子继续提高的时候，虽然 SINR 还是提升的，但是已经无法弥补带宽的损失，因此在复用因子为 3 之后，频谱效率也呈现下降的趋势。

这些结果是基于下行得到的。在上行，也可以得到差不多的结果。

那么，在 OFDM 系统当中，小区边缘在频率复用因子为 3 的时候，实现了可获得带宽与 SINR 达到最佳的折中，获得了频谱效率的最大化。这是一个非常重要的发现，因为它直接动摇了同频复用的理论基石。

16.8　软频率复用

众所周知，OFDM 取代了 CDMA，成为 4G/LTE 的多址技术。OFDM 的优势在于它克服了 CDMA 的自干扰特性，可以实现更高的频谱效率。而 OFDM 系统的频率复用方案也一直是一个悬而未决的问题。

由于 CDMA 的影响，一个重要的派别认为 OFDM 应该做到同频复用，比如快跳频技术就是为了实现同频复用而采用的干扰平均化。也有一些学者认为 OFDM 也是一种频分多址（FDMA），其频率复用因子应该为 3 或者更大一些，以抵抗同频干扰。不过这样一来，频谱效率就会降低，这也是 CDMA 支持者对 OFDM 的重点攻击方向。在这种情况下，一部分学者主张采用折中技术：把频谱分成两个部分，一部分频谱采用同频复用，一部分频谱采用复用因子为 3，这就是 reuse partitioning，或者叫部分频率复用技术（fractional frequency reuse）。

从 16.7 节的分析中我们已经得到，对于 OFDM 系统，小区边缘的最佳复用因子为 3，那么是不是就意味着 OFDM 系统的复用因子应该采用 3 呢？

但是这只是小区边缘的情况，而小区内部与小区边缘的情况非常不同。这是因为小区内部的信号功率大，干扰信号小，信噪干比本来就高，通过提高复用因子牺牲带宽来进一步提高 SINR 是得不偿失的。因此对于小区内部，最佳的选择就是要使用所有的频带。那么自然的想法就应该是小区边缘采用复用因子为 3，小区内部为同频复用，似乎就应该是部分频率复用（fractional frequency reuse）。然而我却想到了更好的解决方案，这就是软频率复用（soft frequency reuse）技术，其主要原则是：

- 可用频带分成 3 个部分，对于每个小区，一部分作为主载波，其他部分作为副载波，主载波的功率密度门限高于副载波。

- 相邻小区的主载波不重叠。

- 主载波可用于整个小区，副载波只用于小区内部。

软频率复用的功率密度门限和覆盖范围如图 16.8 所示。与 FFR 相比，软频率复用没有机械地将频谱割裂成两个部分，而是用功率密度模板规定了其使用程度，无论在小区边缘还是在小区内部，都可以获得更大的带宽和频谱效率。

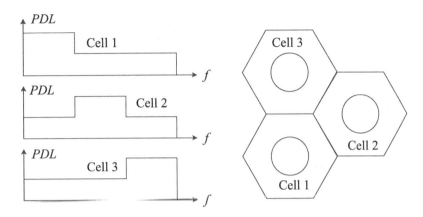

图 16.8 软频率复用的功率密度门限和覆盖范围

软频率复用可以用于上行和下行，也可以直接扩展到时间域，成为软时间复用。LTE -A 的 eICIC 就是软时间复用。

可以看到，在软频率复用方案里面，一个频率不再是被定义为用或者不用，而是用功率密度门限的形式规定了其在多大程度上被使用，复用因子可以在 1 ～ 3 中平滑过渡，这就是其得名的由来。

在软频率复用当中，副载波与主载波的功率密度门限的比值是一个重要的参数。在提出这个概念的时候我们已经发现，通过调整该参数，可以适应负载在小区内部和小区边缘的分布。但是如何确定这一参数一直是一个未解决的问题，而对这个问题的深入研究导致了软频率复用技术的进一步发展。

软频率复用的概念于 2005 年 5 月通过提案 3GPP R1-050507 "*Soft frequency reuse for UTRAN LTE*" 向业界公布之后，由于其简单、高效、实用的特点，迅速被工业界和学术界认可并进行了广泛研究，出现了很多的标准提案和研究文章，形成了一个研究热潮。目前研究软频率复用的文献已经有数千篇，并概括成为小区间干扰协调（Inter-cell interference coordination, ICIC）这一无线通信的重要领域。

提醒大家注意的是，文献当中的 "soft frequency reuse" 和 "fractional frequency reuse" 经常被混淆。在 Google scholar 的当前数据中，"soft frequency reuse" 被使用 1080 次，"fractional frequency reuse" 被使用 2900 次，但是大部分的 "fractional frequency reuse" 其实是 "soft frequency reuse"。这是因为在 2006 年 8 月，WiMax 论坛发表了技术白皮书，其中采用了软频率复用技术，但是没有引用原始文献 R1-050507，并且将其更名为 "fractional frequency reuse"，导致后续大量的文献引用指向了 WiMax 论坛的白皮书，并且采用了 "fractional frequency reuse" 这一命名，这是赤裸裸的剽窃行为。

软频率复用和软时间复用获得了中国、美国、欧洲的专利授权，并且已经许可给 Apple 公司，并且已经许可给 Apple 公司，具体的专利信息为：

　　杨学志，一种在无线通信系统中实现频率软复用的方法, Soft frequency reuse in a wireless communication system. Patent number: EP1811699 (B1)/2011-01-12, CN1783861B /2011-04-13.

　　杨学志，一种在无线通信系统中实现时间软复用的方法, Method and system for implementing soft time reuse in wireless communication system. Patent number: US 7, 796, 567/Sep. 14, 2010, CN1859054B/May 11, 2011.

16.9　软频率复用的应用

　　实施 SFR（soft frequency reuse）非常简单，主要有两个环节。第一是在每个小区设定一个功率密度模板，发射机需要在这个模板的框架之内工作。我们先不讨论什么样的模板是最优的，如果这个模板已经有了，则设定是很简单的事情。第二就是需要知道终端是在小区边缘还是在小区中心。这个可以通过终端测量来实现。实际上，所有的移动通信系统都支持这种测量，因为终端的切换需要依赖这样的测量。一般的做法是，基站发射一个功率恒定的参考信号，终端测量这个参考信号的接收功率并汇报给基站，基站根据报告判断终端离基站的距离。

　　所以，SFR 如今已经被 TD-SCDMA、WiMax、LTE 系统所采用，成为现代无线通信系统的基本构件。下面重点说一说 LTE。

　　软频率复用技术是在 3GPP 的 RAN1 41 次会议上被提出的，这也是 LTE 的第一次具体的技术会议。因为提高小区边缘的通信速率是 LTE 标准之初的要求，而软频率复用正契合了这个要求，因此得到了重视。

　　但是，这个时候软频率复用刚刚被提出来，而且一个新技术首次在标准组织内提出，这在业界是不多见的。通常的情况是，新技术首先以学术论文的形式发表，经过一段时间的研究形成一定的共识之后，然后在标准组织内讨论。因此，这个时候的意见并不统一，3GPP 把所有的技术建议分成了三类，都写进了技术报告 TR25. 841 中。这三类分别是：

- 干扰随机化：将干扰随机化成白噪声的性质，例如采用 CDMA、IDMA、快速跳频等技术。

- 干扰消除：采用多小区的联合发射或者接收，将邻区干扰转化为有用信号。

- 干扰协调：通过功率的控制使干扰在小区边缘得以避免，例如 SFR、FFR。

　　说明一下，这是 3GPP 的典型工作方法。要知道 3GPP 有很多公司参加，每个公司都想把自己的方案写成标准，这代表着很大的利益。因此，如果一个领域出现了很多的技术方案，而且意见比较发散，这个时候会议主席就会总结一下，把技术方案归类后写入技术报告。紧接着，通过会下的合纵连横，一些公司会联合起来将其他公司的方案排除在标准之外。

但是，标准组织的所有提案、决议都是公开的，属于明箱操作。如果几个公司联合起来"黑"其他的公司，也仅限于选谁都差不太多的时候。要知道，各个公司的标准代表有很多是有头有脸的人物。如果方案的水平相差太大，最后还是水平高的方案会获胜。因为 SFR 简单而高效，胜出其他两类方案太多，所以很快就成为 ICIC 的基调。

然而，比较戏剧性的是，LTE 在 ICIC 领域出现了比较低级的错误。

首先是基本思想出现了问题。SFR 本质上是一个网络规划层面的技术，就像传统的频率规划一样，网络层面的技术需要全网协调。你可以发现，由于 SFR 要求相邻小区的主载波不重叠，因此改动一个小区的主载波配置就会波及全网。网络层面的功能可以由人工完成，也可以由一个集中的节点，例如 OAM 来自动完成这个功能。网络规划基本上是一个静态的过程。在 SFR 当中，实现定义好每个小区的主载波和副载波，以及发射功率门限，就基本上不动了。所以，SFR 是一个网络层面的技术，为每个小区具体的资源分配定义了一个框架，每个小区的行为需要限制在这个框架内。SFR 的实施，并不需要基站之间进行通信，关于这一点我在提案 R1-050507 当中已经阐述了。

但是 LTE 偏离了这个总体的原则。在 LTE 标准当中，定义了 RNTI、HII、OI 等参数。RNTI 的作用就是功率密度模板，HII 是（high interference indication）高干扰指示，干扰小区用它来告诉相邻小区在某个资源上使用高功率，意思就是这个资源我用了，你们不要用。OI 是（overload indication）过载指示，被干扰小区用它来告诉相邻小区某个资源已经被干扰了，我没法用。可见，LTE 标准在 ICIC 上的基本思想是：通过基站和相邻基站交换干扰信息，从而决定采用什么样的功率密度模板。这是一个典型的博弈过程，每个小区从自己的角度出发，采取对自己最有利的策略。所以，学术界也出现了很多用博弈论来实现 ICIC 的论文。

但是如前所述，SFR 是一个网络层面的功能，需要有全局知识才能获得最优解。每个小区如果只有自身和相邻小区的局部知识，无论用什么样的算法都不可能得到最优的 SFR 图样。因此这样的方法注定是要失败的。华为公司 LTE 产品线的人跟我说，他们采用的是全动态、自适应的 ICIC 算法，在 X2 接口上每 10ms 交换一次 HII/OI 信息，很先进，而 3 年以后以失败告终，又回归了静态的 SFR 方法。

第二个问题是画虎不成反类犬。SFR 非常简单，没有什么意外的话本不应该出什么问题，并且在 TD-SCDMA 和 Wiamx 当中的应用都获得了成功，然而它在 LTE 当中偏偏出了问题。我们在论证小区边缘的最佳复用因子的时候已经得到结论，在小区边缘减少可获得带宽从而提高 SINR 对系统的容量是有利的，在此基础上得到了 SFR。如果牺牲了带宽而 SINR 没有足够的提高，那就会得不偿失了。而在 LTE 标准当中，由于在设计标准的时候没有考虑周全, 恰恰出现了这个问题。

LTE 的导频设计为公共参考信号 CRS, 是在时频平面均匀分布的栅格导频。CRS 有多重功能, 一是作为灯塔信号, 供中断测量接收功率、信道质量等参数, 供切换和调度使用。二是信道估计功能, 用于数据的解调。这样的功能设计就决定了 CRS 始终要用全功率发射。在实施 SFR 的时候, 选择一部分子载波作为主载波, 全功率发射, 其他的子载波作为副载波, 降功率发射。然而, 由于 CRS 的存在, 副载波当中被 CRS 占据的部分不能降功率, 对邻区的主载波造成干扰, 影响了 SFR 的性能。

与 CRS 类似, 下行控制信道 PDCCH 在一个时间段内也是占据整个频段以全功率发射, 也造成了 SFR 的性能下降, 同时使得 PDCCH 的信道容量不够。

这个问题如此隐蔽, 以至于长时间没有被业界发现。直到 2012 年, 华为公司的 LTE 产品线请我去评估 ICIC 算法, 才发现了这个问题。

幸运的是, 这个问题也很容易解决。由于历史的传承, 用一个载波实现组网已经在人们心中根深蒂固了, LTE 在设计之初也把单频组网作为一个基本假设。CRS 全功率发射是 LTE 的基础假设, 如果破坏这个基础假设, 那么会给测量、解调带来一系列的问题。如果采用单频组网, 那么这个问题是无论如何也解决不了的。但是如果抛弃单频组网的假设, 那么所有的问题就都解决了, 而且基本没有副作用。

多频组网可以采用 3 个载波来实施 SFR, 一个载波作为主载波, 其他的作为副载波。虽然 SFR 的原理还是一样的, 但是独立载波的 CRS 和 PDCCH 的功率就可以和业务信道一起降低了, 这样就解决了干扰的问题和 PDCCH 的容量问题。

多载波 SFR 唯一的局限是, 如果运营商只有有限的带宽, 例如 20MHz, 则用单载波组网终端的峰值速率会比较高。而如果分成 4 个 5MHz 的载波进行组网, 因为 R8 版本的终端只能工作在一个载波上, 因此峰值速率会降低。在实际应用当中, 一个 5MHz 载波全部分配给一个终端还不够的情况其实是极罕见的, 因此并不构成很大的问题。如果部署 R10 版本, 终端具有了载波聚合能力, 可以同时工作在多个载波上, 那么这个问题就彻底消失。

16.10　软频率复用的局限

SFR 于 2005 年被提出, 经历了大约 9 年的时间, 业界发表了数千篇有关 SFR 的文章, 普遍被认为是解决小区边缘速率问题的最优方案。然而, 在 2013 年, 我发现了 SFR 还是有局限的。

如图 16.9 所示是 SFR 的干扰模式。在这个例子当中, T11 和 T12 位于小区 1 的边缘区域, 分别用 f_1 和 f_2 通信。我们假设采用了 SFR, f_1 和 f_2 是小区 1 的主载波。在小区 2, T21 和 T22 位于小区的中心区域, 也使用 f_1 和 f_2 通信。那么根据 SFR 的定义, f_1 和 f_2 是小区 2 的副载波。这样一来就成了 T11 干扰 T21, T12 干扰 T22 的模式。

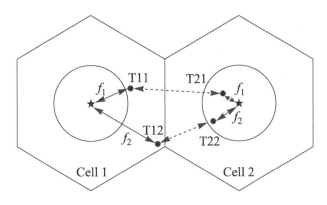

图 16.9 SFR 的一个干扰模式

但是，这种模式并不好。因为 T12 比 T11 更接近小区边缘，因此需要的功率也更大，而 T21 比 T22 更靠近小区中心，需要的功率也更小。T12 在小区的最边缘，条件最恶劣，如果与干扰功率最小的 T21 在同一个频率上，那么它的速率会提高。这样做的代价是 T11 与 T22 配对，受到的干扰强了一些，速率会有所下降。但是从运营的角度来看，提高最差用户的速率，可以大大降低投诉率，这在商业上是有利的。

但是在 SFR 的约束条件下，无法保证能够实现比较好的干扰模式。为了解决这个问题，我提出了多级软频率复用技术。

16.11 多级软频率复用

在多级软频率复用（Multi-level soft frequency reuse, ML-SFR）中，频谱被划分成 N 个部分，每个部分频谱都采用 SFR 方案。记小区 i 的第 n 部分频谱的主载波和副载波的功率密度门限为 $h_n^{(i)}$ 和 $l_n^{(i)}$，需要满足关系

$$l_1^{(i)} \leqslant l_2^{(i)} \leqslant \cdots \leqslant l_N^{(i)} \leqslant h_N^{(i)} \leqslant \cdots \leqslant h_2^{(i)} \leqslant h_1^{(i)}.$$

值得注意的是，最高门限和最低门限配对，次高和次低配对。一个四级软频率复用 SFR-4 如图 16.10 所示。

多级软频率复用通过更多的功率密度门限将小区分成更多的区域。在一个 SFR-4 当中，小区边缘进一步被划分成最边缘和次边缘，小区内部进一步被划分成最中心和次中心。假如使用了 SFR-4，我们再来看图 16.9 所示的例子。如果在小区 1，f_2 的功率门限大于 f_1，那么在小区 2，根据 SFR-4 的定义，f_2 的功率门限应小于 f_1。所以在小区 2 的资源分配就会是 T21 被分配 f_2，而 T22 被分配 f_1，这样就实现了优化的干扰模式，进一步提高了小区边缘的速率。

当然，多级软频率复用也可以扩展到时域或者是时频平面，形成多级的软时间复用或者软时频复用技术。

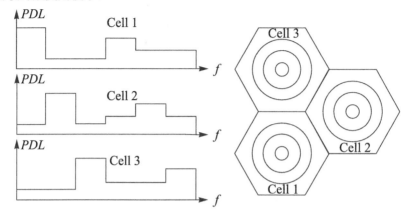

图 16.10 四级软频率复用 SFR-4

16.12　多级软频率复用的性能

为了评价多级软频率复用的性能，我们采用了如图 16.11 所示的网络结构。这个蜂窝网络当中有 13 个小区。在小区 0 放置一个终端，把其位置限制在小区中心与 A 点的连线上，其到小区中心的距离为

$$r_0 = \beta_0 r,$$

其中，β_0 是一个在 $(0,1]$ 中的系数。

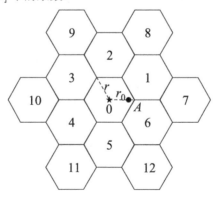

图 16.11 包括 13 个小区的蜂窝网络

我们以下行为例。假设一段频谱的宽度为 B，它是小区 0 以及小区 7 ～ 11 的主

载波，是小区 $1 \sim 6$ 的副载波。假设每个小区的基站的发射功率密度为

$$p_n = k_n N_0, \quad n = 0, 1, \cdots, 12。$$

其中，N_0 是终端接收机的白噪声功率密度，则终端接收机的噪声为

$$\sigma_z^2 = N_0 B。$$

假设第 n 个小区的基站到终端的距离为 d_n，路径损耗模型为 $L(d)$，那么终端接收到的信号的功率为

$$\sigma_s^2 = \frac{p_0 B}{L(d_0)} = \frac{k_0}{L(d_0)} \sigma_z^2。$$

来自其他小区的干扰为

$$\sigma_I^2 = \sum_{n=1}^{12} \frac{p_n B}{L(d_n)} = \sum_{n=1}^{12} \frac{k_n}{L(d_n)} \sigma_z^2,$$

记

$$k_n = \gamma k_0, \quad n = 1, 2, \cdots, 6;$$
$$k_n = k_0, \quad n = 7, 8, \cdots, 12。$$

意思是所有主载波的发射功率为 $p_0 B$，所有的副载波的发射功率为 $\gamma p_0 B$，γ 是副载波与主载波的功率密度的比，那么

$$\sigma_I^2 = \left[\gamma \sum_{n=1}^{6} \frac{k_0}{L(d_n)} + \sum_{n=7}^{12} \frac{k_0}{L(d_n)} \right] \sigma_z^2。$$

假设小区内的干扰已经被有效地消除了，就像 OFDM 系统。如果信道是平坦衰落的，则根据香农信道公示，频谱效率为

$$\eta(\gamma, \beta_0) = \log_2 \left(1 + \frac{\sigma_s^2}{\sigma_I^2 + \sigma_z^2} \right)。$$

这是一个 γ 和 β_0 的函数。我们采用表 16.2 的参数进行计算，得到图 16.12。图中的 4 条曲线是分别取 $\beta_0^2 = 0.25, 0.5, 0.75$ 和 1 的时候，终端的频谱效率作为 γ 的函数。$\beta_0^2 = 0.25$ 对应小区半径一般的位置，而 $\beta_0^2 = 1$ 对应 A 点，也就是 3 个小区的边界的交点。

表 16.2 Calculation parameters

N_0(dBm/Hz)	-169
p_0(dBm/MHz)	50/20
r(km)	1
Path loss(dB)	$L(d) = 128.1 + 37.6 \log_{10}(d)$

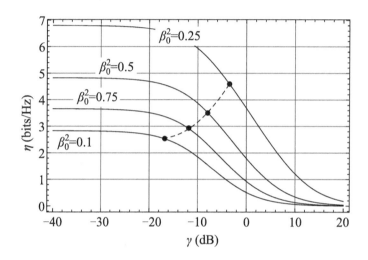

图 16.12 平坦衰落信道中频谱效率作为 γ 的函数

ML-SFR 的参数设计可以有多种。在图 16.12 中，我们沿着虚线选择 γ 的值，其大约是 -17dB, -12.5dB, -8dB, -3dB。在此基础上，我们可以设计一个由 4 个 SFR-2 组成的 SFR-8 方案。表 16.3 所示的是 SFR-8 方案的每个功率密度等级的相对增益。相对增益是以最高的功率密度等级为基准的。

表 16.3 SFR-8 参数

Level	1	2	3	4	5	6	7	8
Gain (dB)	0	-2.4	-4.8	-7.3	-9.7	-12.1	-14.6	-17

这是一个公差为 2.4dB 的等差数列，可以算出 4 个 γ 值和图 16.12 中得到的差不多，但并不完全相等。无线通信系统的随机因素有很多，这种系统参数并不需要特别精确，只要差不多就行了。

在这个参数下，SFR-8 的各级功率密度的频谱效率作为 β_0 的函数，如图 16.13 所示，每一条曲线对应一个功率密度等级。为了比较，图中也画出了 SFR-2 和同频复用的曲线。SFR-2 的 γ 值取了常用的 -6dB。

　　图 16.13 中的黑点代表典型的资源分配方法，一般来说，功率密度等级高的资源分配给小区边缘，低的分配给小区内部。把这些典型的点连成一条曲线，可以看出，同频复用的内部频谱效率很高，然而小区边缘 $\beta_0 = 1$ 的频谱效率非常低，只有 0.51bps/Hz；SFR-2 以降低小区中心的频谱效率为代价，把边缘的频谱效率提高到了 1.26bps/Hz，增加了 147%；而 SFR-8 实现了一条更加平坦的频谱效率的曲线，使得整个小区各个区域的频谱效率比较平均，而小区边缘则提高到了 2.54bps/Hz，是同频复用的 5 倍。图 16.13 的具体数据如表 16.4 所示。

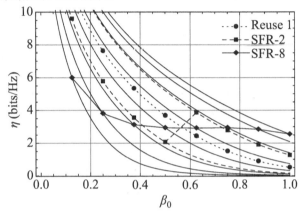

图 16.13 平坦衰落信道内频谱效率作为 β_0 的函数

表 16.4 频谱效率（bits/Hz）

β_0		1/8	2/8	3/8	4/8	5/8	6/8	7/8	1
Reuse 1	1	**11.5**	**7.63**	**5.33**	**3.68**	**2.43**	**1.51**	**0.89**	**0.51**
SFR-2	1	13.0	9.16	6.87	5.20	**3.86**	**2.78**	**1.91**	**1.26**
	2	**9.58**	**5.77**	**3.54**	**2.07**	1.12	0.58	0.29	0.15
SFR-8	1	14.2	10.4	8.20	6.58	5.29	4.23	3.32	**2.54**
	2	13.8	10.0	7.77	6.13	4.83	3.75	**2.84**	2.09
	3	13.1	9.26	6.98	5.33	4.01	**2.94**	2.07	1.41
	4	11.9	8.13	5.85	4.19	**2.92**	1.93	1.22	0.74
	5	10.6	6.79	4.52	**2.94**	1.80	1.04	0.57	0.31
	6	9.11	5.31	**3.12**	1.73	0.89	0.44	0.22	0.11
	7	7.54	**3.80**	1.84	0.83	0.36	0.16	0.08	0.04
	8	**5.99**	2.43	0.90	0.33	0.13	0.06	0.03	0.01

　　如果只比较小区边缘的频谱效率，则 ML-SFR 的优势实在是太大了，毕竟小区中心的效率是要比同频复用低。为了实现一个公平的比较，我们来考虑一个场景。假设

用户分布在 $\beta_0 = i/8$（$i = 1, 2, \cdots, 8$）的 8 个圆上，并且要求每个圆上的用户的数据速率的和是相等的。如果用户在每个圆上的密度相同，因为小区内部的圆比较小，用户比较少，在和速率相同的情况下，则每个用户的速率就高，这是一个比较合理的场景。

我们针对 SFR-8, SFR-2 和同频复用 3 种复用方案做资源分配，使得这个和速率最大化。以百分比表示的资源分配结果如表 16.5 所示。同学们可以结合表 16.4 的数据，自行验证这个分配方案使得 8 个圆上的和速率是相等的。从这个分配结果可以看到，在同频复用当中，因为小区边缘的频谱效率比较低，使得大量的资源被分配给边缘用户，占到了 40.6%。由于小区边缘频谱效率的提高，这一比例在 SFR-2 下降到 18%，而在 SFR-8 进一步降低到 11.2%。按照这个分配结果，同频复用的频谱效率是 1.654bps/Hz，SFR-2 的频谱效率是 1.817bps/Hz，提高了 9.85%。而 SFR-8 的频谱效率是 2.168bps/Hz，比同频复用提高了 31%。这个增益已经可以与 Turbo 码相匹敌了，使得 SFR 成为自 1993 年 Turbo 码发明以来无线通信技术的最重要进展。

表 16.5 资源分配 (%)

β_0		1/8	2/8	3/8	4/8	5/8	6/8	7/8	1
Reuse 1	1	1.80	2.71	3.88	5.62	8.50	13.7	23.2	40.6
SFR-2	1	0	0	0	0	0	3.45	11.9	18.0
	2	2.37	3.94	6.41	11.0	20.2	22.7	0	0
	T	2.37	3.94	6.41	11.0	20.2	26.2	11.9	18.0
SFR-8	1	0	0	0	0	0	0	0	8.33
	2	0	0	0	0	0	0	5.50	2.83
	3	0	0	0	0	0	2.83	5.50	0
	4	0	0	0	0	0	8.33	0	0
	5	0	0	0	0	14.0	2.65	0	0
	6	0	0	0	14.5	2.11	0	0	0
	7	0	0	14.3	2.40	0	0	0	0
	8	4.52	11.2	0.96	0	0	0	0	0
	T	4.52	11.2	15.2	16.9	16.1	13.8	11.0	11.2

16.13　蜂窝通信小结

蜂窝通信是现代移动通信的基本形态。与大区制相比，蜂窝通信的每个基站采用了比较小的发射功率，覆盖一个比较小的区域，被称为小区。蜂窝通信的基础概念是频率复用，即一个频率在不同的小区多次使用，使得稀缺的频率资源得到高效利用。

切换功能是蜂窝通信的自然需求，它使得用户在通过跨越小区边界的时候，保持业务的连续。频率复用是伴随着移动通信的发展而逐步发展的。早期的频率复用因子很大，随着链路技术的提高，频率复用效率不断提高。到了 CDMA 时代，同频复用成了绝对优势的技术方案。然而，更加严格的理论研究证明，同频复用走过了头，从而导致了软频率复用技术的诞生。软频率复用兼顾了干扰和可获得带宽的平衡，有效地提高了小区边缘的速率。在 4G 获得了广泛的应用，成为 ICIC 领域的基本概念后，这一概念又进一步发展成为多级软频率复用，使得干扰模式更加优化，代表了 ICIC 领域的最新成果，将成为 4G 乃至未来通信系统的基本假设。

第17章　信　道　编　码

香农创立了信息论，指出有一个信道容量，如果通信速率低于信道容量，则可以实现无差错的信息传输，而实现这一目标的方法就是信道编码。

事实上，香农在证明信道容量定理的时候就是采用了信道编码的方法。他的证明方法是，用随机序列作为码本。如果一个码字表达 M 个比特（bit），那么码本里包括 2^M 个码字，每个码字都是随机产生的序列。接收机收到被噪声污染的码字后，用最大似然解码。用大数定律可以证明，如果通信速率低于信道容量，则误码率可以趋向于零。

但是这个方法只具有理论上的价值，无法实际应用。因为码本太大了，是天文数字，存不下来。即使能存下来，编码和译码的复杂度也让人不可接受。

但是，香农的证明方法指明了逼近信道容量的方法就是信道编码。自信息论诞生以来，科学家们在香农指明的方向上不断探索，先后发现了分组码、循环码、卷积码、级连码，一直与香农限有很大的距离。直到 1993 年 Turbo 码的发明，人类才第一次充分逼近了香农限，后来发现，Gallager 于 20 世纪 60 年代提出的 LDPC 码可以更接近香农限。

17.1　信道编码的基本概念

由于信道当中存在噪声，总会出现错误。这些错误会表现出不同的形式，比如在加性高斯白噪声（AWGN）信道当中，误码的出现是随机的；而在衰落信道当中，当信道出现深衰落的时候会出现连续的突发错误。

信息的正确性是通信的基本要求，因此需要控制这些错误的出现，这一类的技术被统称为差错控制技术。

一种朴素的方法是，接收方如果能检测出哪些数据出现错误，则要求发送方重新发一次，直到接收正确的为止，这种技术叫作自动重发请求（ARQ）技术。

另外一种方法是，在发射方通过编码的方法使得接收方能够正确解调，这种技术叫作前向纠错（forward error correction）技术，也就是我们这里要讲的信道编码。

信道编码和 ARQ 在现代通信系统当中都得到了广泛的应用。

信道编码的一般方法是，假如有 k 个信息比特需要传输，通过信道编码获得 n 个比特；要求满足 $n > k$。k/n 被称作码率，常见的码率有 1/3、1/2、3/4，等等。接收方接收到 n 个比特后，通过解码算法解出信息比特。

在编码后的 n 个比特当中，前 k 个比特一般就是 k 个信息比特，这种码叫作系统码。如果信息比特出现了错误，通过其他 $n - k$ 个比特的冗余信息可以得到纠正，并不需要接收方的反馈，因此叫作前向纠错。

应该说，前向纠错这个名字是带有时代局限性的。

早期的解码算法是硬判决算法，要对接收到的信息比特判决为 0 或者 1。硬判决会出错，所以才要纠错。

现在的解码一般采用软判决技术，在解码过程当中不进行硬判决，因此也没有错误之说，信息比特和冗余比特所起的作用并没有本质的不同。所以本书当中一般不采用"前向纠错码"的说法，而是采用更广泛的"信道编码"。

信道编码会给通信系统带来增益，被称为编码增益。

人们对于编码增益有一个通常的误解，即认为编码降低了误码率，但是也降低了通信速率，因为信道编码引入了冗余比特，消耗了带宽。

大多数的教科书上是这样讲的：信道编码降低了速率，而提高了可靠性。这种说法虽然表面上听起来很合理，但是比较不同误码率下的通信速率是没有意义的。

一个极端的例子是，如果误码率是 50%，则信道容量实际上为零，也就是无法传输信息了。

实际上，在带宽、信噪比和净信息速率相同的情况下，一个合理的编码系统比非编码系统的误码率要低；或者说在带宽、信噪比和误码率相同的条件下，编码系统的净信息速率更高。信道编码是逼近香农限的手段，也是提高通信效率的手段。

17.2　群、环、域

群论是法国天才少年数学家伽罗华（Galois）提出的，它是信道编码的数学基础。伽罗华一生诸事不顺：考试不过；成果被柯西（Cauchy）和傅里叶（Fourier）忽视并抛弃稿件；被学校开除；为爱情决斗而死，死时 21 岁。在决斗的前夜，他预知自己必死，仓促中将自己在数学上的心得草率写出，交给了一位朋友。

群论是一门非常抽象的数学，我们先来看一看群的定义。

设 G 是一个非空集合，$(\cdot)$ 是它的一个二元运算，如果满足以下条件：

- 封闭性: 若 $a, b \in G$，则存在唯一确定的 $c \in G$ 使得 $a \cdot b = c$；

- 结合律: 对 G 中任意元素 a, b, c，都有 $(a \cdot b) \cdot c = a \cdot (b \cdot c)$；

- 恒等元: 存在 $e \in G$，对任意 $a \in G$，满足 $e \cdot a = a \cdot e = a$；

- 逆元: 对任意 $a \in G$，存在 $a^{-1} \in G$，使得 $a \cdot a^{-1} = e$。

则称 G 对 ($\cdot$) 构成一个**群**，记作（$G, \cdot$）。下面举几个例子。

整数对加法构成一个群，封闭性和结合律都很易见，恒等元是 0，逆元是取负号。非零实数对乘法构成群，封闭性和结合律很明了，恒等元是 1，逆元是倒数。所有的非奇异 $N \times N$ 矩阵对于矩阵乘法构成群，恒等元是单位阵，逆元是逆矩阵。

整数对乘法不构成群，不满足逆元。

一个群（$G, \cdot$），如果进一步满足交换公理，也就是对于任意 $a, b \in G$，满足 $a \cdot b = b \cdot a$，那么被称为**交换群**，或者**阿贝尔群**。

阿贝尔群满足交换公理，因此比非阿贝尔群更简单。整数加法群、非零实数乘法群都是阿贝尔群，而非奇异矩阵乘法群是非阿贝尔群。

整数对加法、非零实数对乘法都是无限群，也就是集合里有无限多个元素。在编码领域，应用最多的是有限群，也就是只有有限个元素。有限群的例子会在后面给出。

在群当中只有一种运算，这在实际应用当中往往是不够的。更进一步的概念还有**环和域**。

在非空集合 R 当中，若定义了两种运算加法 (+) 和乘法 ($\cdot$)，如果满足以下条件，则称 R 是一个**环**：

- R 对加法是阿贝尔群；

- R 对乘法满足封闭性和结合律；

- 分配律：R 中任意元素 a, b, c，都有

$$(a + b) \cdot c = a \cdot c + b \cdot c$$

和

$$c \cdot (a + b) = c \cdot a + c \cdot b。$$

由定义可以看出，环定义了两种运算，对加法构成阿尔贝群，对乘法只需要满足封闭性和结合律，而不需要存在恒等元和逆元。也就是说，对乘法不需要构成一个群。如果 R 对乘法也满足交换律，那么称 R 是一个**交换环**。

例如在通常意义的加法和乘法下，整数是交换环，全体的实系数多项式也构成交换环。

比环更进一步的是**域**，定义如下。

在非空集合 F 当中，若定义了两种运算加法 (+) 和乘法 ($\cdot$)，如果满足以下条件，则称 F 是一个域：

- F 对加法是阿贝尔群，恒等元称作零元；

- F 的非零元素对乘法构成阿贝尔群；

- 分配律：F 中任意元素 a, b, c，都有

$$(a + b) \cdot c = a \cdot c + b \cdot c$$

和

$$c \cdot (a + b) = c \cdot a + c \cdot b。$$

域首先是一个环，并且是交换环，且乘法有恒等元，非零元素有逆元。

我们常见的有理数、实数、复数在平常意义的加法和乘法下都构成域。这些域的元素个数无限，被称作无限域。元素个数有限的域被称为有限域，或者伽罗华域（Galois Field），它是信道编码当中最常用的数学工具。

为什么要定义群、环、域这些抽象的概念呢？所谓的传输信息，首先发射和接收双方要约定一个字符集，里面包含有限个元素。我们可以设想一下，如果要进行编码，就要涉及元素之间的运算。以二元字符集为例，字符集里面包含了两个元素，可以记为 0 和 1。

显然，把 0 和 1 理解为实数是很无理的，但是相信有很多的初学者在感情上倾向于这么做。0 和 1 只是一个记号，也可以记为 a 和 b，或者阴和阳，都是等价的。

元素之间的运算是需要定义的，如果定义了加法和乘法，编码就可以方便地表达为矩阵的形式，因为矩阵运算就是乘法和加法。这也说明了为什么伽罗华域是信道编码的数学基础。

信道编码当中一般采用二元码，因此定义二元伽罗华域 GF（2）的加法和乘法如下：

+	0	1		·	0	1
0	0	1		0	0	0
1	1	0		1	0	1

可以验证，按照这个定义，集合 $\{0, 1\}$ 构成一个二元伽罗华域。

17.3　线性分组码

所谓的分组码，就是把要编码的信息分成长度为 k 的信息码组，每组分别编码成为长度为 n 的**码字**（code word），一般情况下，$n > k$。

很显然，长度为 k 的信息块共有 2^k 种组合，每个信息块对应着一个码字，因此一共有 2^k 个码字，这些码字被称为**许用码组**。而长度为 n 的码共有 2^n 种组合，多于码字的数量，那些不是码字的码组被称为**禁用码组**。

一个二进制序列，其中 1 的个数被称为它的**重量**，两个二进制序列之间的对应位不同的个数被称作**汉明距离**，简称为**码距**。

一个码字在传输过程当中发生了错误，如果变为一个禁用码，那么接收方就可以判断出现了误码。接收方一般按照最大似然算法进行译码，选择距离最近的许用码作为译码结果。

那么，码字之间的最小距离对码的性能有很大的影响吗？一般说来，最小距离越大，码的性能就越好。

对于一个普通的分组码，只要定义了信息和码字之间的映射关系（称作码本），这个编码也就确定了。可以想象，如果没有规律，这个码本有 2^k 映射项，则需要很大的存储空间。对于线性分组码，这种映射关系可以通过一个矩阵来表达，简洁了很多，因此线性分组码得到了很多的研究和应用。

把输入的信息块的长度为 k，输出的码字的长度为 n 的线性分组码记为 $[n, k]$。一般把信息块记为 $\boldsymbol{m} = [m_1, m_2, \cdots, m_k]$，码字记为 $\boldsymbol{c} = [c_1, c_2, \cdots, c_n]$。请注意，多数领域习惯把向量表达为列向量，而由于历史的原因，编码领域采用了行向量的方式，在表达形式上也有所不同，习惯了列向量表达的人会感觉比较别扭。

在线性分组码当中，码字 $\boldsymbol{c}$ 和信息块 $\boldsymbol{m}$ 的关系可以用一个线性矩阵表达，记为

$$\boldsymbol{c} = \boldsymbol{m}\boldsymbol{G}$$

其中，$\boldsymbol{G}$ 叫作**生成矩阵**。例如

$$\boldsymbol{G} = \begin{bmatrix} 1 & 0 & 0 & 1 & 0 & 1 \\ 0 & 1 & 0 & 1 & 1 & 0 \\ 0 & 0 & 1 & 0 & 1 & 1 \end{bmatrix} \tag{17.1}$$

是一个 3×6 的生成矩阵，信息块的长度为 3，而码字的长度为 6。

如果把生成矩阵 $\boldsymbol{G}$ 表达为

$$\boldsymbol{G} = \begin{bmatrix} \boldsymbol{g}_1 \\ \boldsymbol{g}_2 \\ \vdots \\ \boldsymbol{g}_k \end{bmatrix},$$

其中，$\boldsymbol{g}_i \ (i = 1, 2, \cdots, k)$ 是生成矩阵的每一行。那么

$$\boldsymbol{c} = \boldsymbol{m}\boldsymbol{G} = [m_1, m_2, \cdots, m_k] \begin{bmatrix} \boldsymbol{g}_1 \\ \boldsymbol{g}_2 \\ \vdots \\ \boldsymbol{g}_k \end{bmatrix} = m_1\boldsymbol{g}_1 + m_2\boldsymbol{g}_2 + \cdots + m_k\boldsymbol{g}_k,$$

也就是说，每一个码字是生成矩阵的行向量的线性组合，总共有 2^k 种组合，也就是合法的码字。

生成矩阵应该满足一定的要求，最低的要求是它的行向量应该是线性无关的。也就是说，任何一个行向量，都无法表达为其他行向量的线性组合。如果不满足这个条件，就会出现两个不同的信息对应同一个码字的情况，导致无法解码。

比如，$g_1 = a_2 g_2 + \cdots + a_k g_k$，其中 $a_2, \cdots, a_k$ 不全为零。如果一个码字为

$$c = m_1 g_1 + m_2 g_2 + \cdots + m_k g_k,$$

对应的信息为 $[m_1, m_2, \cdots, m_k]$。但是把上式当中的 g_1 替换掉，该码字还可以表达为：

$$c = (m_2 + a_2 m_1) g_2 + \cdots + (m_k + a_k m_1) g_k,$$

对应的信息为 $[0, m_2 + a_2 m_1, \cdots, m_k + a_k m_1]$，显然和前面的信息不同。

满足不相关条件的生成矩阵有很多。在实际应用当中，经常应用的一类叫作**系统码**，也就是生成矩阵满足下面的条件：

$$G = \begin{bmatrix} I_k & P^{\mathrm{T}} \end{bmatrix}。$$

其中，I_k 是 $k \times k$ 单位阵，P^{T} 是一个 $k \times (n-k)$ 矩阵。例如公式（17.1）所示的生成矩阵就是一个系统码的生成矩阵。如果不是系统码，就叫作非系统码。

系统码的好处在于码字的前 k 位就是信息位，编码只需要计算码字的其他 $(n-k)$ 位，其被称作**校验位**。并且，系统码的生成矩阵一定满足非相关条件。

有一个现象我们已经很清楚了：码字的长度为 n，而合法的码字一共有 2^k 个，在一个定义在 GF（2）上的 n 维的线性空间内，这个空间有 2^n 个元素。也就是说，许用码组是它的一个子空间。

根据线性空间理论，许用码组空间一定有一个对应的零空间。所谓的零空间，也是一个子空间，在这个空间当中，所有向量与许用码组空间正交。许用码组空间是 k 维的，而其零空间是 $(n-k)$ 维的。

用一个简单的例子来说明一下。比如在二维平面当中，一条过原点的直线就是一个子空间。因为一个空间一定会包含零元素，所以必须过原点。而与其垂直的过原点的直线就是它的零空间。同样地，在三维空间当中，过原点的平面是一个子空间，垂直于该平面的过原点的直线是其零空间。零空间是相互的，反过来也是如此，直线的零空间是平面。这两个例子都是定义在实数域上的，而实际上定义在任何域上的线性空间都具有这个结论。

把零空间的 $(n-k)$ 个基底作为行构成一个矩阵，这个矩阵是 $(n-k) \times n$ 的，记

为

$$H = \begin{bmatrix} h_1 \\ h_2 \\ \vdots \\ h_{(n-k)} \end{bmatrix} 。$$

H 当中的每一个行向量都与 G 当中的行向量正交，这个关系可以写成

$$HG^{\mathrm{T}} = 0_{(n-k) \times k} 。$$

矩阵 H 被称为**校验矩阵**。注意，对于一个生成矩阵，校验矩阵并不唯一。将 H 当中的行进行初等变换，包括交换、叠加等操作，仍然满足上面的公式。

对于任何一个合法的码字，可以表达为

$$c = mG,$$

则有

$$Hc^{\mathrm{T}} = HG^{\mathrm{T}}m^{\mathrm{T}} = 0_{(n-k) \times 1} 。$$

也就是说，任何一个合法的码字都要满足上面的校验方程组，包括 $n - k$ 个校验方程。

对于一个系统码，其生成矩阵为

$$G = \begin{bmatrix} I_k & P^{\mathrm{T}} \end{bmatrix},$$

则其校验矩阵为

$$H = \begin{bmatrix} P & I_{n-k} \end{bmatrix}。$$

简单验证一下：

$$HG^{\mathrm{T}} = \begin{bmatrix} P & I_{n-k} \end{bmatrix} \begin{bmatrix} I_k \\ P \end{bmatrix} = PI_k + I_{n-k}P = P + P = 0_{(n-k) \times k} 。$$

这个验证过程要注意两个地方，一是 P 的维数是 $(n-k) \times k$；二是在 GF（2）当中，两个相同元素相加为零。

17.4 线性分组码的解码算法

线性分组码可以用最大似然算法进行解码。

最简单的算法是将接收到的码字与所有的许用码字一一比较，把哈明距离最小的许用码字作为译码结果。

这种算法要求接收方存储一个码本，包含了 2^k 个码字，每一次译码需要计算 2^k 个哈明距离，算法的复杂度为 2^k，与编码块的长度 k 成指数关系。因此，一般来说，信息块的长度不能太长。

实际使用的码字一般是系统码，因此得到了许用码字，它前面的 k 位就是信息位了。对于非系统码，还需要从下面的方程解出信息位：

$$c = mG.$$

例如一个 $[4,2]$ 分组码，其生成矩阵是

$$G = \begin{bmatrix} 1 & 0 & 1 & 1 \\ 0 & 1 & 0 & 1 \end{bmatrix},$$

许用码字为

0000	0101	1011	1110

如果接收码字是 0011，则可以得到与各个许用码字的哈明距离是 $2,2,1,3$，第三个最小，因此译码结果为 1011。因为是系统码，因此信息位是前两位，也就是 10。

如果接收码字是 0001，则可以得到与各个许用码字的哈明距离是 $1,1,2,4$，与前两个码字的距离都是 1，因此这两个码字都可以被判为译码结果，这就出现了多解的问题。这是因为这个码的最小码距是 2，有可能无法纠正 1bit 的错误。

17.5　编码增益的本质

一个码字在传输过程当中会发生误码，接收方能否纠正这些错误获得正确的信息吗？这取决于两个因素，一是码距特性，二是解码算法。

最好的解码算法就是最大似然法，实际的解码一般都是采用这个原则，这里就不多说了。而码距特性是衡量一个编码好坏最根本的尺度。一个好码对码距的要求是，在确定的编码效率前提下使得最小码距达到最大。

对这条原则进行最形象的描述是在香农于 1949 年发表的论文 "Communication in the Presence of Noise" 中。在这篇论文当中，香农用几何的方法证明了信道容量。证明的方法是，如果编码长度为 N，一个经过编码和调制后的信号就是 N 维空间中的一个星座点。如果传输当中出现噪声，信号就偏离了原来的星座点。但是只要偏离的距离不足以和其邻近的星座点发生混淆，就可以解调出正确的信号。要达到信道容量该如何编码，可以等效地转换为一个几何问题，也就是在 N 维空间当中如何堆叠等大的 N 维球体。如果实现了最紧密的堆叠，每个球体的中心就是达到信道容量的编码的码字。

这个思路很形象，然而不幸的是，最紧球堆叠问题（sphere packing）是一个世界难题，早在 300 多年前就已经被提出来了。在一维和二维空间，答案很清晰。而在三维空间，看起来似乎也不难，谁都在箱子里摆过水果吧？然而，在三维空间的最紧球堆叠问题直到很晚才得以被解决，而更高维度的空间只解决了有限的几个。

图 17.1 球堆叠问题在实际生活中的例子

数学上的困难使得这样的编码方法一直难以实现。近年来，这个方向已经获得了很大的进展，是一个值得注意的方向，但是仍然无法获得实用。

虽然如此，这样的思考也让我们深刻地理解高效通信的本质。信道编码的作用，实际上是使得多个信息联合起来，在一个高维信号空间当中选择其位置，也就是星座点。高维空间比低维空间能够实现更加紧密的信号星座点的排列，从而获得编码增益。

17.6 哈明码

哈明码（Hamming code）是最早被发明的纠错码，由贝尔实验室的 R.W. Hamming 于 1950 年发明。哈明是美国工程院院士，1958 年至 1960 年曾出任 ACM 的第七届主席。除获得图灵奖外，1979 年哈明获得 IEEE 的 Piore 奖，1981 年获得 H. Pender 奖（这是宾夕法尼亚大学所设立的一个奖项），1996 年获得 Rhein 基金会奖。有趣的是，IEEE 设立了一种以哈明命名的奖章，并于 1991 年把这种奖章颁给了哈明本人。用哈明命名的技术术语，除"哈明码"外，在编码领域还有"哈明间距"（Hamming distance）；"哈明重量"（Hamming weight），在信号处理领域有"哈明窗"（Hamming window）。

哈明发明的是 $[7,4]$ 码，可以纠正一个错误。哈明码可以推广到 $[2^m-1, 2^m-1-m]$ 码，$[7,4]$ 码是 $m=3$ 的情况。

哈明码的校验矩阵 $\boldsymbol{H}$ 有 m 行，其特殊的性质是，列向量是除全零向量外的所有

可能组合。例如，$[7,4]$ 哈明码的校验矩阵为

$$H = \begin{bmatrix} 0 & 0 & 0 & 1 & 1 & 1 & 1 \\ 0 & 1 & 1 & 0 & 0 & 1 & 1 \\ 1 & 0 & 1 & 0 & 1 & 0 & 1 \end{bmatrix},$$

其列向量从左到右分别是二进制的 $1 \sim 7$。在实际应用当中，把列向量重新排列一下，成为一个系统码：

$$H = \begin{bmatrix} 1 & 0 & 1 & 1 & 1 & 0 & 0 \\ 1 & 1 & 0 & 1 & 0 & 1 & 0 \\ 0 & 1 & 1 & 1 & 0 & 0 & 1 \end{bmatrix}。$$

那么可以得到系统哈明码的生成矩阵为

$$G = \begin{bmatrix} 1 & 0 & 0 & 0 & 1 & 1 & 0 \\ 0 & 1 & 0 & 0 & 0 & 1 & 1 \\ 0 & 0 & 1 & 0 & 1 & 0 & 1 \\ 0 & 0 & 0 & 1 & 1 & 1 & 1 \end{bmatrix}。$$

17.7 哈达玛码

哈达玛码（Hadamard Code）的码字是由二进制哈达玛矩阵的行向量所构成的。N（$N = 2^m$）阶哈达玛矩阵的元素为 $+1$ 和 -1，其递归定义为

$$H_1 = [1], \quad H_N = \begin{bmatrix} H_{N/2} & H_{N/2} \\ H_{N/2} & -H_{N/2} \end{bmatrix}。$$

例如，2 阶哈达玛矩阵为

$$H_2 = \begin{bmatrix} 1 & 1 \\ 1 & -1 \end{bmatrix};$$

4 阶哈达玛矩阵为

$$H_4 = \begin{bmatrix} 1 & 1 & 1 & 1 \\ 1 & -1 & 1 & -1 \\ 1 & 1 & -1 & -1 \\ 1 & -1 & -1 & 1 \end{bmatrix}。$$

将 $+1$ 映射为 0，-1 映射为 1，就得到二进制的哈达玛矩阵，4 阶的二进制哈达玛矩阵为

$$H_4 = \begin{bmatrix} 0 & 0 & 0 & 0 \\ 0 & 1 & 0 & 1 \\ 0 & 0 & 1 & 1 \\ 0 & 1 & 1 & 0 \end{bmatrix}。$$

哈达玛码有以下 3 种。

17.7.1 正交码

H_N 的全部行的行向量为码字，那么码长为 $n = N = 2^m$，信息位长 $k = m$，最小码距为 $d = N/2 = 2^{m-1}$。

正交哈达玛码之间是正交的，也就是内积为零。

在正交哈达玛当中，所有的码的第一个元素为 0，这显然是冗余的。解决这个冗余有两种办法，从而形成了以下两种变形。

17.7.2 双正交码

将 H_N 取反，得到 $\overline{H}_N$，将 H_N 和 $\overline{H}_N$ 的行向量作为码字。这样码长不变，而码字数量增加了一倍，信息位长增加了 1，为 $k = m + 1$，而最小码距保持不变。

$$\overline{H}_4 = \begin{bmatrix} 1 & 1 & 1 & 1 \\ 1 & 0 & 1 & 0 \\ 1 & 1 & 0 & 0 \\ 1 & 0 & 0 & 1 \end{bmatrix}。$$

17.7.3 超正交码

既然正交码的第一位都相同，没有任何的区别，干脆去掉好了，于是就得到了超正交哈达玛码。例如 4 阶哈达玛矩阵去掉第一列后得到

$$\widetilde{H}_4 = \begin{bmatrix} 0 & 0 & 0 \\ 1 & 0 & 1 \\ 0 & 1 & 1 \\ 1 & 1 & 0 \end{bmatrix}。$$

和正交码相比，超正交码的码长减少了 1，为 $n = 2^m - 1$，而信息位长、最小码距都保持不变。

哈达玛码的解码算法可以用快速哈达玛变换实现。

以正交码为例，编码取哈达玛矩阵当中信息位对应的序号的那一行作为码字，当接收到码字之后，把元素映像回 +1 和 −1，然后做快速哈达玛变换，其实就是做相关。码字之间是相互正交的，理论上只有在发送的码字的位置上会出现非零值，那么这个

位置的序号就是信息位。如果传输当中出现了误码，会使得其他位置出现非零值，但是，只要信息位位置上的相关峰最高，仍然能够正确解码。

双正交和超正交的解码方法也是类似的。双正交还要判断一个相关值的符号，而超正交可以在接收的码字前面补一个 0。

17.8　Reed-Muller 码

哈达玛码的码距特性非常好，你可以发现正交码和超正交码任意两个码的码距为 $N/2$，有非常好的纠错能力。但是哈达玛码有一个缺点：它的码率是 $\log_2 N/N$，随着码长的增加码率急剧下降。正因为如此，哈达玛码主要应用在比较短小的信令编码上，在 EV-DO 标准当中就应用了哈达玛码。

为了克服这个缺点，可以将哈达玛码进行扩展，从而得到了 Reed-Muller 码。

Reed-Muller 码 RM(r, m) 是 $[n, k, d]$ 线性分组非系统码，满足：$r \leqslant m$，信息位长 $k = \sum_{i=0}^{r} \binom{m}{i}$，最小码距 $d = 2^{m-r}$，其生成矩阵为

$$G = \begin{bmatrix} G_0 \\ G_1 \\ \vdots \\ G_r \end{bmatrix}。$$

其中，G_0 是一个 2^m 维的行向量，元素全是 1。

G_1 是由 m 个 2^m 维行向量组成的矩阵，其列向量是 m 位二进制数的所有组合。

G_i 包含 $\binom{m}{i}$ 个 2^m 维的行向量，每个行向量是 G_1 当中 i 个不同的行向量的多重乘积，正好有 $\binom{m}{i}$ 个。

来看 RM$(1, 3)$ 的例子，有 $n = 8, k = 4, d = 4$，生成矩阵为

$$G = \begin{bmatrix} G_0 \\ G_1 \end{bmatrix}。$$

其中，G_0 是全 1 向量

$$G_0 = \begin{bmatrix} 1 & 1 & 1 & 1 & 1 & 1 & 1 & 1 \end{bmatrix};$$

G_1 为

$$G_1 = \begin{bmatrix} 0 & 0 & 0 & 0 & 1 & 1 & 1 & 1 \\ 0 & 0 & 1 & 1 & 0 & 0 & 1 & 1 \\ 0 & 1 & 0 & 1 & 0 & 1 & 0 & 1 \end{bmatrix} = \begin{bmatrix} g_1 \\ g_2 \\ g_3 \end{bmatrix}。$$

这里的列向量是按照二进制升序排列的。

验证以后可以发现，G_1 是正交哈达玛码的生成矩阵，而 RM(1, 3) 就是双正交的哈达玛码。

来看 RM(2, 3) 的例子，有 $n = 8, k = 7, d = 2$，生成矩阵为

$$G = \begin{bmatrix} G_0 \\ G_1 \\ G_2 \end{bmatrix}。$$

G_0 和 G_1 还是前面介绍的形式，而

$$G_2 = \begin{bmatrix} g_1 \times g_2 \\ g_1 \times g_3 \\ g_2 \times g_3 \end{bmatrix} = \begin{bmatrix} 0 & 0 & 0 & 0 & 0 & 0 & 1 & 1 \\ 0 & 0 & 0 & 0 & 0 & 1 & 0 & 1 \\ 0 & 0 & 0 & 1 & 0 & 0 & 0 & 1 \end{bmatrix}$$

与 RM(1, 3) 相比，信息位长度增加了 3，而最小码距降为原来的一半。

Reed-Muller 码可以采用基于大数逻辑的快速解码方法。为了说明这个算法，我们首先来看 G_1 矩阵的性质。

我们来观察其列向量，其中只有最后一个向量为全 1 向量。如果把任意的几个行向量取反，全 1 列向量的位置会发生改变，但始终保持只有一个。也就是说，如果把所有行向量（其中每个都可以取反）相乘后累加，结果是 1。

进一步观察 G_1 的所有行向量（可取反），而任意不同的两个行向量相乘后重量减半，也就是 1 的个数减半。如果继续乘以第三个行向量，则重量又减半。而 1 的个数都是 2 的幂，也就是说，乘积的重量或者为 1，或者为偶数。这就说明了一个问题，如果拿出 G_1 的行向量（可取反）中的任意几个相乘后累加，只有取齐所有行向量结果才为 1，其他的情况都是 0，因为偶数个 1 相加是 0。

了解了这个性质，下面介绍基于大数逻辑的快速解码方法。

设信息位为 $m = [m_1, m_2, \cdots, m_k]$，码字为 $c = mG$，而接收向量为 $r = [r_1, r_2, \cdots, r_n]$。除了第一位，解 $m_i, 2 \leqslant i \leqslant k$ 的方法是：

首先找到 Reed-Muller 码生成矩阵的第 i 行，它是 G_1 当中 t 个行向量的多重乘积。那么除去这 t 个行向量，还剩余 $(m - t)$ 个行向量。这 $(m - t)$ 个行向量（可取反）做多重乘积，称为 m_i 的特征向量。因为每个向量都可以取自身或者取反，那么有 2^{m-t} 种组合，也就是有 2^{m-t} 个特征向量。

将 r 与这 2^{m-t} 个特征向量做点积，得到 2^{m-t} 个结果，然后按照多数原则进行判决。也就是，如果 1 的个数多就把 m_i 判为 1，否则就判为 0。

因为 $c = mG = \sum_{i=1}^{k} m_i g_i$，所以从解码算法可以看出来，接收向量与特征向量做点积，对于要解码的信息位 m_i 来说正好取齐了 G_1 当中的所有行向量（或者其反），点积结果为 1，而对所有其他的信息位点积结果为 0，也就是把要解码的信息位提取了出来。

在得到了 $m_2 \sim m_k$ 后，构造向量 $m' = [0, m_2, m_3, \cdots, m_k]$，然后把这个信息编码后并从接收向量当中减掉，也就是 $r - m'G$，剩下的向量当中只包含 m_1 的信息，也就是 m_1 与全 1 向量的乘积。还是用多数原则进行判决得到 m_1。

17.9　循环码

循环码是一种线性分组码，并且还具有循环性。循环性是指一个码字经过循环移位后还是一个码字。例如码字 $c = [c_1, c_2, \cdots, c_n]$，循环移位得到 $c' = [c_n, c_1, c_2, \cdots, c_n - 1]$，仍然是一个许用码字。

为了研究循环码，我们需要引入多项式环的工具。

长度为 n 的任意一个码字，都可以与一个 $n - 1$ 次多项式一一对应。比如码字 $c = [c_1, c_2, \cdots, c_n]$ 对应如下的多项式：

$$C(p) = c_n p^{n-1} + c_{n-1} p^{n-2} + \cdots + c_1。$$

既然是一一对应的，从集合论的角度来看，码字的集合与码字多项式的集合是相同的，那么为什么要引入多项式呢？这主要是因为用多项式可以从数学上表达循环移位操作。我们把上式两边都乘以 p，得到

$$pC(p) = c_n p^n + c_{n-1} p^{n-1} + \cdots + c_1 p。$$

这个多项式的最高次幂是 n，无法对应一个长度为 n 的码字。有人会说，可以对应一个长度为 $n + 1$ 的码字啊。当然是可以的，但是这样对应没有意义。我们可以把它降幂使之对应一个码字，即把 $pC(p)$ 除以 $p^n + 1$ 得到

$$\begin{aligned}
\frac{pC(p)}{p^n + 1} &= \frac{c_n p^n + c_{n-1} p^{n-1} + \cdots + c_1 p}{p^n + 1} \\
&= c_n + \frac{c_{n-1} p^{n-1} + \cdots + c_1 p + c_n}{p^n + 1}。
\end{aligned}$$

上面的这个公式很明显，唯一需要注意的是在二进制下 $c_n + c_n = 0$，记

$$C_1(p) = c_{n-1} p^{n-1} + \cdots + c_1 p + c_n。$$

注意，$C_1(p)$ 是 $C(p)$ 右循环移动一位得到的多项式，可以写成

$$C_1(p) = pC(p) + c_n(p^n + 1),$$

或者是

$$C_1(p) = pC(p) \mod p^n + 1。$$

这就表明，对一个码字进行右循环移动一位的操作，用多项式可以表达为在对应的多项式上乘以 p，然后除以 $p^n + 1$ 后得到的余式。

类似地，如果要右循环移动 i 位，用多项式可以表达为

$$C_i(p) = p^i C(p) \mod p^n + 1。$$

一个 $[n, k]$ 循环码可用一个 $n - k$ 次生成多项式来产生，表达为

$$G(p) = p^{n-k} + g_{n-k-1}p^{n-k-1} + \cdots + g_1 p + 1。$$

把信息位也表达为多项式：

$$M(p) = m_k p^{k-1} + m_{k-1}p^{k-2} + \cdots + m_2 p + m_1,$$

那么循环码可以表达为

$$C(p) = M(p)G(p)。$$

接下来我们看一看这样产生的码如果要满足循环码的性质，则需要满足什么样的条件。

把 $C(p)$ 右循环移动一位，得到的多项式为

$$C_1(p) = pC(p) + c_n(p^n + 1) = pM(p)G(p) + c_n(p^n + 1)。$$

如果 $C_1(p)$ 也是一个码字，那么也应该可以由生成多项式 $G(p)$ 产生，也就是：

$$C_1(p) = pM(p)G(p) + c_n(p^n + 1) = M_1(p)G(p)。$$

从这个公式可以看出，生成多项式 $G(p)$ 应该是多项式 $(p^n + 1)$ 的因子。

来看一个 $[7, 4]$ 循环码的例子。

由于

$$p^7 + 1 = (p + 1)(p^3 + p^2 + 1)(p^3 + p + 1),$$

可以选如下的两个多项式作为 $[7, 4]$ 循环码的生成多项式：

$$G_1(p) = p^3 + p^2 + 1；$$

$$G_2(p) = p^3 + p + 1 。$$

有兴趣的同学可以验证一下，这两个生成多项式产生的码字的集合是相同的。

既然循环码也是分组码，当然也能够写成生成矩阵的形式，很容易验证，上面两个生成多项式对应的生成矩阵是

$$\boldsymbol{G}_1 = \begin{bmatrix} 1 & 1 & 0 & 1 & 0 & 0 & 0 \\ 0 & 1 & 1 & 0 & 1 & 0 & 0 \\ 0 & 0 & 1 & 1 & 0 & 1 & 0 \\ 0 & 0 & 0 & 1 & 1 & 0 & 1 \end{bmatrix},$$

$$\boldsymbol{G}_2 = \begin{bmatrix} 1 & 0 & 1 & 1 & 0 & 0 & 0 \\ 0 & 1 & 0 & 1 & 1 & 0 & 0 \\ 0 & 0 & 1 & 0 & 1 & 1 & 0 \\ 0 & 0 & 0 & 1 & 0 & 1 & 1 \end{bmatrix} 。$$

因为循环码比一般分组码有更多的特点，所以除了可以用生成矩阵来表达，还可以用更简洁的生成多项式来表达。

如上所获得的循环码是非系统码，那么怎么获得一个系统循环码呢？

系统码要求信息位在码的前面，因此系统循环码的多项式的前 k 项应该是 p^{n-k} $M(p)$。从前面的介绍也看出来了，循环码能够被生成多项式 $G(p)$ 整除，前面 k 项除以 $G(p)$ 之后得到一个余式为 $R(p) = p^{n-k}M(p) \mod G(p)$，那么把这个余式加上去就能够被 $G(p)$ 整除了，所以系统循环码为 $C(p) = p^{n-k}M(p) + R(p)$。还是要提醒一下，在二进制里，加法和减法是一个意思。

在一个 $[n, k]$ 系统循环码中，如果设定信息位当中的前 i 位是 0, 这 i 个 bit 在信息位和码字当中都无须表达出来，那么就得到一个 $[n-i, k-i]$ 的码，称作缩短的循环码。

循环码一定能被生成多项式整除。如果数据在传输过程当中出现了错误，则一般不能整除，利用这个性质可以检验数据块是否被正确传输，这个方法叫作循环冗余校验，也就是 CRC 校验，是循环码在实际当中最广泛的应用。

3GPP 协议当中采用 24, 16 和 8 位校验码的 CRC，生成多项式分别是：

$$G_{\text{CRC24}}(p) = p^{24} + p^{23} + p^6 + p^5 + p + 1;$$
$$G_{\text{CRC16}}(p) = p^{16} + p^{12} + p^5 + 1;$$
$$G_{\text{CRC24}}(p) = p^8 + p^7 + p^4 + p^3 + p + 1 。$$

因为生成多项式应该是 $p^n + 1$ 的因子，在实际应用当中，当然希望一个生成多项式能够应用于不同长度的数据块，所以就可以选择一个比较大的 n 来构造这个生成多

项式，长度短的数据就可以用缩短的方法来实现。所以 CRC 校验当中的 n 和 k 是可以连续变化的，而 $n-k$ 保持不变。

17.10 卷积码

在分组码当中，每个分组独立编码，彼此之间没有相关性。不同于分组码，Elias 于 1955 年提出了卷积码，其一般结构如图 17.2 所示。

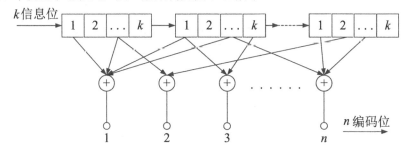

图 17.2 卷积码的一般结构

在卷积码当中，信息位顺序通过移位寄存器组。图 17.2 中的一个小格子是一个移位寄存器，可以存储 1bit 信息。移位寄存器组在时钟的驱动下工作，每过一个时钟脉冲，信息位就向右移动一个或几个位置。

移位寄存器分成长度为 k 的组，一共有 L 组。参数 L 叫作约束长度，而 $L-1$ 叫作记忆长度。每个时钟节拍来临之后，寄存器向右移动 k，输入 k 个信息位，并对寄存器组当中的信息位进行某种组合运算，输出 n 个 bit。输出 bit 串行后得到输出的信息流，这个卷积码记作 $[n,k,L]$。例如，图 17.3 所示的是一个 $[2,1,3]$ 卷积码。

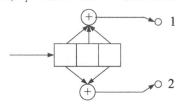

图 17.3 $[2,1,3]$ 卷积码

可以用很多的方法来描述卷积码，例如矩阵、树图、状态图，等等，但是最常用的还是网格图，如前面所示的 $[2,1,3]$ 卷积码的网格图如图 17.4 所示。

一个 $[2,1,3]$ 编码器有 3 个寄存器，第一个存储新到的数据，另外两个存储历史数据，那么这两个存储历史数据的寄存器把编码器定义成 4 种状态，可以记为 $S_0(00), S_1(01), S_2(10), S_3(11)$。

在网格图中，每个状态用一行表示，在输入信息流的驱动下，编码器的状态发生迁移。在图 17.4 中，时间轴是向右的，每一列表示一个节拍。有连线的状态之间可以发生迁移。实线表示输入信息为 0，虚线表示输入信息为 1，连线上方的数是编码器的输出。在网格图中，每一个特定的输入信息流对应了一条路径。

假如有输入信息流 01010，如果起始状态是 S_0，那么从网格图上可以看出，状态迁移顺序为 $S_0, S_0, S_2, S_1, S_2, S_1$，输出数据流为 00 11 10 00 10。

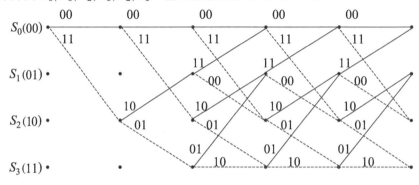

图 17.4 网格图

最经典的卷积码译码算法叫作维特比译码，是以其发明人安德鲁·维特比命名的，他是高通公司的创始人，推动了 CDMA 技术的商业化。因其在维特比算法和 CDMA 上的贡献获得美国国家科学奖章。维特比算法其实就是最大似然算法。

安德鲁·维特比（Andrew J. Viterbi），高通公司联合创始人，首席科学家。维特比于 1935 年出生于意大利北部的贝加莫，1939 年随父母移民到美国。1952 年，维特比进入麻省理工学院（MIT）学习电子工程专业，1957 年硕士毕业后进入南加州大学攻读数字通信方向博士学位。毕业后他成为加州大学洛杉矶分校、圣迭戈分校电子工程专业教授。1967 年，他发明维特比算法，用来对卷积码数据进行译码，被广泛应用于蜂窝电话系统、DNA 分析，以及隐马尔科夫模型，享誉全球。维特比是高通公司的联合创始人，推动了 CDMA 技术的商业应用。由于发明维特比算法，以及对 CDMA 无线技术发展的贡献，维特比于 2008 年 9 月获得美国国家科学奖章。

参照上面的例子，我们看一看译码如何进行。以下文字请对照图 17.4 所示的网格图来看。

译码的条件是已知编码器的输出流和初始状态 S_0。如果没有误码，那么这个过程非常容易。例如输出流的前两位是 00，从网格图上的初始状态 S_0 出发，可以判断出走的是上面的路径，也就是信息位是 0，然后状态保持不变，仍然为 S_0，再根据后续的码流持续地把所有信息位都译码出来。

问题出在如果出现误码，例如输出流的前两位由 00 误码成 01，该如何处理？

从初始状态 S_0 开始，两条路径的编码输出分别是 00（S_0）和 11(S_2)，而实际数据是 01，无法判决哪一条是正确的路径，因此译码器把这两条路径都保存起来。这两条被保存起来的路径叫作**存活路径**。

假设后续的码流没有出现误码，接下来的数据是 11，用这个数据在所有的存活路径当中向前探测一步。对于路径 S_0，前进一步又岔开了两条路径，这两条路径上的编码结果分别是 0000 和 0011；而路径 S_2 上也进一步分岔了两条路径，编码分别是 1110 和 1101，而输入译码器的数据流是 0111，如果采用最大似然准则进行判决，则可以判决为 0011。也就是前两个信息位是 0 和 1，这是正确的译码结果。

但是，在维特比译码当中，这个时候不去做判决，而是继续向前探测一步，从而生成了 8 条存活路径，这个时候再进行判决，而且只是对第一个信息比特进行判决。

为什么要这样呢？这是因为后续的数据仍然可能出现误码，因此，译码器需要最大限度地利用所有有用的信息去进行译码，才能得到最好的结果。编码器有一个约束长度的概念，对照图 17.3，这里的约束长度为 3。第一个信息比特参与了 3 个节拍的编码之后就移出了寄存器，不对编码结果产生任何影响。因此要利用前 3 个节拍的数据对第一个信息位进行解码判决。

在这 8 条存活路径当中，还是按照最大似然原则判决出一条最优路径，然后选择这条路径的第一个信息位。对第一个信息位进行 0/1 判决后，就杀死了一半的路径，只剩下 4 条路径。然后再向前探测一步，又生成了 8 条存活路径，判决第二个信息位，这样一直持续地译码。

这个方法就是著名的维特比算法，维特比凭此算法获得了极大的声誉。其实仔细想一想，这个方法是那么自然，也只能够这么做。

维特比译码算法的每次判决都要计算 2^L 距离，其中 L 是约束长度，复杂度是指数增长的。显然，约束长度越大，编码的性能就越好，但是复杂度就越高。由于复杂度的限制，实际应用的卷积码的约束长度一般不超过 9。

如果能够纠正所有的错误，解码后不出现误码，则这个方法还是比较容易理解的。我曾经苦苦思索的一个问题是，如果出现了错误的判决，会怎么样呢？

出现了错误的判决后，意味着解码器的状态也出现了错误。毫无疑问，这个时候解码器就已经糊涂了，因此会出现一连串的误判。因为存活路径能够覆盖到所有的状态，如果后续的数据质量比较好，还是可以将译码器拉回到正确的状态上来。

17.11　小结

信息论发现了信道容量，并且指出实现信道容量的方法是信道编码。自 1948 年信息论诞生以来，信道编码得到了广泛的研究并取得了众多的进展，成为通信领域独立的一个学科。但是经过了几十年的研究，香农限仍然遥不可及，似乎只是一个理论上的结果。直到 1993 年，Claude Berro 提出了 Turbo 码，才第一次充分接近香农限，后来 Gallager 于 1960 年发明的低密度校验（LDPC）码可以更加接近香农限。目前这两种编码得到了广泛的研究和应用，而 Turbo 码成为移动通信的工业标准。

本书没有介绍这两种主流的编码技术，因为我正在从事这方面的研究，有可能得到一些重要的结果。在我的研究完成后，后续的版本会补充这方面的内容。

第18章 多天线技术

无线通信的媒介是电磁波，它的发射和接收是通过天线来完成的。天线的工作原理是一门单独的学科，归类于射频技术。本章介绍的多天线技术。准确地说应该称为多通道处理技术，即只是把天线作为一个通道，而并不研究天线本身。

18.1 MIMO 信息论

一个 AWGN 信道的信道模型为

$$r = s + n,$$

其中，r 是接收信号，s 是发射信号，n 白噪声。

信息论告诉我们它的容量为

$$C = B \log_2 \left(1 + \frac{\sigma_s^2}{\sigma_n^2} \right),$$

其中，C 是信道容量，B 是带宽，σ_s^2 是信号功率，σ_n^2 是白噪声功率。

稍微扩展一点，如果一个增益是 h 的平坦衰落信道的模型为

$$r = hs + n,$$

那么其信道容量为

$$C = B \log_2 \left(1 + \frac{|h|^2 \sigma_s^2}{\sigma_n^2} \right).$$

把这个模型继续扩展成多输入多输出的形式：

$$\boldsymbol{r} = \boldsymbol{Hs} + \boldsymbol{n},$$

其中，

$$\boldsymbol{r} = \begin{bmatrix} r_1 \\ \vdots \\ r_n \end{bmatrix}, \boldsymbol{H} = \begin{bmatrix} h_{11} & \cdots & h_{m1} \\ \vdots & & \vdots \\ h_{1n} & \cdots & h_{mn} \end{bmatrix}, \boldsymbol{s} = \begin{bmatrix} s_1 \\ \vdots \\ s_m \end{bmatrix}, \boldsymbol{n} = \begin{bmatrix} n_1 \\ \vdots \\ n_n \end{bmatrix}.$$

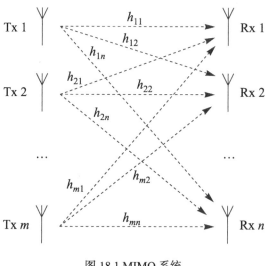

图 18.1 MIMO 系统

这个模型相当于 m 根发射天线，n 根接收天线组成的多天线系统，如图 18.1 所示。

这个系统叫作 MIMO 系统，即具有多个发射天线，多个接收天线。

这个系统的系统容量是多少呢？如果数学基础不好，则答案是比较难想出来的。可是对数学家来说，他们已经知道了单信道的结果，从一维到多维的推广并不是什么难事，我们来看一看结果：

$$C = B \log_2 \det \left(\boldsymbol{I}_n + \boldsymbol{H} \boldsymbol{R}_{ss} \boldsymbol{H}^{\mathrm{H}} \boldsymbol{R}_{nn}^{-1} \right).$$

首先要注意 det 这个符号，是求一个方阵的行列式。行列式是线性代数的概念，可以类比于几何中的体积概念。比如一个二维方阵

$$\boldsymbol{A} = \begin{bmatrix} a & b \\ c & d \end{bmatrix},$$

其行列式为 $\det(\boldsymbol{A}) = ad - bc$，如果 a, b, c, d 是实数，则它的值是如图 18.2 所示的平行四边形的面积。行列式可以是负数，但其绝对值可以表示面积，因此叫作有向面积。从这里也可以看出，如果矩阵里面有两列或者两行是线性相关的，那么图中的两个矢量就重合成一条，面积为零，也就是行列式为零。这个时候矩阵退化为奇异矩阵。更高维度实数方阵，也是类似的意思，即行列式是一个平行多面体的有向体积。

行列式的概念可以扩展到复数矩阵，行列式的值也是一个复数。但是相关阵 $\boldsymbol{A}\boldsymbol{A}^{\mathrm{H}}$ 的行列式是非负实数，而这里的具体形式 $\boldsymbol{I}_n + \boldsymbol{H}\boldsymbol{R}_{ss}\boldsymbol{H}^{\mathrm{H}}\boldsymbol{R}_{nn}^{-1}$ 的行列式是大于或等于 1 的正实数，这样才能保证取 log 后为非负，信道容量总是非负的。

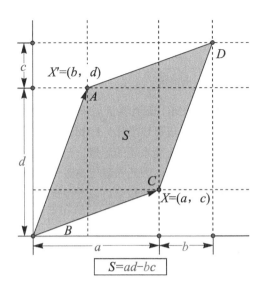

图 18.2 二维方阵的行列式是平行四边形的面积

既然行列式可以看作有向面积或体积，那么从粗略的概念上去理解，其应该是每个维度边长的乘积，取对数后转换为求和。也就是说，每个维度可以看作一个信道，都有一定的信道容量，而总的信道容量是每个维度信道容量的和。

接下来看每个矩阵的具体含义。$\boldsymbol{R}_{ss}$ 和 $\boldsymbol{R}_{nn}$ 分别是信号和噪声的自相关矩阵，定义为

$$\boldsymbol{R}_{ss} = E\left[\boldsymbol{ss}^{\mathrm{H}}\right], \quad \boldsymbol{R}_{nn} = E\left[\boldsymbol{nn}^{\mathrm{H}}\right]。$$

这是最一般的 MIMO 信道容量表达式。一般情况下，各个信号分量相互独立，各个噪声分量也相互独立，即

$$\boldsymbol{R}_{ss} = \sigma_s^2 \boldsymbol{I}_m, \quad \boldsymbol{R}_{nn} = \sigma_n^2 \boldsymbol{I}_n。$$

这里假设所有发射天线的信号功率相等，接收天线的噪声功率相等。代入上面的公式，得到如下的形式：

$$C = B \log \det \left(\boldsymbol{I}_n + \frac{\sigma_s^2}{\sigma_n^2} \boldsymbol{H}\boldsymbol{H}^{\mathrm{H}}\right)。$$

这个公式是各个发射天线功率相等时的 MIMO 系统信道容量。

如果信道矩阵有进一步的特性，比如收发天线的个数都是 n，并且信道矩阵是一个正交阵，即

$$\boldsymbol{H}\boldsymbol{H}^{\mathrm{H}} = |h|^2 \boldsymbol{I}_n;$$

那么有

$$C = B \log \det \left((1 + \frac{|h|^2 \sigma_s^2}{\sigma_n^2}) \boldsymbol{I}_n \right) = nB \log \left(1 + \frac{|h|^2 \sigma_s^2}{\sigma_n^2} \right).$$

这个时候，我们可以看出 MIMO 信道容量与单个信道的容量之间的关系了，也就是 n 个单信道的容量的和。从这里可以看出，MIMO 系统的容量大概与天线数成正比，因此增加天线数可以大幅度地提高系统的容量。在单天线的情况下，由信息论可知，信道容量与信噪比的对数成正比；因此信噪比高过一定的数值之后，靠提高信噪比的方法对容量的提升有限，而增加天线数则可以线性地增加系统的容量。当然这是指在理想的情况下，而在一般情况下则达不到。

18.2 利用 SVD 解读 MIMO

奇异值分解（SVD）是分析矩阵的一个强大工具。之所以说它强大，是因为任何一个矩阵 $\boldsymbol{H}$，不管是长的还是方的，也不管是实数的还是复数的，只要是一个矩阵，就可以分解为如下的形式：

$$\boldsymbol{H} = \boldsymbol{U}\boldsymbol{\Sigma}\boldsymbol{V}^{\mathrm{H}}.$$

其中，$\boldsymbol{\Sigma}$ 是对角矩阵，其对角线上的元素是非负实数，一般按照从大到小的顺序排列。$\boldsymbol{U}$ 和 $\boldsymbol{V}$ 是酉矩阵，即复数正交方阵，满足：

$$\boldsymbol{U}\boldsymbol{U}^{\mathrm{H}} = \boldsymbol{U}^{\mathrm{H}}\boldsymbol{U} = \boldsymbol{I}_n,$$

$$\boldsymbol{V}\boldsymbol{V}^{\mathrm{H}} = \boldsymbol{V}^{\mathrm{H}}\boldsymbol{V} = \boldsymbol{I}_m.$$

这里要注意一下各个矩阵的维数。假设 $\boldsymbol{H}$ 的维数是 $n \times m$，那么 $\boldsymbol{U}$ 的维数是 $n \times n$，$\boldsymbol{\Sigma}$ 的维数是 $n \times m$，而 $\boldsymbol{V}$ 的维数是 $m \times m$。也就是说 $\boldsymbol{\Sigma}$ 与 $\boldsymbol{H}$ 的维数相同，左乘以一个 $n \times n$ 的酉矩阵，右乘以一个 $m \times m$ 的酉矩阵。

如果 $\boldsymbol{\Sigma}$ 是方阵，那么对角矩阵就没什么歧义。但 $\boldsymbol{\Sigma}$ 往往不是方阵，那么如何形成对角矩阵呢？其实就是在一个对角方阵的行或者列的方向上补零。如果 $n < m$，那么

$$\boldsymbol{\Sigma} = \begin{bmatrix} \lambda_1 & 0 & \cdots & 0 & 0 & \cdots & 0 \\ 0 & \lambda_2 & \cdots & 0 & 0 & \cdots & 0 \\ \vdots & \vdots & \ddots & & \vdots & & \\ 0 & 0 & \cdots & \lambda_n & 0 & \cdots & 0 \end{bmatrix},$$

如果 $n > m$, 则

$$\boldsymbol{\Sigma} = \begin{bmatrix} \lambda_1 & 0 & \cdots & 0 \\ 0 & \lambda_2 & \cdots & 0 \\ \vdots & \vdots & \ddots & \vdots \\ 0 & 0 & \cdots & \lambda_m \\ 0 & 0 & \cdots & 0 \\ \vdots & \vdots & \ddots & \vdots \\ 0 & 0 & \cdots & 0 \end{bmatrix} \text{。}$$

矩阵 $\boldsymbol{\Sigma}$ 对角线上的值 $\lambda_i, i = 1, 2, \cdots, \min(m, n)$ 被称作矩阵 $\boldsymbol{H}$ 的奇异值, 再强调一次, 它是非负实数, 对复数矩阵也是如此。

与奇异值紧密联系的一个概念叫作特征值。利用 $\boldsymbol{H}$ 的 SVD 来考察其相关矩阵:

$$\boldsymbol{R}_{HH} = \boldsymbol{H}\boldsymbol{H}^{\mathrm{H}} = \boldsymbol{U}\boldsymbol{\Sigma}\boldsymbol{V}^{\mathrm{H}}\boldsymbol{V}\boldsymbol{\Sigma}^{\mathrm{H}}\boldsymbol{U}^{\mathrm{H}} = \boldsymbol{U}\boldsymbol{\Delta}\boldsymbol{U}^{\mathrm{H}}$$

其中, $\boldsymbol{\Delta}$ 是一个对角方阵:

$$\boldsymbol{\Delta} = \boldsymbol{\Sigma}\boldsymbol{\Sigma}^{\mathrm{H}} = \begin{bmatrix} \lambda_1^2 & 0 & \cdots & 0 & \cdots & 0 \\ 0 & \lambda_2^2 & \cdots & 0 & \cdots & 0 \\ \vdots & \vdots & \ddots & \vdots & & \\ 0 & 0 & \cdots & \lambda_{\min(m,n)}^2 & \cdots & 0 \\ 0 & 0 & \cdots & 0 & \ddots & 0 \\ 0 & 0 & \cdots & 0 & \cdots & 0 \end{bmatrix}$$

注意这个矩阵的维数为 $n \times n$, 对角线上的数值是非负实数 $|\lambda_i|^2$, 称作相关矩阵 $\boldsymbol{R}_{HH}$ 的特征值, 矩阵 $\boldsymbol{U}$ 中的列向量称作特征向量。

既然信道矩阵 $\boldsymbol{H}$ 可以进行 SVD, 那么有:

$$\boldsymbol{r} = \boldsymbol{H}\boldsymbol{s} + \boldsymbol{n} = \boldsymbol{U}\boldsymbol{\Sigma}\boldsymbol{V}^{\mathrm{H}}\boldsymbol{s} + \boldsymbol{n} \text{。}$$

如果发射机知道信道矩阵, 就可以得到它的 SVD, 并用矩阵 $\boldsymbol{V}$ 对一个要发送的信息 $\boldsymbol{s}'$ 进行编码, 得到每个天线的发射信号 $\boldsymbol{s}$:

$$\boldsymbol{s} = \boldsymbol{V}\boldsymbol{s}' \text{。}$$

这样一来, 则有

$$\boldsymbol{r} = \boldsymbol{U}\boldsymbol{\Sigma}\boldsymbol{V}^{\mathrm{H}}\boldsymbol{V}\boldsymbol{s}' + \boldsymbol{n} = \boldsymbol{U}\boldsymbol{\Sigma}\boldsymbol{s}' + \boldsymbol{n},$$

因为 $\boldsymbol{V}$ 是正交阵，所以对消掉了。如果接收机也知道信道矩阵，那么在收到信号后，等式两边左乘以 $\boldsymbol{U}^{\mathrm{H}}$：

$$\boldsymbol{U}^{\mathrm{H}}\boldsymbol{r} = \boldsymbol{U}^{\mathrm{H}}\boldsymbol{U}\boldsymbol{\Sigma}s' + \boldsymbol{U}^{\mathrm{H}}\boldsymbol{n},$$

记

$$\boldsymbol{r}' = \boldsymbol{U}^{\mathrm{H}}\boldsymbol{r}, \boldsymbol{n}' = \boldsymbol{U}^{\mathrm{H}}\boldsymbol{n},$$

则

$$\boldsymbol{r}' = \boldsymbol{\Sigma}s' + \boldsymbol{n}'。$$

请注意，$\boldsymbol{\Sigma}$ 是一个对角矩阵，也就意味着，经过变换后的 MIMO 系统等价于多个互不干扰的并行信道：

$$r_i' = \lambda_i s_i' + n_i', i = 1, 2, \cdots, \min(m, n)。$$

如图 18.3 所示，图（a）和图（b）分别表示 $m < n$ 和 $m > n$ 的情况。

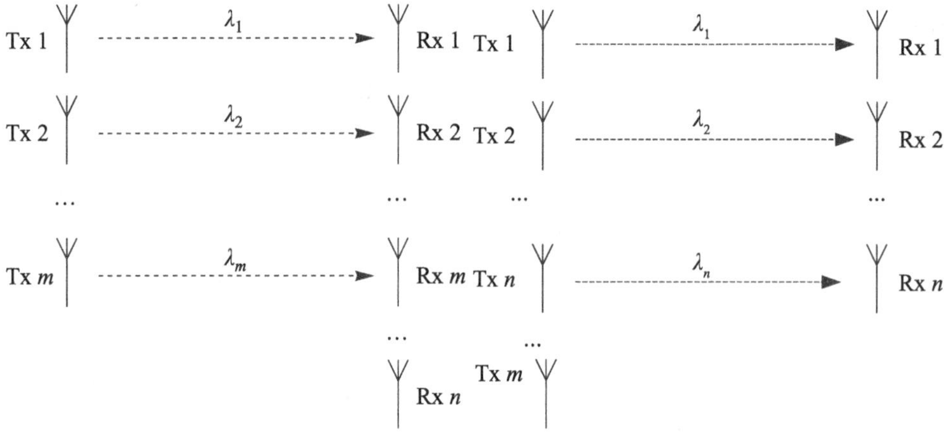

(a) $m < n$ (b) $m > n$

图 18.3 MIMO 等效信道

从这里我们也可以看出，MIMO 信道的容量应该是这些并行信道的容量的和。如果 s_i' 的功率为 $\sigma_{s_i'}^2$，则系统容量为

$$C = B \sum_{i=1}^{\min(m,n)} \log_2(1 + \frac{\lambda_i^2 \sigma_{s_i'}^2}{\sigma_n^2})。$$

这里假设每根天线上的噪声功率为 σ_n^2，但并没有限制信号是等功率的，请注意这里的一个细节，酉矩阵 $\boldsymbol{U}$ 和 $\boldsymbol{V}$ 不引起信号和噪声功率的变化。

如果所有的信道分配的功率相等，也就是 $\sigma_{s_i'}^2 = \sigma_s^2, i = 1, 2, \cdots, \min(m, n)$，则把 $\boldsymbol{H} = \boldsymbol{U\Sigma V}^{\mathrm{H}}$ 直接代入 MIMO 容量公式：

$$C = B \log \det \left(\boldsymbol{I}_n + \frac{\sigma_s^2}{\sigma_n^2} \boldsymbol{HH}^{\mathrm{H}} \right),$$

则得到

$$
\begin{aligned}
C &= B \log \det \left(\boldsymbol{I}_n + \frac{\sigma_s^2}{\sigma_n^2} \boldsymbol{U\Sigma\Sigma}^{\mathrm{H}} \boldsymbol{U}^{\mathrm{H}} \right) \\
&= B \log \det \left(\boldsymbol{U}(\boldsymbol{I}_n + \frac{\sigma_s^2}{\sigma_n^2} \boldsymbol{\Sigma\Sigma}^{\mathrm{H}}) \boldsymbol{U}^{\mathrm{H}} \right) \\
&= B \log \left(\det \boldsymbol{U} \det(\boldsymbol{I}_n + \frac{\sigma_s^2}{\sigma_n^2} \boldsymbol{\Sigma\Sigma}^{\mathrm{H}}) \det \boldsymbol{U}^{\mathrm{H}} \right) \\
&= B \log \left(\det(\boldsymbol{I}_n + \frac{\sigma_s^2}{\sigma_n^2} \boldsymbol{\Sigma\Sigma}^{\mathrm{H}}) \right) \\
&= B \sum_{i=1}^{\min(m,n)} \log_2(1 + \frac{\lambda_i^2 \sigma_s^2}{\sigma_n^2}).
\end{aligned}
$$

也就是说，在等功率分配的情况下，两种 MIMO 信道容量的表达方式是相同的。

MIMO 系统可以等效为若干个互不干扰的并行信道，如果不限制每个信道的功率相等，则可以获得更高的信道容量。并行信道的问题我们在信息论部分已经讨论过了，可以根据注水原理进行最优功率分配，实现系统容量的最大化。这里应用注水原理还需要做一个小的处理：

$$r_i'/\lambda_i = s_i' + n_i'/\lambda_i, \ \ i = 1, 2, \cdots, \min(m, n).$$

把系数 λ_i 除掉之后，信道就是 AWGN 了，可以直接应用注水原理进行功率分配。注水功率分配的原则是每个 AWGN 信道上的累积功率相等，结果是 n_i'/λ_i 越小的信道分配的功率越多。采用注水功率分配后的容量要大于上面提到的等功率分配的容量。如果不熟悉注水原理，则要复习一下信息论部分。

上面是 MIMO 信息论的主要内容，它是由贝尔实验室的 Emre Telatar 于 1995 年建立的，他的文章 "*Capacity of Multi-antenna Gaussian Channels*" 发表在 European Transactions on Telecommunications，而不是 IEEE 的期刊。据业界一位大牌教授说，IEEE 的评委持续地拒绝这篇论文，Telatar 不得已才转投欧洲期刊，结果成为 MIMO 领域的奠基性文章。我不清楚 IEEE 的评委为什么看不上这篇文章，可能是认为它太简单了。因为 MIMO 信息论只是香农信息论由一维向多维的一个推广，在数学家看来是一个很简单的问题，算不上什么创新。当时我投那篇频域多用户检测的文章被 IEEE TCOM 拒绝时，教授用这个故事来安慰我，后来通过持续努力这篇文章终获发表。

在 Telatar 之后，1996 年，贝尔实验室的 G. J. Foschini 等人开发了 MIMO 的原型系统，称之为 BLAST（Bell Laboratories Layered Space Time）系统，其展现了高达40bps/Hz 的频谱效率，震动业界，并引发了 MIMO 持续的研究热潮。BLAST 方案在这里就不具体介绍了，总体来说就是不同的天线发射不同的数据，在与信道编码的结合上有些花样，分为 D-BLAST, V-BLAST, T-BLAST，并没有太多的特点，也不难懂，有兴趣的同学自己找来看一看。

18.3　MIMO 预编码

我们首先从直观的角度去观察 MIMO 的系统方程：

$$\boldsymbol{r} = \boldsymbol{Hs} + \boldsymbol{n},$$

这个方程有 m 根发射天线，分别发送一个数据，有 n 根接收天线，也就是方程组里面有 n 个方程。那么要解这个方程组，最起码的要求是方程的个数大于或等于未知数的个数，也就是要求接收天线的数量大于或等于发射天线的数量。

一般来说这个条件是不充分的。在线性代数里面有一个专门的术语来描述一个矩阵的特性，这就是矩阵的秩（rank）。

一个任意的矩阵，可以为其定义行秩和列秩。行秩就是其行向量当中线性无关的向量的最大个数；而列秩就是列向量当中线性无关的向量的最大个数。可以证明一个结论，矩阵的行秩和列秩相等，可以统一为矩阵的秩。

矩阵的秩和其奇异值之间存在关系，即秩就是不为零的奇异值的个数。

信道矩阵的秩就是能够同时发送的数据的个数，每一个数据叫作一个流（stream），也叫作一个层（layer），每个流可以单独进行编码调制。

为了控制流的个数，采用一个编码矩阵 $\boldsymbol{C}$ 对流数据进行编码，MIMO 方程变为

$$\boldsymbol{r}_{n\times 1} = \boldsymbol{H}_{n\times m}\boldsymbol{C}_{m\times r}\boldsymbol{s}_{r\times 1} + \boldsymbol{n}_{n\times 1},$$

为了描述清楚，我把每个矩阵的维数标记了出来。

如果信道矩阵的秩是 r，那么可以同时发送 r 个信息数据，所以，信息数据 $\boldsymbol{s}$ 的维数是 $r\times 1$。这个数据被编码矩阵 $\boldsymbol{C}$ 进行编码，$\boldsymbol{C}$ 的维度是 $m\times r$；编码后得到 m根发射天线上的发射数据。

$\boldsymbol{C}$ 的理想选择是 SVD 的 $\boldsymbol{V}$ 矩阵当中最大的前 r 个奇异值对应的列组成的矩阵；但是在实际当中，矩阵 $\boldsymbol{V}$ 不容易获得。在 LTE 当中定义了多个预编码矩阵，以匹配不同的信道矩阵。比如两发射天线的秩 1 的码本有 6 个：

$$\begin{bmatrix} 1 \\ 0 \end{bmatrix}, \begin{bmatrix} 0 \\ 1 \end{bmatrix}, \frac{1}{\sqrt{2}}\begin{bmatrix} 1 \\ 1 \end{bmatrix}, \frac{1}{\sqrt{2}}\begin{bmatrix} 1 \\ -1 \end{bmatrix}, \frac{1}{\sqrt{2}}\begin{bmatrix} 1 \\ j \end{bmatrix}, \frac{1}{\sqrt{2}}\begin{bmatrix} 1 \\ -j \end{bmatrix}。$$

秩 2 的码本有 3 个：

$$\frac{1}{\sqrt{2}}\begin{bmatrix} 1 & 0 \\ 0 & 1 \end{bmatrix}, \quad \frac{1}{2}\begin{bmatrix} 1 & 1 \\ 1 & -1 \end{bmatrix}, \quad \frac{1}{2}\begin{bmatrix} 1 & 1 \\ j & -j \end{bmatrix}。$$

四发射天线也定义了相应的码本，就不列举了。

如何使用这些码本呢？以下行为例，基站的两根发射天线都要发一个单独的导频，从而终端能够进行信道估计，得到信道矩阵。终端判断信道矩阵的秩，并选择一个码本反馈给基站；基站采用终端反馈的码本进行发射。

选择码本可以采用最大信噪比的原则，或者最大容量原则。比如终端是单接收天线，当然只能够选择秩 1 的码本。如果测量出来一根天线很强，一根天线很弱，则可以用前两个码本，选择幅度强的一根天线发射信号。如果两根天线幅度相似，并且基本同相，则选择第三个码本；其他的码本用于反相或者相差 90 度相位。

18.4 MIMO 接收机算法

MIMO 接收机，无非就是解下面这个方程组：

$$r = HCs + n。$$

在知道 HC 的情况下，这是一个通用的数学模型，有各种解法，最常用的是 ZF/MMSE，这个在前面的章节已经讨论过了。

解上面这个方程可以理解为去除信道。在 BLAST 系统里面，有大量的文献把这个过程与信道解码和解星座联合起来考虑，变化出很多的花样，如最大似然、球译码、串行干扰消除（SIC）等方法，这些深入的专题就不在本书当中介绍了。

18.5 智能天线

早在 Telata 和 Foschini 提出 MIMO 理论和系统之前，智能天线技术就已经存在。智能天线技术脱胎于军事上的相控雷达，多根天线形成一个阵列，间距一般是半个波长，形成指向某个方向的发射或者接收波束。智能天线一般装备在基站侧，只发射或者接收一个数据流，可以认为是 MIMO 系统的一个特例。智能天线是 TD-SCDMA 的关键技术。

图 18.4 所示的是均匀线性阵列（uniform linear array），其天线之间的间距为 d。如果与之通信的终端与天线阵列之间的距离远远大于 d，则可以认为电磁波是平行波，这叫作远场假设。电磁波的方向与天线阵列的夹角记为 θ，也叫作**波达方向**。

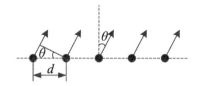

图 18.4 均匀线性阵列

另外一个假设叫作窄带假设，也就是信号的带宽远远小于载波频率。从图 18.4 中可以清楚地看出，在波达方向上，相邻天线之间的传播路径的差为 $d\sin(\theta)$，如果窄带假设成立，那么相当于相位变化了 $\frac{2\pi}{\lambda}d\sin(\theta)$。如果采用第一根天线的信道响应作为基准，也就是假定为 1，那么第 m 根天线的信道响应为 $\mathrm{e}^{-\mathrm{j}\frac{2\pi}{\lambda}(m-1)d\sin(\theta)}$，相位上取负号的意思是第一根天线的传播距离最长。假设阵列共有 M 根天线，把信道响应排列成一个矢量：

$$\boldsymbol{a}(\theta) = [1, \mathrm{e}^{-\mathrm{j}\frac{2\pi}{\lambda}d\sin(\theta)}, \cdots, \mathrm{e}^{-\mathrm{j}\frac{2\pi}{\lambda}(M-1)d\sin(\theta)}]^{\mathrm{T}}.$$

在智能天线领域把这个矢量叫作**导向矢量**，习惯上写成列矢量的形式。

导向矢量与信道矩阵有紧密的关系，对上行来说，信道矩阵 $\boldsymbol{H}$ 就是 $h_1\boldsymbol{a}(\theta)$，而下行的信道矩阵是 $h_1\boldsymbol{a}^{\mathrm{T}}(\theta)$，其中 h_1 是第一阵元的信道响应。

我们以下行为例，用 MIMO 的观点来解释一下智能天线。忽略掉标量 h_1，则下行的信道矩阵为 $\boldsymbol{H} = \boldsymbol{a}^{\mathrm{T}}(\theta)$，这是一个行矢量，维数为 $1 \times M$。因为只有一行，所以秩为 1。如果进行 SVD：

$$\boldsymbol{H} = \boldsymbol{U}\boldsymbol{\Sigma}\boldsymbol{V}^{\mathrm{H}},$$

则只有一个不为零的奇异值，所以

$$\boldsymbol{\Sigma} = [\lambda, 0, 0, \cdots, 0].$$

$\boldsymbol{U}$ 矩阵是一个标量，也就是 1 了。$\boldsymbol{V}^{\mathrm{H}}$ 矩阵的维数为 $M \times M$，其第一行就是 $\boldsymbol{a}^{\mathrm{T}}(\theta)$ 归一化后的矢量，也就是 $\frac{1}{\lambda}\boldsymbol{a}^{\mathrm{T}}(\theta)$，

$$\boldsymbol{V}^{\mathrm{H}} = \begin{bmatrix} \frac{1}{\lambda}\boldsymbol{a}^{\mathrm{T}}(\theta) \\ \vdots \end{bmatrix}.$$

$\boldsymbol{V}^{\mathrm{H}}$ 矩阵的行矢量要满足归一化要求，也就是要求其长度为 1，或者是编码后的信号功率保持不变，从而可以得出 $\lambda = \sqrt{M}$。$\boldsymbol{V}^{\mathrm{H}}$ 的其他行取与 $\boldsymbol{a}(\theta)$ 正交就可以了，具体是什么我们并不感兴趣，因为在做矩阵乘法的时候都被零奇异值消掉了。

前面说过，最好的预编码矩阵就是矩阵 $\boldsymbol{V}$ 当中那些奇异值不为零的列构成的矩阵。根据这个结论，在智能天线下行的预编码矩阵应该是

$$C = \frac{1}{\sqrt{M}} \boldsymbol{a}^*(\theta),$$

这里的"$*$"表示共轭。智能天线的预编码叫作波束赋形，其框图如图 18.5 所示，图中每个天线上施加一个权重因子，其取值即为 $\boldsymbol{a}^*(\theta)$ 中的各个分量。

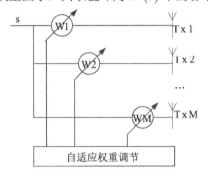

图 18.5 智能天线原理框图

这样一来，终端的接收信号为

$$r = \boldsymbol{H}Cs + n = \boldsymbol{a}^{\mathrm{T}}(\theta)\frac{1}{\sqrt{M}}\boldsymbol{a}^*(\theta)s + n = \sqrt{M}s + n。$$

也就是说，终端接收信号的幅度是单天线信号的 $\sqrt{M}$ 倍，也就是功率为 M 倍，信噪比也是 M 倍。这个增益叫作**波束赋型增益**，或者**阵列增益**。

对于一组固定的加权因子，也就是预编码矩阵 C，$\boldsymbol{H}C = \boldsymbol{a}^{\mathrm{T}}(\theta)C$ 是 θ 的函数，称作**方向图**。

如果一个包括 4 个天线阵元的均匀线性阵列，天线间距为 $\lambda/2$，加权因子 $C = [1,1,1,1]^{\mathrm{T}}$，则其方向图的幅度如图 18.6 所示。这组加权因子使得 $0°$ 和 $180°$ 的方向上信号增益最大。改变加权因子，可以使得波束指向其他的方向。

因此，如果能够动态地调整加权因子，使得波束跟踪希望通信的用户，则一方面提高了有用信号，另一方面降低了对其他用户的干扰，这对通信是极为有利的。更进一步，如果用不同的波束指向不同的用户，波束之间没有干扰或者干扰很小，就可以实现多个用户在相同的时频资源上通信，大大地提高了频谱效率。不同的用户使用相同的时频资源，而仅仅通过空间位置的不同实现区分，所以叫作**空分多址**（SDMA）。

对上行来说，单天线发射，多天线接收，系统方程为

$$\boldsymbol{r} = \boldsymbol{a}(\theta)s + \boldsymbol{n}。$$

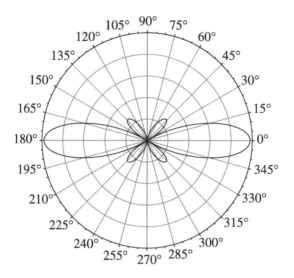

图 18.6 四阵元均匀线性阵列方向图

发射信号 s 是一个标量，不需要什么编码。接收信号 r 是一个矢量，要用其来得到对信号 s 的一个估计，这就需要用到匹配滤波器、ZF 估计、最大比合并等方法，在这个简单的例子上都是等价的：

$$\hat{s} = [\boldsymbol{a}^{\mathrm{H}}(\theta)\boldsymbol{a}(\theta)]^{-1}\boldsymbol{a}^{\mathrm{H}}(\theta)\boldsymbol{r} = s + \frac{\boldsymbol{a}^{\mathrm{H}}}{M}\boldsymbol{n}。$$

注意，那个噪声项的功率是单天线上噪声的 $1/M$，也就是说合并后的信噪比提高到 M 倍，这与下行的增益是相同的。

总体来说，在波束赋形、方向图、空分多址等概念上，上下行是对偶的，都适用。

18.6　DOA 估计

上文讲到，智能天线可以自动地跟踪用户的方位。当然要实现跟踪，首先必须知道用户的信号从哪个方向上来，这个问题叫作波达方向（direction of arrival）估计。

智能天线采用了远场和窄带假设。如果只有一个用户，在上行，不同的天线阵元收到的信号只有相位上的不同。根据相差和天线间距就可以估计出 DOA。这是 DOA 估计的基本原理。

如果有多个用户，也就是有多个来自不同方向上的信号，那么该如何估计 DOA 呢？再来看一看导向矢量：

$$\boldsymbol{a}(\theta) = [1, \mathrm{e}^{-\mathrm{j}\frac{2\pi}{\lambda}d\sin(\theta)}, \cdots, \mathrm{e}^{-\mathrm{j}\frac{2\pi}{\lambda}(M-1)d\sin(\theta)}]^{\mathrm{T}}。$$

可以发现，导向矢量是一个复三角函数，天线序号可以看作时间，而 $\sin(\theta)$ 可以看作频率。如果有多个方向的信号，天线阵列的信号就是多个频率的组合。这样，用功率谱估计的方法就可以估计出信号当中有几个主要的频率成分，每个频率是多少，从而可以估计出所有的 DOA。

功率谱估计可以用经典的 Welch 方法，也可以用基于 AR 模型的现代谱估计。

DOA 估计还有 MUSIC 和 ESPRIT 等比较深入的内容，本书不介绍了。

18.7　智能天线的困难

智能天线可以提高信噪比，降低干扰，实现 SDMA，当然非常好。但是它在实际应用当中也存在很大的问题。

前面说过，智能天线技术脱胎于军事中的雷达技术，上面讲的这些方法，也都是雷达当中应用的技术。但是将这些方法用于地面通信就存在很大的问题。

雷达的工作场景是天空，电磁波自由传播，一个信号一个方向，非常干净。但是在地面通信当中，存在反射、散射、衍射等现象，传播环境极其复杂，一个信号由于多径的存在，会从不同的方向到达天线，这就给智能天线带来了很大的麻烦。

因此，虽然 TDS-CDMA 采用了智能天线技术，但是并没有达到自适应跟踪用户的当初设想。

18.8　Alamouti 编码

前面所讲的 MIMO 技术，业界一般归类于复用（multiplexing）技术；复用的意思就是同时发送多个数据流。与之相对，还有一类 MIMO 技术，叫作分集（diversity）技术，即只发送一个数据流。这是业界沿用已久的分类方法，而我是不同意这样的分类方法的。不管怎样，我们先来看一看什么是分集。

分集的英文是 diversity，意思就是多样性，这其实是非常朴素的一个概念。比如去买桃子，顾客总是要选好的桃子，而把不好的留给卖主。这就是有选择性的，顾客挑好的桃子，这不是分集。但是顾客这样挑的话，剩下的桃子就越来越差，剩下的就卖不出去了。于是卖主就不允许挑，只能按顺序拿，这样每个顾客买到的桃子就都是有好有坏，大家都差不多，这就是分集。卖主还会时不时地把桃子随机摆放一下，重新洗牌，保证这种平均的效果。也就是说，分集的意思就是让大多数人取到一个中间值，从而避免最坏的情况发生。不好的地方是，不会有人全部都拿到好桃子。

MIMO 技术的一般假设是充分的散射环境，信道是独立的瑞利衰落信道。如果 MIMO 系统有 m 根发射天线，n 根接收天线，那么总共有 mn 条独立衰落的路径。如果所有的发射天线都发射相同的数据，那么这个数据会经过 mn 条独立衰落的路径到达接收端。因为这些路径有好有坏，所以就归类于分集技术。独立衰落路径的数量，称作分集的阶，也叫作分集增益（这个叫法我认为很无厘头）。先不纠结于此，来看一看著名的 Alamouti 编码。

Alamouti 编码的基础场景是两根发射天线，一根接收天线，并且发射机不知道信道，那么该如何发射？

基本的想法是一次发射一个信号，那么这两根天线如何利用就是一个问题。因为发射机并不知道信道，因此无法确定最优的预编码。要是同时发，例如用 [1,1] 的预编码，万一用户正好在其方向图的零点怎么办？要是选一根来发，也不知道哪根天线更好一点。因此保守的做法是两根天线轮流发，这也符合分集的思想，但是毕竟始终有一根天线被浪费。

Alamouti 想出的方法是，一次发两个数据。显然，因为只有一根接收天线是解调不出来的。为了能够解调，这两个数据再发送一次，这样就能够解调了。第二次发送数据的方法是有讲究的，具体是这样的：

假如两个数据为 s_1, s_2，第一次发送 $[s_1, s_2]$，第二次发送 $[s_2^*, -s_1^*]$。假定两根天线的信道分别为 h_1, h_2，就有如下的方程：

$$r_1 = h_1 s_1 + h_2 s_2 + n_1,$$
$$r_2 = h_1 s_2^* - h_2 s_1^* + n_2。$$

可以看到，两个信号都分别经过了两个信道，获得了分集的效果。这个方程可改写为

$$\begin{bmatrix} r_1 \\ r_2^* \end{bmatrix} = \begin{bmatrix} h_1 & h_2 \\ -h_2^* & h_1^* \end{bmatrix} \begin{bmatrix} s_1 \\ s_2 \end{bmatrix} + \begin{bmatrix} n_1 \\ n_2 \end{bmatrix}。$$

非常好的是，这个方程组的系统矩阵 $\begin{bmatrix} h_1 & h_2 \\ -h_2^* & h_1^* \end{bmatrix}$ 是正交矩阵，请验证一下，不要忘记这是复数，要带上共轭。到这里你大概能够理解到了这个编码的巧妙之处了，也就是在不知道信道的情况下，能够使得信道矩阵正交化。如此一来，解方程的过程也非常简单，把分量形式的方程改写一下，利用正交性消掉一个未知数，为

$$h_1^* r_1 - h_2 r_2^* = (|h_1|^2 + |h_2|^2) s_1 + h_1^* n_1 - h_2 n_2^*,$$
$$h_2^* r_1 + h_1 r_2^* = (|h_1|^2 + |h_2|^2) s_2 + h_2^* n_1 + h_1 n_2^*。$$

所以，对信号的估计结果为

$$\hat{s}_1 = \frac{h_1^* r_1 - h_2 r_2^*}{|h_1|^2 + |h_2|^2},$$
$$\hat{s}_2 = \frac{h_2^* r_1 + h_1 r_2^*}{|h_1|^2 + |h_2|^2}。$$

因为系统矩阵是正交的，各种估计方法都是这个结果，包括最大似然、最大比合并、匹配滤波或者迫零。

如果两个信号的功率都为 σ_s^2，噪声的功率为 σ_n^2，则估计结果的信噪比为

$$\gamma = \frac{(|h_1|^2 + |h_2|^2)\sigma_s^2}{\sigma_n^2}。$$

好了，这就是著名的 Alamout 编码。

你可能觉得，这么简单，也没有什么嘛。但是我们的创新价值观是，简单而有用的创新是最高价值的创新，正是因为简单才体现其价值。实际上，这个领域被总结为空时编码（space time coding）。在 Alamouti 之前，哈佛大学的 Tarokh 教授率先提出了 STC 的概念，那是一篇难度极高的文章，我一直没读下去，现在被叫作 STTC，也就是空时网格码。而随后 Alamouti 的这个编码，被叫作 STBC，也就是空时块码，连中学生也可以看懂。后来的研究发现，STBC 的性能反而更好一些，其很快在 3G 上获得了应用，成为 MIMO 技术的一个里程碑。Alamouti 的那篇 JSAC 上的文章，被评为 50 年来最优秀的 57 篇文章之一，被他引万次以上。我的 SFR 也是这个特点，对无线通信领域的影响还更深远一些。

18.9　分集和复用

业界将 MIMO 技术分为分集和复用两大类。大概的理解为复用提高速率，而分集提高可靠性。这种划分方法的流行，主要是因为 2003 Li Zhong Zheng 和 D. Tse 发表在 IEEE IT 上的一篇文章 *"Diversity and Multiplexing—A Fundamental Tradeoff in Multiple-Antenna Channels"*。这两个人是谁呢？

前面讲过了，Shannon 是信息论的开山鼻祖，开始是在贝尔实验室，后来喜欢上了 MIT 就去那里做了教授。虽然做教授，但是他对教书育人并没有兴趣，而是用信息论炒股票，成绩比巴菲特还要好。Shannon 只有一个单传弟子，叫 Gallager，写了一本著名的信息论的书，是信息论的二代掌门。而 D. Tse 是 Gallager 的学生，也写了一本著名的无线通信的书，是信息论的三代掌门。而 Zheng 是清华大学 89 级的学生，后来去加州大学学习，成了 Tse 的学生，毕业后任教于 MIT，回到祖师爷的地盘。Zheng 和 Tse 的另外一篇文章获得了 2003 年 IEEE IT 的 best paper。大家看到了，Tse 和 Zheng 是传承 Shannon 衣钵，绝对的名门正派，他们的观点对业界影响是极大的。

回到技术上来，文章作者认为分集和复用是矛盾的，所以才需要 tradeoff。可以牺牲分集增益换取复用增益，也可以反过来。他们做出了一条曲线，代表不同的折中程度。BLAST 技术是复用的代表，而 Alamouti 是分集的代表，分别位于曲线的两个极端，这听起来像是不错。当然这种高水平的文章会按照科学传统来展开自己的论点，首先要给出分集和复用增益的定义：

一个通信方案的信噪比为 SNR，如果

$$r = \lim_{\mathrm{SNR} \to \infty} \frac{R(\mathrm{SNR})}{\log \mathrm{SNR}}, \quad (18.1)$$

$$-d = \lim_{\mathrm{SNR} \to \infty} \frac{\log P_e(\mathrm{SNR})}{\log \mathrm{SNR}}, \quad (18.2)$$

则称这个方案的复用增益为 r，分集增益为 d。这个定义也许你一下子看不明白，下面解释一下。本来信道容量的公式为

$$C = \log(1 + \mathrm{SNR}),$$

在比较高的 SNR 条件下，就可以把 1 忽略掉，近似成 $C = \log \mathrm{SNR}$。如果有 r 个并行通道，则 $C = r \log \mathrm{SNR}$。对比一下公式（18.1）就可以看明白了，R 就是速率，极限号就是高 SNR 的意思。

公式（18.2）中的 P_e 是误符号率。原文当中说得不清楚，一般解读 P_e 是无编码情况下的误符号率。改写一下这个公式，去掉极限，大概是在高 SNR 下有 $P_e = \mathrm{SNR}^{-d}$。有研究结果表明，在 Rayleigh 信道当中，无编码系统的误符号率与 SNR 的 -1 次方成正比，如果有 d 个独立的路径，误码率与 SNR 的 $-d$ 次方成正比。

到这里已经看出问题了。信道容量当中的容量，指的是没有误码情况下的容量，不再需要与误码率进行什么折中。而这里非要把无编码情况下的误码率拉进来，没有什么道理。定义是一个理论的基础，在基础上已经出现了这么大的缺陷，其他的部分就不必再讨论了。

我的观点是，MIMO 复用是单播系统，而 Alamouti 编码是广播系统。在随后的随机波束赋形部分讨论了 MIMO 广播系统的容量，是以单天线容量为上界的，这与单播系统完全不同。

Zheng 和 Tse 的这篇论文非常有名，被他引了 1500 次以上。我想原因之一是作者的背景，原因之二是此文的论点符合速率和误码之间可以折中的直觉理念。因为 DMT 是被广泛接受的概念，很多人会反对这一部分。这个先不争论，保留一个 open mind，以后我会发文章专门讨论这个问题。

18.10 随机波束赋形

随机波束赋形的英文是 random beamforming，是由我提出的一个技术，用于解决多天线系统的广播信道的发射。非常不幸的是，这个词在我之前已经被使用，与 oppotunistic beamforming（机会波束赋形）是相同的意思。

oppotunistic beamforming 发表于如下的文章：

P. Viswanath, D. N. C. Tse, and R. Laroia, "Opportunistic beamforming using dumb antennas," IEEE Trans. Inf. Theory, vol. 48, no. 6, pp. 1277–1294, Jun. 2002.

大家可以看到，这也是 Tse 这个学派提出来的技术。

MIMO 系统要达到信道容量需要进行预编码，而预编码需要发射机知道信道的信息，这就需要接收机的测量和反馈。这篇文章宣称，在用户足够多的情况下，可以用有限的反馈实现 MIMO 信道容量。这里用到的一个技术叫作多用户分集（multi-user diversity），也是 Tse 的看家本领之一。信道会发生衰落，但是同样一个资源对于不同的用户衰落是不一样的，即对一个用户衰落很大，对另外一个用户衰落很小。如果用户比较多，则每个通信资源总能找到一个衰落小的用户，可以把资源总是调度给信道质量好的用户，这就是多用户分集的意思。

机会波束赋形是说，既然预编码比较困难，干脆就胡来吧，随机产生一些加权矢量，就这样发射数据。终端则对这些波束进行测量，并把测量结果汇报给基站。基站根据反馈结果，把一个随机波束调度给信号最好的终端。如果用户很多，就能够选到那个最匹配这个波束的用户，因此可以实现信道容量，并且反馈量不是很大。

这个方案就太学究了，不是解决了问题而是规避了问题，并且造成了更大的问题。通信的首要目的是满足通信需求，而不是达到系统容量。把一个波束调度给最匹配的用户，那这个用户正好不需要通信怎么办呢？是不是有点胡闹呢？所以尽管这篇文章发表在最高级别的期刊上，并且是 invited paper，而且发明了一个新名词，并且影响力很大，但也没有获得实际上的应用。有人会说，LTE 的码本就是借鉴了这个思想，但是我宁愿采用传统的解释，码本就是对信道的量化，而不需要引入新的技术名词。著名的奥卡姆剃刀原理说，"如无必要，勿增实体"。

机会波束赋形采用了随机的加权矢量，因此也被很多文章称作 random beamforming。但是这个矢量用在什么用户身上是经过选择的，因此不是真正的随机。而我提出的技术，是真正的 random beamforming，这个词与我发明的这个技术是最贴切的，因此还是坚持使用了，会导致人们认为这不是一个新技术。

前面讨论的智能天线技术，能够形成一个指向用户的波束，从而提高信噪比，并降低对其他用户的干扰。然而在实际系统当中，还有另外一种信道，叫作广播信道（broadcasting channel）。

广播信道也是一个容易引起混淆的词汇。在学术界，经常听说的一个名词叫 MIMO broadcasting channel，意思是各个天线的信号都是广播形式的，所有的接收天线都能够接收到所有发送天线的信号。而在工业领域，是从用户的层面定义广播、组播和单播。单播指的是信息只发送给一个用户，组播是把相同信息发送给一组用户，而广播要把相同的信息发送给所有用户。这里的广播信道采用的是工业领域的定义，也是日常生活当中的习惯用法，比如中央人民广播电台。

因为广播信道需要把信息发送给所有的用户，那么采用智能天线的窄波束就不行了。也就是说，广播信道与单播信道的要求是相反的，需要覆盖整个小区，使得所有的用户都能接收到信号。

可能你的第一反应是，这还不简单，不用波束赋形就好了，何况波束赋形这个技术还挺难的。但是你要意识到，M 根天线放在那个地方，总是要发射信号的。我相信一些人的想法是，一个信号不经过什么处理，直接送到 M 根天线上发射就好了。

但实际上这个做法隐含的意思是对所有的天线采用加权因子 1。这个加权系数的方向图已经在智能天线部分的例子当中展示了，是一个窄波束，显然是不行的。也就是说，一旦有了 M 根天线，波束赋形就自然存在了，关键是怎么赋形才能达到广播信道的要求。

一个切实可行的做法是，采用单天线发射。在 M 根天线当中选一根天线，也就是采用 $[1,0,0,0]$ 的加权向量，确实可以形成一个全向的波束，覆盖整个小区。在应用智能天线之前的无线通信系统就是这样做的。

但是选取一根天线的问题在于成本。本来有 M 根天线，单从总功率相等的角度上讲，和单天线系统相比，每根天线的功率只需要 $1/M$。对于单播业务，再加上波束赋形增益，每根天线的功率只需要 $1/M^2$。这样一来，智能天线的一个很大的优势是可以采用多个小的功放。在市场上，功放的价格随着其功率超线性增长，大的功放非常昂贵，采用小功放可以节省费用。

如果采用一根天线，那就要采用一个大的功放才能够达到覆盖要求，那么智能天线在功放上的成本优势就荡然无存了。

那么 TDS 是怎么解决这个问题的呢？根据一些文献，TDS 不支持全向小区，只支持三扇区，也就是 $120°$ 的波束。一个示例的加权因子为 $[0.55, 1, 1, 0.55, 0.85, 1, 0.85]$。在这个加权因子当中，有 0.55 这样比较小的因子，$0.55^2 = 0.30$，也就是说功放只发挥了 30% 的作用，效率是比较低的。

智能天线的阵元间距一般是半波长，信道是相关的。对于一般的 MIMO 系统，在广播信道的问题上是类似的。我们以均匀线性阵列来讨论这个问题。阵列的导向矢量为

$$\boldsymbol{a}(\theta) = [1, \mathrm{e}^{-\mathrm{j}\frac{2\pi}{\lambda}d\sin(\theta)}, \cdots, \mathrm{e}^{-\mathrm{j}\frac{2\pi}{\lambda}(M-1)d\sin(\theta)}]^{\mathrm{T}},$$

记加权矢量为

$$\boldsymbol{w}(t) = [w_1(t), w_2(t), \cdots, w_M(t)]^{\mathrm{T}}.$$

这里把加权矢量表达为时间 t 的函数，表示可以是随时间变化的，方向图也是时间的函数：

$$g(\theta, t) = \boldsymbol{w}(t)^{\mathrm{H}}\boldsymbol{a}(\theta) = \sum_{m=1}^{M} w_m^*(t)\mathrm{e}^{-\mathrm{j}\frac{2\pi}{\lambda}(m-1)d\sin\theta}。$$

这里采用了智能天线领域常用的表达方法，方向图是加权矢量和导向矢量的内积，具有数学美。前面预编码部分的表达为 $g(\theta, t) = \boldsymbol{a}(\theta)^\mathrm{T} \boldsymbol{w}(t)$，在表达上差了一个共轭，但是本质上相同。

这里的方向图是随时间变化的，也就是随机波束赋形的含义。为什么要这样做呢？前面已经讨论了，采用单天线可以实现全向覆盖的方向图，除此之外，任何固定的加权矢量都无法达到这一目的。已经有很多人能够看出，方向图其实就是加权矢量的傅里叶变换，而只有 $\delta[n]$ 函数的傅里叶变换才是恒定幅值的。$\delta[n]$ 函数对应的就是单天线，而恒定幅值就是全向覆盖。

既然既要实现全向覆盖，又不采用单天线，那只有让方向图动起来，这就是下面要介绍的随机波束赋形。你看，这里的逻辑非常简单，也非常自然。有很多人说找不到研究方向，其实是自己不肯老老实实把逻辑搞清楚，只要搞清楚了，创新的方向是自然呈现的。

我们先看一下理论。假设终端只有一根接收天线，随机波束赋形系统的接收信号可以表达为

$$r(\theta, t) = g(\theta, t)h(t)s(t) + z(t), \tag{18.3}$$

其中 r 是接收信号；g 是方向图，为了保证波束赋形后的功率不变，要求对其进行归一化，也就是 $\int |g|^2 p(g)\mathrm{d}g = 1$，$p(g)$ 是 g 的概率密度函数；h 是阵列天线的参考阵元与终端接收天线之间的信道响应，并假定为单径 Rayleigh 衰落，因此直接相乘就可以了。对于多径信道，可以采用 OFDM 技术转化为频域的单径信道；s 是发射信号，z 是噪声。

单天线的系统模型为

$$r(t) = h(t)s(t) + z(t), \tag{18.4}$$

随机波束赋形与单天线系统相比较，性能是怎么样的呢？我们可以证明一个结论，随机波束赋形的容量以单天线系统为上界。

为了表述方便，我们先定义一个函数：

$$f(x) = \int p(h) \log \left(1 + \frac{|h|^2 x}{\sigma_z^2} \right) \mathrm{d}h, \tag{18.5}$$

这个函数就是快衰落信道的信道容量，信道增益 h，对 h 的样本空间上取信道容量的平均。因为积分号内的 $\log(1+x)$ 函数是凸函数，而 $p(h)$ 非负，积分的意思就是无数个凸函数加一个非负的权后再相加，结果还是凸函数。

单天线的信道容量为

$$C_s = f(\sigma_s^2),$$

而随机赋形的容量为

$$
\begin{aligned}
C_m &= \iint p(g,h) \log \left(1 + \frac{|gh|^2 \sigma_s^2}{\sigma_z^2} \right) \mathrm{d}g \mathrm{d}h \\
&= \iint p(g)p(h) \log \left(1 + \frac{|gh|^2 \sigma_s^2}{\sigma_z^2} \right) \mathrm{d}g \mathrm{d}h \qquad (\text{a}) \\
&= \int p(g) \int p(h) \log \left(1 + \frac{|gh|^2 \sigma_s^2}{\sigma_z^2} \right) \mathrm{d}h \mathrm{d}g \\
&= E[f(|g|^2 \sigma_s^2)] \leqslant f(E[|g|^2]\sigma_s^2) = C_s. \qquad (\text{b})
\end{aligned}
$$

在这个证明过程当中，步骤 (a) 用到了波束赋形增益 g 和信道增益 h 独立，步骤 (b) 用到了 Jensen 不等式，也就是对于凸函数 $f(x)$ 和随机变量 X，有 $E[f(X)] \leqslant f(E[X])$。这是一个很重要的不等式，很多的结论都需要依靠它来证明。

这个结论的意思是说，虽然两个方案的功率相同，但是单天线方案的波束幅值是恒定的，而随机波束的幅值是变化的，这会造成容量损失。其实如果理解了注水定理，则这是很自然的结论。如果把时间划分成多个通道，并对这些通道分配功率，按照注水定理，应该是等功率分配使得信道容量达到最大，而幅值的波动则带来容量损失。

为了使得容量损失最少，就要使得幅值的波动最小。这些理论给我们在实践上指出的方向。

用一个固定的波束无法实现一个圆形的方向图，但是我们可以设计一个尽量宽的方向图，然后使得方向图像风车一样转起来，这样就能实现全向的覆盖。我们来看一看如何转动这个风车。假设一个基矢量为

$$
\underline{\boldsymbol{w}} = [\underline{w}_1, \underline{w}_2, \cdots, \underline{w}_M]^{\mathrm{T}}。
$$

进行如下的变换，得到一个随着时间变化的加权矢量：

$$
\boldsymbol{w}(t) = \mathrm{Diag}[1, \mathrm{e}^{\mathrm{j}\phi(t)}, \mathrm{e}^{\mathrm{j}2\phi(t)}, \cdots, \mathrm{e}^{\mathrm{j}(M-1)\phi(t)}]\underline{\boldsymbol{w}},
$$

其中，Diag 表示括号当中的元素为对角元的对角矩阵。这个矢量的方向图为

$$
g(\theta, t) = \sum_{m=1}^{M} \underline{w}_m^* \mathrm{e}^{-\mathrm{j}(m-1)\left(\frac{2\pi}{\lambda} d \sin\theta - \phi(t) \right)}。
$$

注意参数 $\phi(t)$ 的位置，这个参数不改变方向图的取值范围，而只是改变方向图的形状。这个变换就能够让风车转起来，虽然在转动的过程当中风叶的形状会发生改变。

基矢量的方向图就是风叶，为了尽量减少幅值的波动，要求这个方向图尽量宽，用数学表达就是使得如下的参数达到最小：

$$
\sigma^2 = \sqrt{\frac{1}{2\pi} \int_0^{2\pi} (|g|^2 - E(|g|^2))^2 \mathrm{d}\theta}, \qquad (18.6)
$$

意思就是，方向图在角度的方向上的方差最小。还要记住，为了使得每个功放都充分发挥能力，需要满足每个加权因子的模是 1 的约束条件。

这样的话就这个问题就变成了满足一定约束条件下的求极值问题。我找到了这个问题在 $M = 2, 3, 4$ 情况下的解析解，发表在这篇文章里：

Xuezhi Yang, Wei Jiang, and Branka Vucetic. A Random Beamforming Technique for Omnidirectional Coverage in Multiple-Antenna Systems. IEEE Transactions on Vehicular Technology, 62(3):1420–1425, 2013.

有兴趣的同学可以去看一看，这里就不介绍了。更高阶的情况比较复杂，难以找出闭合式。对于工程应用，能否有解析解其实不重要，直接用计算机搜索就行了。搜索的方法很简单，每个加权因子应该在单位圆上，取 N 个离散值，那么 M 个加权因子一共有 N^M 种组合，逐一算出其方向图的方差，取最小的就可以了。如下的矢量是我搜到的结果，取 $N = 8, M = 8$：

$$\underline{w} = [-1, \frac{\sqrt{2}}{2}(-1+i), i, \frac{\sqrt{2}}{2}(1-i), \frac{\sqrt{2}}{2}(-1+i), \frac{\sqrt{2}}{2}(1-i), 1, \frac{\sqrt{2}}{2}(1+i)]^{\mathrm{T}}.$$

其方向图如图 18.7 当中的细黑实线所示，虚线所示的方向图是取 $\phi(t) = \pi/4$，而粗实线是二者的平均。可以看到，这个方向图的确是很胖的。

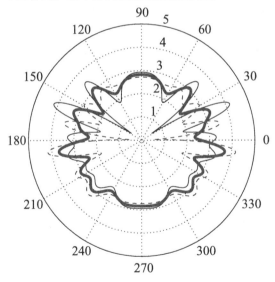

图 18.7 方向图

接下来就是怎么让这个方向图转起来。可以选择 $\phi(t) = \alpha t$，也就是时间 t 的线性函数。在实际通信系统当中有帧结构，在一个时间片段内，例如一个时隙内方向图保持不变，可以写成离散形式 $\phi(t_k) = k\delta$。如果 δ 比较小，比如 1°，那么方向图转得很慢，一圈需要 360 个时刻，这会导致一些方向长期处于衰落当中，是不利的。比较好的选择是较大的 δ 值，并且不是 360° 的整数分之一，比如 37°，这样每次的步子比较大，而 10 个时刻下来是 370°，比第一个时刻偏了 10°，这样的话变化又快，而且每个方向上也能够遍历方向图上的所有幅值。

这样就完成了随机波束赋形的基本方案。

从终端的角度来看，随机波束赋形的效果相当于一个快衰落。由于对波束的形状进行了特殊的设计，因此衰落的幅度并不是很大。在通信当中用于克服快衰落的技术手段，比如分集、信道编码等都可以克服这种衰落。

18.11　循环延时分集

与随机波束赋形有内在联系的一种技术叫作循环延时分集（cyclic delay diversity），在 LTE 标准当中获得了应用。CDD 技术与 OFDM/MIMO 技术结合使用。

从 CDD 的名称可以看出来，技术的命名者认为这是一种分集技术。

业界普遍认识到多径是一种分集，很多人叫其多径分集，而深刻一些的认识是知道多径其实是频率分集。既然是分集，应该是有增益的。在没有多径的情况下，通过延时的方法人为引入多径，应该也会获得分集增益，这是 CDD 的设计初衷。

人为地引入多径能不能带来增益呢？其实是不能的。我们先考虑单天线的情况，把一个信号以及它的几个延时副本叠加发送出去，就是制造了人为多径。如果对傅里叶变换比较熟悉，这相当于原来的信号经过了一个多径信道，而这个多径信道在频域是不平坦的，也就是有频率选择性。如果每个频率看成一个信道，则多个频率就是多个并行的信道。这里又要用到注水原理，如果要获得最大的系统容量，所有的频率的幅度应该是相同的。也就是说，人为多径不光没有增益，而且带来了容量损失。

我们再来看多天线情况下的 CDD。

我们记一个 OFDM 符号为

$$s = [s(1), s(2), \cdots, s(N)]^{\mathrm{T}},$$

它的 DFT 为

$$\hat{s} = [\hat{s}(1), \hat{s}(2), \cdots, \hat{s}(N)]^{\mathrm{T}}。$$

在第 m 根天线上，这个 OFDM 符号被循环延时 δ_m 个样点，一般 $\delta_m = (m-1)\delta_0$，δ_0 是一个常数。延时后的符号为

$$s_m = [s_m(1), s_m(2), \cdots, s_m(N)]^{\mathrm{T}}, m = 1, 2, \cdots, M,$$

它的傅里叶变换为

$$\hat{s}_m = [\hat{s}_m(1), \hat{s}_m(2), \cdots, \hat{s}_m(N)]^{\mathrm{T}}。$$

根据 DFT 的性质，循环延时对应相移，有如下关系成立：

$$\hat{s}_m(k) = \hat{s}(k)e^{j(m-1)\phi(k)}, k = 1, 2, \cdots, N。$$

其中，$\phi(k) = -\frac{2\pi}{N}\delta_0(k-1)$。这里有 N 个频率，把每个频率组合成一个矢量：

$$\hat{s}(k) = [\hat{s}_1(k), \hat{s}_2(k), \cdots, \hat{s}_M(k)]^{\mathrm{T}} = \boldsymbol{w}(k)\hat{s}(k), k = 1, 2, \cdots, N,$$

其中，

$$\boldsymbol{w}(k) = [1, e^{j\phi(k)}, e^{j2\phi(k)}, \cdots, e^{j(M-1)\phi(k)}]^{\mathrm{T}}。$$

从这里我们可以清楚地看到，循环延时其实相当于频域的波束赋形，在频率 k 上的加权矢量就是 $\boldsymbol{w}(k)$。频域波束赋形的解释要比循环延时分集深刻得多。

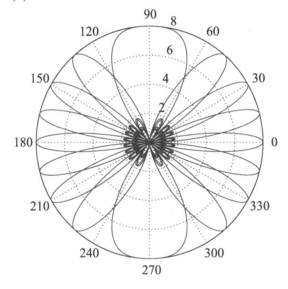

图 18.8 CDD 的频域波束，$M = 8, N = 8, \delta_0 = 1$

如果选择参数 $M = 8, N = 8, \delta_0 = 1$，那么频域有 8 个频率，每个频率上的方向图如图 18.8 所示。我们可以看到，这 8 个方向图可以实现 360° 覆盖，因此可以这么说，CDD 其实是频域的随机波束赋形。但是 CDD 的波束非常窄，与我们在随机波束赋形当中讨论的宽波束原则相抵触，从后面的结果可以发现其性能很差。

正是认识到这一点，我在华为的时候向产品线的同事说，CDD 不会有增益，但是他们信誓旦旦地说有增益，而且通过仿真观察到了。他们可能确实观察到了增益，只是不知道这个增益是以其他方面的损失来获得的，总体来说是负增益的。这是理论的力量。

18.12 随机波束赋形与 STBC 结合

随机波束赋形可以与 Alamouti 编码结合使用。随机波束赋形造成了信号的衰落。如果有两个这样的信号，可以通过 Alamouti 编码的方式来减轻衰落的深度。

一种结合方案如图 18.9 所示。信号经过 Alamouti 编码后，输出两个码流，这两个码流用两个不同的随机矢量加权后叠加，再送到每个发射天线。图中的一个 Pattern 就是一个加权矢量，每个 Pattern 用到了所有的发射天线。

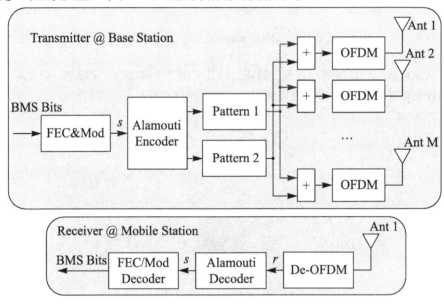

图 18.9 随机波束赋形与 Alamouti 编码结合

还有另外一种方案，就是这两个 Pattern 分别使用一半的发射天线。这个方案更加简单直接，但是当初我愣是没有想到。一开始的时候我认为没法和 Alamouti 结合，经过很长时间的思考想到了第一种方案，觉得非常巧妙。后来项目组的蒋伟想到了这个简单的方案，申请了专利并发表了文章。那个时候蒋伟博士毕业来华为公司一年左右。后来我看到爱立信在 3GPP 讨论这个方案，其实专利已经是华为的了。

任何人的思维都有短路的时候，我也是这样。

图 18.10 所示的是随机波束赋形的仿真结果，仿真的参数如表 18.1 所示。仿真采用了 8 天线 ULA 阵列，间距半波长，调制编码采用 QPSK 和 LDPC。可以看到，SISO 位于最下面的位置，正如我们的理论证明，单天线是性能的上界。Basic 是基本的随机波束赋形方案，在 10^{-3} 误码率上离 SISO 有 0.5dB 的距离，可以看到是非常近了，这体现了宽波束的效率。如果与 Alamouti 编码结合，使得方向图的起伏更小，性能就更接近单天线方案。标记为 Alamouti 的曲线离 SISO 只有 0.2dB 的距离。相反，CDD 的

曲线下降非常慢，性能不可忍受，是由其窄波束造成的。这样性能的技术也在 LTE 标准里面，所以大家没有必要迷信权威，要独立思考。

表 18.1 Simulation Parameters

Parameter	Values
Antenna configuration	8 elements ULA, $d = \lambda/2$
Basis vector	Eq. (18.10)
N	4
ϕ_n for basic scheme	$60°, 120°, 240°, 300°$
ϕ_1 and ϕ_2 for Alamouti	$60°, 120°$
δ	$37°$
Modulation	QPSK
Sample rate	1MHz
OFDM	FFT size=1024, cyclic prefix=32
LDPC code	Rate=1/2, code length=576
	parity matrix defined in IEEE 802.16e

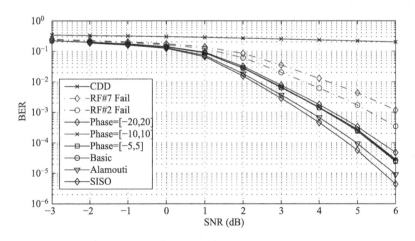

图 18.10 随机波束赋形的仿真结果

另外，这个仿真还做了另外两组曲线。

一组标记为 Phase。多天线系统一般要进行通道的校正，这是因为射频通道也是一个信道，是有信道响应特性的。预编码和波束赋形一般是在基带实现，但是基带的一个加权因子，经过射频通道后又附加了一个响应，实际的加权因子就改变了。这个附加的响应变化比较慢，可以通过通道校正来去除。但是因为通道校正存在误差，一般表现为相位误差，会对 MIMO 系统的性能造成影响。这组 Phase 曲线就是观察校正误差对随机波束赋形的影响，Phase 后面的方括号里面的数字是相位误差的幅度，phase[$-5, 5$] 表示相位误差是正负 5 度。从这组曲线可以看出，校正误差对随机波束赋形的性能影响很小，20 度的相位误差使性能下降 0.2dB 左右，说明有很好的鲁棒性。

　　另外一组标记为 Fail。多天线系统有很多个天线阵元，失效一两个是很平常的事情。在存在失效阵元的情况下，不能指望性能不下降，但是最好不要导致系统瘫痪。比如前面提到的 TDS 目前使用的固定波束赋形，失效一个阵元后会马上导致波束形状畸变，造成覆盖被破坏，很多终端无法获得服务。而在随机波束赋形里面，虽然阵元失效也会改变基本波束的形状，但是由于波束是旋转的，还是可以保证全向覆盖，只是性能下降了。图 18.10 中的两条曲线，分别是 2 号和 7 号通道失效情况下的性能曲线，比 basic 的性能下降了 1dB 和 1.5dB。这样的话，阵元失效只是导致性能下降，而不会出现系统瘫痪，可以避免大面积的用户投诉，运营商有充分的时间更换失效的阵元。

　　这个例子也提示了大家，要做出一个实际可应用的技术，就要充分考虑到实际系统的非理想状况，也就是要有好的鲁棒性。

18.13　MIMO 的局限

　　尽管贝尔实验室在 MIMO 方面的工作给无线通信描绘了一个非常美妙的前景，但是 40bps/Hz 的频谱效率只是实验室结果，在实际应用当中仍然存在很大的问题。

　　正如前面所提到的，MIMO 能够同时发射的层数取决于信道矩阵的秩。最理想的情况是信道矩阵是正交的，这个时候信道的容量是单天线容量的 $\min(m, n)$ 倍。为了满足这个条件，在贝尔实验室的 BLAST 方案当中，假设 MIMO 的发送和接收天线都处于充分散射的环境当中，并且接收天线的数量大于发送天线的数量。在这种条件下，信道矩阵当中的每一项（entry）都是一个独立的随机复数，那么信道矩阵的列向量基本上是正交的，接收天线的数量越多，正交性就越好。

　　但在实际当中远没有如此理想。第一个问题就是接收天线的数量不会很多。手机一般是单天线，多天线时一般也就是两根天线，再多的话就比较困难了。基站一侧可以做得多一些，但是目前两根天线仍然是基本配置，LTE 已经支持 4 天线和 8 天线，但是 8 天线应用还不是很多。在天线数量不多的情况下，信道矩阵的秩就看运气了。

　　第二个问题是天线的相关性引起降秩。BLAST 假设的充分散射环境在实际情况当中不多见。根据经验，天线不相关要求间距在 10 个波长以上。2GHz 频段的波长为

15cm，10 个波长为 1.5m，4 根天线就要占据 5m 的空间，即使在基站侧，受环境限制也一般难以满足，更不要提手机了。

由于这两个原因，再加上终端可能是运动的，导致信道矩阵的秩是不稳定的。目前 LTE 下行的解决方法是由接收机通过信道估计获得信道矩阵，然后判断秩并选择码本反馈给发射机。但是由于反馈存在延时，发射机使用反馈的码本时可能已经过时了，导致 MIMO 的性能增益并不明显。

第三个问题是导频开销。MIMO 信息论给人的印象是信道容量与天线数成正比，但是天线越多，就需要越多的开销用于导频。我记得贝尔实验室有一篇文章，结论是由于导频的开销问题，MIMO 系统的最大天线数是 12，再多了容量反而下降。这个结论未必对，但是导频开销的问题确实存在。我记得 LTE 里面定义了 4 个天线口，也就是 4 套导频，资源已经捉襟见肘了，8 天线口是否已经定义了我没有跟踪了。

现在 5G 的一个热点研究方向是 massive MIMO，要用上百根天线。如果在毫米波上应用，则天线尺寸和相关性问题倒是减轻了不少压力，但是导频开销的问题还需要攻克。话又说回来，毫米波有那么宽的频谱，覆盖距离又近，没有必要使用 MIMO 技术。关键还是要在低频段解决这些问题。

MIMO 理论从提出到现在已经近 20 年了，目前仍然是无线通信领域最热的研究领域。不过这并不是什么好事儿，学术界的研究热点意味着还存在问题，是不成熟的标志。尽管 MIMO 系统已经获得了实际应用，上面提到的问题还没有得到有效的解决。

我正在研究这些问题，完成之后介绍给大家。

第**19**章 关于创新的思考

不知道是机缘巧合还是命运使然，我成了一名通信领域的研究者。研究者的使命是创新，十几年走下来，我也算是不辱使命。通信是一个巨大的产业，百年以来蓬勃发展，全球最顶尖的智力投入其中，而创新是要超越所有前人，谈何容易！

经过近 30 年的发展，华为已经成为最大的通信设备商（据 2013 年数据）。可以说，华为是中国改革开放以来的代表性企业，是中国复兴的缩影，它对创新的需求是内在的和紧迫的。近代以来，中国在科技上始终处于跟随和学习状态，缺乏创新的文化基因。创新是当前中国的主旋律，如何创新是一个现实的课题。以下是我在华为公司工作期间对创新的思考，有关于个人的，更多的是关于组织和制度的，目前还是一些片段，期望将来能够整理成一个完整的体系。

19.1 什么是创新

创新，就是创造新的东西。"新"是一个相对概念，与"现有"相对应。如何定义创新，取决于我们如何定义现有。

现有，指的是在评价时刻（创新产生时刻）之前，在某一领域内已经有的东西。领域包括组织领域（横向）和业务领域（纵向）两个维度。领域可大可小，比如在横向上有个人、家庭、公司、地区、国家，在纵向上有通信、互联网、IP 技术、路由算法，等等。有了对"现有"的定义和理解，我们把创新定义成"向一个定义的范围引入具有积极作用的新事务的过程和结果"。

举一个生活中创新的例子。我们家以前没有电视机，吃完饭后家人就聊天、散步、打牌。后来经济条件允许了，买了电视机，于是家人在消遣的时间可以看电视节目，了解外面世界发生的精彩故事。这就是一个创新，但是范围局限在我们家。邻居张太太家两年前就有了电视机，如果把范围定义为我们家和张太太家两个家庭，则买电视机就是一个现有的事物，就不算是一个创新了。另外，"创"的意思是创造，要求这个新的东西是要有用的。儿子昨天在院子里捡了一块砖头拿回家，虽然也是新的，但除了占地方没有什么作用，我批评了他一顿，他委屈地把砖头给扔了。

我们再用著名 Turbo 码作为例子。香农（Claude Shannon）在 1948 年发表了一篇论文，题目是"通信的数学原理（*A Mathematical Theory of Communication*）"，标志着

信息论的诞生。它给出的一个最重要的概念叫信道容量，指出在一个信道当中，一定存在一个方法，当通信速率小于信道容量时，可以实现无差错传输。我们把这个方法叫作信道编码。自从信息论被提出之后，众多的科学家致力于寻找高效的信道编码方法，并发现了一系列的编码，如汉明码、RS 码、卷积码等。但是，所有这些码离香农所预言的极限至少差 3dB。编码界的科学家一度认为，香农限只是在理论上存在，在现实当中不可能做到。直到 Claude Berro，一个电子工程师，编码的门外汉，于 1993 年提出了 Turbo 码的结构，并发现它离香农限只差 0.7dB。这个结果一度被人们嗤之以鼻，被认为是犯了低级错误。后来陆续有其他的研究组复现了他们的仿真结果，他们的发现才被承认，并成为一个被广泛应用的著名技术。Turbo 码是一个伟大的创新，这个创新是相比以前其他信道编码方式而言的。在信息论的高度上看，用信道编码技术实现信道容量是已经有的概念，而 Turbo 码的设计也是遵循了香农当年提出的设计原则。

专利是创新在法律上的体现。专利在横向上是全球性的，世界上任何一个地方公开过的技术都被视为现有技术。而专利在纵向上则具有不同的层次，层次高的覆盖范围大，而层次低的覆盖范围小。我们把一些高层次的、覆盖范围大的专利称作基础专利。基础专利的数量非常少，它的产生往往是突破了人类原有的认知局限性，获得了对客观规律的新的认识后得到的新技术。而低层次的专利是围绕一个关键技术所做的支撑性应用研究。低层次的专利，虽然从结果来看是一个新东西，但是可遵循已有的思维方法，比较容易，数量也比较多，并且对它上一层的技术造成侵权。在专利术语当中用"上位"和"下位"两个术语来描述这种层次关系，比如"无线通信技术"是"通信技术"的下位概念，而"通信技术"是"无线通信技术"的上位概念。

一般说来，创新的层次是连续变化的，并没有清晰的界限把创新分成若干类别。我们把创新的层次看成一个金字塔结构：处于塔尖的是基础理论，揭示的是普遍原理和规律；下面一层是关键技术，这些技术是由于认识新的原理和规律后得到的；再下面一层是解决关键技术的工程应用当中的结构、外观设计和开发；再往下还可以有生产过程当中的材料、工艺、流程的改进。我们习惯上把基础理论和关键技术称为基础创新，而把工程设计、开发、生产过程当中的创新称为应用创新。例如信息论是基础理论，Turbo 码是关键技术，针对某一应用对 Turbo 码设计的参数选择，高效的实现方法则属于工程应用。但是这种分类有时候会造成一定的混乱，很难说基础理论没有工程实现的考虑，或者工程实现当中没有基础理论的成分。

华为公司 20 多年的发展过程，就是一个不断创新的过程。我们可以大致回顾一下华为公司在不同阶段的创新特点。

第一阶段是成立之初。华为公司做交换机代理的业务，生意做得好，赚了一些钱。而华为公司从无到有，做什么都是新的，而华为公司本身就是一个新事物。

第二阶段是自主开发交换机。华为公司原本就是做代理交换机的业务，几年下来手上有了一批客户，对市场也比较熟悉，其把几年来积攒下来的钱投入到自主研发当中，克服了技术困难，终于获得成功。从此华为公司有了自主开发的新产品，获得了丰厚的利润，为以后的更大发展奠定了基础。华为公司在这个阶段完成了从代理到自主研发的进步。交换机是早已经有了的东西，其原理、协议都是现有的，而且别人已经有了产品。华为公司的创新层次是遵从这些现有的原理、协议和产品架构，自主完成了软硬件的设计开发工作。接下来，华为公司从单一产品发展到丰富的产品线，但是从创新的特点上来讲，本质没有什么变化。

第三阶段是参与标准工作。从 2003 年"思科案"后，华为公司加大了在标准领域的投入。标准活动的目的是在标准当中写入华为公司的专利。业界流传"三流的企业卖产品，二流的企业卖技术，一流的企业卖标准"这一说法，华为公司开始从事一些"一流"企业参与的标准活动，其无线产品线和其他产品线成立了单独的标准专利部。标准组织当中讲究一个话语权的问题，话语权的基础是研究能力和技术储备。作为一个新来者，华为公司在重大关键技术领域的决策上没有任何话语权，只是在主导厂商确定了关键技术之后，在其外围做一些支撑性的研究工作，获得一些覆盖范围较小的下位专利。

第四阶段是中长期研究工作。2008 年金融危机之后，华为公司的市场地位得到进一步的提高，2009 年已经达到业界第二，这要求其创新能力应该与其市场地位相匹配。华为公司决定开始中长期研究工作，并把该工作从产品线独立出来，由公司研究部统一管理中长期研究工作，摆脱了产品线实践赢利思想的管理模式。

可以看出在第一阶段和第二阶段华为公司是以自我为超越对象的，这两个阶段的创新是给公司引入新的产品、新的市场、新的管理方法等。这些新的事务在整个业界来看是已有的东西，他们是把业界已经证明是正确的东西，拿到公司里面来。这一拿来过程也需要很高的创造性，需要完成软硬件的设计开发和调试，需要结合自身的特点和周边的环境，选择合适的步调。但是相比创造一个新的东西来说，风险已经小很多了。第三阶段和第四阶段则是华为创造以前所没有的东西。别人已有的产品，华为模仿开发一个，还是具有商业价值的。而专利是一个全球范围的概念，原则上讲，只有第一，没有第二。别人的思想，你拿过来写成专利是得不到授权的；写成论文，则是抄袭行为，没有任何的价值。在专利上，只有创造新的方案，才能够得到专利授权。第三阶段华为的创新在比较低的层次，第四阶段则要向更高层次的创新发展。

19.2　创新的方法

每当我们学习并理解了一个伟大的科学理论时总是深有感叹：学习这些思想已经比较困难，是什么样的大脑才能够创造出这样的理论？他们是与魔鬼交易的帕格尼尼，还是在冥冥之中有神的力量在指引？而当我们看到一个简单而有效的技术方法和解决方案，又不禁闷闷地想，他们只不过是运气好罢了，我要是考虑这个问题也能想到。然而什么时候这样的好运才能落到自己的头上？介绍创新方法的文章也很多，但是为什么我们学习了这些方法后还是不会创新？观察上面两个创新的例子后，我们大概可以发现一些线索。

对大众来说，最神奇的科学莫过于相对论了。它所预言的"时钟变慢""距离缩短"等现象，与我们实际的感受似乎截然不同。然而相对的理论基础异常简单，一共两句话：（1）惯性系等价；（2）光速不变。第一条称为相对性原理，指的是惯性系当中的测量者感觉不到惯性系的运动速度。在一个静止的实验室里和在一个车速为 300 千米/小时的匀速行驶的列车上，观察者对同一实验所观察到的物理规律是相同的。相对性原理并不是爱因斯坦的发明，是从伽利略时代就公知的。第二条光速不变原理，指的是在任何情况下，光速是一个常数，它不依赖发光体和测量者之间的相对速度。如果静止的时候观测到的光速为 c，一个观测者顺着光的传播方向以 $0.5c$ 速度运动，则他测量到的光速也是 c，而不是 $0.5c$。这一假设与牛顿力学当中的速度叠加原理不一致。光速不变假设并非异想天开，麦克斯韦创立的经典电磁动力学已经计算出电磁波的传播速度是一个常数。当时的科学界非常迷惑，不知道这个速度是相对于什么参照物的速度。当时流行的看法是整个宇宙空间充满一种特殊物质叫作"以太"，电磁波是以太振动的传播。但后来人们发现，这是一个充满矛盾的理论。如果认为地球是在一个静止的以太中运动，那么根据速度叠加原理，在地球上沿不同方向传播的光的速度必定不一样，但是迈克尔逊—莫雷实验否定了这个结论。对此，洛仑兹（H.A. Lorentz）提出了一个假设，就是著名的洛仑兹变换，能够推导出一切在以太中运动的物体都要沿运动方向收缩。洛仑兹变换就是相对论的前身，也是狭义相对论当中的基本方程。而爱因斯坦的观点是，如果放弃牛顿力学的绝对时空观，那么这两条基本假设就是融洽的，根本不需要以太的概念。从这两条基本假设就可以推导出狭义相对论。这个推导过程并不复杂，爱因斯坦用了几个星期的时间就完成了狭义相对论的创建。大学一年级的普通物理教科书就比较完整地介绍了狭义相对论的基本内容。

路易•巴斯德是近代微生物学的奠基人，享有和牛顿同样的地位。1675 年，磨镜片的列文•虎克首先发现了细菌。时隔接近 200 年后的 1865 年，巴斯德把新鲜的啤酒和变酸的啤酒放在显微镜下观察对比，发现了乳酸杆菌，并发明了用高温杀死乳酸杆菌而不破坏啤酒成分的方法，这就是著名的巴斯德消毒法。巴氏消毒法挽救了法国的酿酒业，并广泛应用在各种食物和饮料上，所获得的利润足够支付法国因为普法战争战败而向普鲁士缴纳的战争赔款。他还证实了传染病是由于微生物在生物体内的发展引起的。约瑟夫•李斯特发明和推广的外科手术消毒则是巴斯德的理论的应用结果，其挽救了无数人的生命。这些伟大的发明，来源于对发酵，对啤酒变酸的原因的研究，方法就是把新鲜的啤酒和变酸的啤酒放在显微镜下进行对比。

那么无论是神奇的相对论，还是大家习以为常的高温消毒，他们的发现、发明都来源于同样的行为，就是探索现象发生的背后原因，这是一个研究者所从事的最根本的活动。所有的创新，都需要继承前人的大量知识，这个积累过程是漫长的，需要老老实实把问题一个个地搞清楚，理解众多现象背后的普遍规律。这个过程重要的任务是把思维塑造成要求所有现象都需要有合理的原因解释。这是一个研究者所需要的思维模式，需要十几年，数十年时间的打造。在这个过程当中，你会发现前人在大多数情况下是正确的，但是如果你迷信权威就得不到任何创新。当具有了这种思维模式，并且能够符合逻辑地解释很多现象以后，如果发现了一个不能合理解释的现象，就意味着创新机会的出现。如果不具备这种思维模式，那么即使把创新摆在你面前，你也不会认得，只能是习惯性地把它归类为众多的不能理解的现象之一。

在一个领域内的创新，实际上是和这个领域内人类智力的总和竞赛，只有在这个领域内超越了过去所有的成果，才能构成一个创新。这就决定了层次低的创新，难度也就比较小一点。层次越高，数量就越少，能做到的人也越少。

一个高效的创新型组织，理想的运作模式是由领头人物做高层次的创新，并在这一领域投入资源，完成其下面的较低层次的优质专利的申请，形成专利保护网，并完成产品设计和开发工作，投入市场。当信息对公众发布以后，已经取得了市场的领先和知识产权，竞争对手无法追赶。一个高层次的创新，总是带领着数量众多的较低层次的创新。这方面典型的商业案例是苹果公司。当乔布斯眼花缭乱地发布其 iPod，iPhone，iPad 一系列产品时，老牌的终端厂商只能够看着苹果的粉丝们排队给苹果交钱，眼睁睁地看着苹果公司申请的 200 多项专利包围而成的专利屏障。低效的创新组织没有形成有效的创新体系。组织里面缺乏领头人物，没有高层次的创新，也自然缺乏明确的投入方向。这种组织，一般是跟随业界的热点方向。然而不幸的是，真正的创新方向，原创者一般把最重要的专利都已经挖掘完毕才会向公众公开，剩下的只是一些层次比较低的专利。有一些技术虽然也是热点方向，好像很有前途，但是一直都没有什么进展，而研究的人又特别多。这些技术往往类似于鸡肋，吃又吃不下去，不吃又不知道有什么其他的可吃。研究的人多不是因为技术特别好，而是因为不知道还有什么更好的可以做。低效的组织将大量的资源投入到低层次和错误的技术上去，一旦行业内出现了创新者，就会被甩在后面。所以，拥有宏观视野和深邃洞察力，能够做出高层次创新的领头人是创新的关键。

有的组织，虽然拥有能够做出基础创新的人，但是他的成果在组织内不被认可，不会继续投入资源进行进一步的研究。还有高校这样的一些学术机构，他们专注于基础研究，而不投入工程应用研究。这些人的成果在发表之后，其他的研究者有可能在他们的方向上做出有价值的创新。然而，这个过程也并非易事。原创者所在的组织不认可，往往意味着他们的成果创新性太强而别人无法理解。在浩如烟海的论文当中发现有价值的研究成果，也要求有很高的洞察力。但是这个难度比原创小了一些。因此跟踪学术界的研究动向，是获得研究方向的重要手段。Turbo 码就是一个典型的例子。

1992 年，Berro 就发现了 Turbo 码的结构，但是其论文被当年的 ICC 会议所拒绝，1993
年，他们重新投稿，勉强获得通过而获得发表。在随后的几年里，有的研究组发现了
他们的成果的价值，跟进发表了一些文章。后续越来越多的人加入到这一领域的研究，
促成 Turbo 码在 3G 当中获得应用，而前期的投入者获得了价值较高的专利。巴斯德
的细菌学说也是这样的。巴斯德也不是提出疾病细菌学说的第一人，在他之前 200 年
细菌就被发现了，类似的假说以前就由吉罗拉摩·费拉卡斯托罗、弗里德里克·亨利
及其他人提出过。但是巴斯德通过大量的实验和论证有力地支持了细菌学说，这种支
持是使科学界相信该学说正确的主要因素。

　　高价值的创新数量很少，而低价值和错误的创新总是占大多数。因为客观规律只
有一条，正确的结果也只有一个，谁先发现谁就成为创新者。而只取一个或几个片面
做一些局部的优化，方法却有千千万万。在这样的方向上申请一些专利、发表论文都
不是很困难，只不过无法承受时间的检验，属于创新当中的幼稚病。

　　创新并没有什么新奇的方法，只是实事求是而已。

19.3　创新的评价方法

　　所谓创新，就是由一个人或者几个人首先发现或发明的东西，其需要发明人具有
超越前人的思维。既然是超越，对创新不理解、反对、批评和不理睬就是非常普遍的
现象了。很多伟大的创新，经过了很长的时间才被承认。对创新的评价需要经历四个
阶段：第一个阶段是同行评审。在研究的过程当中，研究者的合作者，或者其他有关
联的同行，可能会对研究的课题及可能得出的结果发表建议和意见。在研究完成之后，
研究成果通常会以论文的形式表达出来，论文的评审人会对研究的成果给予评价。这
个阶段的评价人，是从技术本身来进行评价的。评审人根据自己对技术的理解发表意
见。评审人一般局限在比较小的范围，评价的结果取决于评审人的知识结构、技术判
断力、个人爱好以及利益驱动等非技术因素，因此这个阶段的评价经常出现偏差。

　　第二个阶段是公众评审。当论文发表以后就进入了公众的视野。当有研究人员阅
读了论文，他们会试图理解你的研究成果。如果他们认为有价值，则会做进一步的实
验来验证你的结果，并且在此基础上进一步研究，并通过论文发表自己的观点。在他
们的论文当中会阐述和引用你的论文，并且吸引来更多的研究者。创新的价值通过这
种方式在业界进行传播，形成影响力。公众一般都是与利益无关的第三方，个人偏见
的影响大大减少。如果多个不同的研究组能够得到基本一致的结论，那么这种结论的
可靠性就大大提高了。但是公众的评审也可能会失灵，受到认知水准的限制，一些错
误的思想也会流行，比如托勒密的"地心说"就流行了一千多年。

　　第三个阶段是实践检验。所谓实践是检验真理的唯一标准。一个创新，无论如何
深奥，如何有影响力，在没有得到应用之前，它的价值是要打一个问号的。在得到应

用之后，并且为社会、组织创造了价值，它的价值可被初步确认。但是仍然会出现误差。最典型的例子是瑞士化学家米勒发明的 DDT（二氯二苯三氯乙烷），于 1948 年获得诺贝尔医学奖。DDT 最初的目的是用来杀虫，却使害虫产生了抗药性，于是人们被迫使用更具毒性的药物。DDT 通过食物链进入了植物、动物和人体组织，作为美国象征的白头雕也曾因杀虫剂的毒杀而濒临灭绝。直到 1997 年，瑞典卡罗林斯卡医学院的评委会才公开表示，为 1948 年的诺贝尔医学奖授予 DDT 的发明者而感到羞耻。

第四个阶段是时间检验。那些经得起时间考验的创新，成为人类知识宝库当中的瑰宝，成为人类文明的组成部分后，创新的价值才被最终确认。

19.4 创新的驱动力

创新提高生产力，改变竞争格局，促进文明进步。创新不光是一个技术问题，它同时也是经济现象和政治问题。

创新的原动力来自于生物探索自然的本能欲望。这种本能是在生物适应自然环境而得以生存的过程当中所建立起来的。不符合自然规律的认识和行为，最终要受到自然的惩罚并遭到淘汰。植物把自己的叶片转向有阳光的方向，如果争取不到阳光就会枯萎。动物选择适合自己的食物，如果误吃有毒的东西就会死亡。人类利用火来将食物烤熟，本来有毒的豆类从此可以提供丰富的营养，不会用火的部落因为体格孱弱而被消灭或征服。珍妮纺纱机使纺纱效率提高了 8 倍；相对论和量子力学为我们提供了核能，等等。这些方法都提高了生物适应自然的能力。创新的本能，已经固化在生物的基因当中，在动物界表现为好奇心。好奇心是科学家们学习、研究的最初动因，也是最基本的创造心理因素。

政治是复杂的，组织对创新的态度也可能多种多样。在文艺复兴初期，教会在欧洲占据了统治地位，一切动摇教会地位的学说都会遭到压制。哥白尼由于害怕教会的迫害，在临死前才将其"天体运行论"交付印刷；布鲁诺为宣扬"日心说"殉身火海；伽利略也是因为同样的原因而遭到终身监禁。在政治环境压制科学的情况下，仍然有这样的科学家，执着地进行科学研究。他们的学说，启蒙了时代，他们是追求真理的勇士，是真正的勇士。

公元 15 世纪到 19 世纪，以英国为代表的资本主义国家为适应技术引进和建立新工业的需要，在建立专利法和实行专利制度方面做了有益的探索，为世界各国做了典范，带动了世界范围内专利制度的迅速推广。1474 年，威尼斯共和国颁布了世界上第一部专利法。这是一部具有近代意义的专利法，威尼斯的许多重要发明，如提水机、碾米机、排水机、运河开凿机等被授予了 10 年特许证。英国在 1624 年颁布了"垄断法（Statute of Monopolies）"，它是第一部具有现代意义的专利法。此后世界各国纷纷效仿，目前世界上已经有超过 175 个国家和地区实行了专利制度。一些重要的发明，如珍妮纺纱机、蒸汽机、火车、留声机、炸药、电话等发明都获得了专利权。发明人利用自己的发明开办工厂、公司，并垄断市场，获得了巨大的财富。现代专利制度的基本原则是垄断和公开，通过授予发明人在一定时间内垄断的权利，换取技术的公开。垄断期过后，技术发明成为社会的公共财富，任何人都可以使用，丰富了人类的知识宝库。专利制度"为天才之火添上利益之油"，刺激更多的人投入发明创造。

二战以后，科技在社会发展当中的作用越来越明显，因而受到了更高的重视。企业形态也从工业革命时期的生产简单产品的工厂发展到国际化大公司。在现代社会的多数情况下，一个产品是由众多的技术构成的，一个专利已经无法单独构成产品并形成市场。大公司为了增强产品的市场竞争力，成立专门的研究机构。这个时候，企业成了创新的投资和收益主体，而创新成了一种职业。研究人员并不是依靠创新本身价值的直接实现获益，而是依靠创新所带来的衍生物，例如加薪、升职，获得资质、资金、政绩等利益。在现代社会，创新从工业革命时期的简单模式发展到复杂的形态，合理解决组织与研究者之间的利益关系是建设创新型组织的重要课题。

19.5　研究与开发的区别

华为公司最熟悉和擅长的就是项目管理。例如植树造林，在一个山头上种两万棵树，就是一个典型的项目。项目的目标和任务量是清楚的。这个任务要求由多个植树队伍分工完成。各个队伍的领头召集在一起开一个规划会，确定谁负责哪一块，也就是分地盘。植树队的一般技能还是能够保证能一次把树苗种活，所以一个地盘上的树也只能种一次，不能把一个地盘同时分给两个队，也就是工作不能重复。这个时候就需要看队伍的领头能不能抢到地盘了。抢到了地盘，人不够加人，锹不够加锹。队伍发展了，树长起来了，领头也就能升官了。抢不到地盘就什么也没有。在项目管理当中，抢地盘成了核心竞争力，而能挖树坑的人有很多，可以替代。华为公司的项目经理最关心的就是地盘，一到做规划的时候他们就打起十二分的精神，抢不到地盘手下的弟兄们就没饭吃，自己也得完蛋。

研究工作并不适合项目化运作。还是以刚才的山头作为例子，不过工作任务变成了在这个山头上找宝贝，这就是研究工作。找什么，找多少，也就是工作目标，是不清楚的。可能是宝石、金子、古董、珍稀物种，可能是一个，也可能是十个，或者什么也没有。一个勘探队在山上找了一圈，什么也没有发现，也不能证明这个山上没有宝贝或者别人也发现不了。如果找到一块金子，也不能证明金子就被找完了。因此，很多个勘探队会同时在这个山头上探宝。如果按照项目管理的方式给每个队伍分配一个地盘，大家都不能越界。则极有可能是，有能力的人被分到一块没有任何宝贝的地盘上，而被分到有宝贝的地盘上的人却没有能力发现。有能力的人知道自己的地盘上没有东西，而邻居家的地盘上有。他想告诉邻居家你们的地盘上有宝贝，在什么地方，

但是这样一来人家就自己挖了，跟有能力的人没有什么关系，于是有能力的人偷偷地
到别人的地盘上挖了一个宝贝。没挖到宝贝的人刚刚向领导汇报完说自己的地盘上什
么也没有发现，这边有能力的人就来报告说在他们的地盘上找到宝贝了。同事没面子
不高兴，领导因为自己的命令被违抗就更不高兴了，于是乎这个偷挖宝贝的人就只能
成为一个倒霉蛋了。

　　研究的目的是为了创新，其目标、工作量和进度都有较大的不确定性。只有在理
念上认识和掌握研究的规律，不照搬项目管理的经验，才能够理顺研究工作的管理。

19.6　基于信息不对称的管理不适合创新

　　信息不对称是指不同的人对信息的掌握程度不一致，掌握更多信息的人更能够得
出全面和准确的判断，从而获得主导优势。一般说来，主管比员工拥有更多的信息来
源，包括市场、客户、上级主管、竞争对手、内部的情况通报，还包括其多位下属的
工作汇报。而员工的信息来源就相对比较匮乏，从而形成了信息不对称。主管利用信
息不对称的优势，可获得对下属员工和工作局面的掌控力。

　　典型的场景以 LTE 为例，标准工作在 3GPP 已经制定得差不多了，业界对其市场
预期已经逐渐收敛，形成了大概的时间表，公司高层做出决策，进行 LTE 产品的开发。
这个任务被分解成基站、控制器等节点，进一步划分成软件、硬件、算法等，这个东
西在华为公司叫"作战沙盘"。然后在沙盘上的每个山头上找一个领头人，给一班人
马，这个叫"点兵布阵"。之后开始工作。

　　这种管理方式能够成立的基本假设是，管理层能够做出这个叫作沙盘的东西。沙
盘的制作需要准确的信息。LTE 标准是业界众多厂商共同努力的产物，经过长时间的
博弈，技术、市场各个方面已经达成一致，方向是不会错的。即使是错，也是大家一
起错，也没有什么关系。在信息准确、目标清晰的情况下，资源投入就有依据，每个
山头是投 200 人还是 500 人，大概是有谱的。

　　然而在创新当中，情形发生了变化。在 LTE 标准制定的前 5 年让你研究它会采用
一些什么技术，这个时候没有形成统一的意见，它的每个技术侧面，都可能有几十种
已知方案，而真正被采用的方案可能在当时还不知道，是创新需要发现的东西。如果
非要做一个沙盘，这个沙盘上会有几千个已知的山头，每个山头上布一个领头人，就
需要几千个人，上万个人。而未知的山头没有人会知道有多少个。

　　也就是说，在创新工作当中，外界无法提供准确的信息，基于信息不对称的管理
模式已经失效。在泥沙俱下的信息海洋当中挖掘出正确的研究方向，甚至创造出新的
研究方向，是创新最关键的部分。这种决策，无法依靠对外界信息的获得和简单处理
而得到，而是要依赖于研究人员的技术和市场判断力，是内生的。而且，决策是否正
确，当时也无法判断。两个同等资历和水平的专家，对同一课题做出完全相反的判断

是司空见惯的。

创新的这种内生的特点，决定了要把业务决策的权力交给研究人员，这是公司的创新管理模式迫切需要改革的。

19.7　创新的发展规律

对企业来说，创新是一种商业行为，应该从企业的全流程去认识创新。

一个完整的创新流程包括 6 个阶段：(1)基础原理；(2)关键技术；(3)设计；(4)开发；(5)生产；(6)市场。从广义的角度上去看，每个环节都有创新活动，不同的企业根据自身的特点从不同的阶段切入创新流程。传统生产企业一般只包含生产和销售，高科技企业一般从设计阶段开始创新，而创新型企业拥有关键技术创新的能力，并且由于关键技术和基础原理的紧密关系，有些企业也拥有基础原理的创新能力。这 6 个阶段的创新按照时间顺序遵循如下的规律：

(1) 由模糊到清晰，创新空间减少，风险下降；

(2) 由抽象到具体，由宏观到细节，投入增加。

基础原理和关键技术创新属于基础创新。在这个阶段，研究者面临着众多的未知领域，不确定因素很多，每次选择都是一次冒险。这个阶段的大多数的创新都是错误的或者片面的，只有很少的创新能够有机会走到下一个阶段，成功率很低，但是创新的空间大，层次高，一旦成功，就具有极高的价值。

关键技术为产品设计确定了一个框架，设计方案在这个框架内进行。因此设计阶段的不确定性有所减小，工作任务也变得相对具体。设计阶段解决关键技术应用当中的实际问题，也具有很大的创新空间，能够产生较多的专利，但创新的层次有所降低。

到开发阶段，创新的空间进一步减少。一般而言是采用已有的实现方法把产品设计变成实物，很少或者没有专利层次上的创新。在生产阶段，可以产生一些工艺上的改进，创新的层次进一步降低。市场阶段是创新价值的检验和实现过程。创新流程的每一个阶段都是在前一个阶段的基础上进行的，是对前一个阶段的深入和细化。前一个阶段发生的错误，会造成后一个阶段的进展困难，后面阶段起到对早期阶段创新的检验作用。因此，创新的流程，是一个不断消除模糊、降低风险的过程。

基础研究聚焦于原理和方法，是宏观和粗线条的，所需要的主要投入是智力资源，对资金、人员和设备的要求并不多，因此组织可以承受在比较广泛的领域上投入研究。在产品设计阶段，需要确定工程应用当中必需的细节设计，需要一个完整的解决方案，因此需要更多的人力投入。设计阶段的产出是纸面上的，而在开发阶段则需要投入软件和硬件的开发工具，并投入更多的人力，完成软件和硬件的开发和测试工作。在生产阶段需要建设生产线，并需要大规模投入物料，在市场阶段需要建立销售渠道和网络。因此，随着创新流程的进展，所需要的投入逐渐增大，同时也要求决策的可靠性提高。在早期阶段，组织的投入少，因此能够承受更大的风险，而在后期阶段，投入增多，一旦失败，造成的损失很大。如果到市场阶段才发现投资失败，损失可能是毁灭性的。

19.8 流程是质量的基础，人决定质量的高度

小 Hi 上有两篇有关质量的"火帖"，一篇为《对流程的遵从就是对质量的敬畏"》（下称《敬畏》文），另一篇为《善待员工，就是善待质量》（下称《善待》文）。《敬畏》文强调通过流程的完善来保证质量；《善待》文强调公司为员工制造一个温暖人心的工作环境，通过激发员工的内在责任心来保证质量。

举一个简单的例子，例如生产一部汽车需要有 N 道工序，其中第 n 道工序是拧螺丝，这就是流程。如果没有这个流程，工作一忙一乱，则拧螺丝这个活儿就可能被忘掉了，汽车跑起来散了架，这肯定是不行的。因此一定要有一个流程来保证关键的动作都要被执行，这是保证产品质量的基础。

有了流程，拧螺丝是不会被忘了，可是这个螺丝怎么拧还是有很大的变数的。有的人拧一圈，有的人拧两圈，那么可以想象效果也就是质量，肯定是不一样的。那么应该把质量要求引入到流程当中，这也就是《敬畏》文所倡导的："以前的流程符合度只关注流程活动是否开展了以及存在不足，是否可以优化一下，改为流程符合度关注流程活动要求达成了吗？以及关键的质量保证活动有效开展了吗？而不只是简单地看流程活动是否开展了"。好了，我们就这样来做：在拧螺丝工序当中引入质量保证措施，要求拧螺丝时"先用小扳手拧紧后，再用虎头扳拧 60° 加紧"。在引入这样的质量保证措施后，我们可以相信，此工序的质量会有一个提升。

这个例子说明，通过优化流程是可以提高质量的。但是我们不要忘记流程的适用范围：流程用于例行化的工作，而不适合于创造性的工作。

例行化的工作的特征是其动作是明确定义的，是否执行可立即判定。不同的人执行相同的流程，其结果是一样的，流程不依赖于人。拧螺丝就是这样，动作明确，有没有拧马上就可以知道。螺丝怎么拧，就稍微复杂了一点。我们把拧螺丝工序进一步分解成两个规定动作，流程就更加完善了，仍然遵循明确和可判定原则。如果不理解流程的特点，就会制造出坏的流程。比如，如果为了保证螺丝拧紧，规定"螺帽接触面的压力不少于 $50kg/cm^2$"。尽管从表面看此规定更加准确和客观，但却是无效的。因为这不是明确定义的动作，接触力也无法测量。这样的流程没有任何约束力，如果强制员工汇报流程符合度，他只会糊弄你。好流程提升质量，坏流程"逼良为娼"。流程制定者在要求员工遵守流程的同时，也承担着保证流程正确的义务。

创造性的工作恰恰相反。创造性的工作往往只有工作的目标要求，而怎么做却有很多的选择，其效果也不能立即判定，需要滞后一段时间才能够显现。这里不能判定

的意思并不排除少数人能够预测质量效果，而是没有一个明显的标志让大多数人得到共同的判定。

任何一个产品的开发，都是由流程性和创造性两部分工作组成的，而这两部分工作不是泾渭分明，而是相互伴随，逐渐过渡的。在拧螺丝的工序当中，如果只规定拧或者不拧，怎么拧就是一个创造性的工作。当把拧螺丝的动作细化后，这个拧法也变成了一个流程性动作。但是能否保证有足够的加紧力还是一个创造性的工作，有人可以设计一个工具保证虎头扳正好拧 60°。流程是优秀实践的总结，也就是说如果优秀的实践能够被定义成一系列明确的动作，就可以纳入流程当中，从而提升效率和质量，并降低对人的依赖，降低成本。这个过程就是流程建设。流程建设的目的是为了减少对人的创造性的依赖，而其本身却是一个极其需要创造性的工作。

创造性的工作的质量不能够立即评估，因此不能靠实时监控来保证，在这种情况下，保证质量需要两个条件，一是能力，二是意愿。创造性工作质量管理的中心任务就是让有能力人有意愿做高质量的工作。创造性工作的质量虽然不能够实时评估，但是其效果却可以在滞后一段的时间内呈现。根据每个人或者团队以往工作的质量效果，选拔出那些工作质量高的人到重要的岗位上去，就可以保证人的能力，这实际上是一个基于信誉的授权过程。在一般情况下，人是有意愿完成高质量工作的，但是这种意愿会受到短期利益因素的驱动。如果绩效考核是以短期目标为导向的，员工则会损失质量而获得短期绩效。绩效考评不能做假，员工才有意愿从事高质量的工作。

华为公司是一个高科技企业，每一个产品都非常复杂，既包含流程性工作，也包含大量的创造性的工作，因此产品的质量是由这两部分工作的质量共同决定的，将《敬畏》文和《善待》文的观点结合起来，可以这么说：流程是质量的基础，人决定质量的高度。

后记：笔者是做研究和创新的，本来和产品质量没有什么太多的直接联系。看到公司中关于质量问题的讨论越来越热闹，也对质量管理的问题进行了思考，发现质量和创新在本质上是相同的：创新是最高的质量。请参考 19.9 节。

19.9　基于信誉的授权是创新管理机制的核心

多年以来，华为公司采用的是跟随标杆企业的发展模式。标杆指向什么地方，我们就向什么方向走。经过多年的高速发展，华为公司已经到了"坐二望一"的市场地位，已经没有人给华为领路了。与市场地位相匹配，华为要承担起为业界领航的责任。领航，需要的是创新。华为公司从 2008 年开始在无线产品线开展中长期研究工作，目的就是获得高质量的创新成果，参与为业界领航的工作。2009 年 10 月，中长期研究的职责划归公司研究部。

华为公司以前的成功来自于项目化管理。项目是在特定时间内，用有限的投入达成特定目标的行为。项目管理的对象是确定的东西，而创新的特点是"不确定"，需要不同于项目的管理方法。

创新，要超越前人的思维才能够做到。创新性越高，就越需要不同于主流观点的思维，也越不容易被理解。创新本身很难，创新的评价也很难。一般来看，评价方法可以分为三种模式：独裁、寡头和民主。这三者的相同之处都是"少数服从多数"，区别仅仅在于评审团的人数：一个人是独裁，三个人是寡头，十个人及以上叫民主。

对一个组织来讲，创新是一种战略投入。一个完整的创新周期包括六个阶段：（1）基础原理；（2）关键技术；（3）产品设计；（4）开发；（5）生产；（6）市场，这是一个逐渐清晰，风险逐步降低，投入逐步增加的过程。整个创新周期都伴随着资源投入和决策过程，在每个阶段应该选择合理的决策模式。

从第三个阶段，也就是产品设计往后的各个阶段，目标比较清晰，风险比较小，相应地，创新空间也比较小。这些阶段一般采用项目的方式进行运作，采用民主决策的方式保证决策的正确性。而基础原理和关键技术的创新，我们一般称作基础创新。在这个阶段只有一个或者少数人才懂得创新的价值，因此需要采用独裁和寡头的方式来决策，民主决策只能够扼杀创新。问题是，在初期阶段，创新和异想天开看起来并没有区别，谎言往往比真理更具有表面的合理性。在有限的资源和多如牛毛的奇怪想法的矛盾面前，由谁来做决策呢？回答这个问题的关键就是信誉。

科学家的信誉就是他以前的成果，是否具有创新成功的经历。如果他以前的经历证明他能够想到别人想不到的东西，把别人认为不可能的事情变成可能，并且是有价值的，他就创新了，他就具有了这种信誉。成果价值越高，信誉越高，就应该有越多的权利去做更加不靠谱的事情。即使失败了，也是合理的失败。当然每一次失败都会给科学家的信誉带来损失。如果没有成果，没有信誉，就没有权利要求组织投入资源去实施自己稀奇古怪的创新想法。信誉是科学家的生命，如果管理制度鼓励科学家珍惜和积累自己的信誉，就能形成良性反馈的创新文化，鼓励更多有才能的人前赴后继地创新。这就是基于信誉的授权。

如果科学家得不到授权，在严格的管控下，永远只能被允许做一些看起来非常合理的事情，创新就会受到打击。少数的科学家在好奇心和使命感的驱动下在体制外创新，常以牺牲自我为代价来成就组织。另外一个方面，如果授权不基于信誉，失败了也没责任，那么研究工作就成为人人都想咬一口的肥肉，从而招来形形色色的以怪诞言论吸引眼球的妄想家，纸上谈兵的形式主义者，学术造假与权力结合的利益共同体。更主要的是真正的创新者被排挤，组织无法识别创新，也无法在创新的方向上实施战略投入而获得超越性发展的机会，这是比任何的造假、腐败大得多的损失。

基于信誉的授权，是创新管理机制的核心。

19.10　创新的管理

创新管理需要达到三个目的：（1）产生创新；（2）识别价值；（3）压强投入资源。

创新是一个金字塔结构，创新的关键在于高层次创新。一旦获得了一个高层次创新，其下面的一系列的外围技术就不再是难题。高效的创新型组织，核心能力在于能够在早期阶段正确判断创新的方向，并把有限的资源压强投入，建立技术和知识产权壁垒，占领利润窗口，垫高竞争者的进入门槛，获得超出竞争对手的投资效率，在竞争中获得竞争优势。

创新是一个连续的过程，其中的每一步，都伴随着资源投入方向的决策，采取合理的决策模式，实现合理的授权是创新管理的核心内容。

一般来说，决策由专家团做出。专家团由若干专家构成，结论是在每位专家意见的基础上，根据少数服从多数的民主原则做出的，因此专家团的构成决定了决策的质量。专家的资质和人数是专家团的关键要素。决策专家应当对决策目标具有足够的知识，外行参与决策无疑是灾难性的。决策权由专家团内的所有专家共享，人数越少，每位专家的决策权力就越大，反之亦然。如何构成决策专家团，不同的情况有不同的考虑。

每位决策成员的决策权力大概是整体的资源投入除以专家团的人数。授权的一般原则是，专家能够决策的资源投入，与其在该决策领域已经实现的价值相匹配。由于创新实际情况的复杂性，这个原则只能是比较粗略的，而不可能加以精细的量化。

比如一个软件开发任务，给某个程序员分配了一个软件模块的开发。这是一个工作任务，也是一种授权。在该软件模块的范围内，程序员有权力决定采用什么样的方法实现该软件模块的功能。这是一种比较小范围的授权，局限于实现该软件模块，并需要采用确定的编程语言和遵循组织的编程规范。在这个授权范围内，程序员发挥自己的创造性，写出高效而可靠的代码就是一种创新。一位科学家，他的任务是建立新的物理学理论，那么授权范围就是整个物理学领域。因为并不知道新的物理学理论会出现在什么地方，所以他的授权范围不光包含了现有物理学领域，也包含了未知的领域。这个授权范围很大，管理机构没有必要正式地对该授权加以明确的阐述，这种不明确表述的授权表现为科学研究的宽松的工作氛围。

授权的有效性是创新管理当中的关键。给程序员的授权只能限定在该软件模块内，即使程序员觉得另外一个软件模块更重要一些，他也没有权力去做，只有这样才能保证软件的整体成功。相反地，在国家战略提倡节能减排的大背景下，把科学家的研究课题确定为"新一代永动机的基础理论研究"。尽管这个课题从表面看起来意义极其重大，也是无效的授权，因为我们已经知道永动机是违反客观规律的，是无法实现的。然而在大多数情况下，人们对客观规律的认识并非如此清晰，管理者容易在某种重大意义或者流行趋势的驱使下，把研究方向确定在事后证明是不合适的领域，从而导致无效或者低效的授权。

在科学研究领域，无名小卒做出重大创新的例子比比皆是。爱因斯坦在提出狭义相对论的时候只有 26 岁，其身份是一位专利审查员。在相对论这一崭新领域，他是唯一具有合格资质的人，但是他却没有任何已经被确认的资质能够决定物理学的发展方向。虽然如此，他拥有一个基本的权利，就是可以用业余时间去做研究，并且其研究成果可以在杂志上发表。在爱因斯坦的一系列理论，如布朗运动、光电效应、狭义相对论、广义相对论获得了广泛的认可之后，他在物理学界具有了极高的声望，他给美国罗斯福总统的信件导致曼哈顿计划的实施。

评审机制是针对方案的。一般的做法是建立一个由专家组成的评审机构，对研究方向或者方案发表评审意见，按照民主原则，也就是少数服从多数的原则做出评判。授权机制不评审方案本身，而是通过对专家资质的认定来间接推测他所认同的方案的质量。一般说来，一个决策的做出，都会包含两种决策模式的成分。比如在评审机制当中，评审专家的资质将极大影响决策的质量；在授权机制当中，授权专家也会参考同行专家对方案的意见。采用何种模式的决策方法，在创新的不同阶段应有不同的侧重。

创新决策的一般原则是，越是靠前的阶段越需要授权，越是靠后的阶段越需要评审。这是因为在创新的初期，真理掌握在少数人手里。如果采用评审机制，真正的创新在绝大多数情况下会被否决。给具有资质的专家授予独裁的权力，正确的创新方向才能够保存下来，并能够保证基本的资源投入。采用权威独裁的方式，创新的成活率要比民主评审大得多。在创新后期，多数专家已经了解了客观规律，民主决策的正确率要高于独裁。并且后期决策的综合性增强，往往牵扯到产品技术和市场的各个方面，一个或者少数几个专家的知识范围无法覆盖，民主决策更加适合。

在不合理授权发生的情况下会发生两种情况。一种情况是科学家本身并没有意识到授权的不合理性，从而在该方向上投入工作。当工作了一段时间无法获得进展，但仍然不能否定该方向，他们需要在放弃和坚持之间做出选择。已经经过了长时间的工作仍然没有进展，他们的信心已经发生了动摇，很难继续坚持下去。选择放弃意味着失败。虽然从理论上讲，科学要容许失败是一个共识，但是要承认自己失败并非易事，因为这将和自己的绩效和收益发生联系。因为创新并不容易评估，大多时候他们会选择"制造"一个看起来获得了某种成功的成果。而这种成果也可能刺激管理者在此方向上继续加大投入。另外一种情况是，科学家意识到授权的不合理性，他们也需要在接受和拒绝之间进行选择。选择接受意味着明明知道不可能获得进展，也需要投入研究资源，从而造成浪费和低效。而选择拒绝，虽然是一个技术层面的冲突，但是这种技术冲突非常容易上升到对权力和权威的挑战，需要冒着和管理层发生冲突的风险。授权的范围也和人的能力紧密相关。从大学刚刚毕业的新人，他的知识能力可能限于软件编程，给他分配软件开发工作是合适的。如果给予了超出其能力范围的授权，相应地也要求其交付创新性较高的工作，可能会使他陷入无所适从，压力过大的境地。如果是一个具有丰富经验和独立思想，创新能力很高的人，限制他的工作范围则会引发冲突和管理失效。

这个世界最大的麻烦，就在于傻瓜与狂热分子对自我总是如此确定，而智者的内心却总充满疑惑。

——伯特兰•罗素

19.11　识别创新价值

研究者经过长期的艰辛探索，终于发现了一个重大的创新，是不是就万事大吉了？我们看一看一个明显的事实：学术界每年都发表数以万计的科技论文，但是真正能够获得应用的却凤毛麟角。创新型组织的管理者面临的一个难题是，他们可以看到数量众多的研究成果，其中哪个是有价值的，他们却很难识别。即使出现了一个重大创新，它也是混杂在众多的没有价值的研究成果当中，识别出有价值的创新是一个巨大的挑战。

我们已经讨论了创新的评价需要经过同行评审、公众评审、实践评审和时间评审四个阶段，四个阶段评价的正确性依次增强。一般说来，是金子总会发光，真正的创新是不会被时间埋没的。但是对一个创新组织来说，组织内产生的创新，如果直到公开和实践阶段才能够识别价值，那么组织有限的资源就无法聚焦到有价值的方向，从而就会丧失或者减弱已经获得的竞争优势。在创新公开后，其他研究者在跟随研究并认识到创新价值的同时，也必然抢占了重要的知识产权，并获得了技术和人才优势。所以说，能够在创新公开之前就能准确评估创新的价值，是创新型组织的第二个核心竞争力。

在创新没有被公开和应用之前，对创新价值的判定就完全取决于评审人的意见。由于评价结果影响到发明人及其同行的竞争关系，所以虽然评审意见一般都采用技术术语，但是政治博弈已经深入其中。由于创新的实际价值还并不确定，利益博弈的因素占了主要的成分。创新要通过内部评审的关卡，并非易事。在业界存在若干种创新与权力的关系。

第一，创新者本身就拥有决策权。初创的高科技公司，公司的创始人一般拥有创新的技术或者商务模式，他们的发展资本可能来自风险投资，但是资本并不干预公司的决策过程。公司的创始人用独裁的方式推动创新，具有最高的效率。像谷歌、苹果这样的公司，之所以能够超越传统的微软、诺基亚，就是因为他们把资源压强投入到了创新的领域，取得了超常规的发展。

第二，决策者是政治家，懂得创新规律，创新者拥有一定的决策空间。一个常见的现象是，创新在很多情况下是由无名小卒做出的，他们没有显赫的地位和决策权。

政治家了解创新的风险、困难和利益博弈因素，具有宽广的胸怀能够容纳不同意见。创新者能够获得基本的决策权力，比如选择研究课题、申请专利、发表文章，并且投入基本的资源进行初期的验证。有了基本资源投入的保证，创新者能够提供更加明显和可靠的证据说明创新的价值，决策者因此投入更多的资源并获得竞争优势。在这种模式当中，决策者和创新者形成了有效的互动，也具有很高的效率。创新者需要向外部发表成果，并获得证据而取得决策者进一步的支持，只能够形成竞争优势而无法获得垄断性优势，这也是成功的创新组织当中比较普遍的模式。

第三，官僚体系下的创新。官僚主义强调等级关系，强调下属对上司的服从。官僚主义可能是人类的天性之一，是任何组织中普遍存在的现象。由于在中国文化当中具有孔孟文化的广泛根基，官僚主义在中国更加根深蒂固，中国近代的落后与官僚主义紧密相关。创新与官僚主义天生是不相容的：创新追求超越，追求客观规律，而官僚主义强调顺从，强调人际关系。在官僚主义体系当中，创新者往往被认为是不听话而无法得到支持，而且往往被认为是对现有权力体系的挑战而受到压制。创新的产生，需要创新者极大的智慧和勇气，同时应对技术的偏见和权力斗争。官僚主义是最为低效的创新模式。

在任何组织当中，这三种情况可能同时存在，在一定的条件下，也可能相互转化。例如在以创新为主的高科技公司当中，创新者就是决策人，这个时候公司具有很高的效率。当公司发展到一定的规模时，公司需要有更多的人参与创新。对于创新的领域，公司的创始人也成了外行。他或者完成角色转换成为一个政治领导人，鼓励更多的人进行创新，或者利用自己建立起来的权威建立一个官僚机构，从而使企业的发展失去活力。而且同样一个决策人，对一个例子可能表现出开放和宽容，对另外一个例子可能表现为苛刻和打压。

19.12 创新的政治环境

近年来，高科技领域的造假事件层出不穷，比较著名的有贝尔实验室的舍恩（2002，纳米晶体管），中国的陈进（2003，汉芯），韩国的黄禹锡（2004，人工胚胎干细胞）。

德国科学家舍恩从 2000 年开始，凭着一系列惊人的论文发表成为科学界的明星。他自称用纳米技术做出了只有单一分子大小的超威型电脑。如果这是真的，则意味着电学从硅时代走向有机时代。舍恩在 3 年中发表了超过 100 篇论文，光在 2000 年，舍恩就在《科学》和《自然》这两本期刊上发表超过 8 篇论文。很多人开始讨论这位"爱因斯坦二世"获得诺贝尔奖的可能性。2002 年，舍恩的造假丑闻被披露。人们发现一切都是幻影，所有的实验数据都是伪造的。在整个造假过程中，负有责任的不仅只有舍恩。贝尔实验室的负责人一心要把实验室往市场推动，急于渴求轰动性的成果，学术期刊急切鲁莽地接受了他的发现，舍恩的同事毫无怀疑地赞赏了他的成就，还有无数的科学家有怀疑而不敢出声。在这个过程当中，贝尔实验室的负责人、学术期刊的负责人、舍恩的同事，都以某种方式绑定在舍恩造假的利益链条上，对造假事件起到了推波助澜的作用。

2004年2月，黄禹锡在美国《科学》杂志上发表论文，宣布在世界上率先用卵子成功培育出人类胚胎干细胞。2005年5月，他又在《科学》杂志上发表论文，宣布攻克了利用患者体细胞克隆胚胎干细胞的科学难题，为全世界癌症患者带来了希望。其研究成果轰动了世界，并为黄禹锡带来无数荣誉，包括"韩国最高科学家""首尔大学国际干细胞研究中心主任"和数百亿韩元的研究经费。他曾经说："我是靠个人奋斗取得成功的，这是所有普通韩国人的梦想"。2005年年底，他的研究小组成员指出其2005年的论文中有造假成分，首尔大学随后的调查证实，黄禹锡发表在《科学》杂志上的干细胞研究成果均属子虚乌有。黄禹锡的学术造假丑闻令科学界震惊，他本人也名誉扫地，被解除教授职务并获有期徒刑两年。

中国的"汉芯事件"则更是让人匪夷所思。在摩托罗拉公司做测试的工程师陈进，将一片从美国买来的MOTO-free scale 56800芯片，雇请他人磨掉原有标志，然后加上自己的"标识"，变成了所谓"完全拥有自主知识产权"的"汉芯一号"，申请了多项专利，并借此当上了上海交大微电子学院院长、博士生导师以及"长江学者"。借助"汉芯一号"，陈进申请了数十个科研项目，骗取了高达上亿元的科研基金。在多达数十次的成果鉴定当中，由专家、教授、院士组成的评审团如同虚设，始终无法发现芯片是打磨出来的。最终由于内部的利益问题，"汉芯一号"遭到了匿名揭发，在新闻界的追踪下才最终败露。为什么会出现如此多的高科技造假事件，以至于到了明目张胆，登堂入室的程度？

造假的客观原因在于创新的困难性。研究人员以创新为职业，凭借创新获得生活来源。但是创新又非常困难，特别是基础研究领域，客观上讲大部分成果是没有用的。大多数从事基础科学研究的人，终其一生也无法获得一个能够获得实际应用的研究成果。如果制度环境把创新作为研究者的职责所在，那么研究者只能够通过造假来维持其职业的自然法理。

在工业革命时期，创新的利益链条非常简单：发明人发明了一个产品，然后申请专利，开办企业并获得利益。在这种模式下，发明人自己承担发明的前期投入费用，并依靠发明获得收益。一个假的东西，除耗费金钱外，并没有什么其他作用，因此发明人没有造假的利益动机。在现今的知识经济时代，创新的价值链条被延长，利益分配模式变得日益复杂。一方面，创新对国家，对企业的牵引作用日益增强，因此越来越得到高度重视。国家每年都投入巨额的资金到科技创新，企业对研究的投入也越来越多。另一方面，企业而不是发明人，成了创新的投资和受益主体，创新成了一种职业。研究人员并不是依靠创新本身价值直接实现获益，而是依靠创新所带来的衍生物，如加薪，升职，获得职称、资金、政绩等来获取利益。在创新的直接价值被衍生价值旁路的情况下，创新就具有了造假的利益动机。

我们注意到，这些著名的科技造假事件都发生在基础科学领域。虽然在生产领域也会出现造假事件，比如三聚氰胺牛奶，但是总体来说，基础科学领域的造假更加普遍一些。注意到以下的事实，我们基本可以确定这个判断的合理性：学术界每年发表的论文数以万计，但是真正能够落实到应用的成果凤毛麟角。牛奶尽管有假货，但是大多数牛奶还是可以喝的。

创新价值的判定困难，为造假提供了技术上的可行性。基础科学的原理往往比较深奥，能够掌握一个特殊领域的知识本身就是一个很高的门槛，在科学的最前沿，往往只有几个科学家在从事研究，具有鉴别能力的人非常少。科学实验数据一般都是经过非常复杂的仿真和实验得到的，如果不重复这些实验，则从表面上看难以发现错误。造假者本人也并非等闲之辈，他们也经过了严格的科学训练，有很高的地位和声望，而且对技术的发展趋势往往有冷静和客观的判断，符合多数人的预期。所谓"大伪似真"，他们的"成果"，无论从哪个方面看，都像是重大突破。在科技成果鉴定困难的掩护下，众多的"匹诺曹"们纷纷登场，长袖善舞，各显神通。

这里的例子是比较极端的。因为造假人已经具有了相当的学术地位，因此他们的"杰作"也是惊世骇俗的。还有众多的人地位没有这么高，或者谙熟中庸之道，明白物极必反的道理，因而造假活动也有所节制。例如，他们虽然不宣称是划时代的突破，却可以宣称所提出的方法有某个方面的重要意义；虽然不伪造数据，却可以选择和加工数据。对于一些情节不是特别严重的造假活动，很难区分与合理失败的不同。有事实模糊的地方，就有造假空间。在时间检验之前，创新的前期评价都存在一定的不确定性，因此造假是一个客观存在，在不同的层次上追逐着可能的利益空间。谎言伴随着科学一路走来，这是我们必须要面对的现实。在事实不清楚的情况下，政治就扮演了重要的角色。谎言经不起检验，因此往往与相关各方结成利益同盟，各取所需。真实与谎言，乃是一个硬币的两面，它们相生相伴，共同构成了创新的生态环境。而少数真正的创新，也是在这样的一个环境当中，艰难地寻找出路。

造假者最终暴露了，其学术生命就此结束。造假者很难通过公众评审这一关，而在实践和时间的天平上，更是容不得有半点虚假。真正的创新，例如孟德尔的豌豆实验，在被埋没了 45 年以后，也最终得到了其应有的地位。在时间检验面前，所有的谎言都会被揭穿，而所有的金子，最终都会发出绚丽的光彩。

19.13　什么样的技术需要申请专利

有商业价值的创新技术需要申请专利来进行保护，这本来是一个简单的问题，可是由于历史形成的一些观念的影响，总有人对这个问题产生疑惑。

华为公司从 2003 年"思科案"之后对专利才真正重视起来。友商们不断拿着专利向华为要钱，其中有一种专利在华为叫作"基本专利"，就是写进标准里面的专利，在谈判的时候特别有用，于是基本专利在公司被提到了一个很高的高度。

为什么基本专利在谈判的时候感觉更好使一些呢？问题的核心在于取证。写进标准里面了，如果还是必选项，就说明对方的产品一定要用。写进标准，其实是取证的一个方法。我们的研究人员，特别是标准研究人员，把专利与标准"对上"作为了追求目标。标准的根本作用是为了保证设备间的互联互通，因此从理论上讲，标准只是定义这部分功能的技术最小集。而且竞争对手总是试图利用这条原则，通过 wording twist 把对方的核心技术排斥在标准之外，因此大部分的关键技术是不会被写进标准的。

后来公司也注意到，很多专利诉讼并不都是发生在"基本专利"上，而且基本专利还要遵循公开、合理、无歧视的授权原则。没有写进标准的但是又无法绕开的专利，公司定义为"杀手专利"。杀手专利不必遵循基本专利的许可原则，可以对某个特定的竞争对手实施外科手术式的打击，因此力量更大。

杀手专利一定要是非常基础的专利，无法绕开，或者绕开的代价很大。要不然别人为什么要用你的东西呢？杀手专利的问题在于取证，因为没有写在标准里面，别人也都是专利行家，用了你的东西之后不会通知你一声，而且会刻意隐瞒，因此取证是有一定困难的。取证是一个非常专业的工作，你想一个几亿美元的专利诉讼，而胜负取决于证据，因此获得证据不会是特别容易的。

所以，一个专利的价值，至少包括专利的创新性、应用范围和取证难度。那么，是不是无法取证，或者比较困难的技术就不申请专利了呢？

举一个例子就是 Rake 接收机。这是一个接收机技术，不在标准里面，不是基本专利，而且取证也是很困难的，靠反编译产品的代码来判断是否侵权是不现实的。但是 Q 拿这个专利和我们谈判，我们也认。为什么呢？因为 Rake 接收机是业界的公认的，如果我们不认，又拿不出比 Rake 更好的方案，就会被贴上无赖的标签，在业界是不好混的。有人说，我们的技术没有 Rake 接收机那么牛，怎么办？

这里要说一说专利诉讼。专利诉讼的结果，可能是赔偿，更严厉的是禁售。专利诉讼是由谁来判的呢？是法官或者是陪审团。要知道法官不是技术专家，而陪审团可能就是街道办事处的大妈，他们看不懂你那个专利的，也看不懂通信协议，更不要说是不是"对上"了。那他们怎么判呢？就要找人来作证，这些证人可能是技术专家。这些技术专家来作证，如果讲一大堆技术原理则肯定是对牛弹琴，他们要讲大妈能够听懂的语言。而大妈能够听懂的语言实在是太少了，控辩双方需要找各种理由来说服大妈，这个过程就热闹了。在这种情况下，技术的影响力就起到了极其重要的作用。在专利诉讼之前，要做好功课，就是把技术的影响力营造出来。怎么营造影响力？比如发表学术论文，请记者采访上报纸电视，让专业机构评各类奖项，请很牛的人物出来捧场，资助一批"水军"教授引用和评论你的发明，等等。你要做这些动作，首先技术得过硬。人家教授出来给你讲好话，其实是用自己的信誉作为担保的，说得太过火了人家也不干。功课做好了，到了诉讼的时候，陪审团问证人："华为有没有用 Q 的专利啊？"问了 20 个证人，有 15 个人这么说，你看有这么多文章和报道说 Q 是 CDMA 的发明人，而且是独家发明人。关键技术有软切换、Rake 接收机，教授们都说好，专利有几千项，标准也是他们制定的，你用 CDMA 技术肯定绕不开。陪审团的大妈就相信了。

所以说，这个专利诉讼，首先要有专利，然后有专业人士和机构的评价和证词，最后转换为法院的判决。证人都不是一般人物，律师费也是高得吓人，整个过程下来没有几百万、上千万美元是不行的。因此专利诉讼都是发生在大公司之间，诉讼标的也往往会上亿美元，或者是将竞争对手驱逐出市场。一个小公司有一个霸道的专利，要想赢得对大公司专利诉讼，虽然不是完全没有可能，但也是比较困难的，因为它没有资金建立品牌和影响力，没有人替它说话、作证。因此小公司对大公司发起专利诉讼，其目的往往是为了出售专利提高谈判筹码。

由于专利诉讼的成本太高，大家如果能通过谈判达成一致，就别去法院花那个钱了。而谈判的要价，在双方互相展示证据后，大家都要猜测如果上法庭则会是一个什么结果，并以这个猜测结果来决定自己的出价。如果双方猜测结果差不多，就极有可能达成协议。如果差得太大，就法庭上见了。即使上了法庭，几个回合下来形势越来越明朗，很多案子也不等到宣判就庭外和解了。

专利战是一个系统工程，不光是专利本身的问题，而是与影响力、品牌形象紧密联系的。为什么北电的专利能卖 45 亿元？这并不是通过评估能够得出来的，而是北电的技术品牌和市场竞争的结果。同样的专利，换一个公司就值不了这么多钱。因此，凡是有利于建立公司技术创新形象的技术，都要申请专利，如果有可能，还要发表文章。有人会担心，通过专利和文章公开了技术，又拿不到侵权证据，不是免费给别人支招吗？是不是应该不申请专利而按照技术秘密保护起来？采用技术秘密保护的，一般都是产品的实现方案、电路图、源代码等。这些方案不适合申请专利，如果泄露出去，可使竞争对手快速复制你的产品。例如可口可乐的配方搞得极其神秘，是其品牌建设的一个题材。而研究人员所提出的技术方案，一般都是单项技术，只要创新性足够好，就应该通过专利去保护，并且发表文章去宣传。如果你的技术特别好，增益很大，一定要让别人知道，让别人来用你的技术。只有别人用了，你才有可能进入专利谈判、诉讼过程。即使无法获得侵权证据，这也可以大大提升公司的技术形象。并且所有好的技术，都不是某个权威或者领导说好就好的，而是通过广泛研究和应用后才确立的，你不公开也无法确定是一个好的技术。如果技术没有那么好，增益不大，有其他的替代技术，那你藏着也没有什么意义，发表出来还会提高公司的技术形象。如果是特别好的技术不申请专利，在智力投入这么密集的情况下，万一被其他人独立想到并且申请了专利，这个损失就大了。

　　还有一点就是，华为已经成为行业第二，走到这一步，除了自己的努力，也是因为有爱立信、思科、谷歌、苹果这些伟大的公司给华为指引方向。领袖就要有领袖的思维，要为行业的发展多做贡献，而不要总是索取。不要总是担心别人占了自己的便宜，这样才能赢得他人的尊敬，才能真正成为领导者。

第20章 后 记

从 2012 年 10 月决定写《通信之道——从微积分到 5G》，到现在差不多两年半的时间，第一版终于成稿，以此文作结。

3G 霸主

1985 年，在美国硅谷成立了一家叫 Qualcomm（高通）的公司。这家公司把军用的 CDMA 技术用于民用通信，推出了 IS—95 标准，成为与欧洲的 GSM 竞争的第二代移动通信系统。

在第二代的商业竞争当中，GSM 还是取得了的胜利。但是在高通公司的创始人当中有一位世界级的科学家——Andrew Viterbi，就是那位维特比算法的发明人，IEEE Fellow，并获得了美国最高科技奖。在他的推动下，产业界相信了 CDMA 代表了无线通信技术的发展方向，因此第三代移动通信的三个国际标准，WCDMA、CDMA2000 和 TD-SCDMA 都采用了 CDMA 技术。

高通在开发 CDMA 技术时，将大大小小的技术都申请了专利，专利的具体数字不是很清楚，一般认为是 2000 项左右；其中最核心的有两项技术，一是软切换，二是功率控制。CDMA 并不是高通的原创发明，其发明人是大美女海蒂·拉玛，关键的 Rake 接收机技术也于 20 世纪 70 年代被发明。也就是说，在高通之前，基本的 CDMA 链路技术已经具备，高通解决的是应用于蜂窝通信当中的组网问题。Rake 接收机、功率控制、同频复用、软切换构成了 CDMA 系统的技术框架，其中高通把软切换专利获得 USPTO 授权载入了公司发展史。当初除高通外，所有人都不看好 CDMA 的民用前景，所以高通垄断了 CDMA 专利。美国和欧洲对知识产权的保护力度非常大，当 CDMA 技术成为 3G 的唯一技术方向后，高通利用其专利收取了巨额的许可费用，从一家小公司发展成为行业巨头，并取代 Intel 成为最大的 IC 公司。

业界把交给高迪的专利许可费俗称为高通税。这个税对不同的厂家是不一样的，具体多少要看双方的专利实力的对比，以及商业和政治上的多种因素。对于一些终端厂商，高通税可以达到手机售价的 7%，注意，是整机价格的 7%，而不是利润的 7%，这简直就是在抢钱。

为了避开高通的专利牵制，欧洲厂家其实是很拼的。本来高通已经有了 IS-95 标准，既然 3G 大家都同意采用 CDMA 技术，3G 的活儿交给高通干也就行了。但如果是这样就会被高通死死捏住，欧洲作为 2G 的老大，是绝对不能忍的。于是欧洲国家联合起来，又拉拢了中国、日本、韩国成立了 3GPP 标准组织，制定 3G 的通信标准 WCDMA，处处要跟高通搞得不一样。

高通对 3GPP 是不屑的，CDMA 技术的所有专利都是自己的，他们还能变出什么花样来？所以高通对 3GPP 的参与是消极的。但是欧洲打着国际组织的旗号，占据了道德的制高点，一个公司与国际组织对抗是不行的。于是高通拉了几个美国公司成立了 3GPP2，制定 CDMA2000 标准。3GPP2 虽然也是国际组织，但其实就是高通开的，大小事都是高通说了算，开放程度远不及 3GPP。

当然大家都很清楚了，3G 还有第三股力量，就是中国的 TD-SCDMA，也是在 3GPP 里面。这样就形成了 WCDMA，CDMA2000 和 TD-SCDMA 三国演义的局面，偏离了 ITU 提出的在 3G 实现统一标准的目标。

3GPP 是众人抬柴火焰高，在 3G 市场上占据了大部分的份额。高通一开始全力经营 3GPP2，对 3GPP 并不积极；后来看到 3GPP 势头强劲，也积极参与 3GPP 的活动。主导 WCDMA 标准制定的诺基亚、爱立信，都宣称自己拥有 WCDMA 百分之二三十的专利份额，而一些统计机构说高通只占有百分之十左右的专利。但实际上，无论是爱立信还是诺基亚，都是要向高通缴纳专利费。这是为什么呢？

在国家自主创新战略的驱动下，媒体对专利也非常感兴趣，但是一说到专利就陷入了谁谁占百分之多少的语言格式。专利是最不能用数量来衡量的东西之一。只说有多少个专利，就像数钱只数张数而不看面值一样荒唐。人民币的面值最大是 100 元，最小是 1 角，相差 1000 倍。而一个专利的价值，大到可以为数亿美元，而小到可以为负数，动态范围比人民币大得多。当然，专利的价值估计比较复杂，不像钞票那样印在版面上。

尽管高通在 WCDMA 上的专利数量没有诺基亚和爱立信多，但还是要收它们的专利费。且不讨论商业模式的问题，高通掌握 CDMA 的核心技术，这个大家都是承认的。那么什么叫核心技术呢？由谁来认定核心技术呢？

谈论专利的时候我经常会用茶杯作为例子。一个茶杯，大概有 3 项核心技术，可以这样排列：（1）盛液体的容器；（2）杯座；（3）杯把。第一项是最核心的，漏水就什么都不要说了。茶杯要放在一个地方，所以需要一个杯座；要拿在手里，所以需要一个把。后两项也是核心，但是如果不怕麻烦，则也不是非有不可。例如用化学烧瓶做茶杯，圆底的可以找一个架子放，没有把可以拿着瓶口，但是这毕竟太麻烦了。茶杯一般还会有杯盖，但是很多时候即使杯盖砸了，平民百姓还是照用。有的杯子上会画个画、镀个金什么的，就更漂亮了，这些对于喝茶的功能来说就不是很重要了。当然，我们不是谈茶杯作为奢侈品或者艺术品的功能，从艺术品的角度看茶杯能不能盛水倒不是很重要的。

从茶杯的例子我们大概可以体会如何判断核心技术，就是如果避开这项技术对整个系统的影响如何。如果不能盛水，就变成篮子了，所以这是最核心的。如果没座没把，日常使用太麻烦，所以它们也是核心的，但是重要性低了一些。有了这三项，就完成了茶杯的基本功能。加个盖子也很好，没有它也能用，重要性又降低了一点。至于杯子的其他方面，是圆的还是八角的，写什么字画什么画，就不是核心技术了。

现在有一个口号，叫作"技术专利化，专利标准化"，一是强调专利的作用，二是强调专利要写入标准。当然，技术如果没有专利，就是对人类做贡献了，有专利才能在商业上获利。如果专利被写入了标准，就成为标准必要专利，这意味着只要标准实施了，专利就会被侵权，就可以伸张权利了。3GPP 就是一个角斗场，各方合纵联合，唇枪舌剑，熬夜加班，为的是将自己的专利写进标准里面。欧洲抛弃 IS-95 重新搞一个 WCDMA 标准，是产业竞争的需要，也是为了把自己的专利写进标准里面。

但是高通已经搞出了一个基于 CDMA 技术的通信标准，并且进行了专利覆盖，在 CDMA 的框架里搞是难以搞出核心专利的。就像别人已经做出了一个茶杯，能盛水，有座有把，连盖子和画都有了，你再搞一个也就是能写一个不同的字，画一个不同的画，断不可把座和把去掉，否则就卖不出去了。WCDMA 标准本着故意不同的原则，也搞出了很多专利，但是没有核心的，高通的核心专利软切换和功率控制是躲不过去的，CDMA 原理和 Rake 接收机当然更是躲不过去，只不过专利已经过期了。

诺基亚和爱立信等厂家，虽然没有特别核心的专利，但是标准是他们主导制定的，专利也有一大把，他们的宣传口径就是我们制定的标准，专利当然是我们多，占多少多少云云。而高通由于掌握核心专利，天天在学术界说软切换、功率控制如何重要。因为有大师 Viterbi 领军，而且确实能说出花样来，学术界都相信了。而其他厂家，心里虽然恨，但是要在学术界混出点名堂来，也得说这几样，说一点细枝末节的东西没人理会。这样一来，学术文章上铺天盖地都是软切换、功率控制什么的，想说人家不核心都不行。从这里你可以看出学术界这种公开透明的体系对技术价值评判的重要性，没有这个，你再有理也是说不清的。但是，从后来的发展来看，我认为 3G 里最重要的技术应该是 Turbo 码和 Alamouti 码。

所以，即使在 WCDMA 标准上，高通也掌握了核心专利，所以它能够挥舞专利的大棒到处收钱。而这些欧洲厂家，也可以欺负一下华为、中兴等厂家。华为是在 HSDPA 阶段才开始参加 3GPP 的标准活动的。

技术是不断发展的，一个通信标准要想有生命力，必须要给大家指出其发展前景是如何的辉煌，所以，无论是 3GPP 还是 3GPP2，都要不断地描绘演进路线。WCDMA 按照 R99，HSDPA，HSUPA 的路线演进，而 CDMA2000 向 EV-DO 的方向演进。本来大家都是按照既定计划办事，没想到半路杀出一个程咬金，打乱了原来的进程。

4G 变局

新杀入的力量是 Intel，它是 IT（information technology）界人士，就是搞计算机互联网那边的。现在有一个无人不晓的东西叫作 Wi-Fi，它是 IT 界搞出来的东西。在 Wi-Fi 取得了成功后，IT 界的野心膨胀，想进一步蚕食 CT（comunication technology）的地盘。Wi-Fi 对应的标准是 IEEE 802.11，是无线局域网协议，而用于抢地盘的标准是 802.16，是一个城域网标准，说白了就是比局域网的覆盖范围大，在商业上的名称是 WiMax。

在 CT 这边是 CDMA 一统天下，而 WiMax 却采用了 OFDM 技术。说起来 OFDM 也不是什么新技术了，它是于 20 世纪 60 年代被贝尔实验室的 Chang 发明的，到 20 世纪 80 年代建立了比较完整的链路技术框架，这个跟 CDMA 的发展历程有些相似，从时间上大概晚了十多年。OFDM 技术已经在 ADSL，DVB 等领域获得了商用，并且 1998 年在 ITU 征集 3G 提案的时候，也有几个基于 OFDM 的提案，但是它们实在敌不过 Viterbi 老先生领军的 CDMA 阵营，没闹出什么动静就被毙掉了。随着 CDMA 技术的商用，其技术缺陷日益显现，这时候 OFDM 又杀回了无线通信领域。

CDMA 最大的弱点就是自干扰，为了克服这个缺点，多用户检测（MUD）技术成了当时的研究热点。TD-SCDMA 最核心的技术叫联合检测，就是多用户检测技术，而我所发明的频域算法至今都是业界效率最高的可商用算法。

MUD 的问题在于复杂度有点高，而且 WCDMA 和 CDMA2000 的系统设计对 MUD 的支持也比较困难，无法商业化。但是经过这么一番研究之后，我们发现 MUD 可以使容量加倍，反过来也可以衬托 CDMA 的固有缺陷。这个时候由于 WiMax 的搅局，OFDM 进入了 CT 的视野，它通过循环前缀和频域均衡等不太复杂的技术，有效地消除了用户间干扰。也就是说，OFDM 和 MUD 的效果是差不多的，但是复杂度小了很多。这个时候 CT 界的小伙伴们明白过来了，原来大家都被高通的这位 Viterbi 老先生给忽悠了。WiMax 使用了 OFDM 技术，立刻使得 CT 界的小伙伴们"压力山大"。

这时候出现了三股力量，一是技术上的澄清，二是高通的专利之困，三是 WiMax 的竞争，三股力量的合力使得 3GPP 在 2004 年年底开始了 LTE 项目。LTE 的英文是 long term evolution，就是长期演进的意思。现在 LTE 已经商用了，就是大家所熟知的 4G，但是其刚被提出来的时候为什么被羞羞答答地叫 LTE 而不是 4G 呢？

其实 WCDMA 一直在演进着，最初的版本叫 Release 99，就是 1999 年的版本，后来的版本改变了命名规则，叫 R4, R5, R6, R7, 每个版本都加入一些特性，但是 CDMA 的技术框架没有变。到了 LTE 时期，要把 CDMA 干掉而采用 OFDM，实际上已经不能叫演进，而是革命了，正确的叫法就是 4G。但是概念刚被提出的时候要争取到运营商的支持，运营商天性是守旧的，因为他们已经在 3G 上投入巨资，当然不愿意被革命掉，所以玩了一个文字游戏叫长期演进。而实施商用的时候，面对的是用户，当然是 4G 更"高大上",消费者更愿意埋单。

3GPP 启动了 LTE,高通掌控的 3GPP2 也启动了 UMB 项目,算是应景之作。3GPP 搞 LTE 是为了摆脱高通的牵制,高通搞 UMB 当然不想把自己干掉。高通在业内已经赚得了流氓的恶名,和小伙伴们越走越远,UMB 没人支持,日渐式微。最终高通还是明智的,把 UMB 停掉了。在 3G 时代,高通垄断了 CDMA 的核心专利,并且 IS-95 标准在前,因此高通可以任性地单独搞一个 CDMA2000。尽管如此,其在产业上还是处于劣势。在 4G 时代,高通已经没有了这种优势,再任性下去是死路一条。4G 的标准终于统一到了 LTE,从这个角度看,高通是为产业做了贡献。当然,LTE 分 FDD 和 TDD 两个模式,但还是一个标准。

高通放弃了 UMB,当然就全力参与 LTE 了。其做了这么多年的 CDMA,而且相当成功,赚取了大把的银子,肯定是很自恋的。在这种公司当中,一般是容不下异己的力量存在的。典型的例子就是柯达,明明是自己发明的数码照相机,老是让人家当配角,结果被自己的发明革掉了命。在高通是 CDMA 派说了算,即使有技术专家研究 OFDM 也是讨不到好的,因此高通在 OFDM 上是没有技术积累的,而现在搞 LTE 要用 OFDM,肚子饿了现种粮食哪来得及呢?

但是高通有大把的银子,可以买饭来吃。美国是一个创新型的国家,各种技术初创公司层出不穷。有一个公司叫 Flarion,就是研究用 OFDM 做移动通信的,他们开发的系统叫作 Flash-OFDM,翻译成中文可以叫作"一闪一闪的 OFDM"。高通相中了 Flarion,于 2006 年用 8 亿美元将其收入囊中,当然高通是冲着它的专利去的。一时间媒体舆论大哗:高通又垄断了 OFDM 的核心专利,大家又要为高通打工了。其实媒体并不懂技术,怎么就得出这个结论呢?媒体的逻辑很简单:高通又不是傻子,如果没有核心专利,干吗花 8 亿美元啊?这种由果及因的推理方法其是很不靠谱的。人家柯达也几百亿元地赚,你以为是傻子吗?还不是照样倒闭了。

前面已经介绍了,OFDM 并不是新技术,链路技术框架已经在 20 世纪 80 年代就基本完备了。它已经用于 ADSL 和 DVB,ADSL 就是一个链路,DVB 虽然需要组网,但是所有天线发射相同信号,本质上也只是链路技术。现在要用于移动通信,需要解决组网问题,这和高通在 CDMA 上需要解决的问题是相同的。Flash-OFDM 是 Flarion 的商标,脸面上的东西当然就是最得意的东西,这个一闪一闪的 Flash,就是 Flarion 解决 OFDM 用于移动通信的组网方案。

OFDM 的中文名称是正交频分复用。既然是频分复用,本质上就是 FDMA 了,这是第一代移动通信的多址技术,大家都是清楚的。就是因为清楚这个,FDMA 的弱点也成为对 OFDM 的担心。FDMA 要采用比较大的复用因子,而 CDMA 凭借同频复用统一了 3G 的天下,OFDM 要怎么办呢?Flarion 提出了快跳频的 OFDM 方案,现在其被归类于干扰随机化方案。

一个 OFDM 载波被划分成了很多个很窄的子载波,有些子载波上的功率大,对相邻小区的干扰就大；有些功率小或者没有使用，干扰就小或者无干扰。但是在频率复用的设计上要照顾到最坏的情况，就要求使用比较大的复用因子，降低系统的频谱效率。而 CDMA 技术通过扰码的随机性使得干扰比较平均，所以实现了同频复用。受CDMA 的启发，通过快速的跳频也可以使得 OFDM 系统的干扰平均化，这样就不必照顾最差的情况，而按照平均情况进行频率复用方案的设计，从而实现同频复用。

解决了 OFDM 同频复用的问题，Flarion 应该是非常得意的，所以它把这个方案作为自己的技术商标。高通也是看中了这个，才肯出那么高的价钱。更为关键的是，采用了干扰平均化的思想后，高通的软切换技术还可以继续在 LTE 当中应用，这可是高通的命根子。

有人可能会很奇怪，为什么这么凑巧，Flarion 开发的技术这么对高通的脾气？这是因为在 3G 时代，高通的 CDMA 已经一统江湖，其大杀器就是同频复用。Viterbi 先生说，由于 CDMA 复用效率高，使得其频谱效率是 AMPS 的 20 倍，这可真是把小伙伴们都吓傻了。还有另外一位厉害的角色叫作 David Tse，他是加州伯克利大学的教授，他继承信息论鼻祖 Claude Shannon 的衣钵，是信息论的第三代掌门。在其名著《无线通信基础》当中，他用信息论证明了同频复用的效率最高。这样，同频复用就成了移动通信的标杆，是没有人敢于怀疑的。然而同频复用并不是专利技术，高通在此基础之上建立了软切换技术，成了 CDMA 最基础的专利。Flarion 的 Flash-OFDM，也是建立在同频复用的基础上的，所以才和高通的技术体系如此匹配。

这些故事我在 2004 年时是不知道的。在这一年，我发明了软频率复用（soft frequency reuse）技术。在这之前，我做了很长时间的 TD-SCDMA 的研究，我的频域联合检测算法就是在这个阶段提出的。那个时候，TDS 因为采用短扩频码而被指责无法实现同频复用。而我已经相信，由于采用了联合检测技术，TDS 应该采用复用因子 3 而不是同频复用，原因是联合检测消除了小区内部干扰，邻区干扰成为主要矛盾，通过较大的复用因子可以极大降低邻区干扰，从而提高频谱效率。2007 年，WiMax 开始了，一些人在研究 OFDM，我知道 OFDM 和 TDS 的复用方案应该是相同的，但是复用 3 也不是什么专利，遇到华为产品线的同事时跟他们说了，他们也听不进去。直到有一天在西单的大马路上，我突然想到了复用 3 只适用于小区边缘，而小区内部应该采用全部频谱，这就是软频率复用方案了，并赶紧申请了专利。后来的现场实验表明，SFR 可以有效提升小区边缘容量，很多场景可以达到 30%，有些场景甚至可以达到 100%。

2004 年 11 月，3GPP 的 LTE 项目启动，提出了增强小区边缘速率的需求，而 SFR 技术恰好契合这个需求，就好像是因为华为有 SFR 专利而推动 3GPP 提出这个需求似的，其实推手另有其人。我将 SFR 技术完善了一下，补充了理论结果，在 2005 年 5 月的 RAN1 41 次会议上提出了 SFR 技术，提案号是 R1-050507，这次会议是 3GPP LTE 的第一次技术会议。十年以后，SFR 被广泛研究和应用，发展成为小区间干扰协调（ICIC）这一重要领域，学术界已经发表了近万篇文章。SFR 推翻了高通和 D. Tse 所建立的同频复用的标杆，增强了频率复用这一蜂窝通信的基石概念，成为移动通信新的基础。

2005 年 8 月，针对 LTE 需要支持从 1.25MHz 到 20MHz 这 6 种带宽的需求，我又提出了提案 R1-050824，建议统一 6 种带宽的采样率和 FFT 点数，提高产业的规模效应，并且建议用一个 IFFT 承载多个载波，在基带实现多载波的合路。这个方案可以叫作 scalable OFDM，虽然极其简单，但是极大简化了发射机的结构，提高了产业的规模效应，也是 LTE-A 提出的载波聚合技术必须采用的方案，对 LTE 产业的影响是极其巨大的。可以说，sOFDM 是 LTE 最基础的 OFDM 专利，其商业上的重要性甚至比 SFR 还要高，因为 SFR 是系统侧的，因此技术系统和终端都要使用。只是由于其过于简单，一点就透，没有什么研究空间，影响力也就没有 SFR 大。

采用 OFDM 作为多址技术是 LTE 的基调，其地位太重要了，大家都来争夺。爱立信推动了 SC-FDMA 作为 LTE 的上行多址方案，它是 OFDM 的一种变体，主要的技术理由是能够降低峰均比，降低对终端功放的要求。这个理由倒是成立的，但是后来的研究和实践表明，SC-FDMA 所带来的对导频设计的负面影响，要超过它带来的好处，其性能还不如 OFDMA+ 简单的削波方案。

有一个阶段在"专利标准化"理念的指导下，大家都觉得只要进入标准的专利就是核心专利，其实才不是这么回事儿。现在大家清楚了，进入标准的专利叫标准必要专利，需要遵守 FRAND 原则，限制是比较多的。从近年来美国法院的判例来看，标准必要专利的重要性在下降，禁售是判不了的，钱也赔得比以前少多了。这里面的一个大的背景是通信已经发展到 4G，创新已经很难。虽然系统参数提高很多，但是专利都是一个个的技术点，大多数是在以前方案上小的改动，没有多少创造性。标准人员为了完成绩效，拼命地把垃圾专利塞入标准，降低了整个系统的效率，这个问题在3GPP 中已经很明显了。SC-FDMA 就是爱立信通过运作进入 LTE 标准的，虽然获得了标准必要专利，却拉低了系统效率。我一直有一个观点，对于标准必要专利，需要参照最高水平的已有非专利技术，超出的部分要给钱，如果没有增益就不必给钱了。这样大家就不必费力费钱地把垃圾专利塞入标准，从而鼓励真正的创新，有利于整个行业的发展。

4G 还有一个非常大的领域是 MIMO，有开环和闭环两种方案。开环方案有 Alamouti 和 CDD，主要用于广播信道。Alamouti 是经典技术，就不必说了；CDD 存在比较大的缺陷，会被我提出的随机波束赋形（random beamforming）技术所取代，此论文已经发表在 IEEE TVT 上。闭环方案从商用情况来看还不太理想，从技术上来看没有比较重要的原理性创新，像码本设计、秩的反馈等，是比较惯用的技术手段。

高通在 LTE 上一直受挫。首先 LTE 并没有采用 Flarion 的快跳频方案；在组网问题上逐渐收敛到了 SFR；很要命的是，LTE 决定不支持宏分集方案，就是把高通的软切换专利网全部排除。这都是在 LTE 的 study item 阶段发生的，高通在开始阶段就失去了所有的制高点，它在 3G 所建立的技术体系被摧毁。一方面是因为大家对高通恨得牙疼，指导思想就是去高通化；另一方面也是因为高通的技术确实不过硬。如果技术确实过硬，大的技术倒退在 3GPP 发生的概率还是很小的，例如 Turbo 码和 Alamouti 码就在 4G 继续使用。

这里面其实还有一些不为外人所知的惊心动魄的故事。高通有一个叫 layered frequency reuse 的专利和 SFR 非常像，并且时间要早半年，华为很多专家都知道这个专利。当我第一次看到这个专利时非常灰心：又被高通抢在前面了。但是在我揣着一颗冰冷的心仔细审视了这个专利之后，发现它存在无法弥补的严重缺陷，其价值为零。而且其公开日在 SFR 专利的优先权在之后，不能破坏 SFR 的创造性。我当时花了很长的时间才得出这个结论，现在想一想手心里还都是汗。后来，高通在 UMB 里面采用了一个非常奇怪的频率复用方案，可以推断他们并没有认识到这个技术方向的价值，从而导致出现如此低级的错误。而我是从理论上证明了 SFR 的增益。后来我在微博里说：创新是一个窄门，窄到如白墙上的一道裂纹。多数人只看到白墙，只有创新者才能通过那道窄门，发现别有洞天。

我的 sOFDM 专利在华为进行内部评审的时候，同事告诉我高通有一个相同的专利，不过这一次是比我晚了一个月。既然比我晚我就不关心了，有兴趣的读者可以自己去找找看。这是很正常的，因为我的 R1-050824 提案已经提交到了 3GPP，虽然只是建议了系统参数，但是明眼人一眼就能看出应该如何进行专利保护。高通紧随其后申请了专利，也是寄希望我在专利布局上犯错误吧，就像奥运会上两次脱靶的那个哥们儿。

高通在 3G 的时候何等荣光，当然它清楚核心技术的作用，所以在 LTE-A 上推动了 eICIC，从时域进行干扰协调，制造了一些新名词，例如 Almost Blank Slot。其实 eICIC 是对 SFR 的简单复制，况且我早在 2005 年就已经把 SFR 在时域上的对应技术 soft time reuse 申请了专利，只不过没有宣传而已。从技术人员的角度去看，时域和频域是对偶的，大家都是通信资源，在时域适用的原理也同样适用于频域，例如 Alamouti code 在 LTE 里应用到频域叫 SFBC，调度在频域里面进行叫频选调度 FSS，等等。

也就是说，我在 LTE 上三次阻击了高通，高通在 LTE 上还没有任何核心专利。还是要强调一下，我说的核心专利，指的是金字塔塔尖上的专利，不要把它庸俗化。高通的整体研究能力是很强的，只不过核心专利是靠个人而不是靠整体获得的。这种核心专利，能看到的有 SFR，sOFDM，SC-FDMA，Turbo code，Alamouti code。前两个都是我发明的，SC-FDMA 技术并不好，只能往后排。Turbo 和 Alamouti 是史诗级的技术，但是专利已经过期或者快过期了。从这里可以看出，华为在 LTE 的核心专利上占有绝对领先的地位。这个结论是经过十年的锤炼得出来的，本书当中都提供了具体可考的线索，欢迎大家质疑。

华为的研究工作在 2002 年起步，SFR/STR 和 sOFDM 专利是在 2004 和 2005 年申请的，当时华为在研究工作上的管理水平还非常低，在价值判断上出现了严重错误，这在科学史上并不鲜见。在华为不做任何标准推动的情况下，这两个技术依靠技术优势自然生长，成为 4G 最核心的技术。3GPP 是一个角斗场，各大公司为了利益合纵连横，但是真正核心的技术是超越政治的。近 20 年来，自主创新成为我国的国家战略，国家耗费巨资打造了 TD-SCDMA 标准，成为 3G 三大国际标准之一，具有里程碑意义。但是 TDS 的产业化并不算成功，知识产权也受到了很多的质疑。如果用汽车做比喻，TDS 是建成了一个汽车总装厂，而发动机、变速箱和悬挂系统还是别人的。我一般不打爱国牌，但是 SFR/STR 和 sOFDM 确实是我国在移动通信领域首次做出的发动机。

2014 年，中国 4G 市场启动，华为公司已经成为 No. 1 的通信设备供应商，对研究创新也越来越重视。2015 年，发改委对高通的反垄断调查落下帷幕：10 亿元罚金，取消反向授权，许可费打 6.5 折，这是正确的方向。但是高通对 4G 终端收取 3.5 和 5 个点的许可费用，远远超出其 4G 的专利实力。华为公司作为 4G 最核心专利的专利权人，希望能够有所作为，改变 4G 专利许可市场的格局。

展望 5G

2012 年我离开华为专心写本书，期间应邀到中国移动设计院做一个 4G 关键技术的报告。在准备讲稿的时候，我又一次对 SFR 进行了审视。此时 SFR 已经被提出 9 年了，由于其形式极其简单优美，包括我在内的所有人都认为它是 ICIC 的终极形式。但是这个时候我突然想到，为什么只能有两个功率等级呢？更多的等级是不是会更好？在经过多次的失败后，我终于意识到可以通过多个 SFR 方案组合而达到这个目的，这就是 multi-level soft frequency reuse。方案研究出来之后，第一件事情当然是申请专利，加上理论分析之后文章于 2014 年 11 月在 IEEE Communications Letters 上发表。结果表明，以同频复用为基准，传统的 2 级 SFR 可以提升小区边缘容量 147%，总体容量提升 9.8%，而 8 级 SFR 可以提升小区边缘容量 4 倍，总体容量提升 31%。要知道，这样的增益完全是原理性的，不需要任何的资源投入，已经可以和 Turbo 码匹敌了。

2014 年，随着 4G 的规模商用，5G 成为热点话题。各国政府和大公司纷纷宣布了对 5G 的投资计划，例如欧盟投资 6 亿欧元，韩国和日本各投资 15 亿美元，华为也宣布了 6 亿美元的投资计划。关于 5G 有很多热点技术，例如 massive MIMO，small cell，NOMA，full Duplex，mm Wave，等等。但是实际情况是，4G 基本上耗尽了业界的知识储备，目前的 5G 处于一个非常迷茫和混乱的状态。在 2009 年的 IEEE VTC 会议上有一个叫 "Is the PHY Layer Dead?" 的讨论，几个著名的学者认为无线通信技术的发展已经撞到墙了。这几个学者我认识其中的 Robert Heath，他是我的 IEEE Senior

Member 推荐人。要知道物理层是通信系统的基础，PHY 没有发展就构不成一代。南安普敦大学的 Hanzo 教授说，通信技术的发展依赖于出现另一个香农式的人物。

构建一代新的通信系统需要三个阶段，第一个是新的理论和关键技术，第二个是制定标准，第三个是产业化。一般说来，先要有理论和关键技术，这是研究的任务。例如 LTE 标准所用的关键技术当中，OFDM 是于 20 世纪 60 年代被发明的，MIMO 是在 1995 年被发明的，Turbo code 是在 1993 年被发明的，Alamouti code 是在 1998 年被发明的，SFR 是最新的在 2004 年被发明的，只比 LTE 标准提前半年。标准组织运用这些关键技术构建一个可工作的通信协议，虽然很多人喜欢称之为标准研究，但实际上它属于工程性质的工作，是写在纸上的工程。

标准组织中的人员是各大公司出钱养的，他们要推动标准不断演进，不然就没工作了。在没有技术储备的情况下，他们也会在矬子里面拔高个，给自己找活干。实际上，LTE 在 Release 8 之后就已经失去了方向，后续的 LTE-A 增加了两个大的特性：一个是载波聚合（carrier aggregation，CA），另一个是 CoMP。CA 是通过资源的累加提高速率，完全是工程性的，又碰到了我的 sOFDM 专利；CoMP 则完全不靠谱，太复杂，不可能实际应用。大家其实心里知道，这就是一个饭碗，不必太当真。

现在要搞 5G，而锅里早就没有米了，拿什么做饭呢？MIMO 本身问题一大堆还没解决，上百根天线更没法弄；small cell 根本就不用研究，Wi-Fi 就是；NOMA 在现有的理论框架内还有 5% 的提升空间，复杂度会提高很多；mm Wave 是以前不用的垃圾频段，无法用于移动通信；而 full Duplex 则是伪科学。所以在 ML-SFR 出来之后，我通过微博宣布，这是业界第一个可商用的 5G 技术，并且兼容 4G。

对于未来的 5G，我同意 Hanzo 教授的观点，需要一次理论和技术的重大突破才有可能。那么会不会有呢？我知道会有的，而且会在三年内发生，因为这是我所需要的时间。白墙上那道细微的裂缝已经被发现，目前本来应该是高度保密的，但是受分享天性的驱使，我已经忍不住在本书当中透露了一些线索，看你能否发现，或许可以抢在我的前面。我们来赌一把。

我在开始动笔的时候把书名定为《通信之道——从微积分到 5G》。"道"在汉语里面有两层意思，一是基本原理，二是道路。现在看起来这两层含义基本上实现了。本书假定读者是一位高中生，用 400 多页的篇幅涵盖了从微积分到 5G 的内容，只选取了那些最基础最精华的部分，并按照读者的思维发展顺序行文，自成体系。这就像是黄山上的一条石阶路，你沿着它走就能看到飞来石、迎客松这些最美丽的风景。只是还有很多非常好的内容还没有写，就只能等待后续的版本吧。

希望大家喜欢《通信之道——从微积分到 5G》。

杨学志

2015 年 3 月 3 日于北京

反侵权盗版声明

电子工业出版社依法对本作品享有专有出版权。任何未经权利人书面许可，复制、销售或通过信息网络传播本作品的行为；歪曲、篡改、剽窃本作品的行为，均违反《中华人民共和国著作权法》，其行为人应承担相应的民事责任和行政责任，构成犯罪的，将被依法追究刑事责任。

为了维护市场秩序，保护权利人的合法权益，我社将依法查处和打击侵权盗版的单位和个人。欢迎社会各界人士积极举报侵权盗版行为，本社将奖励举报有功人员，并保证举报人的信息不被泄露。

举报电话：（010）88254396；（010）88258888

传　　真：（010）88254397

E-mail：dbqq@phei.com.cn

通信地址：北京市万寿路173信箱　电子工业出版社总编办公室

邮　　编：100036